普通高等教育高职高专“十二五”规划教材　电气类

电气二次部分

主　编　祝　敏　毛幸远
副主编　丁官元　陈小梅　王卫卫

中国水利水电出版社
www.waterpub.com.cn

内 容 提 要

《电气二次部分》共分14章，主要讲述了发电厂、变配电所及企事业用电单位的电气二次部分的构成、作用及其工作原理。本教材主要内容包括：二次回路的基本知识；二次回路的操作电源；测量、控制及信号回路；继电保护概述；继电保护的基础元件；输电线路相间短路的电流电压保护；输电线路相间短路的方向电流保护；中性点非直接接地电网的接地保护；输电线路的距离保护；电力变压器的继电保护；发电机的继电保护；电动机的继电保护；电力电容器的继电保护；变配电所的自动装置。

本教材是高职电气工程及技术专业、供用电技术专业主干课程的教材，也可供从事发电厂、变配电所及企事业用电单位从事电气二次运行和管理工作的技术人员参考。

图书在版编目（CIP）数据

电气二次部分 / 祝敏, 毛幸远主编. -- 北京 : 中国水利水电出版社, 2015.1(2021.8重印)
普通高等教育高职高专“十二五”规划教材. 电气类
ISBN 978-7-5170-2705-8

Ⅰ. ①电… Ⅱ. ①祝… ②毛… Ⅲ. ①电气回路－二次系统－高等职业教育－教材 Ⅳ. ①TM645.2

中国版本图书馆CIP数据核字(2014)第281969号

书　　名	普通高等教育高职高专“十二五”规划教材　电气类 **电气二次部分**
作　　者	主编　祝敏　毛幸远　副主编　丁官元　陈小梅　王卫卫
出版发行	中国水利水电出版社 （北京市海淀区玉渊潭南路1号D座　100038） 网址：www. waterpub. com. cn E-mail：sales@waterpub. com. cn 电话：（010）68367658（营销中心）
经　　售	北京科水图书销售中心（零售） 电话：（010）88383994、63202643、68545874 全国各地新华书店和相关出版物销售网点
排　　版	中国水利水电出版社微机排版中心
印　　刷	清淞永业（天津）印刷有限公司
规　　格	184mm×260mm　16开本　18.5印张　438千字
版　　次	2015年1月第1版　2021年8月第2次印刷
印　　数	4001—6000册
定　　价	**49.50**元

前言

本教材以培养应用型人才为目标，按照电气工程及技术和供用电技术等专业的教学计划，以最新的国家标准、规范、规程为依据，结合编者多年的教学实践进行编写的。在编写过程中注重基本知识、基本理论和基本技能，突出新设备、新原理和新技术，力求概念清楚，深入浅出，便于阅读。

本教材分为14章，由湖北水利水电职业技术学院祝敏任第一主编，福建水利电力职业技术学院毛幸远任第二主编，湖北水利水电职业技术学院丁官元、陈小梅及长江工程职业技术学院王卫卫任副主编。第1章、第2章、第3章由陈小梅编写，第4章、第5章、第6章、第12章由祝敏编写，第7章、第8章、第13章由王卫卫编写，第9章、第10章、第11章由毛幸远编写，第14章由丁官元编写，全书由祝敏负责统稿。

由于编者水平有限，书中难免会出现错误和不妥之处，诚恳希望使用本教材的广大师生和读者批评指正。

编著

2014年8月

目录

第1章　二次回路的基本知识

【教学要求】 了解二次回路的作用及内容，弄清二次回路图形符号中的触点状态，了解二次设备的表示方法，了解二次回路接线图的分类，掌握二次回路接线图的基本读图方法。掌握互感器的极性、10%的误差曲线及常用的接线方式。

1.1　二次回路的基本概念

1.1.1　二次回路的内容

二次回路是发电厂及变配电所的重要组成部分，是电力系统安全、经济、稳定运行的重要保障。二次回路对于实现发电厂及变配电所安全、优质和经济地生产以及电能的输配，都具有极为重要的作用。随着发电机容量的增大，电气控制正向自动化、弱电化、微机化和综合化方面发展，使二次回路显得越来越重要。

发电厂及变配电所的电气设备通常分为一次设备和二次设备，其控制接线又可分为一次接线和二次接线。

一次设备是指直接生产、输送和分配电能的高电压、大电流的设备，如发电机、变压器、断路器、隔离开关、电力电缆、母线、输电线、电抗器、避雷器、高压熔断器、电流互感器、电压互感器等。

二次设备是指对一次设备起监察、控制、保护、调节、测量等作用的设备，如继电保护装置、测量仪表、控制与信号元件、操作电源等设备。

一次接线又称主接线，是将一次设备相互连接而成的电路。

二次接线又称二次回路，是将二次设备相互连接而成的电路。

二次回路是一个具有多种功能的复杂网络，其内容包括高压电气设备和输电线路的控制、调节、信号、测量与监察、继电保护与自动装置、操作电源等系统，各系统分述如下。

1. 控制系统

控制系统由各种控制器具、控制对象和控制网络构成。其主要作用是对发电厂及变配电所的开关设备进行远方跳、合闸操作，以满足改变电力系统运行方式及处理故障的要求。控制系统按自动化程度分为手动控制、半自动控制和自动控制；按控制方式分为分散控制和集中控制；按控制距离分为就地控制和远方控制；按操作电源分为直流控制、交流控制、强电控制和弱电控制等。强电控制采用直流110V或220V，交流100V、5A；弱电控制采用直流60V以下，交流50V、1A以下。

2. 信号系统

信号系统由信号发送机构、接收显示元件及其网络构成。其作用是准确、及时地显示出相应一次设备的工作状态，为运行人员提供操作、调节和处理故障的可靠依据。信号系统按信号性质分为事故信号、预告信号、指挥信号、位置信号、继电保护及自动装置动作信号等；按信号的显示方式分为灯光信号、音响信号和其他显示信号；按信号的响应时间分为瞬时动作信号和延时动作信号；按信号复归方式分为手动复归信号和自动复归信号。

3. 测量与监察系统

测量与监察系统由各种电气测量仪表、监测装置、切换开关及其网络构成。其作用是指示或记录主要电气设备和输电线路的运行参数，作为生产调度和值班人员掌握电气一次系统的运行情况，进行经济核算和故障处理的主要依据。

4. 继电保护与自动装置系统

继电保护与自动装置系统由互感器、变换器、各种继电保护及自动装置、选择开关及其网络构成。其作用是监视电气一次系统的运行状况，一旦出现故障或不正常状态，系统自动进行处理并发出信号。

5. 调节系统

调节系统由测量机构、传送设备、执行元件及其网络构成。其作用是调节某些一次设备的工作参数，以保证一次设备和电力系统的安全、经济、稳定运行。调节方式分为手动、半自动和自动三种。

6. 操作电源系统

操作电源系统由直流电源设备和供电网络构成。其作用是供给上述各二次系统的工作电源，高压断路器的跳、合闸电源及其他重要设备的事故电源。大型变电所主要采用蓄电池组操作电源；中小型变配电所广泛采用整流型操作电源。

1.1.2　二次回路接线图的分类

二次回路接线图是采用国家规定的图形符号和文字符号（见附表），表示二次设备间连接关系的重要图纸。工程上通常采用三种形式的图，即原理接线图、展开接线图和安装接线图。二次接线图要求简明、准确地表示系统的运行状况，便于施工和调试，并符合国际电工委员会（IEC）标准。

1. 原理接线图

原理接线图是用来表示二次元件（继电保护与自动装置、测量仪表、控制开关等）的电气联系和工作原理的接线图。

2. 展开接线图

展开接线图又称为展开式原理接线图，简称展开图。它是根据原理接线图绘制的，将原理接线图按交流电流回路、交流电压回路和直流回路画成几个彼此独立的回路。展开接线图是安装、调试和检修的重要技术图纸，也是绘制安装接线图的主要依据。

3. 安装接线图

安装接线图是用来表明二次接线的实际情况，是控制屏（台）制造厂生产加工和现场安装施工用图，也是用户检修、实验等的主要参考图。安装接线图是根据展开接线图绘制的，包括屏面布置图、屏背面接线图和端子排图。

（1）屏面布置图（从屏正面看）。屏面布置图是将各种安装设备和仪表的实际位置按比例画出，它是屏背面接线图的依据，屏面布置图是主视图。

（2）屏背面接线图（从屏背后看）。屏背面接线图是表明屏内各设备之间的连接情况，

以及和端子排的连接情况，屏背面接线图是背视图。

(3) 端子排图（从屏背后看）。端子排图是表明屏内设备与屏外设备连接情况，以及屏上需要装设的端子类型、数目和排列顺序的图。

安装接线图是最具体的施工图，除典型的成套装置外，订货单位向制造厂家订购控制屏（台）时，必须提供展开接线图、屏面布置图和端子排图，作为厂家制造产品的依据。一般屏背面接线图由制造厂绘制，并随产品一起提供给订货单位。为了便于施工和查找，安装接线图中所有设备的端子和导线都注有走向标志和编号，将在后续内容中详细介绍。

1.1.3 二次回路图形符号中的触点状态

在二次回路中，继电器及其他电器元件触点位置均以一定的状态表示。电器元件通常有以下几种工作状态。

1. 失势状态

失势状态是指电器元件的线圈尚未通电的状态。

2. 原始状态

原始状态是指电器元件的线圈已投入工作，但尚未使电器动作的状态。例如，电流互感器回路中的电流继电器在正常工作时属于此状态。

3. 工作状态

工作状态是指电器元件动作时的状态。例如，电气一次系统发生短路时电流继电器动作。

二次回路图中表示设备是按失势状态作为继电器与电器的正常状态。例如，继电器线圈内没有通电时作为正常状态，电气设备断开（如断路器跳闸）时作为正常状态。

通常继电器线圈在没有输入量的状态下，处于断开状态的触点称为动合触点（或常开触点）。当继电器线圈的输入量达到整定值时，其触点闭合。反之，继电器线圈在没有输入量的状态下，处于闭合状态的触点称为动断触点（或常闭触点）。当继电器线圈的输入量达到整定值时，其触点断开。

1.1.4 二次回路技术的发展

近几十年来，由于大型电力系统的形成，机组容量的增大，电子、微机、光纤等新技术的应用，大大推动了二次回路技术的发展。

二次回路技术水平的高低是发电厂及变配电所生产自动化程度的重要标志。发电厂及变配电所的控制方式是二次回路技术发展的重要体现。它从简单的就地分散控制，到现代化的综合控制，经历了以下三个发展阶段。

1. 就地分散控制阶段

就地分散控制是对每一个被控制对象设置独立的控制回路，实行一对一的控制。这种控制方式简便易行，但不便于各设备间的协调配合，适用于小型变配电所。在中、大型变电配所中，只在 6～10kV 用户线路、互为备用的所用低压变压器和车间辅助变压器上采用。

2. 集中控制阶段

集中控制是在发电厂及变配电所内设置一个中央控制室（又称主控制室），对发电厂及变配电所的主要电气设备（如主变压器、高压所用变压器、35kV 及以上电压的输电线路等）实行远方集中控制。采用集中控制时，相应的继电保护、自动装置也安装在中央控制室内，不但可以节省操作电缆、便于调试维护，而且会提高运行的安全性。集中控制按选择控制对象方式分为一对一控制和一对N选线控制；按采用的电压、电流额定值大小分为强电控制和弱电控制。通常在我国35kV及以上的变电所，广泛采用集中控制。

3. 综合控制阶段

综合控制就是以电子计算机为核心，同时完成发电厂及变电所的控制、监察、保护、测量、调节、分析计算、计划决策等功能，实现最优化运行。综合控制是电力生产过程自动化水平高度发展的重要标志。

1.2　二次设备的表示方法

二次回路图中的图形符号、文字符号及回路标号应符合国家标准和国际IEC标准，标志的原则是简单易懂。

1.2.1　二次设备的图形符号

图形符号可以形象地表示设备、器具及其线圈和触点的类型，见附表1所示。它包括以下内容。

(1) 基本符号。基本符号一般不代表独立的设备和器具，它标注于设备和器具符号之旁（或之中），以说明某些特征或绕组的接线方式等。

(2) 一般符号。一般符号用以表示设备或元件类别，或用于与其他图形符号、物理符号、文字符号相结合派生出明细符号。

(3) 明细符号。明细符号用以代表具体器具和设备。

1.2.2　二次设备的文字符号

文字符号用以表示设备的名称、用途和特征。在二次接线图中二次设备除以一定图形表示外，为了更好地表达和传递图纸信息，还在图形上增注文字符号，见附表2所示。

1. 在原理接线图上的文字符号

文字符号用以表示电工设备的名称、用途和特征。不同的设备和器具应标以不同的文字符号。同一电路图中相同型号的设备和器具也应在其文字符号前标以数字符号以示区别。它包括以下内容。

(1) 基本符号。基本符号用以标志电工设备及电路的基本名称。例如：断路器用QF表示，熔断器用FU表示。

(2) 辅助符号。辅助符号用以标志电工设备及线路的用途和主要特征。例如：电流用A表示，电压用V表示。

(3) 数字符号。数字符号用以区分出现在同一电路图上的几个相同设备或线路的顺序编号。

(4) 附加符号。附加符号用以标志同一电工设备或线路某些元件的附加特征或区分特征相同，但出现在不同电工设备或线路上的元件。例如A相用A表示。

例如：$2TA_C$——表示2号电流互感器的C相。

2. 屏面布置图上的文字符号

在屏面布置图上，为便于看出各设备安装单位及型号规格，还增加了安装单位编号及

设备表的顺序号。

例如：

$Ⅰ_3$
4KA

其中　Ⅰ——设备安装单位编号（如变压器保护）；

3——设备表的顺序号；

4KA——设备数字符号，它和原理图一致，此编号写于设备图内。

3. 安装接线图上的设备文字标号

在安装接线图上的设备标号必须与原理图和展开图一致，如图 1－1 所示。

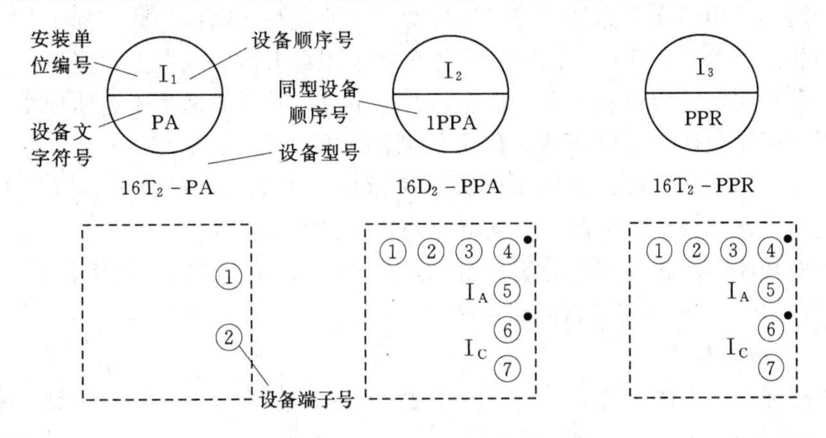

图 1－1　屏背面接线图中设备标志法

（1）安装单位编号。安装单位编号是为了区别装在同一屏上不同一次设备所对应的二次设备而设置的。安装单位编号以罗马字符Ⅰ、Ⅱ、Ⅲ等来表示。属于同一路馈线的有关二次设备，均标以相同的罗马字符。

（2）设备顺序号。根据同一安装单位所用设备在屏上位置，自左而右，自上而下，用数字编号。如图 1－1 中，从左至右设备顺序号依次为 1、2、3。

（3）设备文字符号。表示的是安装在屏上设备的符号。如图 1－1 中 PA 表示电流表，PPA 表示有功功率表，PPR 表示无功功率表。

（4）同型设备顺序号。为区别同一安装单位中的几个相同的设备，故在设备文字编号前加上数字编号，如 1KA、2KA 等或 1KC、2KC 等。

此外，还规定了设备型号及设备端子号等。

1.3　二次回路的接线图

1.3.1　二次回路的标号

为了便于安装接线、运行和维护，在二次回路接线图中必须进行回路标号。所谓回路标号是指二次设备之间直接连接导线的编号。这些编号能表示该回路的性质和作用，在安装过程中能保证将导线或电缆芯线接到二次设备或端子排中相应的端子上，在检修或试验时能较为迅速地确定导线或电缆芯线所连接的设备。

1.3.1.1　二次回路标号的原则和方法

二次回路标号的基本原则和方法如下所述。

(1) 回路标号按“等电位”的原则进行，即在电气回路中，连接在同一点上的所有导线标以相同的回路标号。

(2) 电气设备的线圈、触点、电阻、电容等元件两端，一般给予不同的回路标号；对于在接线图中不经过端子而在屏内直接连接的回路，可不标号。

(3) 回路标号用三位或三位以下的数字组成。交流回路为区别相别，在数字前面加A、B、C、N、L等文字符号。

(4) 回路标号中的文字标号须用汉语拼音字母的大写印刷体，数字标号与文字标号并列，且大小相同。垂直回路中，回路标号的顺序采用自上而下或自上、下至中。水平回路中，回路标号的顺序采用自左至右或自左、右至中。标号一般标注于连接导线的上方。

(5) 直流回路先从正电源出发，以奇数顺序标号（如1、3、5、…），直至最后一个有压降的元件，则再从负极开始以按偶数顺序标号（如2、4、6、…），至已有编号的结点为止。交流回路不分奇数和偶数，从电源处开始按顺序编号。

(6) 不同功能的回路有相应的编号范围，如1～99由控制回路采用，101～199由保护回路采用，400～799为互感器回路采用等。

1.3.1.2　二次回路标号

二次回路标号的方法是将二次回路按用途分组，每组给以一定范围的数字编号。

1. 交流回路标号的数字范围

二次交流回路数字标号范围如表1-1所示。二次交流回路标号的具体规定如下所述。

(1) 交流电流和电压回路的编号不分奇偶数，从电源处开始按顺序编号。

(2) 电流互感器与电压互感器二次回路的编号与其一次接线图对应分组。

(3) 小母线用粗线段表示，并注以文字标号。

(4) 在控制和信号回路中，一些辅助小母线和交流电压小母线，除文字符号外，还给予固定的数字编号。

表1-1　　二次交流回路数字标号组

回路名称	互感器的文字符号	回路标号组				
		A相	B相	C相	中线（N）	零序（L）
保护装置及测量表计的电流回路	TA	A40～A409	B401～B409	C401～C409	N401～N409	L401～L409
	1TA	A41～A419	B411～B419	C411～C419	N411～N419	L411～L419
	2TA	A42～A429	B421～B429	C421～C429	N421～N429	L421～L429
保护装置及测量表计的电压回路	TV	A60～A609	B601～B609	C601～C609	N601～N609	L601～L609
	1TV	A61～A619	B611～B619	C611～C619	N611～N619	L611～L619
	2TV	A62～A629	B621～B629	C621～C629	N621～N629	L621～L629
控制保护及信号回路		A1～A339	B1～B339	C1～C339	N1～N339	
绝缘监察电压表的公共回路		A700	B700	C700	N700	

2. 直流回路标号的数字范围

二次直流回路数字标号范围如表 1-2 所示。

表 1-2　二次直流回路数字标号组

回路名称	数字标号组			
	Ⅰ	Ⅱ	Ⅲ	Ⅳ
正（+）电源回路	1	101	201	301
负（-）电源回路	2	102	202	302
合闸回路	3～31	103～131	203～231	303～331
绿灯或跳闸回路监视继电器回路	5	105	205	305
跳闸回路	33～49	133～149	233～249	333～349
红灯或合闸回路监视继电器回路	35	135	235	335
备用电源自动合闸回路	50～69	150～169	250～269	350～369
开关器具的信号回路	70～89	170～189	270～289	370～389
事故跳闸音响信号回路	90～99	190～199	290～299	390～399
保护及自动重合闸回路	01～099（或 J1～J99）			
机组自动控制回路	401～599			
励磁控制回路	601～649			
发电机励磁回路	651～699			
信号及其他回路	701～999			

二次直流回路标号的具体规定如下所述。

（1）表中几个数字标号组，每一组用于由一对熔断器引下的控制回路标号。如对于三绕组变压器，每一侧装一台断路器，其符号分别为 1QF、2QF 和 3QF，则控制回路标号相应取 101～199、201～299 和 301～399。

（2）回路标号从正电源开始以奇数顺序标号，直至最后一个有压降的元件为止。如果最后一个有压降的元件通过连接片、开关或者继电器触点接到负极，接着应从负极开始以偶数顺序编号直至上述奇数编号的节点为止。

（3）在具体工程接线中，并不是对展开接线图中的每一个节点都进行回路编号，而只对引至端子排上的回路加以编号。在同一屏内相连接的设备，在屏背面接线图中另有标志方法。

1.3.2 原理接线图

原理接线图也称为归总式原理接线图，它是用来表示二次设备间的电气联系和工作原理的接线图。在原理接线图中所有的仪表和电气元件都以整体的形式绘制在一张图上，相互联系的电压回路、电流回路和直流回路都绘制在一起，为了表明二次回路对一次回路的作用，应将一次回路有关部分也画在原理接线图内。通过原理接线图可以清楚了解到二次设备构成、数量以及接线情况。原理接线图是按动作顺序画出的，便于分析工作原理，同时它也是绘制展开接线图和其他工程图的原始依据。

用图 1-2 为例说明原理接线图的特点。

由图 1-2 可知，整套保护装置由四只继电器构成。电流继电器 1KA、2KA 的线圈分

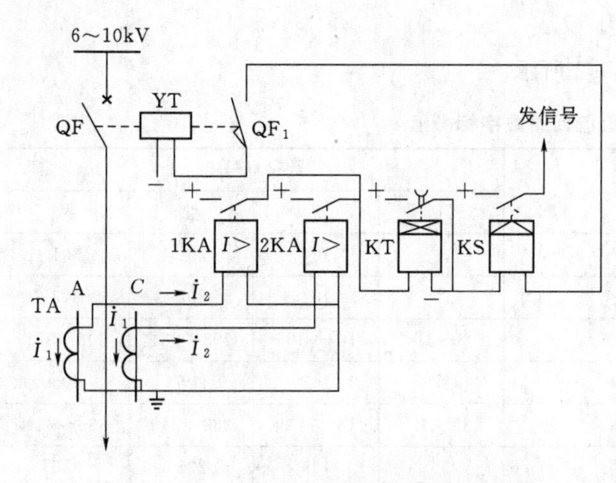

图 1-2　6～10kV 线路过流保护原理接线图

别接于 A、C 相上电流互感器的二次侧。当线路发生短路时（如三相短路），流过线路的短路电流增大，使流过 1KA、2KA 线圈的电流也增大，若短路电流大于保护装置的整定值时，1KA、2KA 动作，其动合触点闭合，接通时间继电器 KT 线圈回路，KT 起动，经过预定的时限，KT 延时闭合的动合触点闭合，正电源经其触点和信号继电器 KS 线圈以及断路器的常开辅助触点 QF1 和断路器跳闸线圈 YT 接至负电源。信号继电器 KS 线圈和断路器跳闸线圈 YT 同时得电，两者同时动作，使断路器跳闸，并经信号继电器 KS 的动合触点闭合发出信号。

由于原理接线图上各元件之间的联系是整体连接表示的，没有画出它们内部的接线和引出端子的编号、回路的编号，信号部分仅标出“至信号”，并无具体接线。因此，只有原理接线图是不能进行二次回路施工的，还需要有其他图纸配合才可以，而展开接线图就是其中一种。

1.3.3　展开接线图

展开接线图又称为展开式原理接线图，简称展开图。它是根据原理接线图绘制的，将原理接线图分成交流电流回路、交流电压回路、信号回路和直流回路等几个彼此独立的回路，这样同一个元件的线圈和触点可能位于不同的回路中，为了避免混淆，属于同一元件的线圈和触点采用相同的文字符号。展开接线图是安装、调试和检修的重要技术图纸，也是绘制安装接线图的主要依据。

展开接线图中的交流电流回路和交流电压回路，都是按 A、B、C、N 相序分行排列的；直流回路分为测量回路、控制回路、合闸回路及保护回路等；直流母线或交流电压母线用粗线条表示，用来区别于其他回路的联络线。各回路的动作顺序是自上而下、自左而右排列的；各导线、端子都有统一规定的回路编号和标号，便于查线、施工和维修；图形的右侧应有对应的文字说明，如回路名称、用途等，便于读图和分析。

阅读展开接线图的方法可以归纳如下。

（1）先一次接线，后二次接线。

（2）由图上文字说明，先看交流回路，再看直流回路。

（3）对各种继电器和装置，先找到起动线圈，再找相应的触点。

（4）对同一回路，由上到下，对同一行，由左到右。

（5）对于事故设备分析，先找动作部分，再找相应的信号。

下面以 6～10kV 线路过电流保护为例加以分析说明。

图 1-3 是根据图 1-2 所示的原理接线图绘制的展开接线图。对其分析如下。

（1）根据原理接线图，展开接线图分为：①交流回路，见图 1-3（b）；②保护回路，

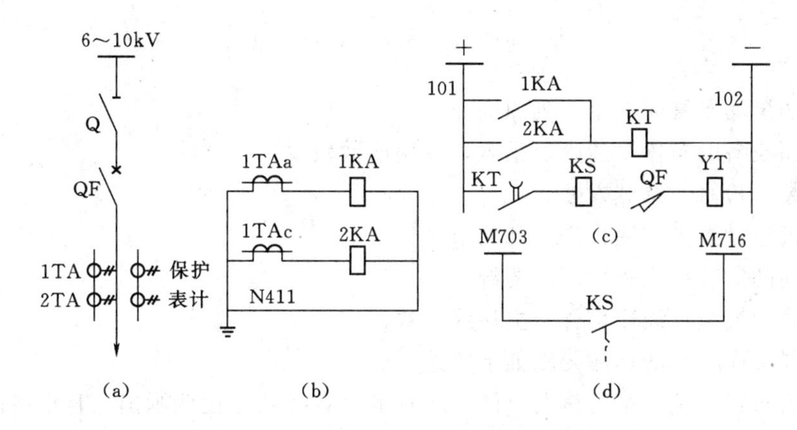

图 1－3 6～10kV 线路过流保护展开接线图
(a) 主接线图；(b) 交流回路；(c) 保护回路；(d) 信号回路

见图 1－3 (c)；③信号回路，见图 1－3 (d)。另外，还有与保护有关的输电线一次系统，见图 1－3 (a)。

(2) 在交流回路中，作为保护用的电流互感器 1TA，采用两相不完全星形接线，即在 A、C 相各接入一只电流继电器线圈 1KA、2KA，经公共线 N411 连成闭合回路。电流互感器 1TA 的二次绕组是交流回路的电源。

(3) 在直流回路中，正电源在左，负电源在右，其回路分别用 101 和 102 标出。该图第一行 1KA 和第二行 2KA 并联组成时间继电器 KT 的起动回路，第三行为断路器跳闸回路。

(4) 在信号回路中，M703、M716 为“掉牌未复归”光字牌小母线。

整套保护装置动作过程是当线路发生短路时（如三相短路），流过电流互感器 1TA 的一次侧电流增大，其二次侧绕组流过电流也相应增大，若大于电流继电器的动作值，则 1KA、2KA 动作。在直流回路中的电流继电器 1KA、2KA 的动合触点闭合，接通时间继电器 KT 的线圈回路，KT 延时闭合的动合触点经一定时限后闭合，接通断路器跳闸回路，断路器跳闸线圈 YT 和信号继电器 KS 线圈中有电流流过，使断路器跳闸，切断故障线路，同时信号继电器 KS 动作，发出信号并掉牌。在信号回路中的带自保持的动合触点闭合，光字牌点亮，显示“掉牌未复归”灯光信号。

比较图 1－2 和图 1－3 可知，展开接线图接线清晰、动作层次分明，更便于理解。

1.3.4 安装接线图

安装接线图是提供给厂家制造屏和柜的图纸，也是进行二次接线的主要施工图。安装接线图经过现场安装施工和试运行检验并修改后，成为对电气二次回路进行维护、试验和检修的基本图纸。安装接线图一般包括屏面布置图、端子排图和屏背面接线图。

1.3.4.1 屏面布置图

屏面布置图是标明二次设备在控制屏（台）、保护屏上安装布置情况的图纸。屏面布置图应按比例画出屏上各设备的安装位置、外形尺寸及中心线的尺寸，并应附有设备表，列出屏上设备的名称、型号、技术数据及数量等，以便制造厂备料和安装加工。屏顶装设小母线，屏后两侧装端子排，屏背面的上方铁架上装设熔断器、小刀闸、警铃、蜂鸣

器等。

1. 控制屏的屏面布置

控制屏的屏面布置应满足下列原则。

(1) 屏面设备的布置要清晰、紧凑，所用屏数较少。

(2) 安装、检修、调试方便。

(3) 便于运行人员监视、操作和调节。

(4) 相同的安装单位布置形式要统一。

(5) 尽量使模拟母线连贯并与主接线一致。

对控制屏屏面布置的具体要求如下所述。

(1) 屏面布置图是一张比例图，图中所有的设备必须按比例画出，且设备的下方应布置标签框以便于识别，屏的上方应标明安装单位名称。

(2) 控制屏屏面布置的设备自上而下为：测量仪表、光字牌、辅助切换开关、模拟母线、红绿指示灯、控制开关、磁场变阻器等，最低一排仪表中心线离地高度不低于1.5m，否则会影响视觉等。

(3) 各屏之间相同设备的高度应一致。如各控制屏上光字牌的安装高度应一致，一般光字牌要求下部取齐。光字牌的布置要尽量考虑瞬时、延时信号的分类以及与模拟母线的对应性。

(4) 测量仪表的布置应尽量与模拟母线相对应，相序一般按纵向排列。

(5) 屏面上的模拟母线要与主接线一致，并与一次设备的实际安装位置对应。同一电压级的模拟母线应布置在同一高度上。

(6) 采用灯光监察控制回路时，红、绿灯应布置在控制开关上部，红灯在右，绿灯在左。

(7) 操作设备要与模拟母线相对应。各安装单位相同用途的操作设备应布置在相对应的位置，其操作方向同一变配电所必须一致。

(8) 操作设备的中心线一般对地面距离为800～1500mm，最低不低于600mm。辅助切换开关要布置在同一高度，通常布置在光字牌下面，模拟母线上面。

(9) 屏面各设备之间的距离应满足设备接线及安装的要求。宽800mm的屏上每行最多可安装五个控制开关，宽为600mm屏上每行最多可安装三个控制开关。

(10) 在同一面屏上有两个及其以上安装单位时，应按纵向划分。不同安装单位设备之间应有明显的界线；不同安装单位的仪表、控制开关、按钮、继电器等不允许混杂。

(11) 屏后两侧端子排的长度应符合制造厂家的规定。

(12) 当在技术或经济上有显著优点时，可将少数继电器（跳闸位置继电器、合闸位置继电器）布置在控制屏的后面或屏前。

当采用控制屏台时，在屏面上布置仪表、光字牌、辅助开关；在台面上布置模拟母线、操作器具及指挥信号设备。

35kV线路控制屏屏面布置图，如图1-4所示。35kV线路控制屏屏宽800mm，屏上方装有四只电流表，依次是光字牌、转换开关、模拟线、红绿指示灯及控制开关等器件。屏上控制四条线路，即屏上有四个安装单位。

2. 保护屏的屏面布置

保护屏的屏面布置要求与控制屏基本相同，除了要考虑运行、试验与检修的方便以外，还要布置美观、紧凑，充分利用屏面的面积。具体设计要求如下所述。

(1) 屏的上方标明安装单位名称。

(2) 各屏上继电器的安装高度应保持一致，横向与纵向排列均以继电器的中心线为准。

(3) 调整、检查工作较少的继电器（如电流继电器、电压继电器、中间继电器、时间继电器等）布置在屏的上部；调试多的继电器（如功率方向继电器、差动继电器、重合闸继电器等）布置在屏的中部；信号继电器、连接片、试验部件布置在屏的下部。中间变压器、附加电阻等不需经常观察、调整的二次设备安装在屏后。

(4) 相同安装单位的屏面布置要尽量一致；同一屏上有两个或两个以上安装单位时一般要按纵向划分开。

(5) 在屏正面布置继电器时，要考虑到屏后安装端子的数量，屏后应避免安装继电器。

(6) 试验部件与连接片的中心线对地距离不应小于400mm；在保护屏面下部距地面250mm处应开一直径50mm的圆孔，供试验时穿线用。

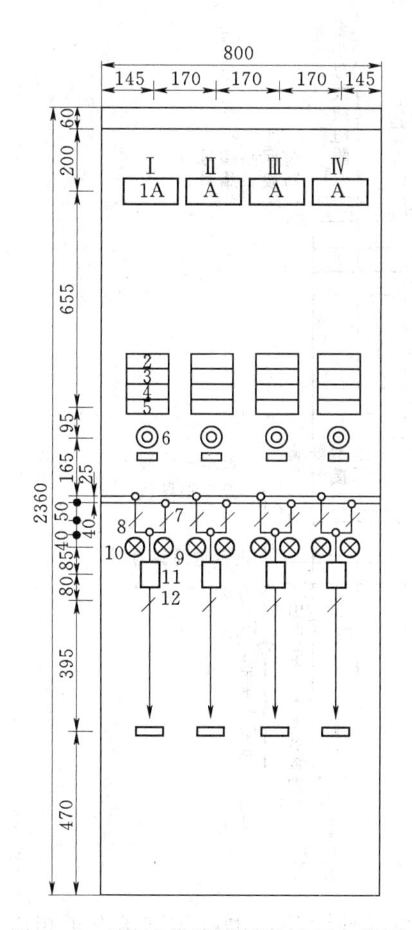

图1-4 35kV线路控制屏屏面布置图

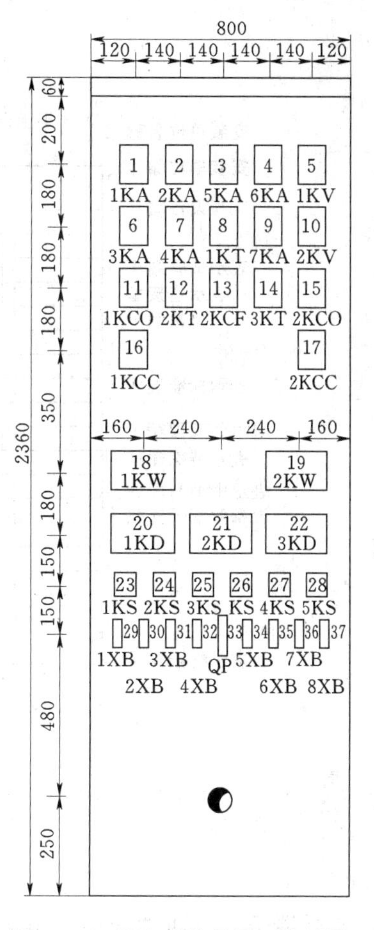

图1-5 继电保护屏屏面布置图

继电保护屏屏面布置图，如图1-5所示。这是一个线路保护屏，屏宽800mm，屏上部装的是各类控制继电器，接着依次是功率继电器、差动继电器、信号继电器和连接片等器件，屏的最下方是穿线孔。

3. 各种屏中设备的间距要求

(1) 屏中设备距屏的边缘至少为50mm，供屏后设备接线用。当设备在屏后伸出长度大于230mm时，距屏边的距离至少为100mm，以免设备与端子排相碰。

(2) 设备至屏顶距离应大于160mm，屏后可装散热电阻等器件。

(3) 相邻两只继电器之间的最小距离：①外壳水平距离为30～40mm；②外壳垂直距离为50mm；③接线柱间距离为50mm。

(4) 屏前接线的设备导线连接有弯曲时（如电度表接线），安装垂直距离还需加大20mm。

1.3.4.2　端子排图和小母线布置图

1. 端子排的种类与用途

接线端子是二次接线不可缺少的配件，各种接线端子的组合称为端子排。控制屏与保护屏使用以下几种端子。

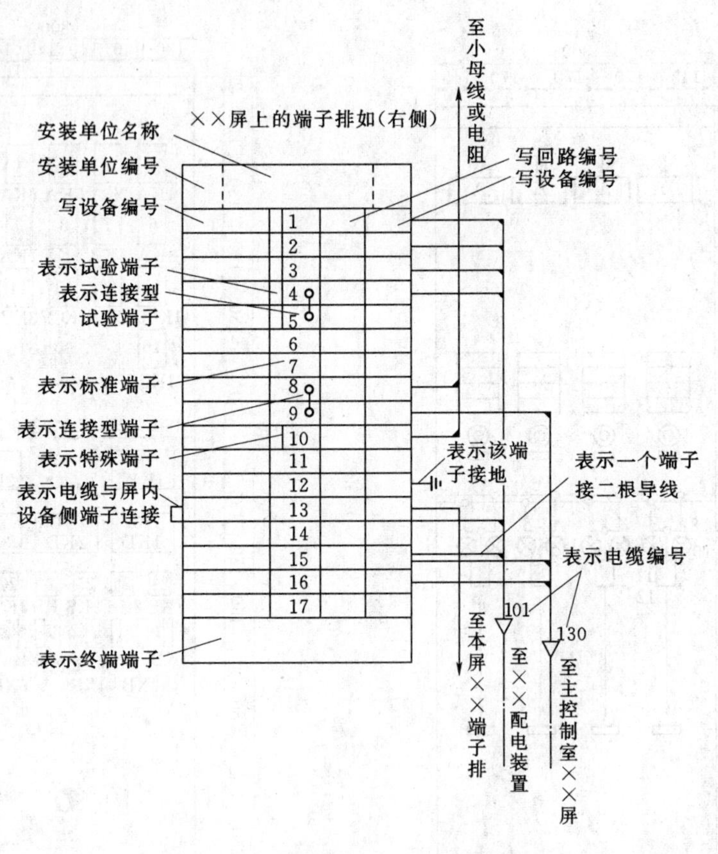

图1-6　端子排表示方法示意图

(1) 普通端子。普通端子用以连接屏内设备与屏外设备，也可与连接端子相连。

（2）连接端子。连接端子主要用以进行相邻端子间的连接，以达到电路分支的作用。

（3）试验端子。试验端子用于需要带电测量电流的电流互感器二次回路及有特殊测量要求的某些回路。利用此端子可在不停电的情况下接入或拆除仪表。

（4）连接试验端子。连接试验端子是具有连接与试验双重作用的端子。

（5）终端端子。终端端子安装在端子排的两端及不同安装单位的端子排之间，用以固定端子排。

（6）标准端子。供直接连接屏内、外导线用。

（7）特殊端子。特殊端子通常在需要经常开断的电路中使用。

接线端子允许电流一般为10A。端子排的表示方法如图1-6所示。

新型端子有JF5底座封闭型、JH14系列组合型、JH20系列筒式组合型以及JM1母线端子等，其具体端子名称及用途见表1-3所示。

表1-3　　端子（接线座）的分类及用途

名　称	用　途	型号举例
普通端子	连接屏内外导线或电缆	JF5-□、JH14-□
试验端子	在电流互感器二次回路中检验试验仪表而不断开电流回路	JF5-□S、JF14-□S
熔断器端子	额定电流50A，可配2～25A熔芯	JF5-□RD、JF14-□RD
连接终端	加连接片使相邻端子连接	JF5-□L、JF14□L
终端端子	在端子排终端或中间起隔断作用	JF5-□G、JF14-□G
开关型端子	具有隔离开关的功能	JF20-□K
接地端子	具有保护接地的功能	JF5-□JD

注　L—连接型；S—试验型；K—开关型；JD—接地型；RD—熔断器型；□—额定截面（mm^2）。

2. 端子排设计原则

（1）二次接线经端子排连接，应使运行、检修、调试方便，适当地照顾设备与端子排相对应，尽可能节省材料。

（2）同一屏上有不同安装单位时，各安装单位端子排排列应与屏面布置相对应，每个安装单位的端子排末尾应预留2～5个端子作为备用。

（3）每个安装单位的端子排上部应该是熔断器（一般为R1型），它和端子排之间应用终端端子隔开。端子排首尾也要用终端端子固定。

（4）电流回路、电压回路之间，正、负电源之间可用空余端子隔开，这样既可避免端子间的短路事故，又可作为备用端子。

（5）端子排的每一端一般只接一根导线，特殊情况下，可接两根导线。导线截面不大于6mm^2。如导线较多，应增加连接端子扩接。

（6）电流回路和其他需要试验的回路须接至试验端子。

3. 应经端子排连接的回路

（1）屏内设备与屏外设备的连接。

（2）屏内各安装单位之间的连接。

（3）屏内设备与直接接于小母线上的设备（熔断器，电阻等）之间的连接。

(4) 各安装单位主要保护的正电源。

(5) 各安装单位主要保护的负电源，应在屏内设备之间接成环形后接至端子排。

(6) 通过本屏转接的回路（也称过渡回路）。

(7) 同一屏上相邻设备之间的连接不经过端子排，但两设备相距较远或接线不方便时，应经过端子排。

4. 端子排设计顺序

为接线方便，端子排按回路性质由上而下依次排列，其顺序如下。

(1) 交流电流回路。按每组电流互感器分组。同一保护方式的电流回路一般排列在一起。由上至下的顺序是：按字母 A、B、C、N 排列，再按数字由小到大排列。如 A411、B411、C411、N411；A412、B412、C412、N412、…。

(2) 交流电压回路。按每组电压互感器分组。同一保护方式的电压回路一般排列在一起。字母和数字由上到下的排列和电流回路的表示方式一样。如 A611、B611、C611；A613、B613、C613、…。

(3) 信号回路。按预告、事故、位置及指挥信号分组。每组按数字大小排列，先是信号正电源 701，接着 901、903、…、951、953；其次是 730、732、…；再其次是 94、194、294、…；最后是负电源 702。

(4) 控制回路。先按各组熔断器分组。每组里先排正极回路（单号，数字由小到大），再排负极回路（双号，数字由大至小），结尾是负电源，如 101、103、133、…、142、140、…、102；201、203、233、…、242、240、…202、…。

(5) 其他回路。有远动装置、自动调整励磁装置。每一回路按极性、编号和相序排列。

(6) 转接回路。先排本安装单位的转接端子，再接别的安装单位的转接端子。

5. 小母线布置图

(1) 直流电源小母线。直流电源小母线均由直流电源屏的主母线经闸刀开关、熔断器等供电。由于连接在各直流电源小母线上的受电器具数量很多，在大型变电所中，通常按用途不同分为控制电源小母线和信号电源小母线。它们自成独立的供电网络，以保证供电的可靠性。

1) 控制电源小母线。控制电源小母线一般布置在控制室内控制屏的顶部，由直流屏以双回路供电，各安装单位的断路器控制与继电保护等回路均由控制电源小母线供电。

2) 信号电源小母线。信号电源小母线通常布置在控制屏和信号屏上，由直流屏以双回路供电，各安装单位的信号回路分别经小刀闸或熔断器接至此小母线。

控制与信号电源小母线一般采用单母线方案。当装设有两组蓄电池作直流电源时，可考虑采用双母线方案。

(2) 交流电压小母线。母线电压互感器的二次电压小母线，当采用重动继电器切换时，一般布置在控制室内的控制屏、信号返回屏或保护屏上；当采用隔离开关辅助触点切换时一般布置在相应的配电装置内。通常这些小母线的形式如下。

1) 110kV 及以上电压级母线电压互感器二次电压小母线，一般布置在控制屏顶部。各安装单位的交流电压回路经重动继电器触点与小母线连接。

2）35kV电压级采用屋外配电装置时，电压小母线布置在控制屏上，经重动继电器切换至各安装单位；当采用屋内配电装置时，电压小母线布置在配电装置内，经隔离开关辅助触点切换至各安装单位。

3）6～10kV电压级采用屋内配电装置时，电压小母线布置在配电装置内，经隔离开关辅助触点切换至各安装单位。

4）当电压为10kV及以下且主母线采用双母线或单母线分段时，两母线的电压互感器应互为备用，以保证不间断供电。

（3）辅助小母线。在发电厂及变配电所中，根据控制、信号、继电保护、自动装置等的需要，可设置辅助小母线，如合闸脉冲小母线、闪光小母线、熔断器报警小母线、事故跳闸音响信号小母线、同步电压小母线等，这些小母线分别布置在控制室的屏上和配电装置内。

布置在控制室内的小母线，安装在屏的顶部，使用直径为6～8mm的铜棒或铜管。小母线的数量多时，可以双层排列，但总数一般不超过28根。控制室内的小母线按屏组分段，段间以电缆经小刀闸连接。

小母线文字符号及其回路标号见附表5所示。

6. 控制电缆的编号

该编号应符合下列要求。

（1）能表明电缆属于哪个安装单位。

（2）能表明电缆的种类、芯数和用途。

（3）能表明电缆的走向。

每条电缆的两端应标以相同的编号，每根芯线都印有阿拉伯数字，由此可查出要找的回路，表1-4列出电缆数字标号组。

表1-4　　电缆数字标号组

序　号	途　径	基本编号	可增加编号
1	控制室去各处电缆	100～129	200～229、300～329
2	控制器屏间联络电缆	130～149	230～249、330～349
3	电动机及厂用配电装置电缆	150～159	250～259、350～359
4	出现小室电缆	160～179	260～279、360～379
5	配电装置内电缆	180～189	280～289、380～389
6	主变压器处的联络电缆	190～199	290～299、390～399

1.3.4.3 屏背面接线图

屏背面接线图是制造厂生产屏过程中配线的依据，也是施工、运行及检修的重要参考图纸。它是以展开接线图、屏面布置图和端子排图为原始资料，由制造厂的设计部门绘制。

屏背面接线图和屏面布置图从屏的正、反两面来表示设备的排列，所以屏背面接线图中设备的位置排列应与屏面布置图中设备排列位置相反。端子排图画在屏背面接线图的两侧，左侧端子排图画在左侧，右侧端子排图画在右侧。

在屏背面安装接线时，为了区别各种设备，要对它们注上标示符号，标示符号一般画圆圈，中间画一条水平线，如图1-1所示。上半圆中的罗马字表示安装单位编号，罗马字右下角的数字表示该安装单位中的设备顺序，下半圆中的符号为设备的文字符号。

画屏背面接线图时，应根据屏面布置图，将各设备的背视图和它们之间的间隔及相对位置尽量符合实际地画出来。设备内部接线复杂的还要画出设备简单的内部接线，如图1-7所示。

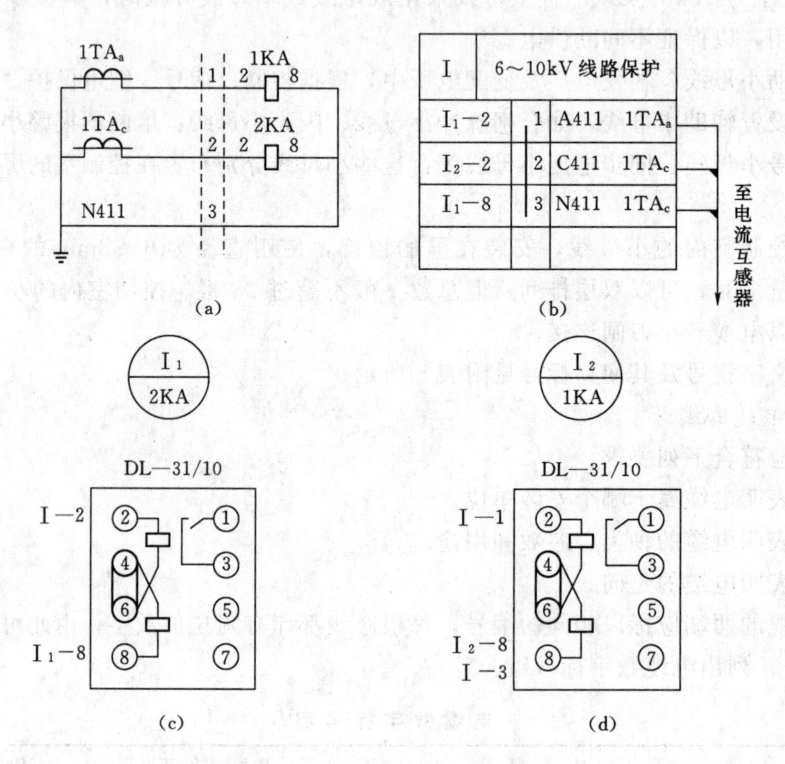

图1-7　相对编号法的应用

(a) 展开图；(b) 端子排图；(c) 背视图；(d) 背视图

屏背面接线图的布置如图1-8所示。先在各设备图形符号上方加以编号，安装单位编号与屏面布置图一致，设备文字符号和设备的型号应与展开图一致。

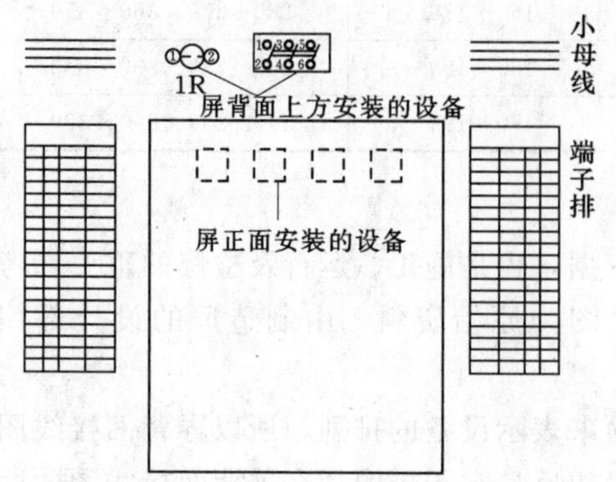

图1-8　屏背面接线图的布置

设备标志完毕后，将端子排图画在屏背面接线图相应的一侧，端子排通向屏内设备一侧的设备符号不要写出，标出屏顶小母线的名称和根数。

最后，给屏内设备之间和屏内设备到端子排之间的连线进行编号，由于连线很多，不能按常规的用线条连接的办法表示，一般采用“相对编号法”来标号。“相对编号法”就是甲、乙两个端子用导线连接起来，在甲端子旁标着乙端子的

编号，乙端子旁标着甲端子的编号。这样编号的优点是看到这个标号，就知道这根导线连接到何处，便于今后的查线、对线。

下面举例说明相对编号法的应用。

如图 1-7 所示，电流互感器的二次回路接两个电流继电器，端子排图已画出。屏背面接线图先画出 1KA、2KA 的背视图，标出设备编号和设备符号，1KA 和 2KA 的设备编号分别是 I_1 和 I_2。

从图 1-7（a）中可看出，电流互感器 $1TA_a$ 和 $1TA_c$ 的三根电缆芯（编号为 A411、C411、N411）通过端子排与 1KA 和 2KA 连接。端子排①应与 1KA 的端子②连接，1KA 的编号为 I_1，它的端子②的符号为 I_1-2，那么在端子排①的左侧应标上 I_1-2 的符号，在 1KA 的端子②处应标上 I－1 的符号。同理，在端子排②的左侧应标上 I_2-2，在 2KA 的端子②处应标上 I－2。端子排③处应接两条线，即 1KA 和 2KA 的端子⑧。一般先将接线引至 1KA，再引至 2KA，那么应在端子排③处标 I_1-8，在 1KA 的端子⑧上标两个符号，一个端子排③的符号即 I－3，另一个是 2KA 的端子⑧即 I_2-8；再在 2KA 的端子⑧上标上 1KA 的端子⑧的符号 I_1-8 即可。

应用相对编号法能使复杂的接线图变得直观，清楚，使用广泛。一些简单的设备连线，同一设备上端子间的连线，不经端子排直接接到小母线设备的连线，可以直接用标出或画出，如图 1-9 所示。

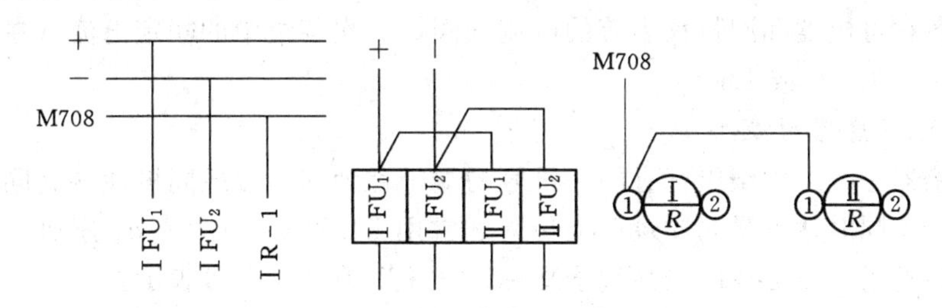

图 1-9 不经过端子排直接接至小母线的设备标志法

1.3.5 二次回路连接导线截面的选择

选择二次回路的导线截面可按机械强度和电气性能要求两个方面来进行。

1. 按机械强度要求

对连接强电端子铜导线的截面，应不小于 1.5mm^2，对连接弱电端子铜导线的截面，应不小于 0.5mm^2

2. 按电气性能要求

交流电流回路的铜导线截面应大于或等于 2.5mm^2，并满足电流互感器误差不大于 10%的要求。

交流电压回路的铜导线的截面应按允许压降考虑，对于电能表电压降应小于电压互感器二次额定电压的 0.5%，其他测量仪表不能超过 3%，全部仪表及保护均投入运行时压降不得超过 3%。

操作回路的导线截面应满足，正常最大负荷下，由操作母线至各被操作设备端子的导线压降不能超过额定母线电压的 10%。

1.4　互感器

互感器是电力系统一次回路与二次回路之间的中间设备，它们分别将一次回路的高电压和大电流变换为二次回路所需的低电压和小电流，传送给测量仪表、远动装置、继电保护和自动装置，以便检测电力系统的运行情况，同时实现了一次回路与二次回路的电气隔离，以保证二次设备和人身安全。互感器分为电流互感器（TA）和电压互感器（TV），它们的工作原理与变压器相似。互感器的作用主要有以下几点。

（1）将一次系统的高电压和大电流变为易于测量的低电压和小电流，并规范为标准值：电压互感器的二次额定电压为100V，电流互感器的二次额定电流为5A或1A。这样可以使二次设备标准化、小型化。

（2）将二次设备和一次设备隔离，既保证了设备和人身安全，又使接线灵活、安装方便，检修时不必中断一次设备运行。

（3）便于集中控制，易于实现自动化、微机监控和远方操作。

1.4.1　电流互感器

电流互感器是一种仪用变压器，其结构与普通变压器相似，由铁芯、一次绕组（原绕组）和二次绕组（副绕组）构成。一次绕组直接串接于一次回路中，并流过负荷电流；二次绕组串接各种继电器和测量仪表等的电流线圈，二次绕组中的额定电流（在一次绕组流过额定电流时）为5A或1A。

1.4.1.1　电流互感器的极性

电流互感器一、二次绕组标有同一符号的端子称为同名端或同极性端。同名端表示某一瞬间此两端子同时达到最高或最低电位，通常用L1和k_1、L2和k_2分别表示一、二次绕组的同极性端子，也可在同极性端子上标以“·”或“*”号表示。

电流互感器绕组的极性问题，对继电器保护装置能否正确动作有直接的关系。电流互感器一次和二次绕组的极性习惯按减极性法标注，如图1-10（a）、（b）所示。一次电流$\dot{I}_1$由L1端注入，从L2端流出；二次电流$\dot{I}_2$由k_2端流入，从k_1端流出，即一、二次电流在铁芯中的感应磁通是相减的。

按上述方法规定正方向后，如忽略电流互感器的励磁电流，则根据磁动势平衡原理有

$$\dot{I}_1 W_1 - \dot{I}_2 W_2 = 0$$

即

$$\dot{I}_2 = \frac{\dot{I}_1 W_1}{W_2} = \frac{\dot{I}_1}{K_{TA}} = \dot{I}'_1 \qquad (1-1)$$

$$K_{TA} = \frac{W_2}{W_1} = \frac{I_1}{I_2}$$

式中　$\dot{I}_1$、$\dot{I}_2$——电流互感器的一、二次电流；

$\dot{I}'_1$——换算到二次侧的一次电流；

W_1、W_2——电流互感器一、二次绕组的匝数；

K_{TA}——电流互感器的变比。

从式（1-1）可见，$\dot{I}_1'$与$\dot{I}_2$大小相等、方向相同，如图1-10（c）所示。

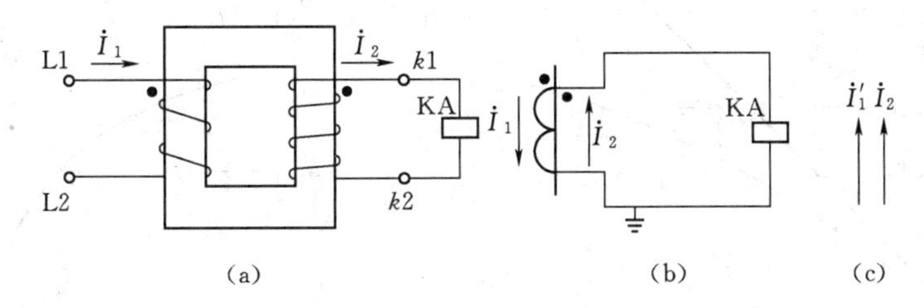

图1-10 电流互感器的极性、正方向和相量图

（a）原理图；（b）电路图；（c）相量图

1.4.1.2 继电保护用电流互感器的误差与选择

电流互感器是变压器的一种特殊形式，其等效电路可用T形等效电路表示，如图1-11所示。图中，Z_1'为折算到二次侧的一次绕组漏阻抗、Z_2为二次绕组漏阻抗，z_μ'为折算到二次侧的励磁阻抗，$\dot{I}_\mu'$为折算到二次侧的励磁电流。

1. 电流互感器的误差

在实际运行中，由于励磁电流的存在$\dot{I}_2 \neq \dot{I}_1'$，即$\dot{I}_2 = \dot{I}_1' - \dot{I}_\mu'$，因而出现了电流互感器的误差。电流互感器的误差分电流误差和角度误差。

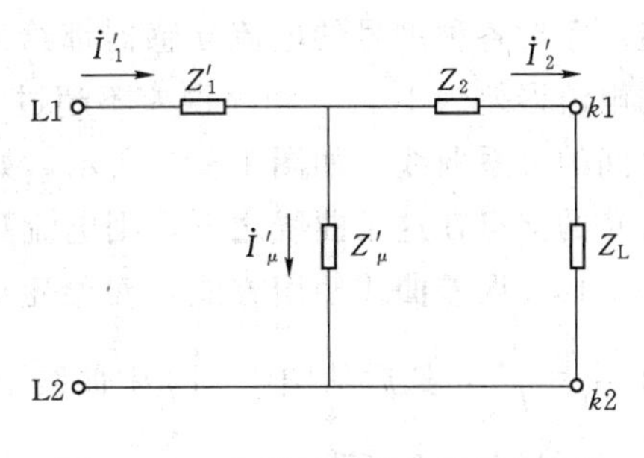

图1-11 电流互感器的等效电路图

电流误差又称变比误差，用f_i表示，且

$$f_i = \frac{I_2 - I_1'}{I_1'} \times 100\% \tag{1-2}$$

角度误差表示一、二次电流相位的误差，用δ_i表示。

电流互感器的误差决定于其结构、铁芯质量、一次电流的大小和二次回路阻抗。产生误差的根本原因是由于励磁电流的存在。从电流互感器的运行角度考虑，产生误差的主要因素如下所述。

（1）电流互感器的二次负载阻抗Z_L。Z_L是很小的，如果Z_L增大了，电流互感器的输出电压增大，其铁芯趋向饱和，励磁电流增大，故误差增大。

（2）次电流倍数n。一次电流倍数是指通过电流互感器的一次电流I_1与一次额定电流I_{1N}之比，即

$$n = \frac{I_1}{I_{1N}} \tag{1-3}$$

从图1-12可看出，当n较小时，随n的增大，二次电流I_2线性增大。当n大到一定程度时，其铁芯开始饱和，I_2不随n的增大而线性增大，而是增大得较慢，从而出现了电流互感器的误差。当$n = n_{10}$时，其变比误差$f_i = 10\%$，n_{10}称为饱和电流倍数，n_{10}是保护用电流互感器的一个重要参数，n_{10}越大，电流互感器过电流性能越好。

2. 电流互感器的10%误差曲线

继电保护的运行经验表明，电流互感器的电流误差在一定程度上影响着保护装置的工

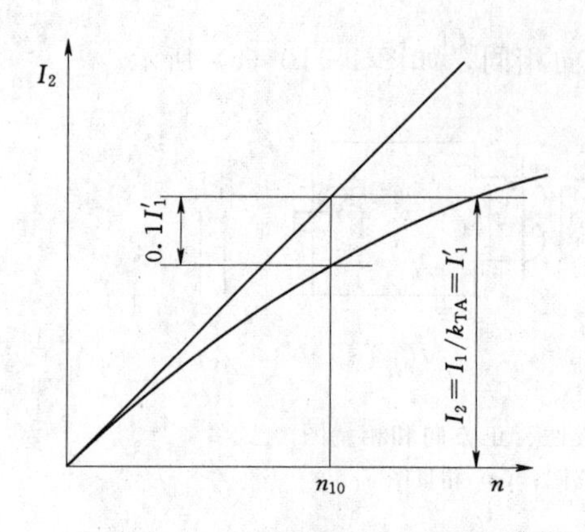

图1-12　电流互感器二次电流与一次电流倍数关系曲线

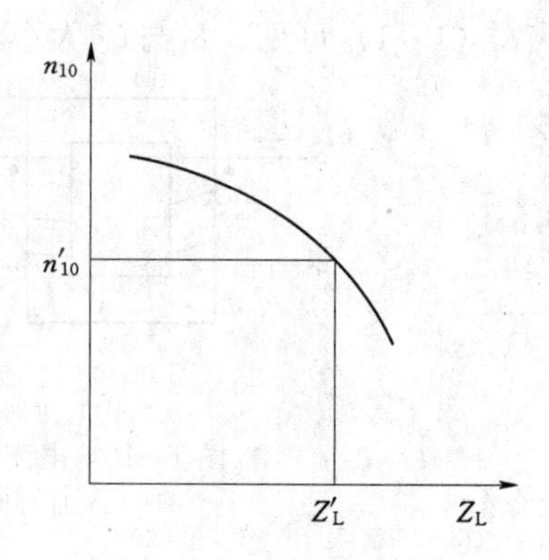

图1-13　电流互感器10%误差曲线

作质量，对于继电保护用电流互感器规定：在实际运行条件下，其电流误差不超过10%，角度误差不超过7°。因此，继电保护用电流互感器应根据10%误差曲线选择和校验。制造厂家对各种型号的电流互感器都给出了10%误差曲线，10%误差曲线是指电流互感器的电流误差为10%，角度误差不超过7°时，允许的饱和电流倍数n_{10}与允许的负载阻抗Z_L之间的关系曲线，如图1-13所示。如实际的一次电流倍数（纵坐标）与二次负载（横坐标）的交点在这条曲线之下，则电流互感器的误差就不超过允许值。

10%误差曲线使用方法：对给定的电流互感器，按计算通过一次侧短路电流I_k，求出$n'_{10}=\frac{I_k}{I_{1N}}$，然后从图1-13中曲线上找出与之相对应的$Z'_L$，当实际的$Z_L\leqslant Z'_L$时，能保证$f_i\leqslant 10\%$、$\delta_i<7°$。

经过10%误差曲线校验，如果f_i不满足时，应设法降低实际负载阻抗。例如可将两个变比相等的电流互感器串联使用，这样，二次负载两端的电压I_2Z_L，将由两个串联使用的电流互感器共同负担，对每个电流互感器来说，它们各自的二次电压$U_2=\frac{1}{2}I_2Z_L$，由于U_2的降低，则每个电流互感器的励磁电流减小，从而减小了误差。

1.4.1.3　电流互感器使用的注意事项

为了电流互感器安全、准确地工作，电流互感器的二次回路接线应符合一定的要求。

（1）极性连接要正确，接线时如果极性连接不正确，会造成计量错误，保护不正确动作等，还有可能造成短路事故。

（2）电流互感器二次回路应有一个接地点，以防当一、二次侧绝缘击穿时危机设备及人身安全。但不允许有多个接地点，且接地点应尽量靠近电流互感器。

（3）电流互感器二次侧绕组不允许开路，二次回路不能装熔断器，一般不允许切换。

（4）测量回路和保护回路应分别接在电流互感器不同的二次绕组上。当共用一组绕组时，应采取防开路措施。

1.4.2　电压互感器

电压互感器类似于一种小型降压变压器，其一次绕组并联于电力系统一次回路中，二

次绕组并接各种继电器、测量仪表等的电压线圈，二次绕组的额定电压（在一次绕组为额定电压时）为100V。

1.4.2.1 电压互感器的极性

电压互感器一、二次绕组间的极性与电流互感器一样，按照减极性原则标注，如图1-14所示，用相同脚标表示同极性端子，也可用“·”或“*”表示同极性端子。

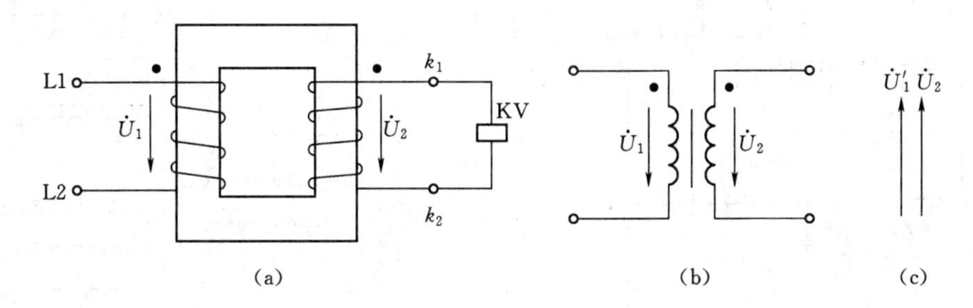

图1-14 电压互感器的极性、正方向和相量

(a) 原理图；(b) 电路图；(c) 相量图

电压互感器的一次绕组的额定电压和二次侧绕组的额定电压之比，称为电压互感器的额定变比，用K_{TV}表示，并近似等于一、二次绕组的匝数比，即

$$K_{TV}=\frac{U_{1N}}{U_{2N}}=\frac{W_1}{W_2} \tag{1-4}$$

1.4.2.2 互感器常用的接线方式

1. 星形接线

这种接线可由三个单相电压互感器或一个三相电压互感器构成。用一个三相电压互感器构成的星形接线如图1-15所示，其一、二次绕组的两个末端分别接在一起，并在同一点接地。这种接线方式能满足继电保护装置取用相电压和线电压的要求。

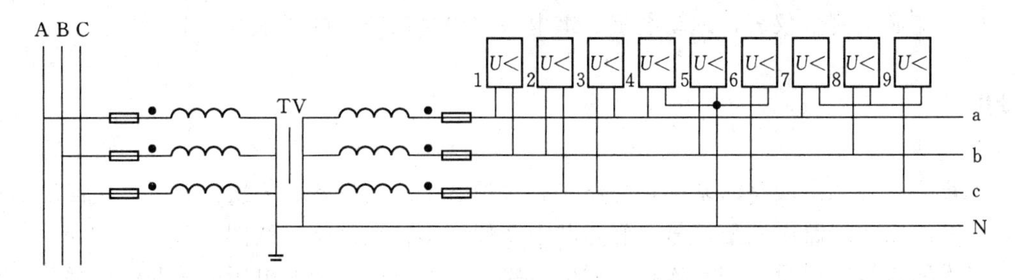

图1-15 电压互感器的星形接线

2. 不完全星形接线

由两台单相电压互感器组成不完全星形接线，又称V—V接线，如图1-16所示。电压互感器的一次绕组不允许接地，二次绕组采用b相接地，作为保护接地。这种接线只用两只电压互感器就可到得三个线电压，比采用三相星形接线经济，能满足继电保护装置取用线电压的要求，它的缺点是不能测量相电压。

3. $Y_0/Y_0/$⊏接线

此种接线可由一个三相五柱式电压互感器和三个单相三绕组电压互感器构成，如图

1－17所示，它既能测量线电压、相电压，又能组成绝缘监视装置供单相接地保护用。它有两个二次绕组，星形接线的绕组称为基本二次绕组，用来接继电器和绝缘监视电压表；开口三角形接线的绕组称为辅助二次绕组，用来接绝缘监视用的电压继电器。

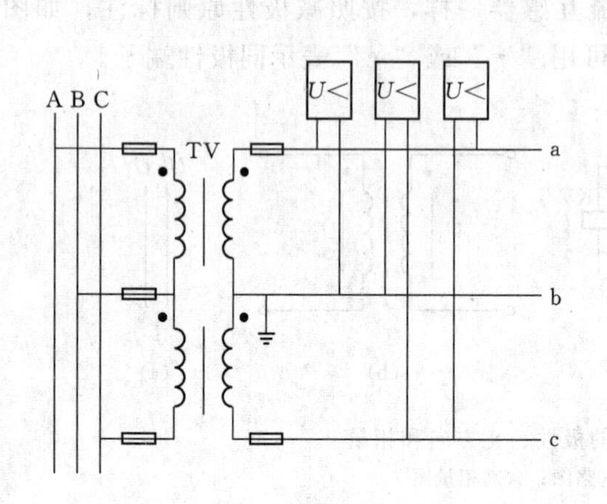

图1－16　两个单相电压互感器构成的不完全星形接线

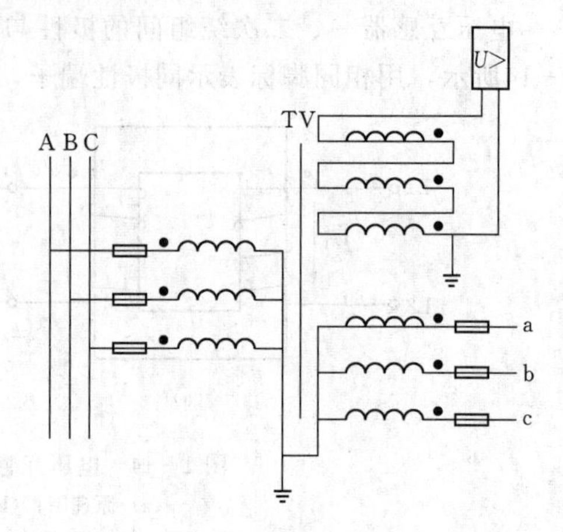

图1－17　电压互感器的 $Y_0/Y_0/\triangle$ 接线

1.4.2.3　电压互感器使用注意事项

电压互感器二次回路接线的合理与可靠，是测量仪表、继电保护及自动装置正确工作不可缺少的条件。为此，电压互感器的接线应满足以下要求。

（1）电压互感器工作时其二次回路不得短路。

（2）电压互感器二次回路有且只能有一点可靠地接地。

（3）二次回路应装设短路保护。

（4）应有防止从二次回路向一次回路反馈电压的措施。

（5）应满足测量仪表、远动装置、继电保护和自动装置的要求。

小结

本章是学习二次回路的基础，介绍了一次设备、二次设备、一次回路、二次回路的概念，并介绍二次回路中图形符号中触点状态及如何读二次回路接线图。

二次回路是二次设备相互连接而成的电路，是发电厂及变配电所的重要组成部分，它的主要作用是反映一次设备的工作状态，控制一次设备，在一次设备发生故障或处于不正常运行状态时，做出相应的处理，使电力系统处于良好的运行状况。二次回路接线图主要有原理接线图、展开接线图、安装接线图。安装接线图一般包括屏面布置图、端子排图和屏背面接线图。

电流互感器和电压互感器是联系电气一次系统和二次系统的重要电气设备。在互感器的接线中，极性是否正确对电气二次回路是否能正确动作起了关键作用。电流互感器的10％误差曲线用于检测保护用的电流互感器的准确性，10％的误差曲线反映了一次电流倍数与二次负载允许值之间的关系。在使用过程中电流互感器的二次侧不得开路，电压互感

器的二次侧不得短路，且其二次侧都必须有一端接地。

习　题

1-1　什么是二次设备和二次回路？

1-2　二次接线图常见的形式有哪几种？各有什么特点？

1-3　什么是动合触点（常开触点）？什么是动断触点（常闭触点）？

1-4　读二次接线图的基本方法是什么？

1-5　什么是电流互感器的10%误差曲线？10%误差曲线有什么作用？

1-6　画出电压互感器常用的接线方式。

1-7　安装接线图有哪几种形式？各有什么作用？

1-8　如何进行控制屏和保护屏屏面布置图的设计？

1-9　端子排图的设计原则是什么？怎样进行设计？

1-10　屏背面接线图是如何设计的？需要哪些原始资料？

第 2 章　二次回路的操作电源

【教学要求】 了解操作电源的基本要求、种类及适用场合，了解直流负荷分类，掌握蓄电池直流操作电源的浮充电运行方式的工作原理，掌握硅整流电容储能式直流电源的工作原理，掌握直流绝缘监察装置的作用及原理，掌握智能高频开关电源系统的工作原理，了解蓄电池容量及模块的选择，掌握事故照明装置的接线和工作原理。

2.1　概述

发电厂及变配电所中各种电气设备的操作、控制、保护、信号及自动装置，都需要有可靠的供电电源，由于这种电源特别重要，所以一般都专门设置，通常又称为操作电源。

2.1.1　对操作电源的基本要求

操作电源承担着为发电厂及变配电所二次回路提供电源的任务，操作电源系统发生故障将直接影响二次回路的正常工作，为保证电力系统的正常运行，对操作电源提出如下基本要求。

(1) 应保证供电的可靠性，一般应设独立的直流操作电源，以确保交流系统故障时不会影响到操作电源的正常供电。

(2) 应具备足够的容量，能满足各种工况对功率的要求。

(3) 具有良好的供电质量。正常运行时，操作电源母线电压波动范围小于±5%额定值；事故时电压不低于90%额定值；失去浮充电源后，在最大负载下的直流电压不低于80%额定值；波纹系数小于5%。

(4) 满足经济和实用的要求。要求操作电源使用寿命长、维护工作量小、设备投资省、占地面积小、噪声干扰小等。

2.1.2　操作电源的分类

操作电源按电源的性质分为直流操作电源和交流操作电源，以直流操作电源为主。直流操作电源又分为独立电源和非独立电源两种。独立电源是指不受外界影响的固定电源，如蓄电池组直流电源；非独立电源有复式整流和硅整流电容储能直流操作电源两种。按电压等级分为220V、110V、48V、24V等。

1. 蓄电池组直流电源系统

蓄电池是一种可多次充电使用的化学电源，由多节蓄电池组成一定电压的蓄电池组，作为与电力系统运行状态无关的独立可靠的直流操作电源，即使发电厂及变配电所交流系统全部停电，仍然能在一段时间内可靠地为部分重要负荷供电，是最稳定、最可靠的直流电源。蓄电池组的电压通常采用110V或220V。

2. 电源变换式直流电源系统

电源变换式直流电源系统原理框图如图 2－1 所示，该系统是由 220V 交流电源经可控硅整流变为 48V 直流电源，供全所 48V 操作用电并对蓄电池进行浮充电；同时经过逆变装置将直流电源变为交流电源，再整流为 220V 直流电源的多功能新型独立电源，在中、小型变配电所中得到了广泛的应用。

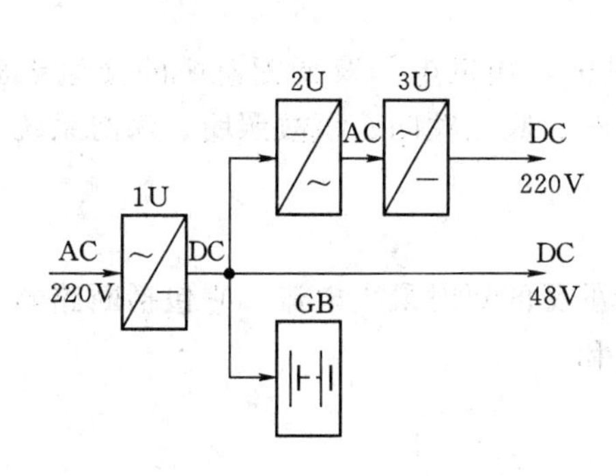

图 2－1　电源变换式直流电源系统原理框图

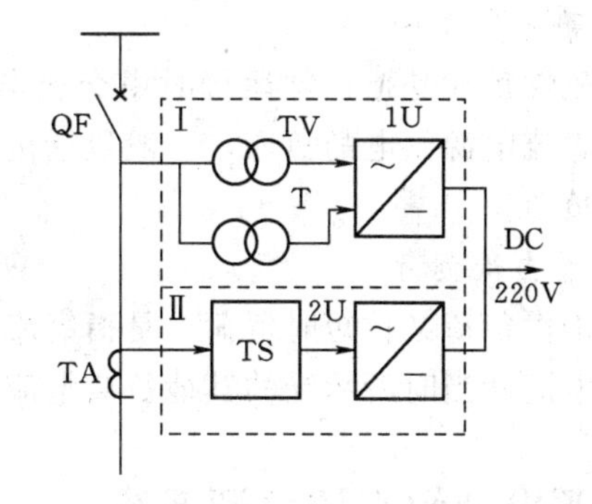

图 2－2　复式整流直流电源系统框图
Ⅰ—电压源；Ⅱ—电流源

3. 复式整流直流电源系统

复式整流直流电源系统原理框图如图 2－2 所示，该系统是一种以所用变压器、电压互感器的二次电压、电流互感器的二次电流等作为输入量的复合式整流设备。在正常运行时，由所用变压器或电压互感器的二次电压经整流后得到直流电源；在事故状态下，由电流互感器的二次短路电流，通过铁磁谐振稳压器 TS 变为交流电压，再经过整流作为事故电源，为保护装置、断路器跳闸线圈等重要负荷供电。复式整流直流电源系统必须依靠系统的交流电源，是非独立式的直流电源。复式整流直流电源容量大，可用于复杂的二次系统中。

4. 硅整流电容储能直流电源系统

硅整流电容储能直流电源系统由硅整流设备和电容器组构成。在正常运行时，厂（所）用交流电源经硅整流设备变为直流电源，作为全厂（所）的直流操作电源，并向电容器充电。在事故情况下，将电容器储存的电能向继电保护、自动装置以及断路器跳闸回路供电，以确保继电保护及断路器能够可靠动作。硅整流电容储能直流电源容量小，事故时只能短时向重要负荷供电，主要使用在中、小型变配电所中。

5. 交流操作电源

交流操作电源就是直接使用交流电源作为二次回路的工作电源。采用交流操作电源时，一般由电流互感器供电给反应短路故障的继电器和断路器的跳闸线圈，由自用电变压器供电给断路器合闸线圈，由电压互感器（或自用变压器）供电给控制设备与信号设备。这种操作电源接线原理简单、维护方便、投资少，但其技术性还不能完全满足中、大型变配电所的要求，与直流电源相比可靠性低，主要用于小型变配电所。

2.1.3　直流负荷的分类

发电厂及变配电所的直流负荷，按用电特性分为经常性负荷、事故性负荷和冲击性负荷三类。

1. 经常性负荷

经常性负荷是指在各种运行状态下，由直流电源不间断供电的负荷。包括经常带电的继电器、信号灯、位置指示器、直流照明灯和经常投入运行的逆变电源等。这类负荷容量较小，约占直流总负荷的5%。

2. 事故性负荷

事故性负荷是指正常运行时由交流电源供电，当发电厂及变配电所的交流电源消失后，由直流电源供电的负荷，一般包括机车刹车、阀门关闭、事故照明、润滑系统及冷却系统等负荷。

3. 冲击性负荷

冲击性负荷又称短时负荷，是指直流电源承受的短时最大电流，它包括断路器合闸时的冲击电流和当时所承受的其他负荷电流的总和。

2.2　蓄电池组直流电源系统

蓄电池组直流电源系统属于独立操作电源系统。蓄电池组是由若干蓄电池串联组成的，串联的个数取决于直流系统的工作电压。蓄电池组直流电源系统的电压平稳、容量大、供电可靠，适用于各种直流负荷，是电力系统首选的独立操作电源系统。

2.2.1　蓄电池的分类

按电极材料和电解液的不同，蓄电池可分为酸性蓄电池和碱性蓄电池两种。

1. 酸性蓄电池

酸性蓄电池的电极是以二氧化铅（PbO_2）为正极板、绒状铅（Pb）为负极板的特制绒状铅板，其电解液是浓度为27%～37%的硫酸水溶液，所以又称铅酸蓄电池。

酸性蓄电池的优点是端电压相对较高（2.15V）、冲击放电电流大，非常适用于断路器跳、合闸的冲击负荷；其主要缺点是电池寿命较短（一般为6～8年），充电时会逸出有害的硫酸气体，蓄电池室需做防酸和防爆等特殊处理。

目前常用的有固定型防酸隔爆式铅酸蓄电池（GGF）、密闭防酸隔爆式铅酸蓄电池（GGM）等。它们具有容量大、寿命长和维护方便等优点。

2. 碱性蓄电池

碱性蓄电池是近20年来发展起来的高可靠、免维护型产品。碱性蓄电池的电极用氢氧化镍［$Ni(OH)_3$］作正极，用镉（Cd）或铁（Fe）作负极，其电解液是浓度为20%的氢氧化钾（KOH）水溶液。用镉作负极的叫镉镍蓄电池，用铁作负极的称为铁镍蓄电池。

碱性蓄电池额定电压为1.2V，使用寿命长（可达20年左右）、体积小、占地面积小、无有害气体污染，但放电电流较小，一般在新建发电厂和变电站中使用。目前在变配电所常用的有GNG、GNY、GNZ等型号的镉镍蓄电池。

2.2.2　电池的容量及放电率

蓄电池是一种化学电源，充电时将电能转变为化学能储存起来，放电时候又将化学能转化为电能。

蓄电池的容量Q是在指定的放电条件（环境温度、放电电流、终止电压）下所放出的电量，一般用A·h（安培·小时）表示，蓄电池的容量是蓄电池蓄电能力的重要标志。

蓄电池放电至终止电压的时间称为放电率，单位为h（小时）率。以10h率为标准放电率。蓄电池的容量一般分为额定容量和实际容量两种。额定容量是指充足电的蓄电池在25℃时，以10h率放出的电能，即

$$Q_N = I_N t_N \tag{2-1}$$

式中 Q_N——蓄电池的额定容量，A·h；

I_N——额定放电电流，即10h率的放电电流，A；

t_N——放电至终止电压的时间，一般为10h。

蓄电池的实际容量与极板的面积、电解液的密度、放电电流的大小、充电程度及环境温度等因素有关，因此实际容量为

$$Q = It \tag{2-2}$$

式中 Q——蓄电池的容量，A·h；

I——非10h率的放电电流，A；

t——放电时间，h。

采用不同的放电率，其蓄电池的容量是不同的。当蓄电池以大电流方式放电时，极板的有效物质很快形成硫酸铅，它堵塞了极板的细孔，使细孔深处的有效物质失去了与电解液进行化学反应的机会，蓄电池的内阻很快增大，端电压很快降低到终止电压。以小电流方式放电时，极板细孔内电解液的浓度与容器内电解液的浓度相差小，可以充分发生化学反应，因此放电时间更长，此时放出的容量就允许大于额定容量。以10h率放电到终止电压时的容量大约是以1h率放电到终止电压时容量的两倍。

蓄电池不允许用过大的电流放电，但是它可以在几秒钟的短时间内承担冲击电流，此电流可以比长期放电电流大得多，因此蓄电池可以作为电磁型操作机构的合闸电源。每一种蓄电池都有允许的最大放电电流值，允许的放电时间约为5s。

2.2.3 直流电源系统的运行方式

蓄电池组直流电源系统的运行方式有两种，即充电—放电运行方式和浮充电运行方式。目前，多数直流系统都采用浮充电运行方式。

2.2.3.1 充电—放电运行方式

充电—放电运行方式就是将充好电的蓄电池组接在直流母线上对直流负荷供电，同时断开充电装置。当蓄电池放电到其容量的75%～80%时，为保证直流系统供电的可靠性，应自行停止放电，准备再次充电，改由已充好电的另一组蓄电池供电。如果没有第二组蓄电池，则当蓄电池充电时，充电装置还应为直流负荷供电。

2.2.3.2 浮充电运行方式

浮充电运行方式是将充足电的蓄电池与浮充电整流器并联工作，平时由整流器为直流负荷供电，并以不大的电流向蓄电池组浮充电，用来补偿由于自放电而产生的电压下降，使蓄电池经常处于充满电状态，从而延长蓄电池的寿命。

当直流母线上有冲击性负荷时，由于蓄电池组内阻很小，承担了给冲击性负荷供电的

任务。当交流系统故障引起充电设备断电时，蓄电池组就担负全部直流负荷的供电任务，直到故障排除，充电设备恢复供电。交流电源恢复后，充电器给蓄电池组充好电再转入浮充电状态。

图 2-3 所示为浮充电运行方式直流系统接线图。图示为双直流母线系统，1U 和 2U 为两套浮充电整流器，共用一组电压等级为 220V 的蓄电池组 GB，经开关 1QK 和 2QK 可以切换至任一组母线上；闪光装置、电压监察装置和信号装置每组母线各设一套，而绝缘监察装置共用一套。蓄电池组 GB 左端为基本电池，其右端为可调节接入蓄电池个数的端电池组，可通过调整器任意接入或退出部分电池，以保持直流母线的额定电压为 220V，通常每只酸性蓄电池取 2.15V，每只碱性蓄电池取 1.35～1.45V 来确定蓄电池个数。为便于蓄电池放电，浮充电整流器宜采用能实现逆变的整流装置。现将浮充电式直流系统的工作原理分析如下。

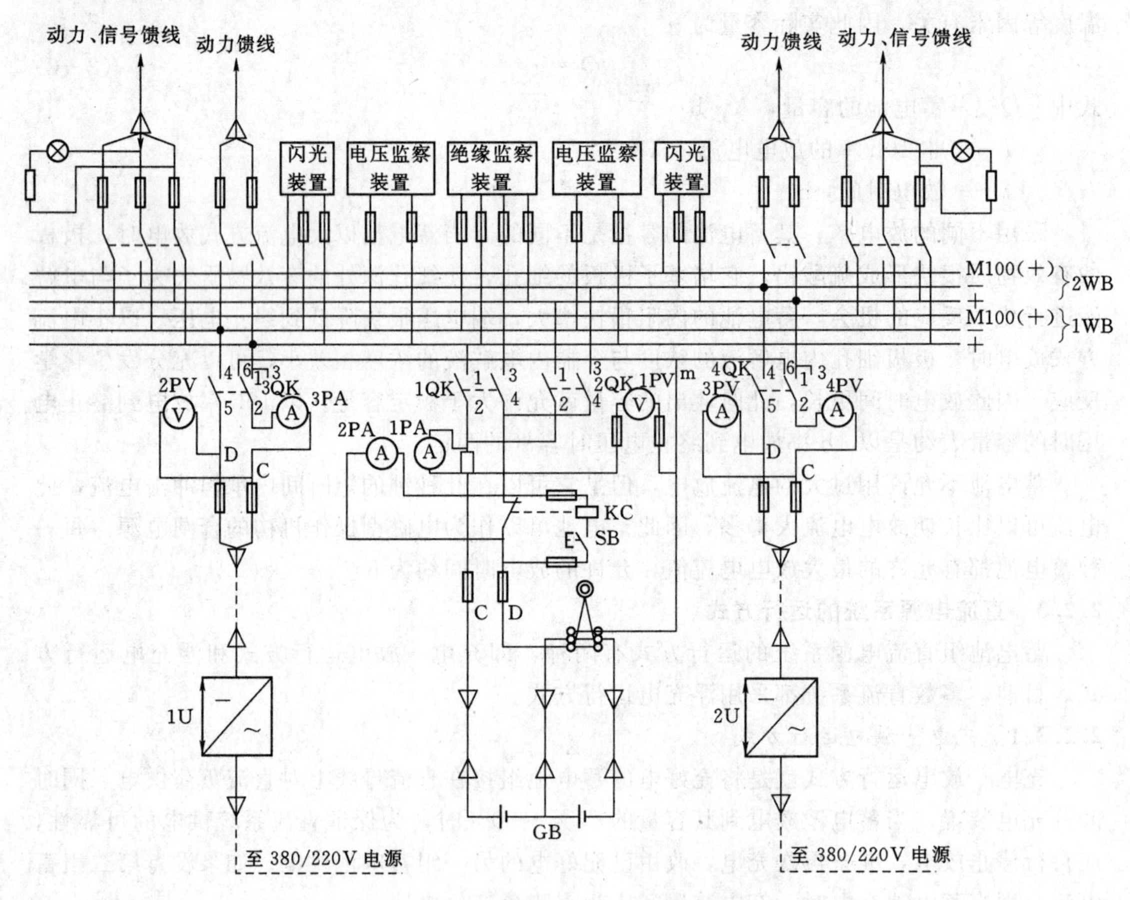

图 2-3　浮充电运行方式直流系统接线图

1. 充电器 1U 对母线 1WB 供电并对蓄电池组 GB 浮充电

(1) 1U 输出 220V 直流电压，向整组蓄电池组 GB 充电时，刀开关 3QK 投向右侧，触点 2-3 接通、触点 5-6 接通，1QK 接通。1U 的正极经 3QK 的触点 2-3→母线 1WB 的“+”→1QK 的触点 1-2→GB 的正极，1U 的负极经 3QK 的触点 5-6→m 点→GB 端

电池的负极，实现对 GB 整组蓄电池充电。

（2）1U 对母线 1WB 供电并对 GB 浮充电时，3QK 投向左侧，其触点 1－2 接通、触点 5－4 接通，对母线 1WB 上的直流负荷供电，同时经 1QK 向 GB 的基本电池组进行浮充电，2PV 和 3PA 用来监视 1U 的输出电压和电流。

2. 充电器 2U 对母线 2WB 供电并对蓄电池组 GB 浮充电

（1）2U 输出 220V 直流电压，向整组蓄电池组 GB 充电时，刀开关 4QK 投向右侧，触点 2－3 接通、触点 5－6 接通，2QK 接通。2U 的正极经 4QK 的触点 2－3→母线 2WB 的"＋"→2QK 的触点 1－2→GB 的正极；2U 的负极经 4QK 的触点 5－6→m 点→GB 端电池的负极，实现对 GB 整组蓄电池充电。

（2）2U 向母线 2WB 供电并对 GB 基本电池浮充电时，4QK 投向左侧，其触点 2－1 接通、触点 5－4 接通，对母线 2WB 上的直流负荷供电，同时经 2QK 向 GB 的基本电池组进行浮充电，3PV 和 4PA 监视 2U 的输出电压和电流。

3. 蓄电池组的监视

蓄电池组回路装有两组开关 1QK、2QK，熔断器，两只电流表 1PA、2PA，电压表 1PV。电流表 1PA 为双向 5A－0－5A 式，用以测量充电电流和放电电流；电流表 2PA 正常时被短接，当需要测量浮充电电流时，可按下按钮 SB，使接触器 KC 得电，其动断触点断开后进行测读；电压表 1PV 用来监视蓄电池组的电压；回路中各熔断器作为短路保护。

4. 蓄电池组的维护

（1）铅酸蓄电池的维护。铅酸蓄电池按浮充电方式运行时，相对充电一放电方式而言大大减少了充电次数。除交流电源故障或浮充电整流器 2U 故障，蓄电池转入放电状态运行后，需要进行正常充电外，平时每个月只进行一次充电，每三个月进行一次核对性放电，放出额定容量的 50％～60％，终期电压达到 1.9V 为止；或进行全容量放电，放电至终止电压（1.75～1.8V）为止。放电完毕，应进行一次均衡充电（也称过充电），这是为了避免由于浮充电流控制的不准确，造成硫酸铅沉淀在极板上，影响蓄电池的输出容量和降低使用寿命。

（2）碱性蓄电池的维护。碱性蓄电池按规定有三种恒定充电方法，即浮充电、均衡充电和恢复充电。

1）浮充电。蓄电池在正常充电至充足电之后转入浮充电运行状态。浮充电期间，电池两端电压在 1.35～1.38V/只之间，电流在 1～2mA/(A·h) 之间，可长期充电。

2）均衡充电。均衡充电是为了确保蓄电池组中所有单体蓄电池能够完全充电的一种延续充电方式。浮充电期间每 6 个月进行一次均衡充电，每只蓄电池的平均充电电压为 1.49～1.51V/只，电流限制在 $0.25C_sA$，充电时间 6～7h，保证电池具有良好的特性。其中，C_s 蓄电池以 5h 率（规定）放电时的额定容量。

3）恢复充电。电池放电后进行恒压充电，每只蓄电池的平均充电电压为 1.49～1.51V/只，充电电流限制在 $0.25C_sA$。当电压达到设定值后，继续充电 6～7h。

采用浮充电运行方式不仅可以大大减少运行维护的工作量，还可以提高直流系统供电的可靠性，由于所有的蓄电池都处于充满电的状态，它们的输出容量不会降低，延长蓄电池的使用寿命，因此获得了广泛的应用。

2.3　整流操作的直流电源系统

整流操作的直流电源系统是利用发电厂及变配电所的厂（所）用变压器（或电压互感器）来的电压源和由被保护装置的电流互感器来的电流源，经稳压整流后构成的直流电源系统。整流操作电源系统分为两种类型：①利用上述电压源和电流源经整流后的复式整流的直流系统；②上述整流装置附加电容储能装置的直流系统。

2.3.1　硅整流电容储能的直流系统

交流整流的直流系统，虽然结构简单，维护方便，但在一次系统故障时直流系统可能无法工作，为克服此缺点，因此在交流整流后加装一定数量的储能电容器。当一次系统正常时向电容器充电储能，而当一次系统发生故障，直流母线电压下降到很低时，由储能电容器向控制回路、继电保护装置和断路器线圈回路放电，以保证这些装置能够可靠动作，这样的直流系统被称为硅整流电容储能的直流系统。

采用硅整流电容储能装置，要求交流电源可靠性高，一般应有两个独立的电源来供电，即一个电源接入硅整流装置，另一个电源备用。

图2-4是硅整流电容储能直流系统接线图，由图可见，电源有两组硅整流装置1U和2U，两组储能电容器组1*C*和2*C*，直流母线分为1WB和2WB两段，系统工作原理如下。

1. 整流器及直流母线

变压器1T、2T分别向整流器1U、2U提供交流电源。整流器1U向母线1WB供电，母线1WB是供断路器合闸用的，同时也向母线2WB供电，其容量较大，一般采用三相桥式整流。而整流器2U向母线2WB供电，其容量较小，仅用作向控制回路、保护回路及信号回路供电。

两组硅整流装置分别于直流母线1WB和2WB相连接，母线1WB和母线2WB之间用电阻1*R*和二极管3VD隔开，由于二极管的单向导电性，其作用相当于逆止阀，二极管3VD只允许合闸母线1WB向控制母线2WB供电，而不能反向供电，以确保控制回路、保护回路及信号系统供电的可靠性。电阻1*R*用以限制控制母线2WB侧发生短路时流过二极管3VD的电流不会过大，起保护二极管3VD的作用。

2. 储能电容器组

1*C*和2*C*为两组储能电容器组，又称为补偿电容器组。电容器组所储存的能量仅在事故情况下向保护和跳闸回路放电，作为事故电源。二极管1VD、2VD的作用是防止事故时电容器向母线上其他回路（如信号灯等）供电。设两组电容器组，一组供给10kV线路的继电保护和跳闸回路用电，另一组供给主变压器和电源进线的继电保护和跳闸回路用电。这样，当10kV出线上发生故障时，继电保护动作，而断路器因操作机构失灵不能跳闸（此时由于跳闸线圈长时间通电，已将电容器组1*C*的储能耗尽）时，使起后备保护作用的主变压器过流保护仍可利用电容器组2*C*的储能将故障切除。

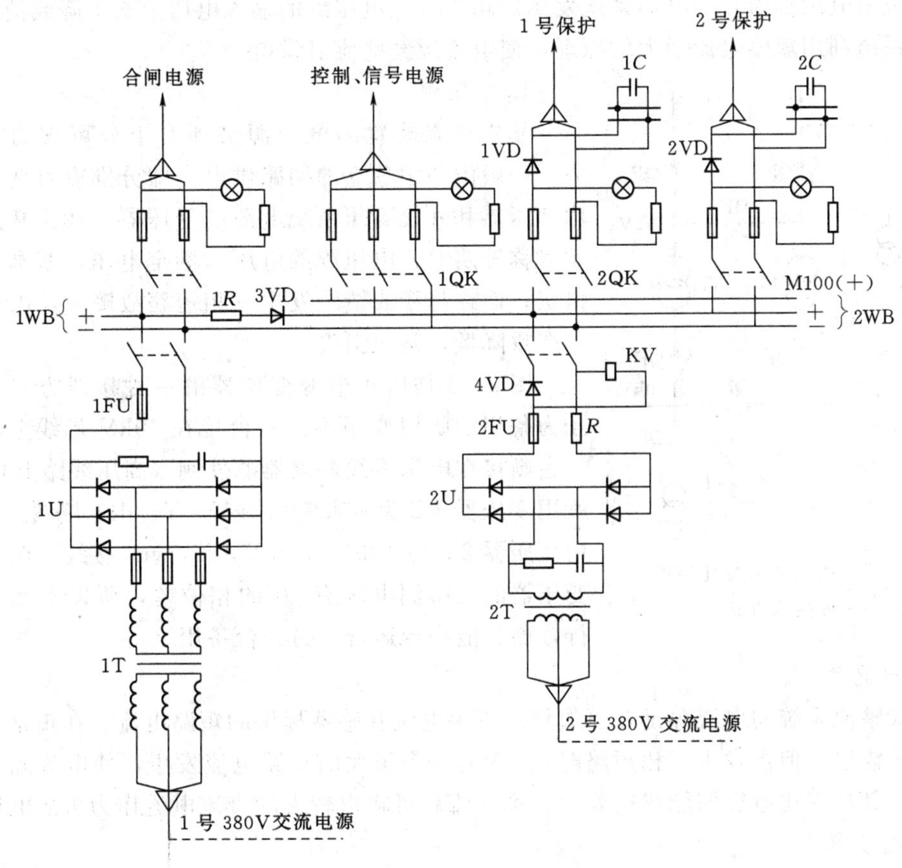

图 2-4 硅整流电容储能直流系统接线图

3. 保护和信号装置

整流器1U、2U输出端的熔断器1FU、2FU为快速熔断器，起短路保护的作用。2U输出端的电阻R起限流作用，用来保护2U。电压继电器KV监视2U的端电压，当2U输出电压降低或消失时，KV返回，其动断触点闭合，发出预告信号。4VD为隔离二极管，防止在2U的输出电压消失后，由1U向KV供电而误发信号。

电容储能装置投入后，必须加强对电容器组和逆止元件的维护。电容器组可通过专门的装置进行定期检查，检查其回路是否有断线故障或电容器的电容量是否降低。在运行中停电检查时，还应注意将电容器组储存的电荷放掉，以免触电或烧坏设备。

2.3.2 复式整流的直流系统

为了保证在交流系统发生短路故障时仍能供给继电保护和断路器跳闸的电源，整流操作电源一般都有一定的补偿手段。复式整流电源利用交流电源系统短路时电路中电流增大这一特点来实现上述目的。

复式整流电源由电压源和电流源两种电源组成，电压源一般为厂（所）用变压器T或电压互感器TV，电流源为反映短路电流变化的电流互感器TA，经硅整流器整流后组成直流电源系统。

当电力系统正常运行时，复式整流直流系统的操作电源和硅整流电容储能系统一样，由厂用电整流后供给，当电力系统发生短路事故，电压源的输入电压急剧下降或消失，复式整流系统利用短路电流增大的原理，使电流源经整流后供电。

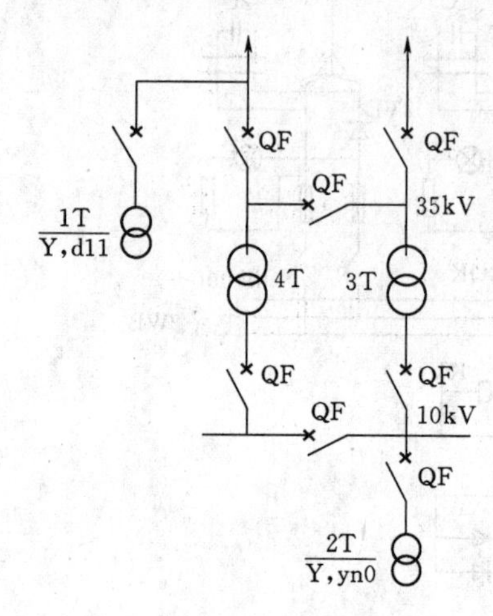

图 2-5　所用电源变压器的一种接线方式

1. 电压源

复式整流装置的电压源必须有十分可靠的交流电源，一般由两条独立的回路供电，即分别取自变电所所用变压器和外接高压系统电源的变压器。在正常运行和非对称短路时，电压源的电压为额定电压，基本上保持恒定；而在母线或馈线发生三相短路故障时，电压源电压严重降低，甚至消失。

图 2-5 是所用电源变压器的一种接线方式，两台互为备用的所用变压器，一台接在 10kV 母线上，而另一台则接在电源进线断路器的外侧（高压线路上）。1 号所用变压器 1T 为 35kV/0.4kV，Y，d11 接线；2 号所用变压器 2T 为 10kV/0.4kV，Y，yn0 接线。两台所用变压器的二次侧电压有 30°的相位差，所以不能并列运行，而只能一台运行，另一台备用。

2. 电流源

复式整流系统的电流源是在事故情况下由电流互感器提供的短路电流。在正常运行时电流源无输出，但当发生三相短路时，TA 有一个很大的短路电流发生，使电流源有较大的输出，其功率比电容储能式还要大，经整流后可输出较大的直流电流作为事故电源。

3. 稳压器

由于短路电流变化范围较大，电流源必须设置稳压装置，才能获得较为平稳的直流电压。电流源一般采用并联铁磁谐振饱和稳压器 TS 进行稳压，将电容 C 与电感 L 构成谐振回路，起到滤波和改善电压波形的作用。

4. 阻容吸收装置

由于回路中电感元件的作用，交流电本身也有过电压作用于硅元件上，为了防止硅元件因过电压而击穿损坏，故装设阻容吸收装置。阻容吸收装置由电阻 R 和电容 C 串联组成，由于电容 C 上的电压不能突变，延缓了过电压的上升速度，同时短路掉一部分高次谐波电压分量，使硅整流元件上产生的过电压不会在短时间内增至很大值；电阻可限制电容器放电电流值和防止电容、电感发生振荡。

复式整流直流系统的型式很多，接线也不完全相同，复式整流直流系统按接线分为单相式和三相式两种。直流电压的等级有 220V、110V、48V、24V 等。

对于变配电所一次接线系统和继电保护装置比较简单，且直流负荷不大的，可采用单相复式整流直流系统，如图 2-6 所示。

图 2-6 中的控制母线电压为 220V，供给变配电所的控制、信号和保护回路专用，其电源由所用变压器和电源进线上的电流互感器经整流后复合供电。前者经隔离变压器 T 整流后供电，后者经铁磁谐振稳压器 TS 整流后供电。

正常运行时，由所用变压器供给控制电源，称为“电压源”，短路故障时，由电流互

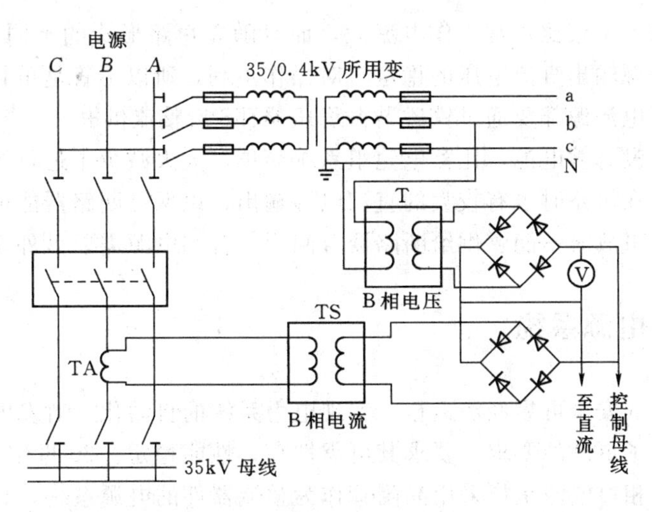

图 2-6　单相复式整流直流系统

感器经铁磁谐振稳压器 TS 供给控制电源，称为“电流源”。为了保证在各种短路情况下都能可靠地输出功率，单相复式整流直流系统的电压源和电流源必须装在同名相上。

三相复式整流直流系统的工作原理与单相式基本相同，其输出功率比单相式大，如图 2-7 所示。直流母线额定电压为 220V，断路器合闸电源由一组硅整流装置 1U 供电，控制、保护和信号回路由所用变压器经硅整流装置 2U 供电的电压源和电源进线上的电流互感器供电的两个电流源（经硅整流装置 3U、4U）复合供电。

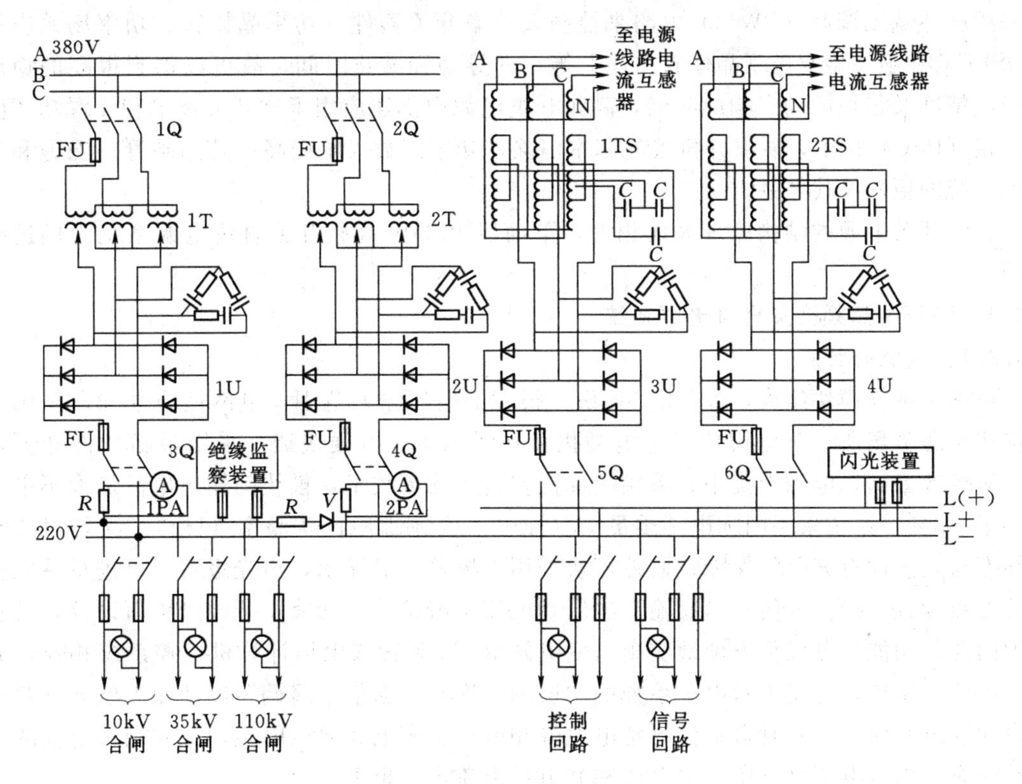

图 2-7　三相式复式整流直流系统

故障时短路电流不仅比正常工作电流大，而且随着短路形式的不同，变化也比较大，这就很难保证电流源输出直流电压的稳定，对操作不利，所以不管是单相式还是三相式复式整流直流系统，电流源都要通过铁磁谐振稳压器 TS 后整流供电。

复式整流系统没有蓄电池，比蓄电池组系统简单，大大减少了运行维护工作量，减少了设备投资，并能在短路时也有较大的直流电源输出，以保证断路器能可靠跳闸。只是补偿容量是有限的，事故时不能够供给断路器合闸用，合闸电源需要另外设置。

2.4　高频开关电源系统

为了保证电网的安全可靠经济运行，实现电力系统的自动化，对发电厂及变配电所的直流电源系统提出了更高的要求，要求其可靠性高，性能稳定。20 世纪 90 年代初，相控电源占主导地位，相控电源是指采用晶闸管作为整流器件的电源系统，其原理是交流输入电压经工频变压器降压，然后采用晶闸管进行整流，并通过移相控制以保持输出电压的稳定。相控电源采用工频变压器。

随着科学技术的飞速发展，现代直流电源向着以高频开关技术为基础的，兼备高频化、高效率、大功率、无污染和模块等特点的高频开关电源系统的方向发展。

2.4.1　概述

高频开关电源先将输入的工频交流电经整流滤波后得到直流电压，再通过功率变换器变换成高频脉冲电压，经高频变压器和整流滤波电路最后转换为稳定的直流输出电压。因其采用脉冲宽度调制（PWM）电路来控制大功率开关器件（功率晶体管、功率场效应管 MOSFET 和绝缘型双极型晶体管 IGBT 等）的导通和截止时间，故可以得到很高的稳压和稳流精度及很短的动态响应时间，高频开关电源内部还应用了软开关技术和无源功率因数校正（PFC）技术，所以开机浪涌基本消除，功率因数大幅提高，是晶闸管、磁饱和类直流系统的更新换代产品。

高频开关电源的结构原理大体相似，下面以 PZDW 高频开关直流电源系统为例进行说明。

2.4.2　PZDW 高频开关直流电源系统

2.4.2.1　系统的特点

由多个独立模块组成，$N+1$ 热备份；很宽的电压输入范围，电网适应性强，可用于环境相对恶劣场所；充电模块可带电插拔，在线维护，方便快捷；采用最新软件开关技术，转换效率高，电磁干扰小；采用硬件低差自主均流技术，模块间输出电流最大不平衡度小于±3%；系统采用国际电工委员会（IEC）、美国保险商实验室（UL）等国际标准，可靠性与安全性有充分的保障；监控模块采用大屏幕液晶显示，声光报警，可进行系统各部分参数设置，操作方便；具有输出电压和电流平滑调节的功能；开放式接口设计，具有强大的通信功能，可以很方便地实现与变电站 RTU 装置或电厂计算机监控系统相连；分散多级监控系统，可实现对电源系统的“遥测、遥控、遥信、遥调”以及无人值守；蓄电池自动管理及保护，实时自动监测蓄电池的端电压、充电和放电电流，并控制蓄电池的均充和浮充，设有电池过电压、欠电压和充电过电流声光报警。

2.4.2.2　系统的工作原理

高频开关电源系统主要由交流配电单元、充电模块、监控模块、配电监控、降压硅链（降压单元）、直流馈电单元（包括合闸分路、控制分路）、绝缘监测等几大部分组成，其原理框图如图2-8所示。

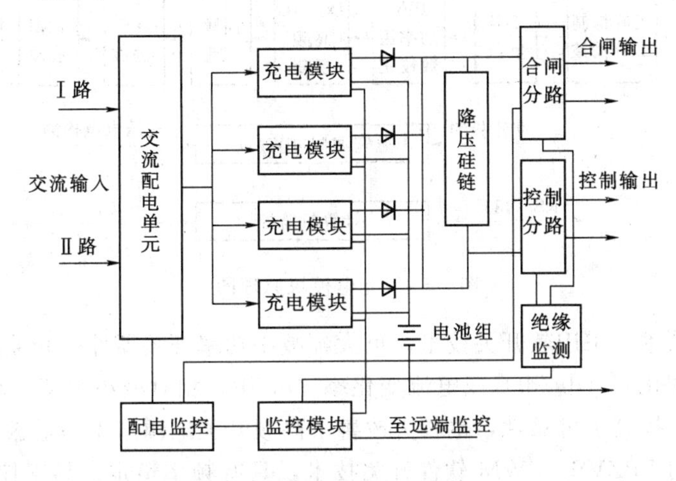

图2-8　高频开关电源系统原理框图

两路交流输入经交流切换控制电路选择其中一路输入，并通过交流配电单元给各个充电模块供电。充电模块将三相交流电转换为220V或110V的直流电，经隔离二极管隔离后输出，给电池充电、给负载提供正常的工作电流。

监控部分采用集散方式对系统进行监测和控制，充电柜与馈电柜的运行参数、充电模块运行参数分别由配电监控电路和监控模块电路采集处理，然后通过串行通信口把处理后的信息上报给监控模块，由监控模块统一处理后，显示在液晶屏上。同时，可通过人机交互操作方式对系统进行设置和控制，若需要，还可以接入远程监控。监控模块还能对每个充电模块进行均充和浮充控制、限流控制等，保证蓄电池的正常充电，延长其使用寿命。

交流输入停电或异常时，充电模块停止工作，由电池给负载供电。监控模块监测电池电压、放电时间，当电池放电到设置的欠压点时，监控模块报警。交流输入恢复正常以后，充电模块再对电池充电。

2.4.2.3　主要部件工作原理

1. 充电模块

（1）特点。充电模块采用先进的移相谐振高频软开关电源技术，模块效率大于94%。模块采用一体化输入输出及通信端口，并设计为可带电插拔方式，方便系统维护。采用无源PFC技术，功率因数大于0.92。具备电磁兼容和安全措施，符合IEC相关标准。与传统相控电源相比，输出波纹大大减小。模块间的均流采用了低差自主均流技术，多个充电模块并机运行时，具有理想的均流性能。模块直流输出采用无级限流方式，可根据负载电流的大小和电池的容量，由系统监控模块选择限流点，稳流进度优于0.5%，模块内设置了短路回缩特性，即使模块处于长期短路也不致损坏。模块具有保护及报警功能，包括输入过压、欠压、缺相、输出过压和欠压等。充电模块内部监控板在监控控制模块运行情况的同时，还与系统监控模块通信，使充电模块具有遥测、遥控、遥信、遥调功能。

(2) 原理。380V 三相交流先整流成高压直流电，再逆变及高频整流为可调脉宽的脉冲电压波，经滤波器输出所需的直流电。充电模块原理图如图 2-9 所示。

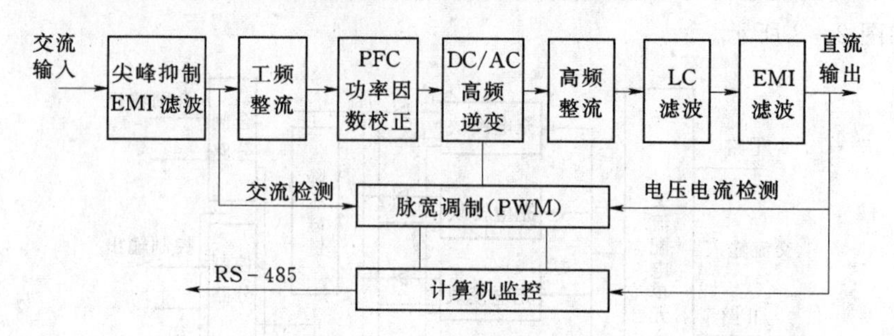

图 2-9　充电模块原理图

(3) 软开关技术。采用软开关技术，可大幅减小功率开关器件的开关损耗，提高转换效率；由于电压变化率（du/dt）或电流变化率（di/dt）相对减小很多，功率开关器件受到的电应力较小，提高了可靠性，也较大改善了高频开关电源产生的电磁干扰。

充电模块采用 FBZVS-PWM 软件开关技术，具有频率恒定、易于控制、可靠性高、实用性能好等特点；通过软开关技术的使用，实现了整机满载效率接近 95%。

(4) 均流技术。充电模块采用低差自主均流技术，多个模块并机工作时，具有非常理想的均流性能。各模块的均流单元通过同一放大系数采样各自的输出电流，建立采样电压，各采样电压通过比较，以其最大值作为均流总线上的基准电压。基准电压对应的模块自动成为“主模块”，它的输出电流相对最大，其余模块自动成为“从模块”。基准电压通过均流总线进入各模块均流单元，与其采用电压进行比较，误差放大后控制模块开关脉冲宽度，微调各模块的输出电压让输出电流趋于一致。均流调整达到平衡后，“从模块”的输出电流接近于“主模块”的输出电流，模块间输出电流差趋于零。

这种均流方案的优点如下所述。

1) 负载不平衡度小于 3%。

2) 作为“主模块”的充电模块式通过比较任意产生的，当“主模块”因某种原因退出工作后，系统将自动再比较出一个输出电流最大的模块作为“主模块”，并自动重新调整输出电路，达到新的平衡。这样可以避免模块出现故障时造成系统的崩溃。

2. 监控模块

在电力操作高频开关电源系统中，监控模块通过 RS-485 通信口对充电模块、充馈电柜内各单元、电池监测仪、绝缘检测仪等下级智能设备实施数据采集，加以显示；也可根据系统的各种设置数据进行报警处理、历史数据管理等；同时，对这些处理的结果加以判断，根据不同的情况实行电池管理、输出控制和故障回叫等操作；监控模块还可通过 RS-232、RS-485 接口与后台计算机通信。

监控模块汇集电源系统的各种数据、工作状态，通过整理、分析，实现对电源与电池充放电的全自动化管理。操作人员可通过键盘对充电模块进行强制开启、关停、均充与浮充等控制，调节充电模块的限流点和输出电压。

电源集中监控维护后台可实时显示当前电源系统的全部详细数据、状态，可对电源系统发出限流、均充与浮充电压调节，充电模块开启、关停等各种控制命令。

监控模块的性能和特点如下所述。

（1）显示功能。监控模块能实时显示各个下级设备的各种信息、包括采集数据、设置数据等。通过监控模块的键盘和 LCD，可随时查看整个系统的运行状况，如系统的电压与电流、电池的均充与浮充状态等。

（2）设置功能。设置功能是将监控模块或下级设备运行过程中需要的参数，通过键盘输入到系统中去，这些参数会在以后的运行中影响整个系统的工作。对下级设备的设置是通过串口实现的，监控模块会提示设置是否成功。另外，系统的设置页可分为用户级和维护级两个级别，用户级指的是在监控模块运行的过程中，对一些常用的可更改的参数，用户可自行修改，而且立刻生效；维护级设置的是核心的、重要的参数，除维护人员外，其他人员不可擅自更改；设置都有密码保护功能，用户级密码可随时修改，维护级则不可。

（3）控制功能。控制功能是监控模块根据所采集数据，对下级设备执行相应的动作。这些动作主要有微调充电模块的输出电压、控制充电模块的限流点、控制充电模块的开关机，控制命令通过串口发出。监控模块可自动进行这些控制，用户也可在键盘上手动执行这些动作，需要通过密码检查。

（4）报警功能。监控模块中，报警信息由下级设备产生，通过串口发送至监控模块，此时，监控模块会自动弹出报警屏并显示前 4 条报警信息，利用“上页”键、“下页”键可以浏览当前所有的报警信息，按其他键则返回到系统原来的状态。

每一类报警可对应监控模块 7 个继电器中的一个输出控制（干触点），多类报警可对应一个继电器输出，这些对应关系也可在键盘上输入，实现相应功能。

（5）历史记录。历史记录指的是将系统运行过程中一些重要的状态和数据，根据时间等条件存储起来，以备查询，本系统中，历史报警信息的最大存储量为 100 条，每一条包括报警类型、起始时间和结束时间，保证掉电后不会消失，用户可在 LCD 上随时浏览。

（6）通信功能。通信功能是监控模块最主要的功能之一，系统所有的实时数据和报警信息都通过该部分来获取，数据的上报也通过通信来实现。采用面向对象的编程方法，将数据封装起来，利用并行处理和中断技术，确保系统在最短时间内得到数据，并可在尽量短的时间内响应后台的需求。

（7）电池管理。完成电池状态检测和容量计算，根据检测结果进行均充和浮充转换、充电限流以及定时均充等功能。

3. 降压硅链单元

（1）功能及特点。直流电源系统在对蓄电池组进行均衡充电时，充电模块的输出电压会高于控制回路的额定电压值，需一个调压装置串接在合闸动力母线与控制母线之间。降压硅链单元就是这样一个调压装置，它可自动或手动改变电压降，保证控制母线的电压在正常范围内。降压硅链单元利用大功率整流二极管的 PN 结正向压降叠加来产生调整压降，相比于其他形式的控制母线电压调节方式，具有安全、可靠、抗电流冲击性能好、易维护等优点。

在本系统中，降压硅链单元为独立模块化设计，便于安装和维护。

(2) 工作原理。降压硅链由多只大功率整流管串接而成，利用 PN 结基本恒定的正向压降来产生调整电压，通过改变串入线路的 PN 结数量来获得适当的压降。

将硅链均分为 5 节串联，在每节两端并联调压执行继电器触点，若驱动执行继电器，令其触点闭合，使得该节硅链被短接，降压单元的压降减小。反之，若执行继电器的触点断开，使得串入线路中的 PN 结数量增加，调压单元的压降增加，降压硅链单元内部母线的电压在正常范围内；若将降压硅链的控制旋钮置于手动位置，可由旋钮的不同档位来控制执行继电器闭合的数量，手动调节控制母线的电压。

硅链中大功率硅整流二极管管芯由专用的自冷式散热片夹持固定，确保散热效果，允许降压单元在大电流下连续可靠地工作。

2.4.2.4　防雷措施

本电源系统的防雷由 C 级、D 级组成。用户可在电源系统交流输入前 12～25m 线路中安装防雷装置。C 级防雷器和 D 级防雷器安装在电源系统交流配电部分。C 级防雷器上的最大通流容量为 40kA，失效后，可自动报警，它的工作状态显示窗口自动由绿变红，同时由监控模块输出报警信号。D 级防雷盒面板上任一绿色发光二极管熄灭时，表示已经有故障，需要及时排除。上述两级防雷共用一个防雷接地装置。需特别注意，C 级防雷器前串联有防雷专用的空气开关，断开此开关，系统便无 C 级防雷功能，不宜在正常情况下断开此开关。

2.4.2.5　接地

电源系统接地包括安全保护接地和防雷接地。系统安全保护地点设在机柜底座后端，防雷接地点已连接在交流配电单元的接地汇集排上。同时，在每个模块后部端子上装有接地针，在插入模块时自动将模块安全保护接地与机架可靠连接。安全保护接地也即将机壳接地。在本电源系统中，防雷接地和安全保护接地共用，二者在机柜内用横截面面积不低于 $25mm^2$ 的铜芯电缆就近连接后，再引入到接地装置中，工频接地电阻原则上不大于 5Ω，越小越好。该接地引线建议选用铜芯电缆，其横截面面积不宜低于 $25mm^2$，长度一般不超过 30m。

2.4.2.6　蓄电池容量的选择

蓄电池容量的选择宜满足三种负荷的需要，即经常性负荷（I_{jc}）、事故性负荷（I_{sg}）、冲击性负荷（I_{cj}），并需留有 20%的裕度。

1. 镉镍蓄电池容量的选择

镉镍蓄电池由于放电倍率高（约为其额定容量的 12 倍），适用于事故性负荷与经常性负荷小、冲击性负荷大的场合。

【例 2-1】 经常性负荷 I_{jc}为 2A 事故性负荷 I_{sg}为 5A，冲击性负荷（合闸电流）I_{cj}为 125A，持续时间为 2h，计算蓄电池容量。

解： 事故总放电电流 $I_{sg.max}=I_{jc}+I_{sg}=2+5=7(A)$

事故总放电容量 $C_{sg.max}=I_{sg.max}t=7\times2=14(A\cdot h)$

事故容量 $C=kC_{sg.max}=1.2\times14=16.8(A\cdot h)$（$k$ 为裕度系数，取 1.2）

宜选用 20A·h 高倍率镉镍蓄电池，其冲击电流 $I_{cj}=20\times12=240(A)$，大于 125A，满足要求。

2. 铅酸蓄电池容量的选择

阀控式铅酸蓄电池放电倍率高（约为其额定容量的 2 倍），价格低，无腐蚀，全免维护，可提高容量弥补其瞬间放电倍率低的缺陷，受到用户的普遍欢迎，适用于事故性负荷较大的场合。

【例 2-2】 经常性负荷 I_{jc} 为 10A，事故性负荷 I_{sg} 为 30A，冲击性负荷（合闸电流）I_{cj} 为 150A，持续时间为 2h，计算蓄电池容量。

解： 事故总放电电流 $I_{sg.max}=I_{jc}+I_{sg}=10+30=40(A)$

事故总放电容量 $C_{sg.max}=I_{sg.max}t=40\times2=80(A\cdot h)$

事故容量 $C=kC_{sg.max}=1.2\times80=96(A\cdot h)$（$k$ 为裕度系数，取 1.2）

宜选用 100A·h 阀控式铅酸蓄电池，其冲击电流 $I_{cj}=100\times2=200(A)$，大于 150A，满足要求。

2.4.2.7 模块的选择

蓄电池容量确定后，根据蓄电池最大充电电流及正常负荷来确定模块的数量，按照 $N+1$ 冗余方式选择。

【例 2-3】 阀控式铅酸蓄电池 100A·h，充电电流为 10A 即 10A，正常负荷电流为最大 10A，总放电电流为 20A，需要 10A 整流模块 2 块，按 $N+1$ 冗余方式选用 10A 模块 3 块。

【例 2-4】 阀控式铅酸蓄电池 200A·h，充电电流为 20A 即 20A，正常负荷电流为最大 10A，总放电电流为 30A，需要 10A 整流模块 3 块，按 $N+1$ 冗余方式选用 10A 模块 4 块。

高频开关直流电源系统的技术性能、可靠性、所产生的经济效益以及系统构造都远远优于晶闸管相控直流系统，必将成为电力行业直流电源的主流换代产品。高频开关直流电源系统的广泛应用，将使我国电力行业直流电源系统设备跨入一个全新的时代。

2.5 直流电源系统绝缘监察装置

直流系统的绝缘降低直接影响到直流回路的可靠性，因此必须在直流系统中装设连续工作且足够灵敏度的绝缘监察装置，以避免事故。

2.5.1 直流系统绝缘监察装置

发电厂及变配电所直流供电网络分布范围较广、接线复杂、工作环境比较恶劣，很容易使直流系统的绝缘性能降低。直流系统的绝缘降低相当于该回路的某一点经一定的电阻接地。

直流系统的绝缘降低直接影响直流回路的可靠性。当直流系统发生一点接地故障时，没有形成短路回路，没有短路电流流过，所以熔断器不会熔断，系统仍能继续运行。但是一点接地运行是危险的，因为如果再发生另一点再接地，就有可能引起信号回路、控制回路、继电保护及自动装置回路误动作。

例如图 2-10 所示的断路器控制回路中，当正极 A 点接地后，又在 B 点发生接地时，断路器跳闸线圈 YT 中有电流流过，将引起断路器误跳闸；当负极 E 点接地后，又在 B

点发生接地的情况下，此时若保护动作，即触点 k 闭合，由于跳闸线圈 YT 被两个接地点（E 和 B）短接，则断路器拒绝动作且熔断器熔断。因此必须在直流系统中装设绝缘监察装置，及时发现接地点和绝缘降低的情况是十分必要的。

对于 220V（或 110V）直流系统中任何一极的绝缘下降到 15～20kΩ（或 2～5kΩ）时，应发出灯光和音响信号，以便及时处理，避免事故扩大。

图 2－11 所示为一种简化的绝缘监察装置接线图，直流绝缘监察装置由直流绝缘监察继电器 KVI、音响及光字牌 HL、转换开关 SM 和电压表 PV 等组成。按功能分为信号部分和测量部分。

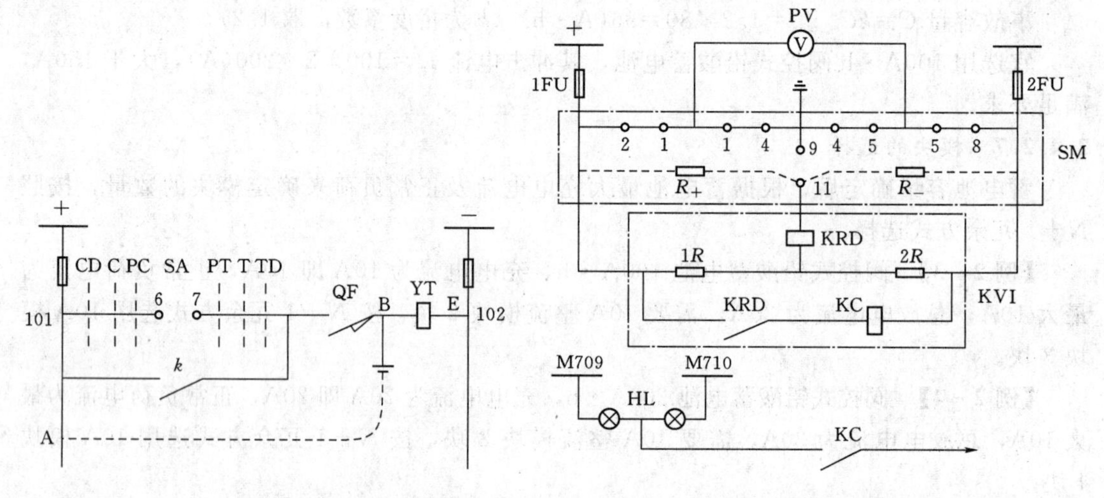

图 2－10　直流系统两点接地示意图　　　　图 2－11　简化的绝缘监察装置接线图

1．信号部分

图 2－11 的下半部分为绝缘监察装置的信号部分，由绝缘监察继电器 KVI 及音响和光字牌信号 HL 组成，R_+、R_- 分别为假设的正、负母线对地绝缘电阻，用虚线相连接，$1R$、$2R$ 及 R_+、R_- 组成电桥接线。KVI 中的 $1R$、$2R$ 的数值要求相等（通常选 $1R=2R=1000\Omega$），KRD 为高灵敏度干簧管继电器，KC 为中间继电器。

在正常情况下，正、负母线对地绝缘电阻 R_+、R_- 相等，电桥平衡，继电器 KRD 线圈中只有极小的不平衡电流通过，继电器不动作。当有一母线对地绝缘电阻下降时，由于 $R_+\neq R_-$，所以电桥失去平衡，继电器 KRD 的线圈中有一定量的电流流过，当此电流达到继电器的动作电流时，KRD 启动，其动合触点闭合启动 KC 继电器，KC 的动合触点闭合，发出“母线对地绝缘电阻下降”的信号（但不能分清是正母线还是负母线绝缘电阻下降）。

2．测量部分

图 2－11 的上半部分是由转换开关 SM 和电压表 PV 组成的测量部分。当发现母线对地绝缘降低时，信号部分先发出“母线对地绝缘电阻下降”的音响和光字牌信号，值班人员将 SM 开关打至“正母线对地电压”，则 SM 的触点 2－1、触点 4－5 接通，可以测出正母线对地的电压值；将 SM 开关打至“负母线对地电压”，则 SM 的触点 5－8、触点 1－4 接通，可以测出负母线对地的电压值。

若正、负极对地绝缘均良好，用上述方法测得正极对地和负极对地的电压均为零；若

正极对地绝缘或负极对地绝缘有损坏时，用上述方法测得电压值低者即绝缘有损坏。然后根据已知的电压表内阻 R_V 及直流母线工作电压 U，用计算的方法求出正、负母线的对地绝缘电阻。

3. 对继电器 KRD 的要求

在图 2-11 中有一个人工接地点，是为了测量母线对地电压而设置。当直流回路中再有任一个短路接地点时，将会形成短路回路。为防止在直流回路中由此短路电流引起其他继电器误动作，则继电器 KRD 的线圈必须具有足够大的电阻值，一般对 220V 直流系统选用 $R_{KRD}=30k\Omega$ 的线圈，启动电流为 1.4mA。为防止继电器误动作，回路中其他继电器线圈的启动电流都应大于 1.4mA。所以，在 220V 直流系统中，当任一母线的绝缘电阻下降至 15～20kΩ 时，绝缘监察继电器便会立即发出信号。

4. 绝缘监察装置存在的问题

直流绝缘监察装置在变配电所中得到了广泛的应用，缺点是在正、负母线绝缘电阻均等下降时，由于采用电桥平衡原理工作，它不能发出预告信号。

2.5.2　直流母线的电压监察装置

直流母线的电压必须保持在规定值范围内，以保证控制装置、信号装置、继电保护和自动装置能可靠动作和正常运行。若直流母线电压过高，则对长期带电的设备，如继电器、信号灯等，会缩短其使用寿命，甚至造成损坏；若直流母线电压过低，则可能导致继电保护装置和断路器操动机构拒绝动作。通常直流母线的电压是由电压监察装置进行监视的，典型接线如图 2-12 所示。

由图 2-12 可见，直流母线电压监察装置是由一只低电压继电器 1KV 和一只过电压继电器 2KV 组成的。当直流母线上的电压低于规定值（$0.75U_N$）时，低电压继电器 1KV 返回，其动断触点闭合，光字牌 1HL 点亮，预告直流母线电压过低；当母线上的电压高于规定值（$1.25U_N$）时，过电压继电器 2KV 动作，其动合触点闭合，光字牌 2HL 点亮，预告直流母线电压过高，其中 U_N 为直流母线的额定电压（即 220V）。

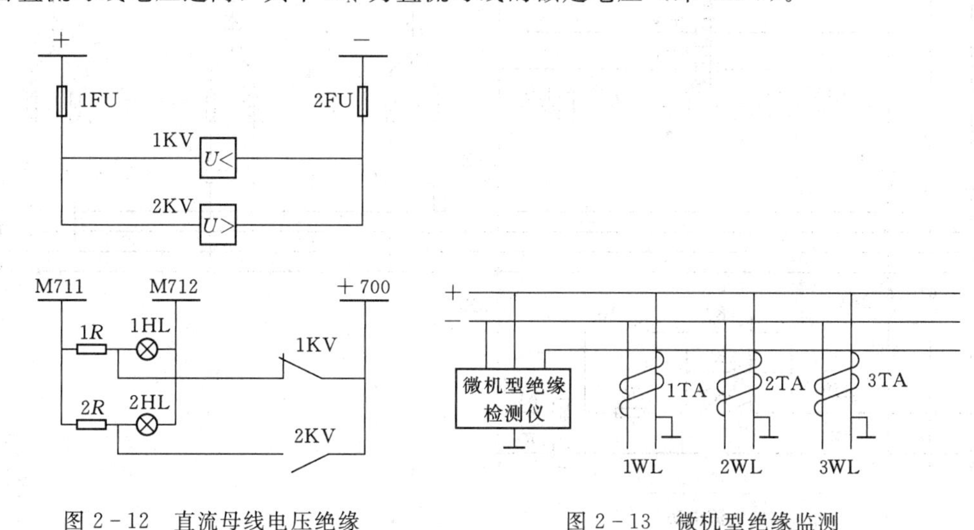

图 2-12　直流母线电压绝缘监察装置接线图

图 2-13　微机型绝缘监测装置原理接线图

2.5.3　微机型直流系统绝缘监察装置

直流绝缘监察装置的种类很多，目前主要采用微机型直流系统绝缘监察装置，它不但可以监测全直流系统对地绝缘状况，还可以判断出接地的极性，并能检测出具体发生接地的直流馈线，该装置的原理接线图，如图 2－13 所示。

图 2－13 中所示的微机型绝缘检测仪的检测原理是应用电桥平衡原理。装置内部有一个低频电压信号发生器，该信号发生器产生的低频电压加在直流母线与地之间，当直流系统中某一馈线回路出现接地故障时，该馈线上流过一个低频电流信号。该低频电流信号经辅助电流互感器（或霍尔传感器）传给检测仪，经计算判断出接地馈线及接地电阻的大小。

2.6　事故照明切换装置

2.6.1　事故照明装置简述

为了在发生停电事故情况下，能够为重要场所提供照明电源，发电厂及变配电所一般都设有事故照明装置。事故照明装置应既能使用交流电源，也能使用直流电源。在交流电源正常的情况下，事故照明装置使用交流电源；当失去交流电源时，事故照明装置使用直流电源。

图 2－14 所示为某发电厂事故照明切换装置接线图，该事故照明切换装置的交流电源由低压厂用电源供电，直流电源由直流操作电源系统供电。在正常工作情况下，切换开关 Q 处于合闸状态。事故照明系统的核心是事故照明切换装置。

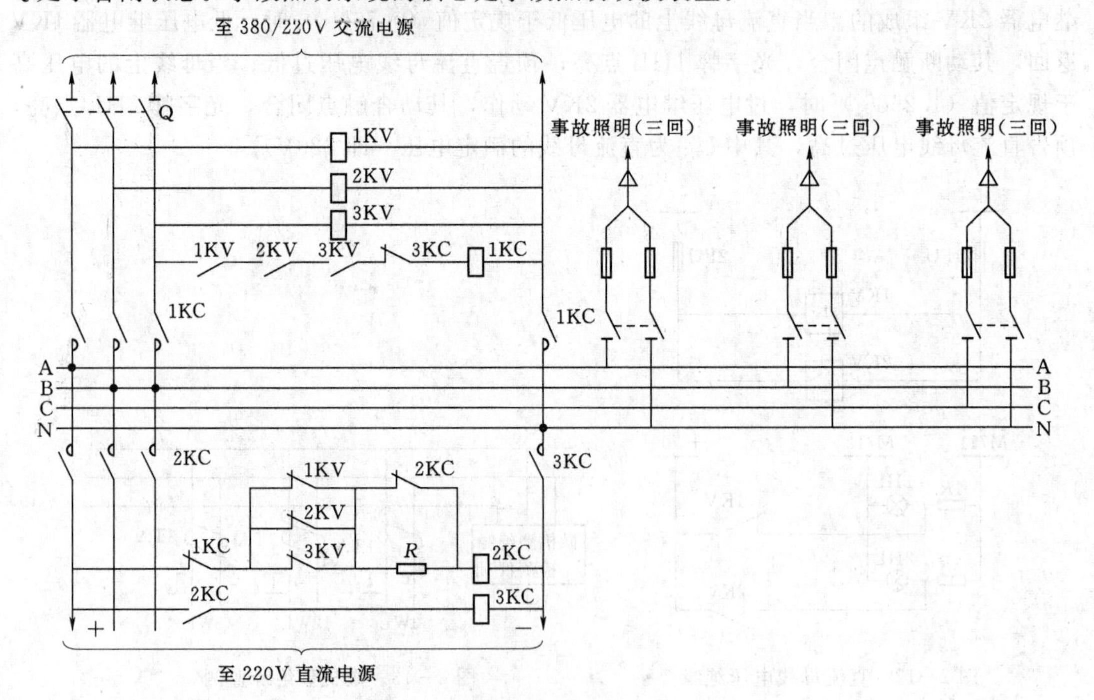

图 2－14　事故照明切换装置接线图

2.6.2 事故照明切换装置的工作原理

图 2-14 所示的事故照明切换装置的工作原理如下。

1. 正常情况下

在交流电源正常的情况下，电压继电器 1KV～3KV 因其线圈励磁而动作，其动合触点闭合，动断触点断开。电压继电器 1KV～3KV 的动合触点闭合，接通接触器 1KM 线圈所在的回路，从而使 1KM 因其线圈励磁而动作，其动合触点闭合，动断触点断开。1KM 动合触点闭合，将交流电源接入事故照明母线。1KM 动断触点断开，切断接触器 2KM 线圈所在的回路，2KM 因其线圈失电而返回，其动断触点闭合，动合触点断开。2KM 动合触点断开，一方面切断直流操作电源正极与事故照明母线 WB1、WB2、WB3 的连接；另一方面切断接触器 3KM 线圈所在的回路。3KM 因其线圈失电而返回，其动合触点断开，切断直流操作电源负极与事故照明母线 N 的连接。电压继电器 1KV～3KV 的动断触点断开，使接触器 2KM 线圈所在的回路有两重断开点（另一断开点由 1KM 的动断触点形成）。

2. 事故情况下

由于某种原因使一相或几相交流电源断电时，电压继电器 1KV～3KV 中一只或几只因其线圈失电而返回，返回的电压继电器的动合触点断开，动断触点闭合。其动合触点断开切断 1KM 线圈所在回路，使 1KM 因其线圈失电而返回，1KM 的动合触点断开，切断交流电源与事故照明母线的连接；1KM 的动断触点闭合，与失电相的电压继电器的动断触点一起接通接触器 2KM 线圈所在回路（3 只电压继电器的动断触点并联连接，因此只要有一只电压继电器的动断触点闭合，该部分就接通）。2KM 因其线圈励磁而动作，其动合触点闭合，动断触点断开。

2KM 动合触点闭合，一方面接通直流操作电源正极与事故照明母线 A、B、C 的连接；另一方面接通接触器 3KM 线圈所在的回路，使 3KM 因其线圈励磁而动作，3KM 动合触点闭合，接通直流操作电源负极与事故照明母线 N 的连接。

当三相交流电源恢复正常后，事故照明再重新切换到由交流电源供电的状态。

接在事故照明母线上的负荷必须平均地接在 AN、BN、CN 上，以保证交流电源三相负载的对称性。

小结

操作电源是专供二次回路中的控制装置、信号装置、继电保护装置与自动装置和断路器跳合闸装置以及其他机电设备等的电源，具有非常重要的作用，因此要求操作电源具有高度的供电可靠性、足够的电源容量及良好的供电质量。

发电厂及变配电所的直流负荷，按性质分为经常性负荷、事故性负荷和冲击性负荷。

操作电源分为直流操作电源和交流操作电源两大类，目前一般采用直流操作电源。

直流操作电源分为独立电源和非独立电源两种。根据负荷的特点及要求不同，采用的操作电源类型也不一样。独立电源（如蓄电池组）具有较高的供电可靠性，在电力系统发生故障而失去电源的情况下，它仍能可靠地运行，所以在 110kV 变电站中获得了广泛的应用。

非独立电源主要是将交流电源经整流后转化为直流电源，分为电源变换式直流电源系统、复式整流直流电源系统和硅整流电容储能直流电源系统，其中硅整流电容储能直流电源系统获得了较广泛的应用。

高频开关电源系统主要由交流配电单元、充电模块、监控模块、配电监控、降压硅链（降压单元）、直流馈电单元（包括合闸分路、控制分路）、绝缘监测等几大部分组成。充电模块采用软开关技术，将380V三相交流先整流成高压直流电，再逆变及高频整流为可调脉宽的脉冲电压波，经滤波输出所需的直流电；监控模块汇集电源系统的各种数据、工作状态、通过整理、分析，实现对电源与电池充放电的全自动化管理；降压硅链单元由多只大功率整流管串接而成，利用PN结基本恒定的正向压降来产生调整电压，通过改变串入线路的PN结数量来获得适当的压降。

发电厂及变配电所的直流系统接线复杂，分布范围广、工作环境恶劣，很容易使直流系统绝缘降低。为保障供电可靠性，避免信号装置、继电保护装置等误动作或拒动作，在直流系统回路中设置绝缘监察装置来及时发现接地点或绝缘降低情况是十分必要的。

事故照明装置应既能使用交流电源，也能使用直流电源。在交流电源正常的情况下，事故照明装置使用交流电源；当失去交流电源时，事故照明装置使用直流电源。事故照明系统的核心是事故照明切换装置。

习　题

2-1　操作电源的作用是什么，对其有什么基本要求？

2-2　目前采用的操作电源种有哪几种？

2-3　直流负荷分为哪几类？

2-4　什么是蓄电池的容量？它跟什么因素有关？

2-5　什么是放电率？

2-6　试述硅整流电容储能的直流电源系统工作原理。

2-7　试述复式整流直流电源系统工作原理。

2-8　为什么直流系统两点接地会造成断路器误跳闸，有时会造成拒绝跳闸？画图说明其原理。

2-9　直流系统母线电压为什么不能过高或过低？

2-10　事故照明装置使用什么电源？其核心是什么？

第3章　测量、控制及信号回路

【教学要求】 了解电气测量仪表配置原则，掌握电气测量仪表准确度和量限的选择；了解断路器控制回路的基本要求，掌握断路器控制回路的工作原理。了解信号回路的作用和基本要求，掌握中央事故信号回路与中央预告信号回路的构成及工作原理。

3.1　电气测量回路

测量回路是将电气测量仪表相互连接而形成的回路。电气测量回路的种类很多，按被测电气参数性质的不同分为交流测量回路和直流测量回路；按测量参数的不同分为电流测量、电压测量、功率测量；按测量方式的不同分为连续测量和选线测量等。

在发电厂及变配电所中，工作人员依靠电气测量仪表了解电力系统的运行状态以及电能输配情况，分析电能质量和计算经济指标。所装设的电气测量仪表应满足如下要求。

(1) 应能正确反映电力系统及电气设备的运行状态。

(2) 能监视绝缘状态。

(3) 在发生故障时，能使工作人员迅速判断故障设备、性质及原因。

目前应用较多的电气测量仪表有电流表、电压表、频率表、有（无）功功率表、有（无）功电能表等。发电厂及变配电所中配置电气测量仪表的种类和数量要符合《电测量仪表装置设计技术规程》（SDJ9－87）的要求。该规程明确规定了对常用测量仪表和电能计量仪表等的技术要求和配置方式。

3.1.1　测量仪表的配置原则

测量仪表的配置主要从准确度等级和测量范围两个方面考虑。

1. 准确度等级

电气测量仪表的准确度等级应按表3-1所示选择。与仪表相连接的分流器、附加电阻和互感器的准确度等级不宜低于0.5级，仅作电流测量和电压测量的仪表可使用1.0级互感器，不重要回路的电流表可使用3.0级电流互感器。

表3-1　电气测量仪表的准确度等级

序号	测量仪表名称	准确度等级	备　注
1	发电机交流仪表	1.5	
2	线路及其他交流仪表	2.5	
3	有功电能表	1.0	
4	无功电能表	2.0	
5	直流仪表	1.5	
6	频率表	±0.05Hz	在49～51Hz测量范围内基本误差

2. 测量范围

在选择仪表和互感器测量的范围时，应尽量保证发电机、变压器等电力设备在正常运行情况下，其仪表指示在标度尺工作部分上量限的2/3以上，并考虑过负荷运行时有适当指示。有可能出现双向电流的直流回路和双向功率的交流回路，应选择双向标示的电流表和功率表。当电站需分别计量送出和受入的电能时，应选择两只具有逆止器的电能表。

3.1.2 测量仪表的配置实例

电气测量回路与其他二次回路一样，是以主设备为安装单位绘制的，并应满足以下要求。

(1) 当测量仪表与继电保护装置共用一组电流互感器时，仪表与保护应分别接于互感器不同的二次绕组。若受条件限制只能接在同一个二次绕组时，应采取措施防止校验仪表时影响保护装置的正常工作。

(2) 直接接于电流互感器二次绕组的仪表，不宜采用切换方式检测三相电流。

(3) 常测仪表、电能计量仪表应与故障录波装置共用电流互感器的同一个二次绕组。

(4) 当电力设备在额定值运行时，互感器二次绕组所接入的阻抗不应超过互感器准确

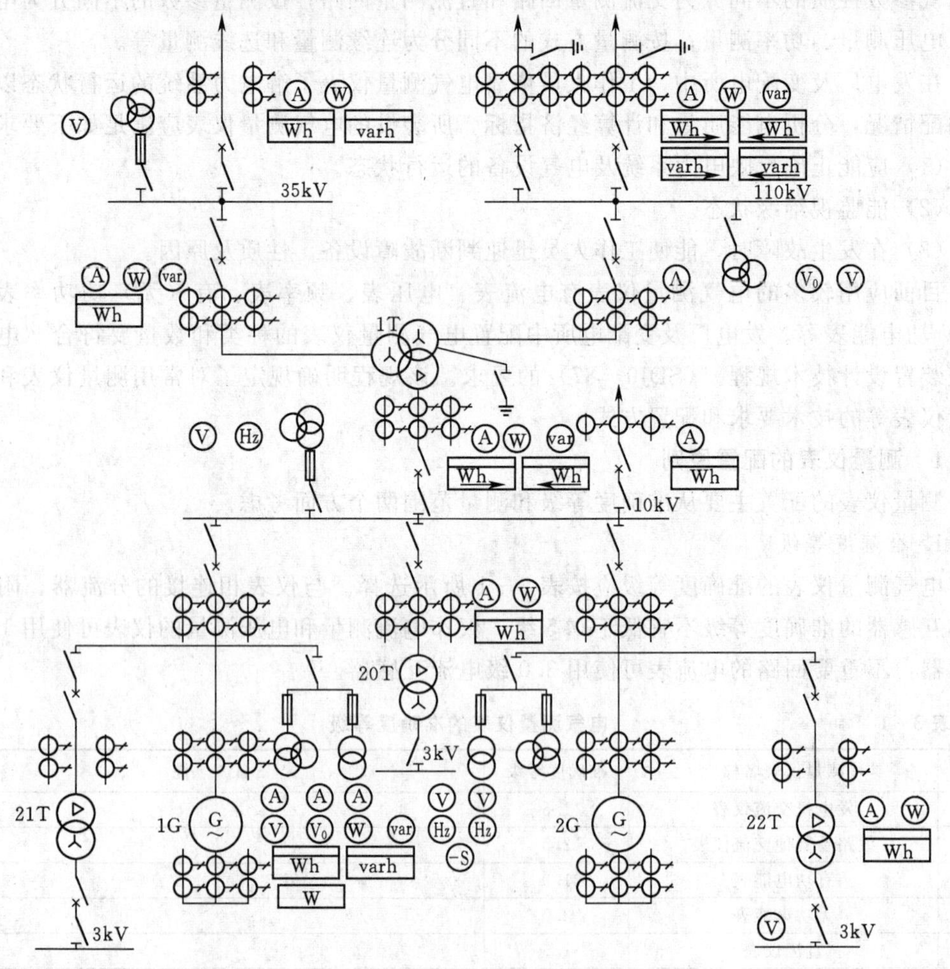

图3-1 火力发电厂的电气测量仪表配置图

度等级允许范围所规定的值。

(5) 当几种仪表接在互感器的同一个二次绕组时，宜先接指示和积算式仪表，再接记录仪表。

如图3-1所示为一火力发电厂的电测量仪表配置图。根据《电测量仪表装置设计技术规程》的规定，该发电机的仪表配置如下。

3.1.2.1 发电机测量仪表配置实例

(1) 发电机定子回路。装设三只交流电流表用以监视三相负载的平衡情况；两只交流电压表分别用以测量定子电压及监视定子对地的绝缘情况；有功功率表与无功功率表各一只，用以监视发电机的输出功率；有功电能表与无功电能表各一只，用以积算输出的电能；自动记录型有功功率表一只，用以记录发电机的运行负荷曲线。另外，在汽轮机的技术操作屏上还装设发电机的有功功率表和频率表各一只。

(2) 发电机转子回路。装设直流电压表、直流电流表各一只，用以测量发电机的励磁电压和励磁电流；在励磁调节装置的输出回路装设直流电压表一只。另外，在励磁屏上还设有工作励磁机及备用励磁机直流电压表各一只。

(3) 三绕组主变压器。低压侧装设交流电流表一只、有功功率表与无功功率表各一只、有功电能表两只（分别积算送、受电能）；中压侧装设电流表一只、有功功率表与无功功率表各一只、有功电能表一只；高压侧装设电流表一只。

(4) 110kV与系统的联络线。装设电流表一只、有功功率表与无功功率表各一只、

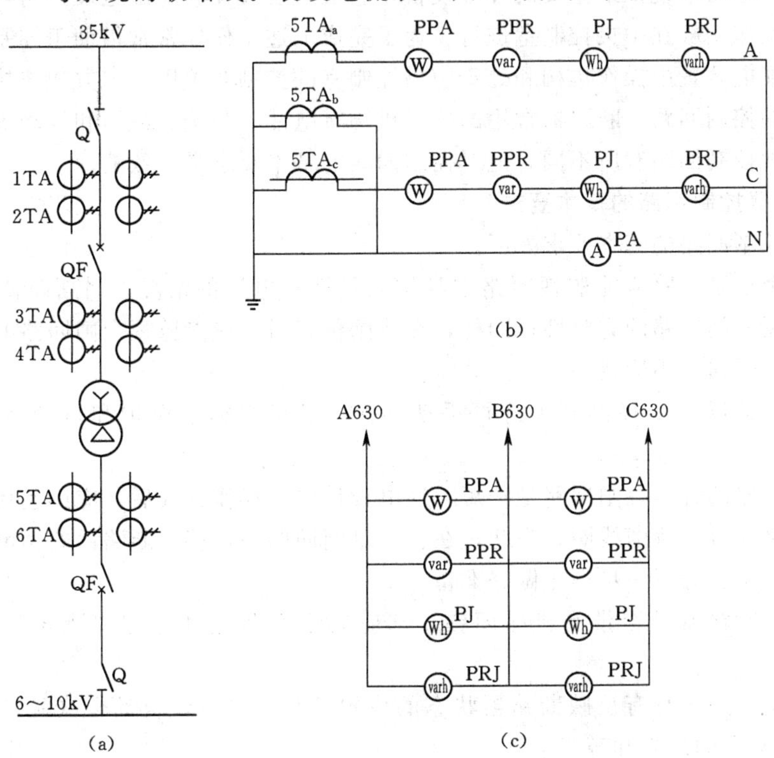

图3-2 变电所变压器测量仪表配置图

(a) 一次回路；(b) 交流电流回路；(c) 交流电压回路

有功电能表与无功电能表各两只（分别积算送、受电能）。

(5) 35kV单侧电源线路。装设电流表、有功功率表、有功电能表与无功电能表各一只。

(6) 10kV线路、厂用高压工作及备用变压器、各电压级高压母线等装设的仪表都已经标注在图3-1中。

3.1.2.2　变压器测量仪表配置实例

图3-2为变电所35kV双绕组变压器电气测量回路。变电所的变压器测量仪表装在低压侧，仪表电流线圈全部装在低压侧电流互感器5TA上，电压线圈全部装在6～10kV母线电压互感器的回路中。

(1) 电流表是用来监视负荷的，对35kV变电所的变压器一般只装一只电流表。

(2) 有功功率表和无功功率表是用来监视变压器运行时，某一瞬间送出的有功功率和无功功率，并根据读数进行功率因数计算。

(3) 有功电能表和无功电能表是用来计量变压器某一时段内送出的有功电能和无功电能。

3.2　断路器的控制回路

断路器是电力系统中最主要的开关设备，它一般安装在高压配电装置内，而断路器合闸或跳闸的操作一般在中央控制室进行。为了完成上述工作，常常借助于控制电缆等设备把处于高压配电装置内操作机构和处于中央控制室的控制开关以一定方式连接起来，从而构成断路器的控制回路。断路器常用的操作机构有电磁、弹簧、液压和气动等形式，虽然断路器的各种控制回路有所不同，但对控制回路的基本要求是一致的。

3.2.1　断路器控制回路的基本要求

断路器控制回路的基本要求如下。

(1) 整个控制回路应能监视回路本身的完整性和电源的情况，当断路器在合闸位置时，应能监视跳闸回路的完整性；同样，在跳闸位置时，应能监视合闸回路的完整性，以免发生事故时断路器不能跳闸。

(2) 断路器既可由控制开关进行手动操作，又可由继电保护和自动装置实现自动操作。

(3) 断路器的合、跳闸回路是按短时通电设计的，操作完成后，应迅速切断合、跳闸回路，以免烧坏合、跳闸线圈。为此，在合、跳闸回路中，接入断路器的辅助触点，既可将回路切断，又可为下一步操作做好准备。

(4) 无论断路器是否带有机械闭锁，都应装设有防止断路器“跳跃”的电气闭锁装置。

(5) 控制回路应具有反映断路器状态的位置信号，同时，自动合（跳）闸和手动合（跳）闸应有不同的灯光和声音信号。

(6) 对于分相操作的断路器应能监视三相位置是否一致。

(7) 对于采用气压、液压和弹簧操作的断路器，应有压力是否正常，弹簧是否拉紧到

位的监视回路和闭锁回路。

(8) 接线应简单可靠、使用电缆芯数应尽量少。

3.2.2 断路器的控制方式

断路器的控制方式有多种，分述如下。

1. 按控制地点分为集中控制和就地（分散）控制

(1) 集中控制。集中控制是指在主控制室的控制台上用控制开关或按钮，通过控制电缆去接通或断开断路器的跳、合闸线圈，对断路器进行控制。一般对发电机、主变压器、厂用变压器、35kV及以上电压线路等主要设备都采用集中控制。

(2) 就地（分散）控制。就地（分散）控制是指在断路器安装地点（配电现场）就地对断路器进行跳、合闸操作（可电动或手动）。一般对10kV及以下线路以及厂用电动机等采用就地控制，将一些不重要的设备放到配电装置内就地控制，可大大减少主控室的占地面积和控制电缆数量。

2. 按控制电源电压的高低

按控制电源电压的高低可分为强电控制和弱电控制。

(1) 强电控制。强电控制是指从发出操作命令的控制设备到断路器的操动机构，整个控制回路的工作电压均为直流110V或220V。

(2) 弱电控制。弱电控制是指控制台上发操作命令的控制设备工作电压是弱电(48V)，而经转换送到断路器操动的是强电（220V）。目前在500kV变电站二次设备分散布置时，在主控室常采用弱电一对一控制。

3. 按控制电源的性质

按控制电源的性质可分为直流操作和交流操作（包括整流操作）。

直流操作一般采用蓄电池组供电；交流操作一般是由电流互感器、电压互感器或所用变压器供电。

4. 按对断路器的控制

按对断路器的控制可分为一对一控制和一对N控制。

(1) 一对一控制。一对一控制是利用一个控制开关控制一台断路器，一般适用于重要且操作机会少的设备，如发电机、调相机、变压器等。

(2) 一对N控制。一对N控制是利用一个控制开关，通过选择控制多台断路器、一般适用于馈线较多、接线要求基本相同的高压和厂用馈线。

3.2.3 控制开关

控制开关是值班人员对断路器进行手动合闸、手动跳闸操作的控制装置，其文字符号为SA，又称为转换开关。

LW2-Z型控制开关是发电厂普遍采用的一种控制开关，它的结构图如图3-3所示。其正面是一个操作手柄，装于屏前；与手柄固定连接的方轴上装有5～8节触点盒，用螺杆相连装于屏后。

LW2-Z型控制开关触点的通断情况如表3-2所示。从表中能清楚看到当手柄处于不同的位置时各对触点的通断情况。“●”表示触点接通，“—”表示触点断开。

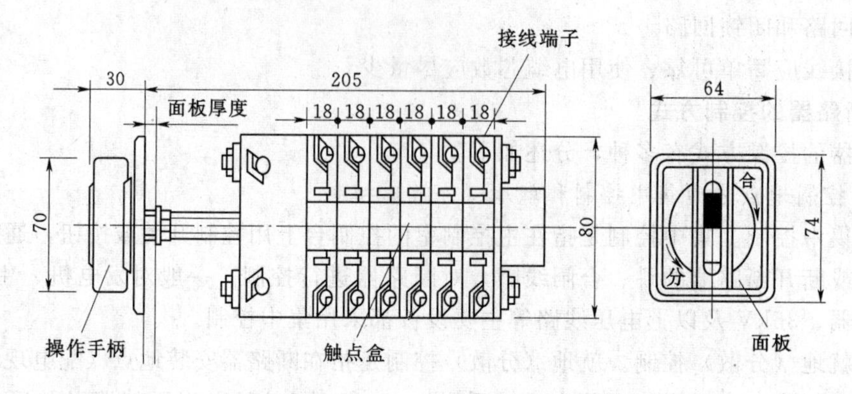

图 3-3　LW2-Z 型控制开关结构图

表 3-2　　LW2-Z-1a、4、6a、40、20、20/F8 型控制开关触点通断情况

在“跳闸后”位置的手柄（前视）的样式和触点盒（后视）的动触点位置图	合 跳	1 2 3 4		5 6 7 8		9 10 11 12			13 14 15 16			17 18 19 20			21 22 23 24		
手柄和触点盒型式	F8	1a		4		6a			40			20			20/F8		
位置＼触点号		1—3	2—4	5—8	6—7	9—10	9—12	11—10	14—13	14—15	16—13	19—17	17—18	18—20	21—23	21—22	22—24
跳闸后		—	●	—	—	—	—	●	—	●	—	—	—	●	—	—	●
预备合闸		●	—	—	—	●	—	—	●	—	—	—	●	—	—	●	—
合闸		—	—	●	—	—	●	—	—	—	●	●	—	—	●	—	—
合闸后		●	—	—	—	●	—	—	—	—	—	●	—	—	●	—	—
预备跳闸		—	●	—	—	—	—	●	●	—	—	—	●	—	—	●	—
跳闸		—	—	—	●	—	—	●	—	●	—	—	—	●	—	—	●

LW2-Z 型控制开关 SA 的手柄有 6 个操作位置：预备合闸、合闸、合闸后、预备跳闸、跳闸、跳闸后。手柄一般处于跳闸后（水平）或合闸后（垂直）位置。

若对断路器进行手动合闸操作（操作前手柄处于水平位置），先将控制开关的手柄顺时针旋转 90°到“预备合闸”位置，再将手柄顺时针旋转 45°到“合闸”位置，发出合闸脉冲，将断路器合上，断路器合上后，松开 SA 的手柄，手柄会在弹簧的作用下自动逆时针旋转 45°到“合闸后”位置，至此，合闸过程完毕。若对断路器进行手动跳闸操作（操作前手柄处于垂直位置），先将控制开关的手柄逆时针旋转 90°到“预备跳闸”位置，再

将手柄逆时针旋转45°到“跳闸”位置，发出跳闸脉冲，将断路器断开，断路器断开后，松开SA的手柄，手柄会在弹簧的作用下自动顺时针旋转45°到“跳闸后”位置，至此，跳闸过程完毕。

在合闸和跳闸过程中，加入“预备”，使一个操作分成两步进行，这对防止误操作起到重要的预防作用。

在工程图中，常将控制开关SA触点的通断情况用实用的工程图形符号表示，如图3-4所示。

图3-4中6条垂直虚线表示控制开关手柄的6个不同的操作位置：PC—预备合闸、C—合闸、CD—合闸后、PT—预备跳闸、T—跳闸、TD—跳闸后。水平线表示端子引线，中间数字表示触点号，靠近水平线下方的黑点表示该对触点在此位置时是接通的，否则是断开的。实际工程图中，一般只将其有关部分画出。

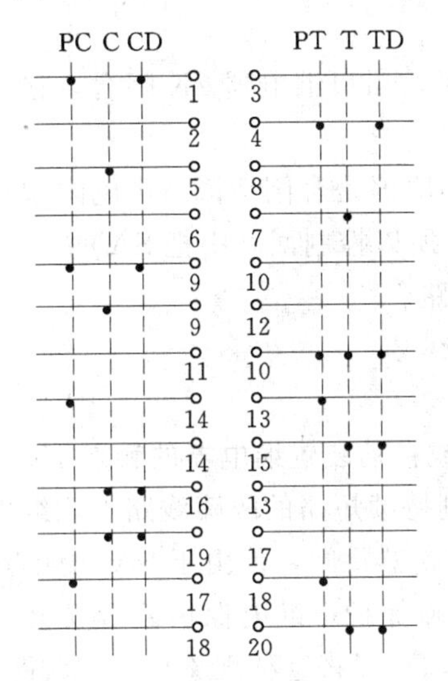

图3-4 LW2-Z-1a、4、6a、40、20、20/F8型控制开关触点通断的图形符号

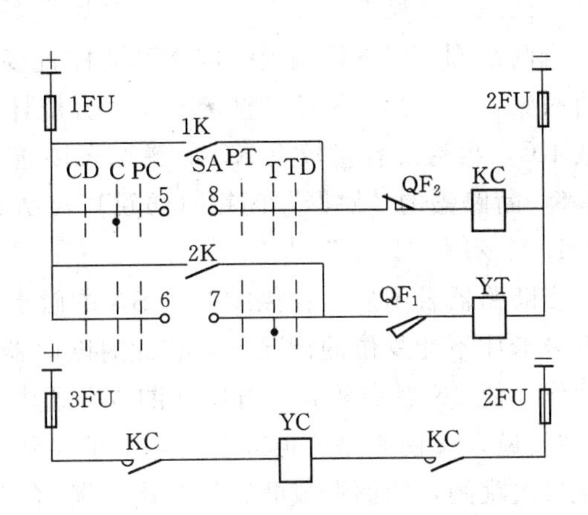

图3-5 断路器基本的合闸跳闸控制回路

3.2.4 断路器基本的控制回路

断路器基本跳、合闸控制回路如图3-5所示。SA是控制开关；1K是自动重合闸出口继电器的动合触点，重合闸装置动作则1K闭合；2K是保护出口继电器的动合触点，继电保护装置动作则2K闭合；QF_1和QF_2为断路器辅助触点；KC为合闸接触器；YT为断路器跳闸线圈；YC为断路器合闸线圈。“+、−”为控制电源正、负小母线，一般接于110V或220V直流电源上，因为合闸电流比较大，所以和控制电源分开，采用专用的大容量电源。断路器合闸、跳闸回路动作过程如下。

1. 手动合闸

合闸前断路器处于跳闸状态，其辅助触点QF_2是闭合的，合闸时将SA旋至“合闸”位，此时SA5-8触点接通，使得KC线圈通电，KM的动合触点闭合，断路器合闸线圈YC通电，使断路器合闸。当断路器合闸完成后，辅助触点QF_2断开，使KC线圈失电，KC的动合触点断开，切断了合闸线圈YC中的电流，保证合闸线圈短时通电。同时，断路器合闸后，其辅助触点 QF_1 闭合，为下次跳闸操作做准备。这里采用两个 KC 动合触点串联，是为了增大其断弧能力。

2. 手动跳闸

跳闸前断路器处于合闸状态，其辅助触 QF_1 是闭合的，跳闸时将 SA 旋至"跳闸"位，此时 SA6－7 触点接通，断路器跳闸线圈 YT 通电，使断路器跳闸。当断路器跳闸完成后，辅助触点 QF_1 断开，辅助触点 QF_2 闭合，切断了跳闸线圈 YT 中的电流，保证跳闸线圈短时通电，同时也为下次合闸操作做准备。

3. 自动合闸

自动合闸是为了提高电力系统供电的可靠性而设置的。当线路的自动装置发出合闸命令而使其出口继电器 1K 闭合，接通 KC 线圈回路，KC 的动合触点闭合使合闸线圈 YC 带电，将断路器合闸。

4. 自动跳闸

若一次系统发生故障，则继电保护装置动作使保护出口继电器 2K 闭合，接通跳闸线圈 YT 回路，跳闸线圈 YT 带电，使断路器跳闸。

合闸线圈 YC 不像跳闸线圈 YT 那样直接起动的原因是合闸线圈 YC 电阻很小，合闸电流很大，若采用 SA 触点直接起动将会烧坏触点，所以控制回路中把 SA 的 5－8 触点先接通 KC，再通过容量较大 KC 的触点来接通 YC 回路。

3.2.5　断路器的"跳跃"闭锁（防跳）控制回路

1. 什么是"跳跃"

当断路器合闸后，在控制开关 SA 的触点 5－8 或自动装置继电器的触点 1K 由于某种原因被卡住不能复位的情况下，若此时断路器合闸到持续短路的故障线路上，继电保护装置动作，使 2K 触点闭合，跳闸线圈 YT 通电，使断路器跳闸，但由于 SA 的触点 5－8 或 1K 被接通，又使断路器再次合闸，由于线路存在故障保护，继电保护装置又会动作使断路器再次跳闸，从而造成断路器多次"跳-合"现象，一般将这种现象称为"跳跃"。如果断路器发生"跳跃"，势必造成绝缘下降，断路器油温上升，严重时会引发断路器发生爆炸事故，危及人身和设备安全。因此，必须采取措施防止断路器"跳跃"，称之为"防跳"。

2. "防跳"装置

"防跳"装置有机械"防跳"装置和电气"防跳"装置两种，一般 10kV 及以下电压等级的断路器多采用机械防跳装置；35kV 及以上断路器要求采用电气防跳。这里主要介绍电气"防跳"装置。

图 3－6 是带电气"防跳"断路器控制回路图，它广泛应用于 35kV 及以上电压的断路器控制。该控制回路的"防跳"功能主要是由跳跃闭锁继电器 KCF 来完成的。KCF 有两个线圈，一个是电流起动线圈 KCF_1，串联于跳闸回路中，这个线圈的额定电流应根据跳闸线圈的动作电流来选择，并要求有较高的灵敏度，以保证在跳闸时能可靠起动；另一个是电压（自保持）线圈 KCF_2，与自身的动合触点串联，再并联于 KC 回路中。

"防跳"控制回路的工作原理如下：若用控制开关 SA 进行手动合闸或用自动装置进行自动合闸时，如遇上短路故障，则继电保护装置动作，其触点 2K 闭合，将跳闸回路接

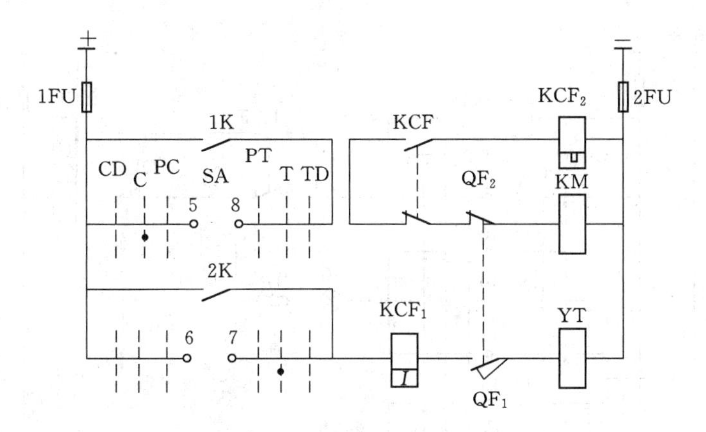

图 3－6 带电气“防跳”断路器控制回路

通，使断路器跳闸。同时，跳闸电流也流过跳跃闭锁继电器的电流起动线圈 KCF_1，跳跃闭锁继电器动作，其动合触点闭合，动断触点断开。若控制开关 SA 的触点 5－8 或自动装置的 1K 因故未断开，则使电压线圈 KCF_2 始终带电，使得 KCF 的动断触点一直处于断开状态，从而可靠地切断 KC 线圈回路，即使 SA 的 5－8 触点（或 1K 触点）接通，KC 也不会通电，断路器将不会再次合闸，防止了断路器“跳跃”的发生。只有合闸命令解除（SA 的 5－8 断开或 1K 断开），KCF_2 电压线圈断电，才能恢复至正常状态。

3.2.6 实用的断路器控制与信号回路

断路器的位置信号应有明确的指示，其形式分为双灯制和单灯制。双灯制是用红灯、绿灯来表示断路器位置状态；单灯制是用信号灯和操作手柄位置来表示断路器位置状态。目前，中小型发电厂及变配电所一般采用双灯监视方式，而大型发电厂及变配电所则多采用单灯加音响监视方式。

1. 灯光监视的断路器控制与信号回路（双灯制）

采用灯光监视的断路器控制与信号回路如图 3－7 所示，该回路的动作过程如下。

（1）手动合闸。断路器手动合闸时，先把控制开关 SA 手柄转到“预备合闸”位置再转到“合闸”位置，这时 SA 的 5－8 触点接通，回路电压全部落在 KC 线圈上，KC 动作，KC 动合触点闭合，使 YC 得电，将断路器合闸。断路器合闸后，其辅助动断触点断开，使 KC 线圈失电，YC 也随之失电，保证合闸线圈短时通电。断路器合闸后，其辅助动合触点闭合，于是经 SA 的 16－13 触点（合闸后是接通的）、红灯 HR、附加电阻 $2R$、KCF_1、QF_1 和 YT 形成回路，红灯 HR 通电发平光。此时，YT 虽然有电流流过，但电流很小，电磁力不足以将跳闸铁芯吸上，断路器不会跳闸。红灯 HR 串联附加电阻 $2R$ 的目的是防止红灯两端短接时，YT 误动作而设置的。红灯 HR 发平光，一方面指示断路器在合闸位置，另一方面也表示跳闸回路完好。运行中如果红灯熄灭，则表示跳闸回路断线，必须进行检修，否则影响断路器跳闸。

（2）手动跳闸。断路器手动跳闸时，先把控制开关 SA 手柄转到“预备跳闸”位置再转到“跳闸”位置，这时 SA 的 6－7 触点接通，跳闸线圈 YT 电阻大于跳跃闭锁继电器的电流线圈 KCF_1 的电阻，回路中的电压大部分落在跳闸线圈 YT 上，YT 起动，将断路

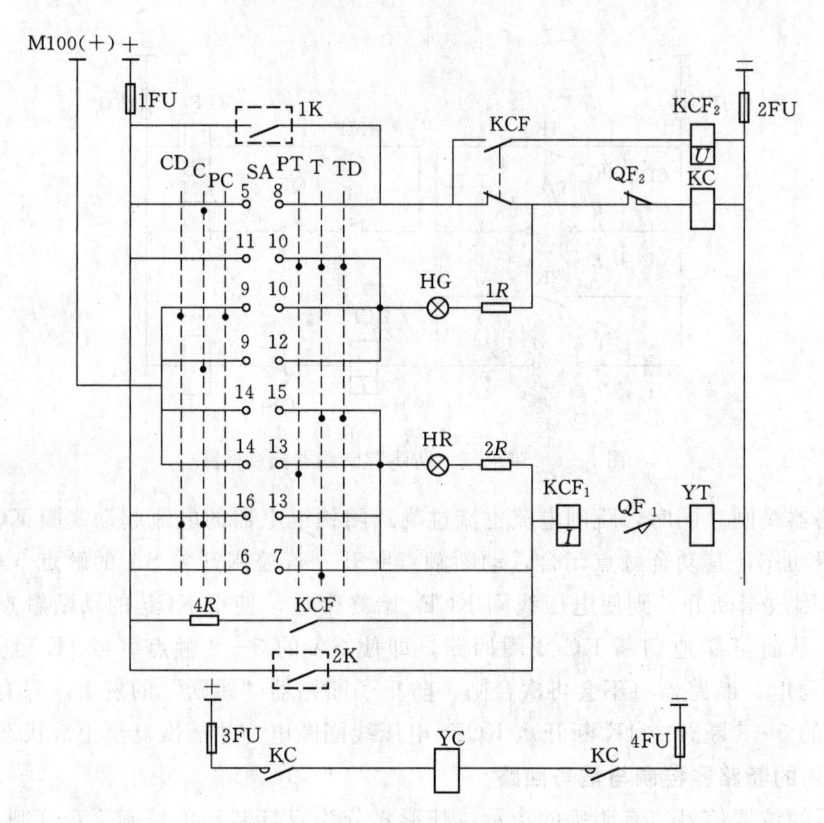

图 3-7　灯光监视的断路器控制与信号回路

器跳闸。断路器跳闸后，其辅助动合触点断开，使 YT 失电，保证 YT 短时通电；另一方面其辅助动断触点闭合，于是经 SA 的 11－10 触点（跳闸后是接通的）、绿灯 HG、附加电阻 1R、QF_2 和 KC 形成回路，绿灯 HG 通电发平光。此时，KC 线圈中虽然有电流流过，但是由于绿灯 HG 和附加电阻 1R 的原因，使回路中电流很小，达不到 KC 动作值，KC 不动作，也就不会造成断路器合闸。绿灯 HG 发平光，一方面指示断路器在跳闸位置，另一方面也表示合闸回路完好。绿灯 HG 串联附加电阻 1R 的目的也是防止绿灯两端短路时，造成断路器误合闸。

（3）自动合闸。断路器跳闸后，可通过自动装置重合闸，此时 1K 闭合，KC 线圈带电起动，接通断路器的合闸回路，断路器进行合闸。断路器合闸后，其辅助动合触点闭合。此时，控制开关手柄处于“跳闸后”位置，SA 的 14－15 触点接通。于是 M100（＋）经红灯 HR、附加电阻 2R、KCF、QF_1 辅助动合触点、YT 到电源负极，形成闭合回路，红灯 HR 闪光。

（4）事故跳闸。当断路器所在的一次回路发生事故时，继电保护装置动作，保护出口继电器 2K 闭合，YT 带电起动，使断路器自动跳闸。断路器跳闸后，其辅助动断触点闭合。此时，控制开关手柄处于“合闸后”位置，SA 的 9－10 触点接通。于是 M100（＋）经绿灯 HG、附加电阻 1R、QF 辅助动断触点、KC 到电源负极，形成闭合回路，绿灯 HG 闪光。

断路器事故跳闸时必须发出事故信号，以引起工作人员注意。事故信号除了要求有灯光信号（绿灯闪光）外，还要求有音响信号。

事故音响信号是利用不对应原理实现的，即控制开关在“合闸后”位置，而断路器在“跳闸位置”时起动的事故音响信号，原理接线如图 3-8 所示。当断路器事故跳闸后，断路器的动断触点闭合，而控制开关手柄处于“合闸后”位置，此时 SA 的 1-3 触点和 SA 的 19-17 触点是接通的，接通如图 3-8 所示的回路，发出事故音响信号。

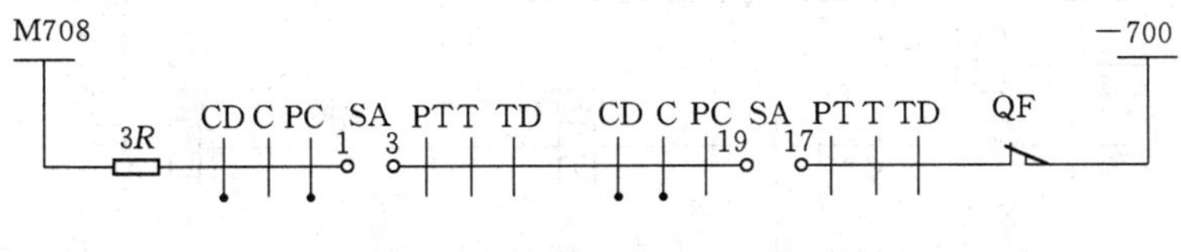

图 3-8 事故音响起动回路

灯光监视的断路器控制与信号回路接线简单，红、绿灯指示断路器的位置比较明显，多用于中小型发电厂及变配电所中。大型发电厂中因控制屏多，所以必须加入音响信号，以便及时引起值班人员注意。

2. 音响监视的断路器控制与信号回路（单灯制）

图 3-9 是音响监视的单灯制断路器控制与信号回路，图中断路器的位置信号由装在断路器控制开关手柄内的信号灯（HW）指示。KCT 为跳闸位置继电器，KCC 为合闸位置继电器。

（1）手动合闸。手动合闸后控制开关 SA 位于“合闸后”位置，合闸位置继电器 KCC 线圈得电，其动合触点闭合，而 SA 的 2-4 触点和 20-17 触点接通，则白色信号灯 HW 接通控制电源而发平光。工作人员看到信号灯发平光且控制开关手柄在“合闸后”位置，可判断断路器处于“手动合闸状态”。

（2）手动跳闸。手动跳闸后控制开关 SA 位于“跳闸后”位置，跳闸位置继电器 KCT 线圈得电，其动合触点闭合，而 SA 的 1-3 触点和 14-15 触点接通，则白色信号灯 HW 接通控制电源而发平光。工作人员看到信号灯发平光且控制开关手柄在“跳闸后”位置，可判断断路器处于“手动跳闸状态”。

（3）自动合闸。若断路器断开，通过自动装置使断路器合上，断路器合闸后，合闸位置继电器 KCC 线圈得电，其动合触点闭合，而此时控制开关 SA 的手柄仍在“跳闸后”位置，SA 的 1-3 触点和 18-19 触点接通，则白色信号灯 HW 接通闪光电源而发闪光。工作人员看到信号灯闪光且控制开关手柄在“跳闸后”位置，可判断断路器处于“自动合闸状态”。

（4）自动跳闸。若一次系统故障使继电保护装置动作，断路器自动跳闸，断路器跳闸后，跳闸位置继电器 KCT 线圈得电，其动合触点闭合，而此时控制开关 SA 的手柄仍在“合闸后”位置，SA 的 2-4 触点和 13-14 触点接通，则白色信号灯 HW 接通闪光电源而发闪光。工作人员看到信号灯闪光且控制开关手柄在“合闸后”位置，可判断断路器处于“自动跳闸状态”。

（5）断线预告信号回路。图 3-9（b）中，将 KCT 和 KCC 的动断触点串联接于控制回路断线小母线（M7131），当控制回路的熔断器熔断（或控制回路断线、信号灯烧坏）

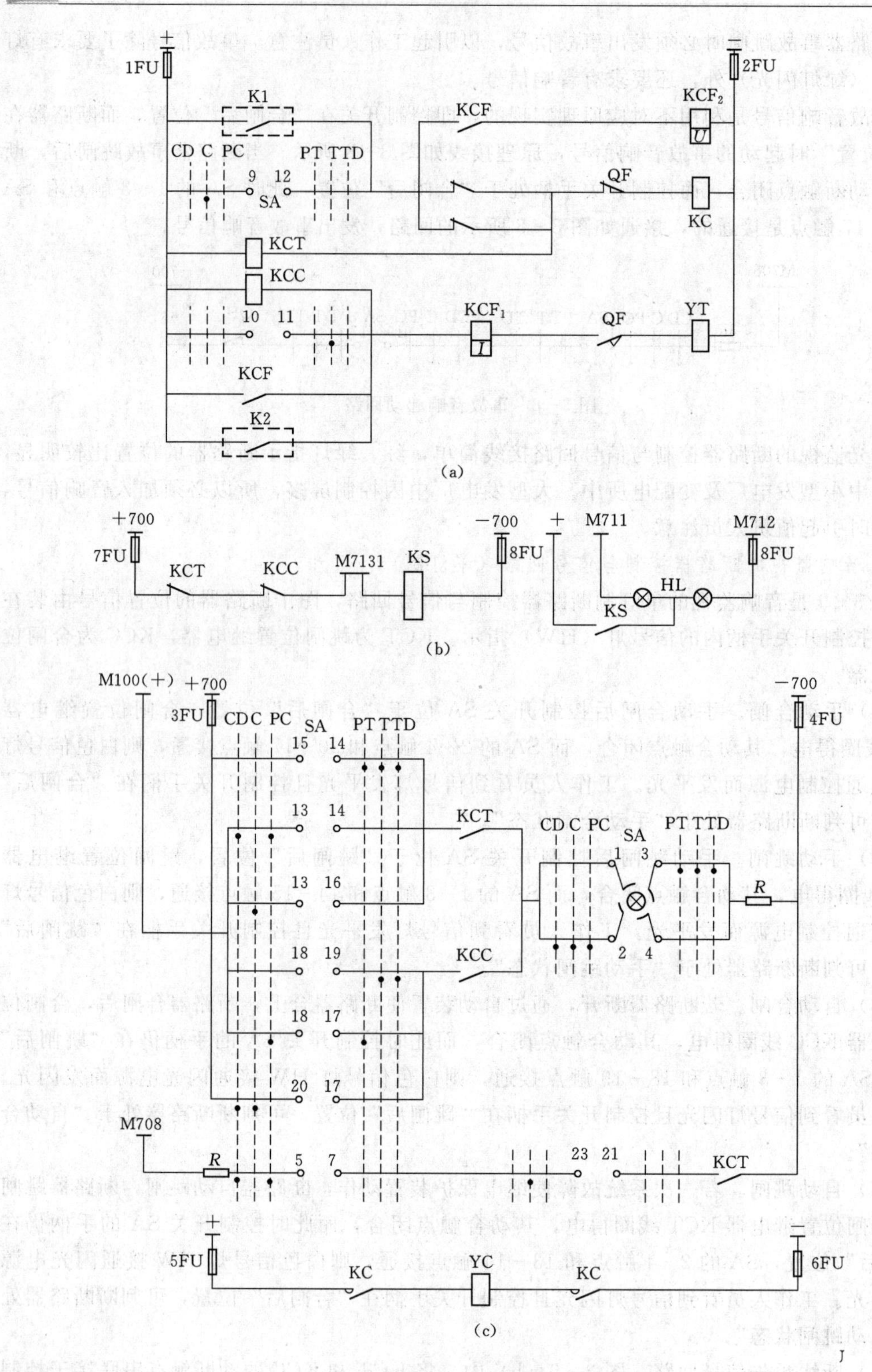

图 3-9　音响监视的断路器控制与信号回路

(a) 控制回路；(b) 断线预告信号回路；(c) 信号回路

时，KCC和KCT会同时断电，其动断触点同时闭合，接通信号继电器KS，点亮“控制回路断线”光字牌，同时发出相应音响信号。此时控制开关手柄内的信号灯会熄灭，由此可找出对应的故障回路。

可见，单灯制控制与信号回路需由灯光（平光或闪光）及控制开关SA手柄的位置来共同确定断路器QF的位置状态。

3.3 中央信号回路

3.3.1 信号的作用和类型

对运行中的电气设备不仅要通过测量表计监测其工作状态，还要用各种信号显示其运行的状态。发生故障时，除保护装置作出相应的反应外，信号系统应能告知值班人员，以便及时处理。

信号通常由音响信号和灯光信号两部分组成。音响信号用于引起值班人员的注意，灯光信号表明故障和不正常工作状态的性质和地点。音响信号由发声器具（蜂鸣器或警铃）来实现；灯光信号是由装设在各控制屏上的各种信号灯或光字牌来实现。

信号回路按其用途的不同分为事故信号、故障（预告）信号、位置信号和指挥信号与联络信号。

1. 事故信号

事故信号是当电气设备发生事故时，由继电保护或自动装置动作，在使断路器跳闸切除事故点的同时所发出的信号。通常用蜂鸣器（电笛）发出音响并使相应的信号灯发光（闪光）。

2. 故障（预告）信号

故障（预告）信号是在电气设备处于不正常（故障）状态时发出的信号，以提醒值班人员采取适当措施加以处理，防止故障进一步扩大发展为事故。通常用电铃发出音响并使相应的光字牌发光显示。

发电厂和变电所中常见的预告信号如下。

（1）发电机、变压器等电气设备过负荷。

（2）变压器油温过高、轻瓦斯保护动作及通风设备故障等。

（3）SF_6气体绝缘设备的气压异常。

（4）直流系统绝缘损坏或严重降低。

（5）断路器控制回路及互感器二次回路断线。

（6）小电流接地系统单相接地故障。

（7）发电机转子回路一点接地。

（8）继电保护和自动装置交、直流电源断线。

（9）信号继电器动作（掉牌）未复归。

（10）断路器三相位置或有载调压变压器三相分接头位置不一致。

（11）强行励磁动作。

（12）压缩空气系统故障、液压操动机构的压力异常等。

预告信号又分为瞬时预告信号和延时预告信号两种。瞬时预告信号有轻瓦斯动作、绝缘监察等，一旦异常发生时立即发出信号；延时预告信号有过负荷等，异常发生后，可延迟一定时间再发信号。

3. 位置信号

位置信号用来指示设备的运行状态。如断路器、隔离开关、接触器等的通、断状态。通常断路器的位置用红绿灯来指示，隔离开关用位置指示器来指示。

4. 指挥信号与联络信号

指挥信号是用于主控制室向各车间发出操作命令的信号，如主控制室向汽轮机车间发“增负荷”、“减负荷”、“停机”等命令。联络信号用于各控制室之间的联系。

3.3.2 信号回路的基本要求

信号回路的基本要求如下。

(1) 断路器事故跳闸时，能瞬时发出事故信号，同时相应的位置指示灯闪光，并点亮相应的光字牌。

(2) 发生故障或异常情况时，能瞬时或延时发出相应的音响信号、灯光信号和掉牌信号。

(3) 对信号回路，应能进行回路是否完好的试验。

(4) 音响信号应能重复动作，并能手动或自动复归，而表明故障地点和性质的光字牌应能暂时保留，以便于帮助查找和分析事故。

(5) 应设“信号未复归”光字牌信号，以便在继电保护及自动装置动作后，应能及时将信号继电器手动复归。

3.3.3 中央信号回路

反映事故或故障（预告）的信号装置设在中央控制室内，属于全厂性公用设备，所以又称中央信号系统。

3.3.3.1 中央信号回路分类

(1) 按音响信号复归方式可分为就地复归和中央复归两种。中央复归指的是在主控制台上用按钮开关将信号解除并恢复到原位；就地复归指的是到设备安装地操作控制开关复归信号。

(2) 按音响信号的动作性能可分为能重复动作和不能重复动作。重复动作是当出现事故（故障）时，发出灯光和音响信号；稍后紧接着又有新的事故（故障）发生时，信号装置应能再次发出音响和灯光信号。不重复动作是第一次故障尚未消除，而又发生第二次故障，此时不能发出音响信号，只能点亮光字牌。

3.3.3.2 常规中央信号启动回路

目前发电厂及变配电所广泛采用中央复归能重复动作的事故信号装置，实现重复动作的核心元件是冲击继电器。

1. 事故音响信号起动装置

图 3-10 为事故音响信号起动装置。图中 T 为冲击继电器的脉冲变流器，K 为出口继电器，+700、-700 为信号小母线，M708 事故音响小母线，1SA～3SA 为断路器控制开关。

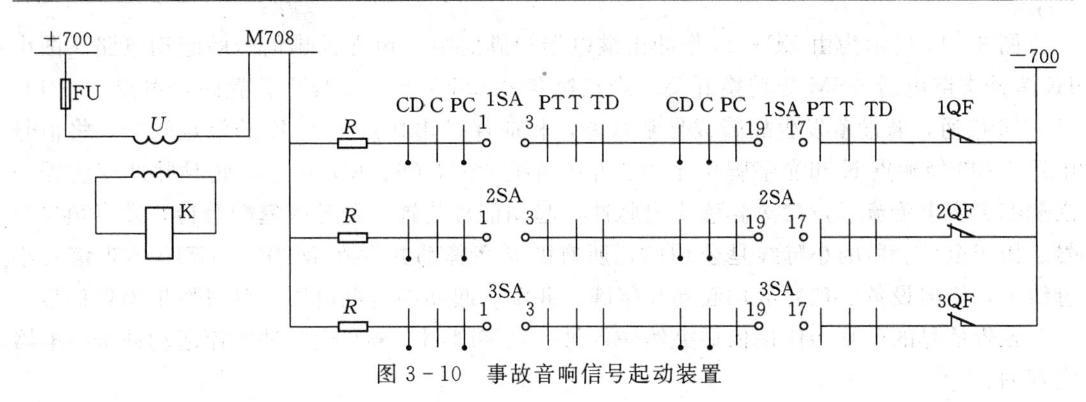

图 3-10 事故音响信号起动装置

其工作原理如下。

正常工作时，脉冲变流器 T 一次绕组中没有电流流过。当某一断路器由于事故跳闸后，T 一次侧绕组中电流 i_1 从零值增大到稳态值，在电流瞬变过程中，T 的二次侧绕组中感应出一个脉冲电流 i_2，该电流流过继电器 K 线圈，继电器 K 动作，起动事故音响信号装置。当变流器 T 一次侧绕组中的电流达到稳定值后，铁芯中的磁通不再变化，二次侧绕组回路中的感应电流即行消失，音响信号将靠本身的自保持回路继续发送，直至音响解除命令发出为止。

当上一次发出的音响信号已被解除，而断路器与控制开关的不对应回路尚未复归之前，又有另一回路的断路器因事故跳闸，则再次引起 T 一次侧绕组中的电流发生变化，又在二次侧感应出一个脉冲，继电器 K 再次起动音响信号装置。以后每多并联一条不对应回路，都会重复以上过程，从而实现重复动作。

可见，脉冲变流器不仅接受了事故脉冲并将其变成执行元件动作的尖脉冲，而且把起动电路与音响电路分开，以保证音响信号一经起动，即与起动它的不对应回路无关，从而达到音响信号重复动作的目的。

2. 预告音响信号启动装置

中央预告信号装置和中央事故信号装置一样，都由冲击继电器构成，但起动回路、重复动作的构成元件及音响装置有所不同。

(1) 事故信号是利用不对应原理将电源与事故音响小母线接通来起动的；预告信号则是利用继电保护的出口继电器触点 K 与预告信号小母线接通来起动的。

(2) 事故信号用蜂鸣器（电笛）作为发音元件，预告信号用警铃作为发音元件。

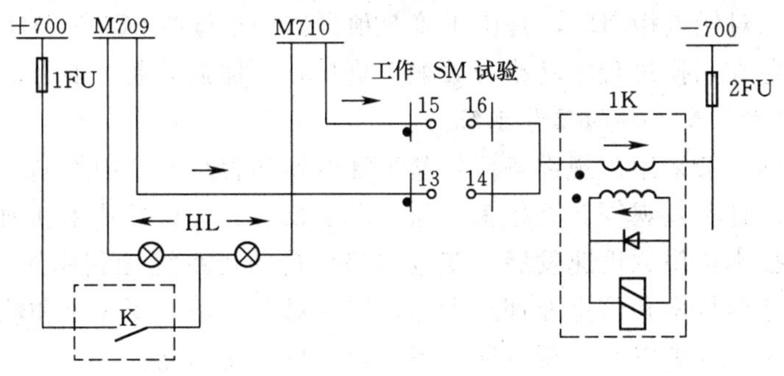

图 3-11 预告音响信号起动电路

图3-11所示为由ZC-23型冲击继电器构成的中央预告音响信号的起动电路。图中1K为冲击继电器，SM为转换开关。当转换开关SM处于“工作”位置时，触点13-14、15-16接通，若设备发生故障或异常状态，相应保护出口继电器K的触点闭合，将信号电源+700经触点K和光字牌引至预告信号小母线M709、M710上，此时脉冲变流器一次侧有突变电流流过，二次侧感应出脉冲，起动信号装置，经延时起动警铃，发出预告信号。由于全厂、所的小母线是公用的，所有的光字牌都并联在M709、M710预告信号小母线上，任何设备出现异常均起动光字牌，并都将起动冲击继电器，延时发出预告信号。

预告信号的重复动作是依靠突然并入另一光字牌HL来产生脉冲电流起动冲击继电器实现的。

3.3.3.3 光字牌检查

在发电及变配电所中，用光字牌显示各运行设备的运行状态，而正常运行时光字牌不亮，所以必须经常检查各光字牌内灯泡是否完好。光字牌的完好性可利用转换开关SM的切换来进行。

检查光字牌时，SM置于“试验”位置，此时SM的触点1-2、3-4、5-6、7-8、9-10、11-12闭合，使预告信号小母线M709接信号正电源+700，M710接信号负电源-700，如图3-12所示。此时，如果光字牌中的所有指示灯都点亮，说明光字牌完好。

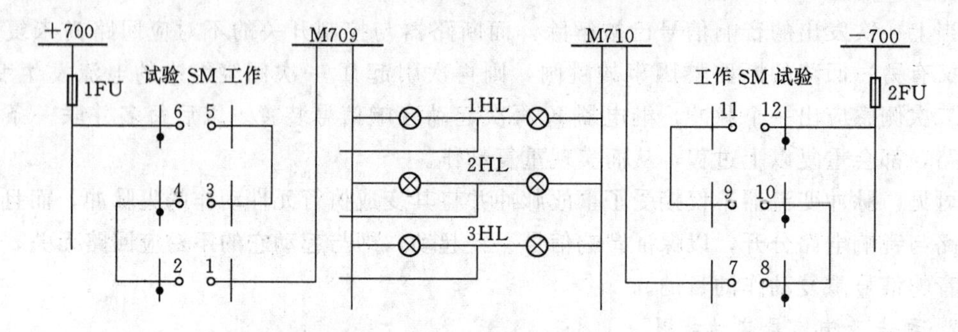

图3-12 光字牌检查接线

值得注意的是，光字牌在正常工作时，SM置于“工作”位置，触点13-14、15-16闭合，光字牌的两只灯泡为并联连接（见图3-11），灯泡两端的电压是额定电压，光字牌点亮时发亮光；检查时，两灯泡是串联的，灯泡发暗光，且其中一只损坏时，光字牌不亮。

采用SM的三对触点相串联，是由于接至预告信号小母线M709、M710上的光字牌数目较多，为了避免在切换过程中转换开关触点烧坏，而加强其断弧能力的措施。

3.3.3.4 综合自动化变电站的信号系统

传统的变电站一般采用常规设备，是基于继电器和表盘的集中控制，其系统庞大、可维护性低、数据统计不直观等。近年来，随着电子技术、计算机技术和通信技术进步，变电站综合自动化技术也得到迅速发展。变电站综合自动化系统是利用先进的计算机技术、现代电子技术、通信技术和信息处理技术等，实现对变电站主要设备和输配电线路的自动控制、监测、测量、保护以及与调度通信等综合性自动化功能。

综合自动化变电站中已逐步取消了断路器控制屏和中央信号屏，全站各种事故信号、

预告信号及状态指示信号等信息均由微机监控系统进行采集、传输及实时发布。综合自动化变电站的信号可分为继电保护信号（如变压器主、后备保护动作信号等）、自动装置动作信号（如线路重合闸动作、录波起动信号等）、位置信号（如断路器、隔离开关、有载分接开关挡位等位置信号）、二次回路运行异常信号（如控制回路断线、TA 和 TV 异常、通道报警、GPS 信号消失等）、压力异常信号（如 SF_6 低气压闭锁与报警信号等）、装置故障和失电报警信号（如直流电源消失等）。

图 3-13 为某综合自动化变电站信号系统示意图，主设备、母线、线路的电流、电压、温度、压力及断路器、隔离开关位置等状态信号由各自电气单元的测控装置采集后送到监控主机，保护装置发出的信号既可通过软件报文的形式传输到监控主机，又可以硬接点开出遥信信号送到测控屏，再由测控屏转换成数字信号传输到变电站站控层的监控主机。

在监控系统中，各类信息的动作能够以报警的形式在显示屏上显示，还可通过音响发出语言报警。当电网或设备发生故障引起开关跳闸时，在发出语言报警的同时，跳闸断路器的符号在屏上闪烁，较传统的事故与预告信号相比，更方便运行人员迅速地对信息进行分类与判别以及对事故进行分析处理。

主变压器测控装置的信号主要来自变压器保护装置、变压器本体端子箱、各电压等级的配电装置、有载分接开关等。高压线路测控装置的信号主要来自于高压线路保护装置、线路 GIS 柜、断路器操作机构、隔离开关等。公用测控装置的信号主要来自于母线保护柜、故障录波柜、直流电压柜、故障信息处理机柜、GPS 等。

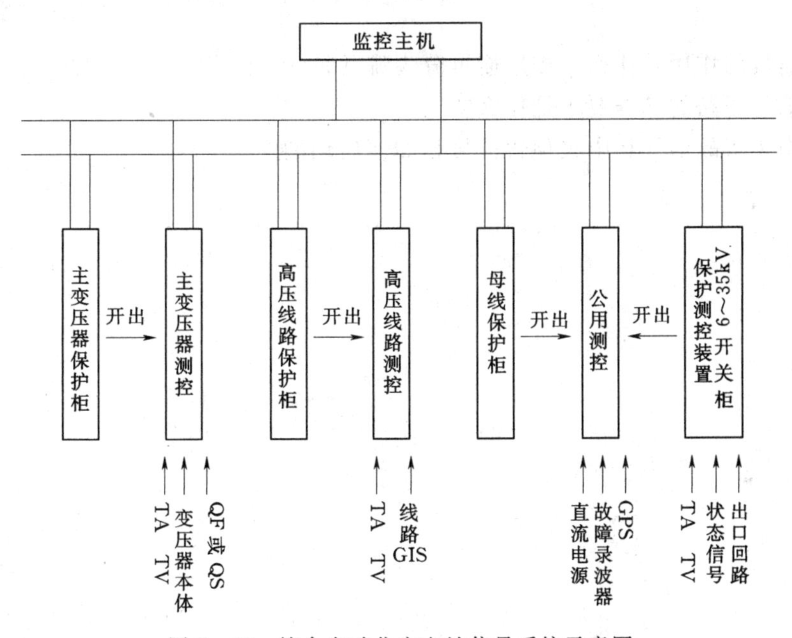

图 3-13　综合自动化变电站信号系统示意图

通过变电站综合自动化系统内各设备间相互交换信息、数据共享，完成变电站运行监视和控制任务。变电站综合自动化替代了变电站常规二次设备，简化了变电站二次接线。变电站综合自动化是提高变电站安全稳定运行水平、降低运行维护成本、提高经济效益、向用户提供高质量电能的一项重要技术措施。

小结

电气测量仪表能正确反映电气设备及电力系统的运行状态，在不同的场所应根据装设原则配置相应准确度等级的仪表。

断路器是电力系统中最重要的开关设备，断路器的控制回路有手动或自动的跳、合闸回路，显示断路器跳、合闸状态的位置指示信号回路，以及为提高动作的可靠性所设置的防跳回路等。

信号回路是工作人员发现、分析与处理故障的有力工具。中央事故信号和中央预告信号是其中重要的组成部分，又分为重复动作和不重复动作两种形式。重复动作的中央信号系统的核心元件是冲击继电器。

习　题

3-1　发电厂的电气测量仪表应满足哪些要求？

3-2　断路器的控制电路有哪些要求？

3-3　什么是断路器的“跳跃”？结合图3-6说明加装跳跃闭锁继电器的防跳电路的工作原理？

3-4　结合图3-7说明断路器手动合闸、手动跳闸、自动合闸、自动跳闸的动作原理。

3-5　信号的作用是什么？按用途可分为哪几种？

3-6　信号回路的基本要求是什么？

3-7　中央事故信号和中央预告信号是如何启动的？

第4章 继电保护概述

【教学要求】 了解继电保护的作用和任务，熟悉对继电保护装置的基本要求和继电保护装置的基本构成原理，理解系统运行方式、主保护、后备保护、辅助保护等概念，了解继电保护技术的发展概况。

4.1 继电保护的作用

电能是当今世界使用最为广泛、地位最为重要的能源。电力系统的安全稳定运行对国民经济、人民生活、社会稳定都有着极其重要的影响。电力系统由发电机、变压器、输配电线路、用电设备等电气元件组成。这里电气元件是一个常用术语，它泛指电力系统中各种在电气上可以独立看待的电气设备、线路、器具等。由于绝缘的老化或风雪雷电，以及设备的缺陷、设计安装和运行维护不当等原因，运行中的电气元件就可能发生故障，也可能出现不正常运行状态。因此，需要有专门的技术为电力系统建立一个安全保障体系，其中最重要的专门技术就是继电保护技术。继电保护是电力系统重要的组成部分，是保证电力系统安全可靠运行的不可缺少的技术措施。

4.1.1 电力系统的工作状态

电力系统的工作状态可分为正常、故障及不正常运行三种状态。

1. 正常运行状态

电力系统正常运行时，三相的电压和电流对称或基本对称，电气元件和系统的运行参数都在允许范围内变动。

2. 故障状态

电气元件发生短路、断线时的状态均为故障状态。最常见且最危险的故障是各种类型的短路，三相短路的后果最为严重。发生短路时，通过短路回路的短路电流要比正常运行时的负荷电流大若干倍甚至几十倍。电力系统中电气元件发生短路可能引起的后果如下所述。

（1）故障点通过很大的短路电流，此电流引起的电弧可能烧毁故障元件。

（2）电力系统中部分地区电压大量下降，用户的正常工作遭到破坏。

（3）故障元件和某些非故障元件由于通过很大的短路电流而产生热效应和电动力，使电气元件遭到破坏和损伤，从而缩短其使用寿命。

（4）各发电厂之间并列运行的稳定性遭到破坏，使电力系统产生振荡，甚至引起整个系统解列。

3. 不正常运行状态

电气元件的运行参数偏离了正常允许的工作范围，但并没有发生故障的运行状态，称为不正常运行状态。在变配电所及企事业用电单位中最为常见的不正常运行状态有：变压器过负荷，变压器内部绕组匝间短路，电动机过负荷、低电压运行、断相运行，电气元件温度过高，中性点非直接接地电网发生单相接地故障等。运行实践表明，不正常运行状态如不及时排除，则可能导致发生故障。

电力系统中发生故障和出现不正常运行情况时，都可能使系统全部或部分正常运行遭到破坏，电能质量变坏到不容许的程度，以致造成对用户的停止供电或少供电，甚至毁坏电气元件，这种情况称为发生了事故。为了避免或减少事故的发生，提高电力系统运行的可靠性，必须改进电气元件的设计制造，保证设计、安装和检修的质量，提高运行管理的水平，采取预防事故的措施，尽可能消除发生故障的可能性。

由于电力系统是一个整体，电能的生产、传递、分配和使用是同时进行的，各电气元件之间都是通过电路或磁路联系起来的，任何一个电气元件发生故障，故障量将以近似光速的速度影响到整个系统的各个部分。为此，要求在极短的时间内切除故障。通常要求切除故障的时间短到十分之几秒甚至百分之几秒，显然，在这样短的时间内由值班人员及时发现故障和排除故障是不可能的，这就要靠装在每个电气元件上具有保护作用的自动装置来完成这个任务。这种保护装置到目前为止，在供用电系统中还有不少是由单个继电器和其他附属设备构成，故称这种保护装置为继电保护装置。同时，电力系统的运行状态也应不间断地实时监视，一旦发生不正常运行状态，能及时通知运行人员采取措施或起动自动控制装置，恢复正常运行，这也必须借助于继电保护装置来完成。

4.1.2 继电保护的任务

继电保护技术是一个完整的体系，它主要由电力系统故障分析、继电保护原理及实现继电保护配置设计、继电保护运行与维护等技术构成，而完成继电保护功能的核心是继电保护装置。

继电保护装置是指安装在电力系统各电气元件上，能在指定的保护区域内迅速地、准确地反应电力系统中各电气元件的故障或不正常工作状态，并作用于断路器跳闸或发出信号的一种自动装置。它的基本任务有以下两个方面。

（1）当电力系统中被保护元件发生故障时，继电保护装置应能自动地、迅速地、有选择地借助于断路器将故障元件从电力系统中切除，保证无故障部分迅速恢复正常运行。

（2）当电力系统中被保护元件出现不正常运行状态时，继电保护装置应能及时反应，并根据运行维护条件自动地发出信号，通知值班人员处理，或自动地进行调整和消除。反应不正常工作状态的继电保护装置，一般不需要立即动作，允许带一定的延时。

由此可见，继电保护装置在电力系统中的主要作用是：在电力系统范围内，按指定保护区实时地检测各种故障和不正常运行状态，及时地采取故障隔离或警告等措施，力求最大限度地保证向用户安全连续供电。在现代的电力系统中，如果没有专门的继电保护装置，要想维持系统的正常运行是根本不可能的。

4.2 对继电保护装置的基本要求

电力系统中各电气元件之间都装有断路器，每个电气元件上都装有继电保护装置。电气元件故障时，继电保护装置会向断路器发出跳闸命令，断路器跳闸将故障元件从电力系

统中切除，保证无故障元件继续运行。运行经验表明，继电保护装置和断路器都有拒绝动作的可能，因而在考虑电气元件的继电保护装置配置时，一般都要求装设主保护和后备保护，必要时还要增设辅助保护。

主保护是指能反映整个被保护元件上的故障，并以最快的速度有选择性地切除被保护元件故障的保护装置。后备保护是指当主保护或断路器拒绝动作时，用比主保护动作时限长的时限切除故障元件的保护装置。后备保护又可分为远后备和近后备两种方式：远后备是当主保护或断路器拒绝动作时，由相邻元件的保护实现后备；近后备保护是当主保护拒绝动作时，由本元件的另一套保护实现后备。例如，在图 4－1 中，当线路 2WL 上 k 点发生短路而其主保护 2 或 2QF 拒绝动作时，由线路 1WL 上保护 1 动作并断开 1QF，从而将故障线路 2WL 切除，这就是远后备保护方式。如果线路 2WL 上 k 点发生短路时，线路 2WL 的主保护拒绝动作，由线路 2WL 的另一套保护动作并断开 2QF，将故障线路 2WL 切除，则称为近后备保护方式。为补充主保护和后备保护的不足而增设的比较简单的保护称为辅助保护。

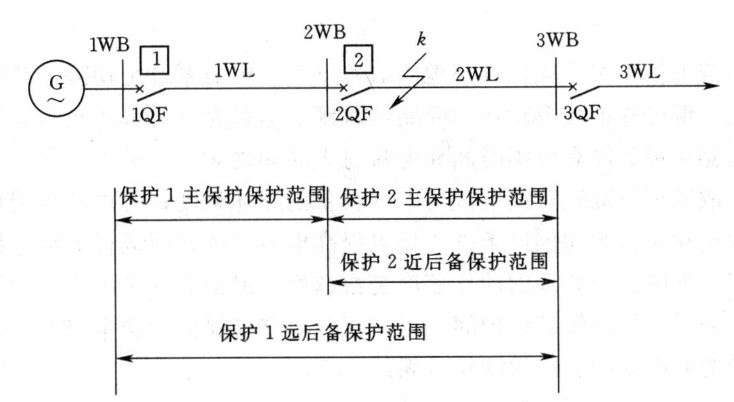

图 4－1　主保护与后备保护范围示意图

对于反应故障状态，作用于断路器跳闸的继电保护装置，在技术上有四个基本要求：选择性、速动性、灵敏性和可靠性。

4.2.1　选择性

选择性是指电力系统中某电气元件发生故障时，由距离故障点最近的保护装置动作将故障元件从电力系统中切除，使停电范围尽可能缩小，以保证其他非故障部分继续运行。

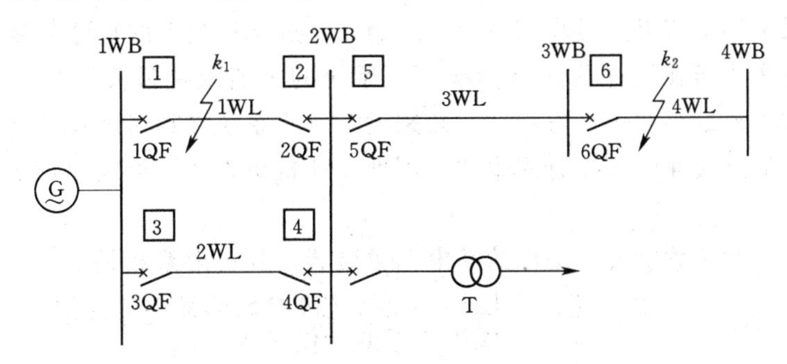

图 4－2　单侧电源电网中保护选择性动作说明图

在如图4-2所示的电网中，当线路4WL上的k_2点发生短路时，按照选择性的要求，应该由保护装置6动作，断路器6QF跳闸，将故障线路4WL切除。此外，除了由线路4WL供电的用户外，其他用户得到继续供电。又如线路1WL上的k_1点发生短路，按照选择性的要求，应只由保护装置1和2动作，断路器1QF、2QF跳闸，以切除故障线路1WL，变电所1WB所接线路2WL和变电所B仍应照常供电。此时若断路器3QF或4QF也跳闸，则整个电网停电，这种情况就称为无选择性，但是，当线路4WL上的k_2点发生短路，如果保护装置6或断路器6QF由于某种原因拒绝动作，而由保护装置5动作，断路器5QF跳闸切除故障线路4WL，这种情况也认为是有选择性的。这种情况虽然切除了一部分非故障线路，但它是由于断路器或保护装置拒绝动作造成的，所以仍然是尽可能地限制了故障的扩大，尽量缩小了停电范围。保护装置5实际上起着相邻下一段线路远后备保护的作用。

保护装置的选择性，是由合理地选择保护方案和正确整定电气动作值和上下级保护动作时限的大小来达到配合而获得的。

4.2.2 速动性

速动性是指继电保护装置应能快速地将故障元件从电力系统中切除。故障切除时间是从发生故障开始到继电保护装置动作、断路器跳闸、电弧完全熄灭为止。它等于保护装置动作时间与断路器主触头固有分闸时间和电弧熄灭时间之和。

快速地切除故障可以减轻短路电流对电气设备的损坏程度；可以减少用户在低电压下工作的时间，为电动机自起动创造条件；可以提高电力系统并列运行的稳定性。

从理论上讲，继电保护装置的动作速度越快越好，但是实际应用中，为了防止干扰信号造成保护装置的误动作及保证保护间的相互配合，继电保护装置不得不人为地设置动作时限。目前最快的继电保护装置的动作时间约为5ms。

4.2.3 灵敏性

灵敏性是指继电保护装置对其保护范围内故障的反应能力。继电保护装置在保护范围内发生故障时，无论短路点的位置、短路形式及系统运行方式如何，继电保护装置都应正确反应。

继电保护装置的灵敏性通常用灵敏系数（也称灵敏度）K_{sen}来衡量。灵敏系数应根据不利的运行方式和故障类型来计算。在继电保护整定计算中，通常考虑电力系统中两种最不利的运行方式，即最大运行方式和最小运行方式。所谓最大运行方式是指在被保护对象末端短路时，系统的等值阻抗最小（$X_s=X_{s.min}$），通过保护装置的短路电流最大的运行方式；最小运行方式是指在同样的短路情况下，系统的等值阻抗最大（$X_s=X_{s.max}$），通过保护装置的短路电流最小的运行方式。一般来说，一个系统在尽可能小的运行方式下，满足继电保护装置的灵敏性要求是有困难的。因此，通常根据实际可能出现的最小运行方式进行计算。

对于反应故障时参数增大而动作的继电保护装置，其灵敏系数是

$$K_{sen}=\frac{\text{保护区末端金属性短路时故障参数的最小计算值}}{\text{保护装置的动作参数}} \tag{4-1}$$

对于反应故障时参数降低而动作的继电保护装置，其灵敏系数是

$$K_{sen}=\frac{\text{保护装置的动作参数}}{\text{保护区末端金属性短路时故障参数的最大计算值}} \tag{4-2}$$

实际上，短路大多情况是非金属性的，而且故障参数在计算时会有一定的误差，因此，必须要求 $K_{sen}>1$。在《继电保护和安全自动装置技术规程》（GB/T 14285—2006）中，对各类反应短路的继电保护装置的灵敏系数最小值都作了具体规定，见表 4-1。对于各种继电保护装置灵敏系数的校验方法，将在各保护的整定计算中分别讨论。

表 4-1　　反应短路故障的继电保护装置的最小灵敏系数 $K_{sen.min}$

保护分类	保护类型	组成元件	最小灵敏系数	备　注
主保护	变压器、线路、电动机和电容器的电流速断保护	电流元件	2.0	按保护安装处短路计算
	电流保护、电压保护	电流、电压元件	1.5	按保护区末端计算
	3～10kV 电力网中单相接地保护	电流元件	1.5	电缆线路允许为 1.25
	变压器、电动机的纵联差动保护	差动元件	2.0	
后备保护	远后备保护	电流、电压元件	1.2	按相邻电气元件末端短路计算
	近后备保护	电流、电压元件	1.3	按线路末端短路计算

4.2.4 可靠性

可靠性是指在规定的保护区内发生了它应该反应的故障时，保护装置应该可靠地动作（即不拒动），而在不属于该保护动作的其他任何情况下，则不应该动作（即不误动）。

可靠性取决于保护装置本身的设计、制造、安装、运行维护等因素。一般来说，宜选用尽可能简单的保护方式，应采用由可靠的元件和简单的接线构成的性能良好的继电保护装置，并应采用必要的检测、闭锁和双重化等措施。

继电保护装置的任何拒动和误动，都会降低电力系统供电的可靠性。如不能满足可靠性的要求，则继电保护装置本身便成为扩大事故或直接造成事故的根源。因此，可靠性是对继电保护装置最根本的要求。

要注意的是，对继电保护四个基本要求是互相联系而又互相矛盾的。例如，对某些继电保护装置来说，选择性和速动性不可能同时实现，要保证选择性，必须使之具有一定的动作时限。对继电保护装置的四个基本要求是分析研究继电保护性能的基础，也是贯穿继电保护技术的一个主线。

除了满足上述四个基本要求外，还应适当考虑经济性和可维护性。

4.3 继电保护的基本原理及组成

4.3.1 继电保护的基本原理

继电保护装置要完成自己所担负的任务，就要求它能正确区分电力系统正常运行状态与故障和不正常运行状态之间的差别，区分保护区内故障与保护区外故障之间的差别。这些“差别”是构成各种继电保护装置的基础和依据。

在电力系统中某电气元件上发生短路时，工频电气量相对于正常运行状态会发生很大的变化。如电流增大、母线电压降低、电流与电压之间的相位角会发生变化、出现负序和零序分量等。利用故障与正常运行时电气量的差别，可以构成各种作用原理的继电保护装置。

例如，根据短路时电流增大和电压降低的特征，可以分别构成电流保护和低电压保护；根据短路时电流及电流、电压间相位角的变化，可以构成方向电流保护；根据短路时电压与电流比值（即阻抗）关系的变化，可以构成距离（阻抗）保护；根据发电机、变压器等电气元件发生不正常运行状态（如过负荷）时电流增大的特点，可以构成电气元件的过负荷保护等。

此外，根据电气元件的特点，还可以实现反应非电气量变化的保护，如变压器的瓦斯（气体）保护等。各种原理的保护将在以后章节中分别讨论。

4.3.2 继电保护装置的组成

继电保护装置按其实现的方式可分为机电型、整流型、晶体管型、集成电路型以及微机型等五大类继电保护装置。实际上继电保护的动作原理也表明了继电保护技术发展的进程。机电型、整流型、晶体管型及集成电路型继电保护装置的共同特点是直接对模拟电量进行处理，因而称为模拟式继电保护装置，而微机型继电保护装置是对数字信号进行处理，故称为数字式继电保护装置。

模拟式继电保护装置的构成方式虽然很多，但一般都由测量部分、逻辑部分和执行部分三部分组成，其原理方框图如图 4-3 所示。

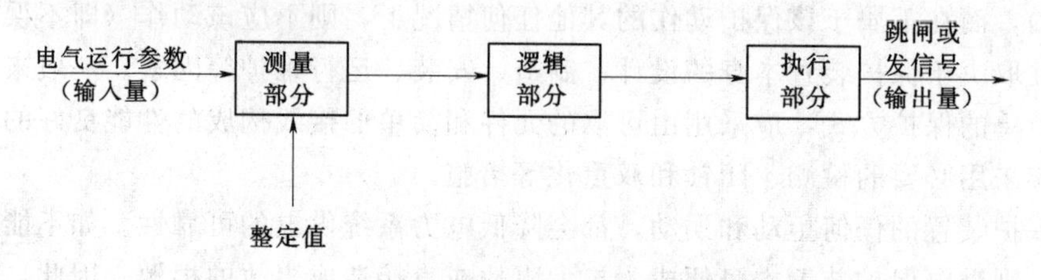

图 4-3 继电保护装置的原理方框图

（1）测量部分。测量部分是测量被保护元件在各种工作状态下的运行参数（如电流、电压、温度、压力等），并与保护的整定值进行比较，以判断被保护元件的工作状态，决定保护是否启动。

（2）逻辑部分。逻辑部分是根据测量部分输出量的结果，进行一系列的逻辑判断，确定是否应该使断路器跳闸或发出信号，并将有关命令传给执行部分。

（3）执行部分。执行部分是执行继电保护装置所担负任务。例如，发生故障时，保护装置动作于跳闸；不正常运行状态，保护装置动作于发信号；正常运行时，保护装置不动作。

微机型继电保护装置主要是以微处理器（或单片微机处理器）为基础的数字电路构成的。它是将传感器送来的信号变换为数据，然后进行复杂的算术和逻辑运算，对故障作出判断并发出动作指令。微机型继电保护装置是目前最先进的继电保护装置。

图 4-4 所示为微机继电保护的总框图，从中可以看出微机继电保护的基本构成。微机继电保护的主要部分是计算机本体，它被用来分析计算电力系统的有关电量和判定系统是否发生故障，然后决定是否发出跳闸信号。除计算机本体外，还配备有电力系统向计算机输入有关信息的输入接口部分和计算机向电力系统输出控制信息的输出接口部分。此外计算机还要输入有关计算和操作程序，输出记录的信息，以供运行人员分析事故，即计算机还必须有人机联系部分。

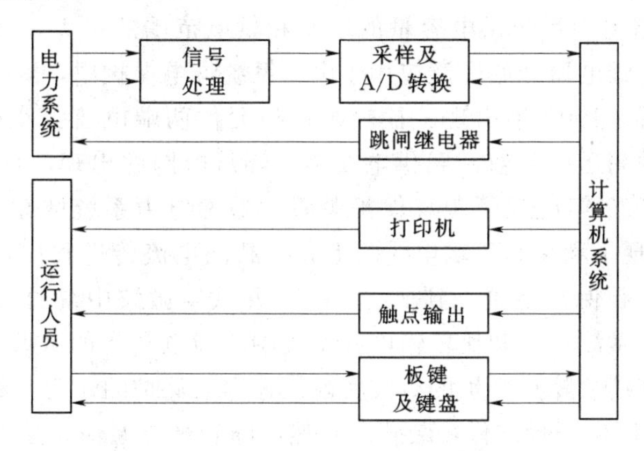

图 4-4 微机继电保护的总框图举例

微机继电保护对电磁干扰很敏感，为了防止来自电流、电压输入回路的干扰，在引入电流互感器和电压互感器的电流、电压时，在输入信号处理部分装设起隔离、屏蔽作用的变换器及采取一些相应的抗干扰措施。变换器除屏蔽作用外，还将输入的电流、电压的最大值变换成计算机设备所允许的最大电压值。此外，为满足采样的需要还要经过低通滤波器，然后才将有关信息输入到计算机的采样及 A/D 变换部分。

计算机的基本功能是进行数值及逻辑运算。为了使计算机能从电力系统的状态量的情况来判断电力系统是否发生故障，就必须将电流互感器和电压互感器送来的电流、电压的模拟量变成数字量。这就需要经过采样及 A/D 转换两个环节，即在时间上的离散化和在量值上离散化。

键盘和板键以及数码管、信号灯等部分，用以送入整定值、召唤打印、临时察看程序、对数据或程序作临时修改，信号灯和数码管则用以显示程序、数据和保护装置的动作情况。

当实时的采样数据送入计算机系统后，计算机根据由给定的数学模型编制的计算程序对采样数据作实时的计算分析、判断是否发生故障，故障的范围、性质，是否应该跳闸等等，然后决定是否发出跳闸命令，是否给出相应信号，是否应打印结果等。

4.4 继电保护技术的发展简史

电力系统继电保护技术是随着电力系统的发展和不断适应电力系统发展要求而发展的。电子技术、计算机技术与通信技术的快速发展为继电保护技术的发展不断地注入了新的活力。最早的继电保护装置是熔断器，而且是作为最重要电气元件的保护，这种保护时至今日仍被广泛应用于低压线路和用电设备上。熔断器的特点是集保护装置与断电装置于一体，简单可靠，但是它的动作精度差，配合难度大，断流能力有限，恢复供电麻烦。随着电力系统的发展，用电设备的功率、发电机的容量不断增大，电力系统的接线不断复杂化，电力系统中正常工作电流和短路电流都不断增大，单靠熔断器保护已不能很好地满足有选择地、快速地、灵敏地切除故障的要求。19世纪90年代出现了装在断路器上以一次电流动作并直接作用于断路器跳闸的电磁型过电流继电器，并利用它构成过电流保护。

20世纪初，随着电力系统供电容量的增加和供电范围的扩大，电压等级的提高，以互感器二次值动作的继电器开始广泛应用于电力系统继电保护中，这个时期可认为是继电保护技术发展的开端。1908年出现了比较被保护元件两端电流大小和相位的差动保护。随着各发电厂之间并列运行和双回路供电线路、环行电网的出现，1910年方向性电流保护开始得到应用，1920年出现了距离保护装置。随着电力系统的载波通信技术的发展，在1927年前后，出现了利用高压输电线路上高频载波电流传送和比较输电线路两端功率方向或电流相位的高频保护装置。到20世纪50年代，微波中继通信开始应用于电力系统，从而出现了利用微波传送和比较输电线路两端故障电气量的微波保护。从20世纪50年代就有人提出了利用故障点产生的行波实现快速继电保护的设想，经过20余年的研究，20世纪70年代终于诞生了行波保护装置。显然，随着光纤通信卫星在电力系统中的大量采用，利用光纤通道的继电保护也必将得到广泛地应用。

20世纪60年代末，随着电子计算机技术的应用和发展，有人提出用小型计算机实现继电保护的设想。由于当时小型计算机的价格昂贵，同时也无法满足快速继电保护的技术要求，因此这个设想不能实现。但许多国家由此开始了对计算机用于继电保护问题的研究（我国从70年代末开始了计算机继电保护的研究），为后来微型计算机继电保护的发展奠定了理论基础。随着微处理器技术的迅速发展及其价格急剧下降，在20世纪70年代后半期，出现了比较完善的微型计算机保护样机，并投入到电力系统中试运行。在20世纪80年代微型计算机保护在硬件结构和软件技术方面已趋成熟，并已在一些国家推广应用。从20世纪90年代开始，我国继电保护技术已进入了微型计算机保护的时代。微型计算机保护具有巨大的计算、分析和逻辑判断能力，有存储记忆功能，因而可用来实现任何性能完善且复杂的保护原理。微型计算机保护可连续不断地对本身的工作情况进行自检，其工作可靠性很高。此外，微型计算机保护可用同一个硬件实现不同的保护功能，这使继电保护装置的制造大为简化，也容易实现继电保护装置的标准化，微型计算机保护除了保护功能外，还有故障录波、故障测距、事故顺序记录和调度计算机交换信息等辅助功能，这对简化继电保护的调试、事故分析和事故后的处理等都有重大意义。可以说微型计算机保护代表着电力系统继电保护技术的未来，继电保护技术正朝着计算机化，网络化，智能化，保护、控制、测量和数据通信一体化发展。

由于电力电子技术、计算机技术、网络技术及保护算法的不断发展，微机保护已经得到了普遍采用，尤其是近年来测量、控制及保护技术的融和，新建的变电所和发电厂其二次系统一般都安装了综合自动化系统。在对老变电所和发电厂的改造过程中，遇到保护设备的更新，无一例外地都采用了微机保护装置。因此，随着模拟式机电型保护装置退出和二次设备的不断更新，电力系统继电保护装置的微机化已基本形成。

继电保护技术与其他技术不同的是，新技术不能完全取代老技术。电力系统中运行的继电保护装置可以说是模拟式的和数字式的都有并存。

小结

继电保护技术是一种电力系统安全保障技术，继电保护装置是一种重要的反事故装置。继电保护的作用是实时地监视电力系统中各电气元件的运行状态，当电气元件发生故障时能向断路器发出跳闸命令，当电气元件出现不正常工作状态时，能起动信号装置发出信号。

继电保护装置的基本任务如下所述。

(1) 能自动地、迅速地、有选择地借助于断路器将故障元件从电力系统中切除，保证无故障元件迅速恢复正常运行，并使故障元件免于继续遭受破坏。

(2) 能反应电气元件的不正常工作状态，并根据运行维护条件自动发出信号，通知值班人员处理，或自动地进行调整和消除。反应不正常工作状态的继电保护装置，一般不需要立即动作，允许带一定的延时。

对作用于断路器跳闸的继电保护装置来说，必须满足四个基本要求，即选择性、速动性、灵敏性、可靠性。“四性”可概括为：严格的选择性、需要的速动性、足够的灵敏性、必保的可靠性。分析研究继电器保护装置性能必须从“四性”入手。

各种作用原理的继电保护装置都是利用故障与正常运行时电气量的差别构成的。

继电保护装置分为模拟式继电保护装置和数字式继电保护装置。模拟式继电保护装置主要包括机电型、整流型、晶体管型及集成电路型继电保护装置，数字型继电保护装置主要指微机型继电保护装置，它是目前最先进的继电保护装置。

模拟式继电保护装置一般由测量部分、逻辑部分和执行部分组成。微机型继电保护装置主要是由微处理器（或单片微机处理器）为基础的数字电路构成的。它是将传感器送来的信号变换为数据，然后进行复杂的算术和逻辑运算，对故障作出判断并发出动作指令。微机型继电保护装置是目前最先进的继电保护装置。

习　题

4-1　何谓电力系统的故障状态、不正常运行状态和事故？

4-2　继电保护的任务是什么？

4-3　何谓主保护、后备保护及辅助保护？什么是近后备保护和远后备保护？

4-4　对继电保护装置有哪些基本要求？

4-5　模拟式继电保护装置一般由哪些组成部分？各部分有何作用？

4-6　说明继电保护装置和继电保护技术的含义和区别。

第5章 继电保护的基础元件

【教学要求】 掌握测量变换器的原理和用途；了解常用电磁继电器的基本结构和工作原理；掌握微机继电保护硬件的组成、微机保护数据采集系统的各种原理、开关量输入/输出回路；了解数字滤波器的基本原理和特点，了解微机继电保护常用的基本算法，了解微机保护软件组成。

5.1 测量变换器

在整流型、晶体管型和微机型继电保护装置中，常常需要将互感器二次侧的电流、电压进一步变小，以适应弱电元件的要求，这就需要采用测量变换器。测量变换器的作用如下所述。

(1) 电路的隔离和电磁屏蔽。由于互感器的二次绕组必须安全接地，而继电保护装置的内部直流回路不许接地。因此需要通过测量变换器，将它们从电气上进行隔离。和电磁屏蔽，以保证人身及保护装置内部弱电元件的安全，减少来自高压设备对弱电元件的干扰。

(2) 电量的变换。将互感器二次侧的电气量变小，或将电流互感器的二次电流变换为电压，以适应保护测量元件的需要。

(3) 定值的调整。借助于测量变换器一次绕组或二次绕组抽头的改变，实现保护整定值的调整，或扩大整定值的范围。

常用的测量变换器包括电压变换器UV、电流变换器UA和电抗变换器UR。其原理接线图如图5-1所示。

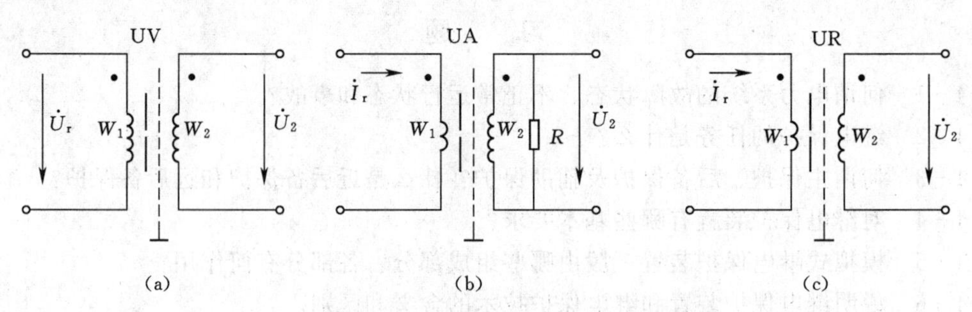

图5-1 测量变换器的原理图

(a) 电压变换器；(b) 电流变换器；(c) 电抗变换器

电压变换器的工作原理与电压互感器的完全相同，电流变换器的工作原理与电流互感器的完全相同，而电抗变换器是一种铁芯带有气隙的特殊电流变换器，它可将电流直接变

换成电压。

三种测量变换器的等值电路如图 5-2 所示，图中 Z_1' 为折算到二次侧的一次绕组漏阻抗，Z_2 为二次绕组的漏阻抗，Z_μ' 为折算到二次侧的励磁阻抗，Z_L 为负载阻抗。根据铁芯是否有气隙（Z_μ' 的大小不同）和负载情况不同，三种变换器的结构和工作状态存在差别，将它们进行比较，其结果见表 5-1。

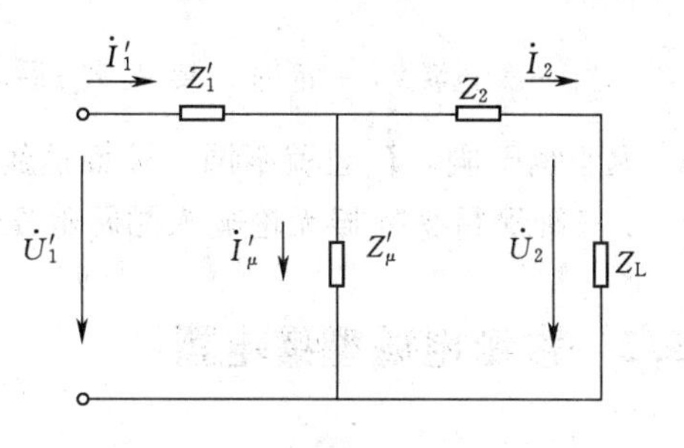

图 5-2 变换器的等值电路图

表 5-1　　三种测量变换器比较表

变换器种类	电压变换器 UV	电流变换器 UA	电抗变换器 UR
电量变换关系	$\dot{U}_2=K_{uv}\dot{U}_1$，$K_{uv}$ 是实数	$\dot{I}_2=K_{ua}\dot{I}_1$，$K_{ua}$ 是实数	$\dot{U}_2=\dot{K}_{ur}\dot{I}_1$，$\dot{K}_{ur}$ 是量纲为阻抗的复数
一次绕组接于	电压互感器二次绕组	电流互感器二次绕组	电流互感器二次绕组
铁芯特点	无气隙，$Z_\mu'\to\infty$	无气隙，$Z_\mu'\to\infty$	有气隙，Z_μ' 较小
一、二次绕组漏抗	可以忽略	可以忽略	较 大
绕组情况	匝数多、线径细	匝数多、线径粗	一次绕组匝数少、线径粗；二次绕组匝数多、线径细
简化等值电路	$\dot{U}_1'$ $\dot{U}_2$	$\dot{I}_1'$ $\dot{I}_2$ $\dot{U}_2$	$\dot{I}_1'$ Z_1' Z_2 Z_μ' $\dot{U}_2$

电抗变换器和电流变换器都是将电流进行变换，它们的一次绕组都是接在电流互感器二次侧，但是它们两者之间有很大的区别。电流变换器的铁芯没有气隙，其励磁阻抗 Z_μ 很大，磁路易饱和，其二次绕组所接的负载阻抗 Z_L 很小，而电抗变换器的铁芯带有气隙，因此它的励磁阻抗 Z_μ 很小，磁路不易饱和，线性变换范围较宽，并且二次绕组负载阻抗很大，接近开路状态，负载阻抗上的电压可视为电抗变换器二次绕组的开路电压，即

$$\dot{U}_2=Z_\mu'\dot{I}_1'=\dot{K}_{ur}\dot{I}_1 \qquad (5-1)$$

式中　$\dot{K}_{ur}$——电抗变换器的变换系数，其值是具有阻抗量纲的复数。

若要电抗变换器具有移相作用，可在其另外一个二次绕组 W_3 中接入可变的移相电阻 R_φ，改变 R_φ 的大小，可改变 $\dot{K}_{ur}$ 的相角。接入 R_φ 后，电抗变换器的等值电路如图 5-3 所示。

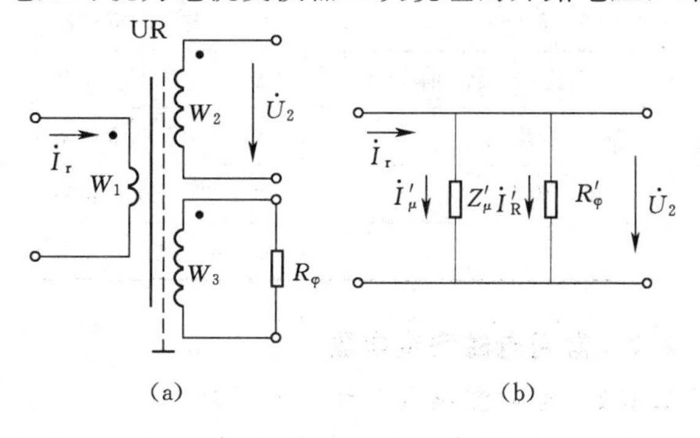

图 5-3 电抗变换器电路图和等值电路图

(a) 电路图；(b) 等值电路图

当一次电流$\dot{I}_1'$一定时，接入R_φ后，出现了$\dot{I}_R'$，$\dot{I}_1'=\dot{I}_\mu'+\dot{I}_R'$，根据$R_\varphi$大小的不同，$\dot{I}_R'$大小也不同，$\dot{I}_\mu'$也就不同，从而达到调整$\dot{U}_2$与$\dot{I}_1'$之间相角的目的。

三种测量变换器无论输入的是电压还是电流，其输出都是电压。

5.2　常用电磁型继电器

5.2.1　继电器的作用及分类

继电器是组成模拟式继电保护装置的基本元件，它是一种当输入量达到规定值时，其电气输出电路被接通或断开的自动动作的电器。它在超过（或小于）某一规定值时动作，而在小于（或超过）一定数值时又自动返回。

继电器的种类很多，通常按用途分为控制继电器和保护继电器两大类，本书主要讲述保护继电器。

保护继电器按其构成原理可分为电磁型、感应型、整流型、晶体管型继电器等；按其反应的物理量可分为电流、电压、功率方向、阻抗继电器等；按其用途又可分为测量继电器和辅助继电器等。

国产保护继电器的型号一般用汉语拼音字母来表示。第一位字母代表继电器的工作原理，第二（或第三）位字母代表继电器的用途，其符号意义见表5-2。

保护继电器型号的含义如下。

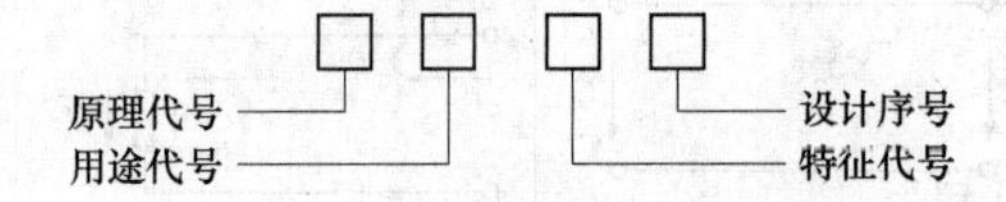

表5-2　常用保护继电器型号中字母的意义

第一位（原理代号）	第二位或第三位（用途代号）	
D—“电”磁型	L—电“流”继电器	FL—“负”序电“流”继电器
G—“感”应型	Y—电“压”继电器	FY—“负”序电“压”继电器
L—整“流”型	G—“功”率方向继电器	CD—“差动”继电器
B—“半”导体型	S—“时”间继电器	CH—“重合”闸继电器
J—“极”化或“晶”体管型	X—“信”号继电器	ZS—“中”间延“时”继电器
Z—“组”合型	Z—“中”间或“阻抗”继电器	DP—“低频”继电器
W—“微”机型	P—“平”衡继电器	
	D—接“地”继电器	

5.2.2　常用电磁型继电器

5.2.2.1　电磁型继电器的工作原理

电磁型继电器的基本结构形式有三种：螺管线圈式、吸引衔铁式和转动舌片式，如图5-4所示。每种结构形式一般均由六部分组成，即电磁铁、可动衔铁或舌片、线圈、触

点、反作用弹簧和止挡等。

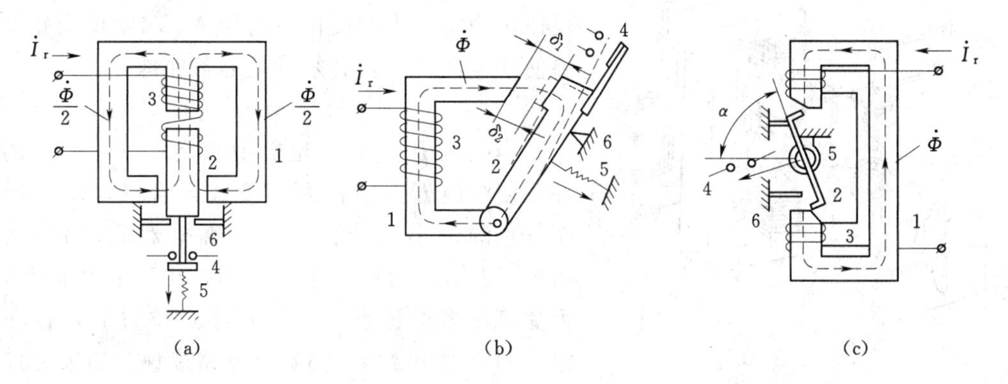

图 5-4 电磁型继电器的基本结构图

(a) 螺管线圈式；(b) 吸引衔铁式；(c) 转动舌片式

1—电磁铁；2—可动衔铁；3—线图；4—触点；5—反作用弹簧；6—止挡

当继电器线圈通入电流$\dot{I}_r$时，在电磁铁中产生磁通$\dot{\Phi}$，该磁通经过空气隙和可动衔铁（或舌片）形成闭合回路。在磁场的作用下，衔铁（或舌片）被磁化，产生电磁力F_e（或电磁力矩M_e）。当通过的电流足够大时，电磁力（或电磁力矩）克服弹簧的反作用力F_s（或反作用力矩M_s），使可动部分（衔铁或舌片）吸向电磁铁，继电器的动合触点闭合，即继电器动作。当继电器线圈中的电流$\dot{I}_r$中断或减小到一定数值时，由于弹簧的反作用力（或反作用力矩），使继电器的可动部分返回到起始状态，继电器的动合触点又重新断开，即继电器返回。

由电磁学原理可知，电磁力（或电磁力矩）与磁通的平方成正比。当磁路不饱和时，电磁力（或电磁力矩）也和磁势或电流的平方成正比，即

$$F_e = K_1\Phi^2 = K_1\left(\frac{W_r I_r}{R_m}\right)^2 = K_2 I_r^2 \tag{5-2}$$

$$M_e = K_2 I_r^2 l = K_3 I_r^2 \tag{5-3}$$

上两式中 W_r——继电器线圈的匝数；

R_m——磁路的磁阻，只有当空气隙不变时为常数；

K_1、K_2、K_3——系数，其值与R_m有关，当磁路不饱和时为常数。

由式（5-2）和式（5-3）可知，作用在继电器可动部分上的电磁力（或电磁力矩），与通过继电器线圈中的电流I_r的平方成正比的，而与电流I_r流入继电器的方向无关。所以，根据电磁原理构成的继电器，可以制作成直流的，也可以制作成交流的。

5.2.2.2 电磁型电流继电器

电流继电器在电流保护中作测量和起动元件，是反应电流超过某一整定值而动作的继电器。以 DL-10 系列电流继电器为例进行分析，DL-10 系列电流继电器是一种转动舌片式的电磁型继电器，其具体结构如图 5-5 所示。

1. 电流继电器动作电流、返回电流及返回系数的概念

当电流继电器线圈通入电流I_r时，转动舌片上就有电磁力矩M_e作用，它企图使舌片

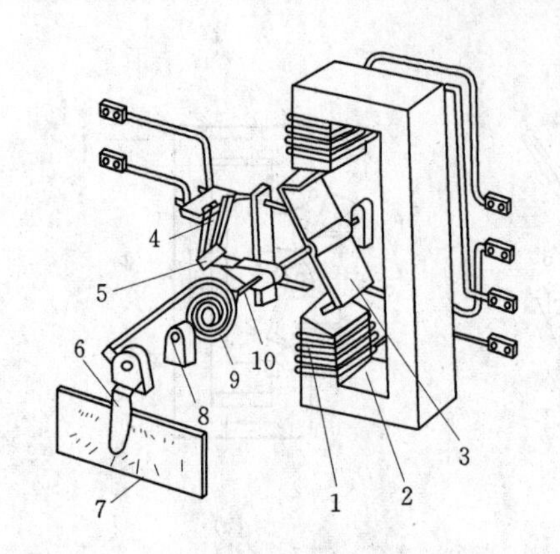

图5-5　DL-10系列电流继电器的结构图
1—线圈；2—电磁铁；3—形舌片；4—静触点；5—动触点；6—整定值调整把手；7—刻度盘；8—轴承；9—反作用弹簧；10—转轴

转动。与此同时，在转动舌片的轴上还作用着由反作用弹簧产生的反作用力矩 M_s 和摩擦力矩 M_f。要使继电器动作，必须满足的条件是

$$M_e \geqslant M_s + M_f \tag{5-4}$$

当电流 I_r 达到一定数值满足式（5-5）的条件，使继电器触点由断开变成闭合（对动合触点而言）的最小电流值，称为继电器的动作电流，用 $I_{op.r}$ 表示。动作过程终了时，由于止挡的作用，舌片停在终点位置。舌片在终点位置时，存在一定的剩余力矩 ΔM，使触点可靠接触。如果 ΔM 太小就会使触点接触不可靠，容易发生触点抖动而引起火花。

继电器动作后，如果减小 I_r，继电器在反作用弹簧的作用下返回到原来的状态。在返回过程中，同样有 M_e、M_s、M_f 三个力矩存在，这时 M_s 的作用方向企图使 Z 形舌片返回原来的状态，而力矩 M_e 和 M_f 的动作方向是企图阻止 Z 形舌片的返回。故继电器的返回条件是

$$M_s \geqslant M_e + M_f$$

即

$$M_e \leqslant M_s - M_f \tag{5-5}$$

当 I_r 减小到一数值满足式（5-5）条件时，继电器刚好能返回，能使继电器返回到原来位置的最大电流值，称为返回电流，用 $I_{re.r}$ 表示。

比较式（5-4）和式（5　5）可知，$I_{re.r} < I_{op.r}$，返回电流 $I_{re.r}$ 与动作电流 $I_{op.r}$ 的比值称为返回系数，用 K_{re} 表示。

$$K_{re} = \frac{I_{re.r}}{I_{op.r}} \tag{5-6}$$

式中　K_{re}——返回系数，对DL-10系列电流继电器，一般不小于0.85，对DL-20、DL-30系列电流继电器，一般不小于0.8。

K_{re} 太大或太小时对继电器的特性都不利，K_{re} 太大会使触点剩余力矩 ΔM 减小，降低继电器动作的可靠性，触点闭合时易发生抖动；K_{re} 太小，会降低过电流保护的灵敏度（以后章节讨论）。

根据电流继电器动作电流和返回电流的定义，可以作出继电器的继电特性，如图5-6所示。

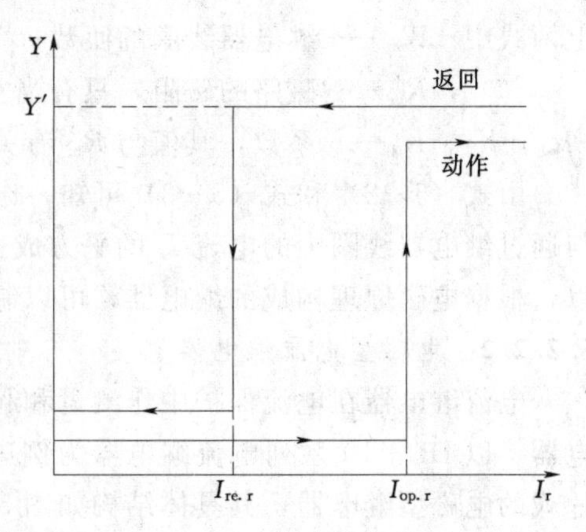

图5-6　电流继电器动作特性

图5-6中，横轴表示通入继电器的电流 I_r（输入量），纵轴表示继电器动作状态 Y（即输出量）。当 $I_r \geqslant I_{op.r}$，继电器输出量发生阶跃性变化，继电器输出为 Y'，继电器一直保持动作状

态；当输入量 I_r 减小，使 I_r 反方向重新达到 $I_{op.r}$，甚至略小于 $I_{op.r}$，这时输出量 Y 不会马上由动作状态转（Y'）为返回状态（0），只有当 I_r 减小到返回电流 $I_{re.r}$ 时，输出量 Y 才会由动作状态跃变为返回状态。

2. 电流继电器动作电流的调整方法

（1）改变继电器线圈的连接方法。电流继电器有两个线圈，利用连接片，将继电器的上下两个线圈串联或并联，可将继电器动作电流改变一倍，这种调整电流的方法称为“粗调”。

（2）改变弹簧的反作用力矩 M_s。即改变动作电流调整把手的位置。当调整把手由左向右移动时，由于弹簧作用力的增加，使 M_s 增大，因而使继电器的动作电流增大；反之，如将调整把手由右向左移动，则动作电流减小。这种方法可以连续而均匀地改变继电器的动作电流。故把这种调整电流的方法称为“细调”。

5.2.2.3 电磁型电压继电器

电压继电器在电压保护中作测量和起动元件。电磁型电压继电器与电磁型电流继电器的结构和工作原理基本相同。不同之处是：①电压继电器测量的是电压，要求其阻抗大，故线圈的匝数多，导线细，而电流继电器测量的是电流，要求其阻抗小，故线圈的匝数少，导线粗；②电压继电器刻度盘上标出来的是继电器线圈并联时的动作电压，而电流继电器刻度盘上标出来的是继电器线圈串联时的动作电流；③电压继电器的线圈并联接在电压互感器的二次侧，反应电网电压的变化，而电流继电器的线圈串联接在电流互感器的二次侧，反应被保护电气元件电流的变化。

电压继电器分过电压继电器和低电压继电器两种，在继电保护装置中过电压继电器采用得较少，而低电压继电器采用较普遍。

（1）过电压继电器。过电压继电器的动作电压和返回电压的概念，与过电流继电器相似，它的返回系数 K_{re} 可表示为

$$K_{re}=\frac{U_{re.r}}{U_{op.r}} \tag{5-7}$$

式中 $U_{re.r}$——过电压继电器返回电压；

$U_{op.r}$——过电压继电器动作电压。

十分明显，K_{re} 也小于 1，一般在 0.85 左右。

（2）低电压继电器。低电压继电器的动作和返回的概念正好与过电流、过电压继电器的动作和返回概念相反。低电压继电器的动作电压 $U_{op.r}$ 是指在继电器线圈上加额定电压后，逐渐降低电压至继电器动断触点从断开到闭合时的最高电压；而返回电压 $U_{re.r}$ 是指继电器动作后，逐渐升高电压时，继电器可动触点开始返回至原来位置（可动触点断开）的最低电压。故其返回系数 $K_{re}>1$，一般不大于 1.2。

电压继电器动作电压的调整方法同电流继电器。

5.2.2.4 电磁型时间继电器

时间继电器是一种辅助继电器，它在继电保护装置中作为时限元件，用来建立保护装置所必要的动作延时，实现主保护与后备保护或多级线路保护的选择性配合。

DS-110 系列电磁型时间继电器的结构如图 5-7 所示，它主要由螺管线圈式的电磁

机构、钟表机构和触点部分组成。电磁机构主要起锁住和释放钟表机构的作用。钟表机构起准确的延时作用。

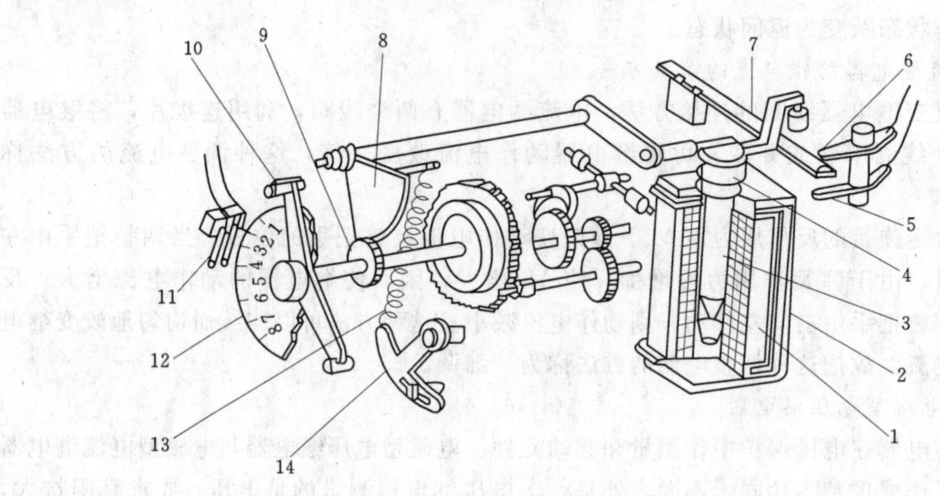

图5-7　DS-110系列时间继电器的结构图

1—线圈；2—电磁铁；3—可动衔铁；4—返回弹簧；5、6—瞬时静触点；7—瞬时动触点；8—扇形齿轮；9—传动齿轮；10、11—主动、主静触点；12—标度盘；13—拉引弹簧；14—弹簧调节器

时间继电器的动作过程是：当线圈1接入工作电压后，可动衔铁3克服返回弹簧4的作用力而被快速吸下，钟表机构释放。与此同时，瞬时动、静触点5、6、7被切换，在拉引弹簧13的作用下，经过事先整定延时，使主触点10、11闭合。只要线圈有电压，主触点10、11就能保护接通。当加在线圈上的电压消失后，在返回弹簧4的作用下，主触点10瞬时返回，这时钟表机构不参加工作。

时间继电器动作时间的调整，是利用改变主、静触点的位置来实现，即改变主动触点的行程。

5.2.2.5　电磁型中间继电器

中间继电器在继电保护装置中，属于辅助继电器。它的用途有三个方面：①增加触点的数目，以便同时控制几个不同的回路；②增大触点的容量，以便接通或断开电流较大的回路；③提供必要的延时和自保持，以便在触点动作或返回时得到不长的延时，以及使动作后的回路得到自保持。最常用的是上述①、②两个用途。

中间继电器用途很广，种类也多。常用的DZ-10系列电磁型中间继电器的基本结构如图5-8所示，其结构通常采用吸引衔铁式。

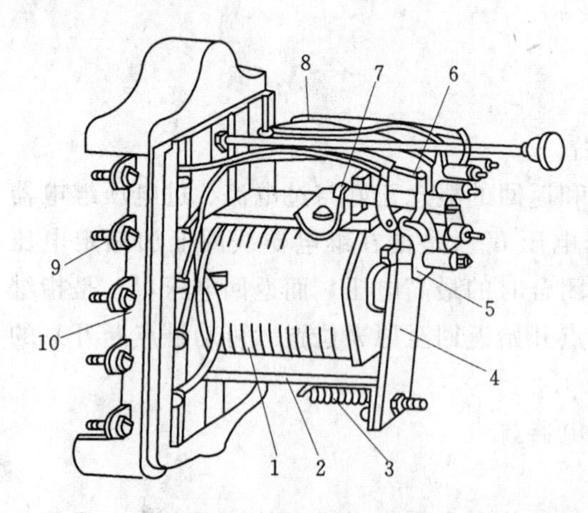

图5-8　DZ-10系列中间继电器的结构图

1—线圈；2—电磁铁；3—弹簧；4—衔铁；5—动触点；6、7—静触点；8—连线；9—接线端子；10—底座

5.2.2.6　电磁型信号继电器

信号继电器在继电保护装置中用来发出

保护装置整组或个别部分动作指示信号。在继电保护装置中，为了分清是哪种保护已动作，对每种保护都需要装设一个信号继电器，以指示该保护的动作状态。为了引起运行值班人员的注意，信号继电器的动合触点需要接通灯光信号回路或音响信号回路。为了确保运行值班人员看到灯光信号，同时也为了分析故障的原因，要求信号指示不能随故障切除后电气量的消失而消失，要求信号继电器的动合触点必须设计为手动复归式。

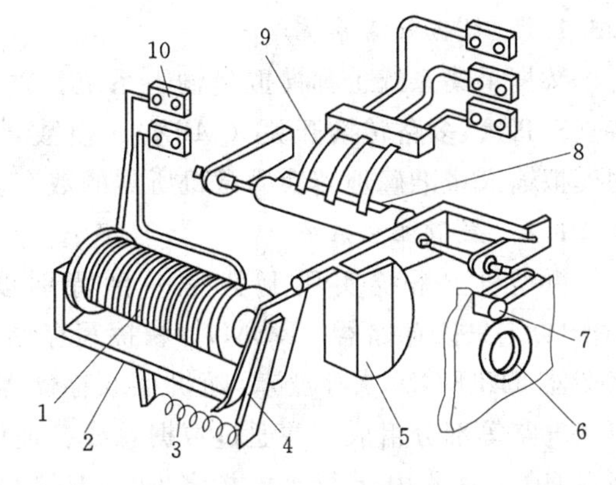

图 5-9　DX-10 系列信号继电器结构图

1—线圈；2—电磁铁；3—弹簧；4—衔铁；5—信号牌；6—玻璃窗口；7—复位旋钮；8—动触点；9—静触点；10—接线端子

图 5-9 是常用的 DX-11 型信号继电器的基本结构图。其动作过程是：正常运行时，信号继电器的线圈 1 不通电，衔铁 4 未吸合而把信号牌 5 支持住；发生故障时，信号继电器的线圈 1 通电，衔铁 4 被电磁铁 2 吸合，信号牌 5 掉下。与此同时，8、9 动静触点闭合，并接通信号回路，发出灯光及音响信号。同时在信号继电器外壳的玻璃孔上可以看见信号牌上带颜色的标志。如果要使信号停止，可手动复归以断开信号回路，并使信号继电器复位，准备下次再动作。

5.3 微机继电保护的硬件组成

5.3.1 微机继电保护的硬件组成部分

微机继电保护系统的硬件按功能可以分为三大部分：①数据采集系统；②微型机主系统；③开关量输入/输出系统。微机继电保护硬件结构示意框图如图 5-10 所示。

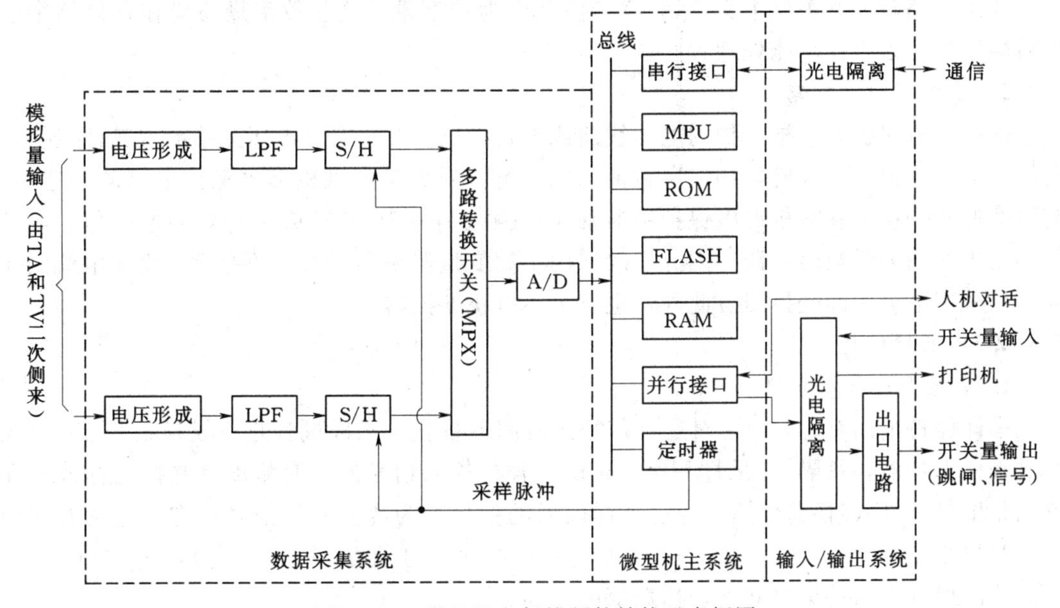

图 5-10　微机继电保护硬件结构示意框图

5.3.1.1　数据采集系统

数据采集系统也称模拟量输入系统。主要由电压形成、低通滤波器（LPF）、采样保持（S/H）、多路转换开关（MPX）、模数转换（A/D）等部分组成。其功能是将被检测的模拟输入量准确地转换为微机所需的数字量。

5.3.1.2　微型机主系统

微型机主系统实质上就是一台特别设计的专用微型计算机，一般由微处理器（MPU）、只读存储器（ROM）、快擦写存储器（FLASH）（也可采用电擦除可编程只读存储器 EEPROM 来存放）、随机存取存储器（RAM）、串行接口、并行接口、定时器及控制电路等部分组成，并通过数据总线、地址总线、控制总线连成一个系统。继电保护程序在 CPU 系统内运行，指挥各种外围接口部件运转，完成数字信号处理，实现保护原理。

5.3.1.3　开关量输入/输出系统

开关量（或数据量）输入/输出系统由若干个并行接口适配器、光电隔离器件及有触点的中间继电器等部分组成，以完成各种保护的出口跳闸、信号警报、外部触点输入及人机对话等功能。

5.3.2　数据采集系统

电力系统中的电量都是模拟量，而微机继电保护的实现则是基于由微型计算机对数字量进行计算和判断。所以，为了实现微机继电保护，必须对来自被保护设备和线路的模拟量进行一系列预处理，从而得到所需形式的数字量提供给保护功能处理程序。

由电力系统输入到继电保护装置的模拟信号主要有两类，一类是来自电压互感器（或电流互感器）的交流电压（或电流）信号，另一类是来自分压器（或分流器）的直流电压（或电流）信号。这些信号首先被转换成与微型计算机相匹配的电平，通过模拟滤波削去其中的高频成分，然后由采样保持环节将连续信号离散化。由于输入的信号往往不止一个，故由多路转换开关逐个交给 A/D 转换器变为数字量。这些数字量还应在存储器中按先后顺序排列以方便功能处理程序取用。

5.3.2.1　电压形成回路

微机继电保护要从被保护的电力线路或设备的电流互感器、电压互感器或其他变换器上取得信息。但这些互感器的二次数值、输入范围对典型的微机继电保护电路却不适用，需要降低和变换。在微机继电保护中通常要求输入信号为±5V 或±10V 的电压信号，具体决定于所用的模数转换器。因此一般采用中间变换器来实现以上的变换。交流电流的变换一般采用电流中间变换器。此外，也有采用电抗变换器。

5.3.2.2　采样保持电路

1. 采样保持基本原理

采样保持电路（S/H）是对连续信号按时间取量化。采样过程是将模拟信号 $f(t)$ 先通过采样保持器，每隔 T_s 采样一次（定时采样）输入信号的即时幅度，并把它存放在保持电路里供 A/D 转换器使用。经过采样以后的信号称为离散时间信号，它只表达时间轴上一些离散点（0，T_s，$2T_s$，…，nT_s，…）上的信号值 $f(0)$，$f(T_s)$，…，$f(nT_s)$，…，从而得到一组特定时间下表达数值的序列。

采样电路的工作原理如图 5-11 所示。它是由一个电子模拟开关 AS、电容 C_h 以及两个阻抗变换器组成。开关 AS 受逻辑输入端电平控制。在高电平时 AS 闭合，此时，电路处于采样状态。电容 C_h 迅速充电或放电到 u_{in} 在采样时刻的电压值。电子模拟开关 AS 每隔 T_ss 短暂闭合一次，将输入信号接通，实现一次采样。如果开关每次闭合的时间为 T_ss，那么采样器的输出将是一串重复周期为 T_s、宽度为 T_c 的脉冲，而脉冲的幅度，则是重复着的在这段时间 T_c 内的信号幅度。

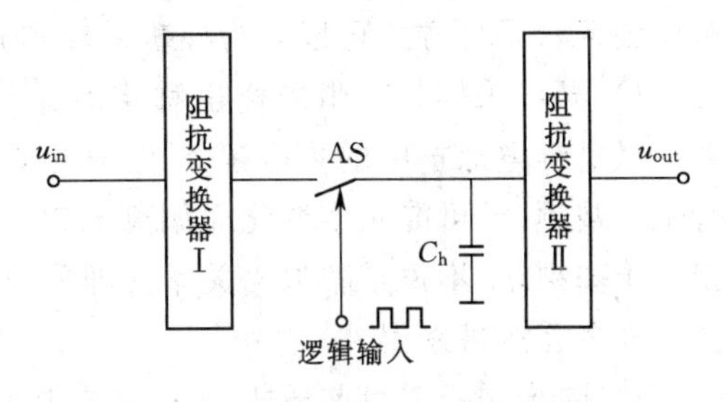

图 5-11 采样保持电路原理图

电子模拟开关 AS 的闭合时间应满足使 C_h 有足够的充电或放电时间即采样时间。为使采样时间缩短，因而应用了阻抗变换器 I，它在输入端呈高阻抗，而输出阻抗很低，使 C_h 上的电压能迅速跟踪 u_{in} 的值。电子模拟开关 AS 打开时，电容 C_h 上保持着 AS 打开瞬间的电压值，电路处于保持状态。同样，为了提高保持能力，电路中应用了另一个阻抗变换器 II，它对 C_h 呈现高阻抗。而输出阻抗很低，以增强带负载能力。阻抗变换器由运算放大器构成。

采样保持过程如图 5-12 所示。T_s 为采样脉冲宽度，T_c 为采样周期（或称采样间隔）。

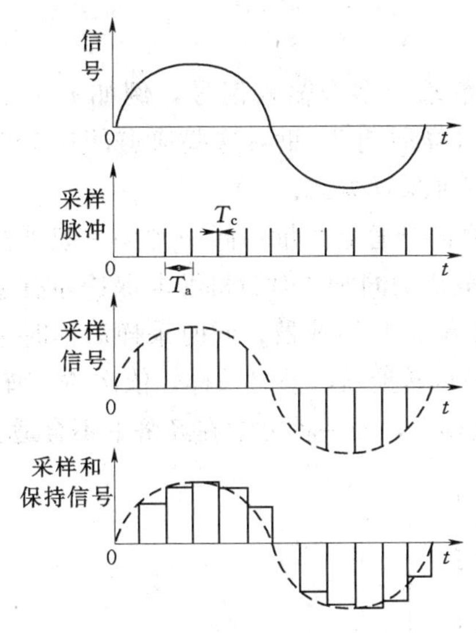

图 5-12 采样保持过程示意图

2. 对采样保持电路的要求

高质量的采样保持电路应满足以下几点。

（1）使电容 C_h 上电压按一定的精度跟踪上 u_{in} 所需的最小采样宽度 T_c（或称截获时间），对快速变化的信号采样时，要求 T_c 尽量短，以便可用很窄的采样脉冲，这样才能准确地反映某一时刻的 u_{in} 值。

（2）保持时间要长。

（3）模拟开关的动作延时、闭合电阻和开断时的漏电流要小。

上述（1）和（2）两个指标一方面决定于所用阻抗变换器的质量，另一方面也和电容器 C_h 的质量有关。就截获时间而言，希望 C_h 越小越好，但就保持时间而言，C_h 则越大越好。因此应根据使用场合的特点，在二者之间权衡后选择合适的 C_h 值。

3. 采样方式

下面简要介绍在微机保护中使用的以相等时间间隔为采样周期的采样方式。假设输入信号为带限信号（已通过理想低通滤波器），使用的采样频率满足采样定理的要求，使用的采样频率为 $f_s=\frac{1}{T_s}$。

（1）单一通道的采样方式。根据采样点的位置以及采样间隔时间与输入波形在时间上对应关系，采样方式可以分为异步采样和同步采样。

1）异步采样。异步采样也称定时采样。等间隔周期 T_s 保持固定不变，即 T_s 为常数。微机继电保护中的采样频率 f_s 通常取为电力系统工频 f_0 的整数倍 N，但电力系统运行中，基频 f_1 可能发生变化而偏离工频，事故状态下偏离甚至很严重。这时采样频率 f_s 相对于基频 f_1 不再是整数倍关系，即采样脉冲和输入信号位置发生异步。这种采样方式会给许多算法带来误差。

2）同步采样。目前微机继电保护中主要采用跟踪采样。跟踪采样的采样周期 T_s 不恒定，而是使采样频率 f_s 跟踪系统基频 f_1 的变化，始终保持 $f_s/f_1=N$ 为不变整数。N 的恒定通常是通过硬件或软件测取基频 f_1 的变化，然后动态调整采样周期 T_s 来实现。采用跟踪采样技术后，数字滤波以及一些算法能彻底消除基频波动引起的计算误差，从而能在基频 f_1 偏离工频很大时准确地取出当时系统的基频分量、谐波分量或序分量，这是模拟保护装置难以做到的。

跟踪采样，其采样频率 f_s 不再是一个常数。定义当信号基频为工频时的采样频率为中心采样频率 f_{s0}。当系统频率发生变化时，采样频率 f_s 自动在 f_{s0} 上下波动。因为 $N=\frac{f_s}{f_1}$ 为不变的整数，习惯上用 N 作为采样频率高低的指标，并称之为每基频周期 N 点采样。异步采样的 f_s 为常数，通常取为工频 f_0 的整倍数 $N=\frac{f_s}{f_1}$，称之为每工频周期 N 点采样，这时总是有 $f_s=f_{s0}$ 成立。

（2）多通道间的采样方式。继电保护原理绝大多数基于多个输入信号，例如 i_a、i_b、i_c、i_0、u_a、u_b、u_c、u_0 等。多通道采样就是在每一个采样周期 T_s 里对这些通道的量全部采样。按照对各通道信号采样的相互时间关系，可有三种采样方式。

1）同时采样。在每一个采样周期对所有需要采样的各个通道的量在同一时刻一起采样称同时采样。一般情形，保持各个（或某些个）输入离散化的同时性对微机继电保护才有意义。同时采样的实施技术有两种：①每一个通道都设置 A / D 转换器，同时采样后同时进行 A/D 转换，如图 5-13 所示；②全部通道合用一个 A/D 转换器，同时采样，依次 A/D 转换，如图 5-14 所示。由于 A/D 转换器价格较贵，功耗较大，前一种方案在经济上不合适。

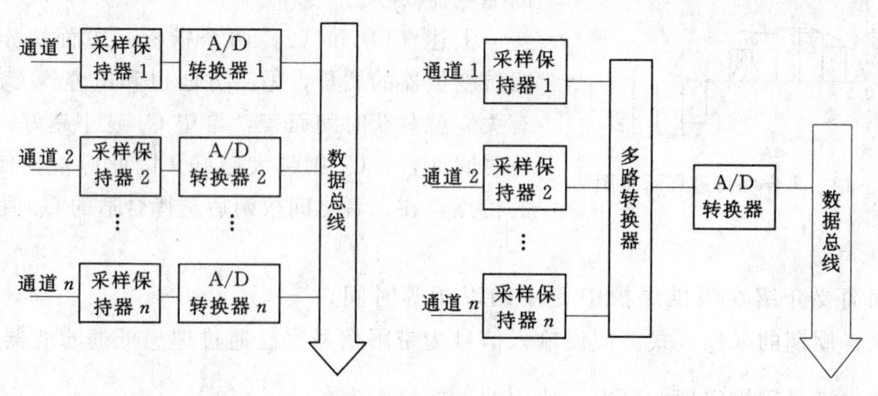

图 5-13　同时采样，同时 A/D 转换　　图 5-14　同时采样，依次 A/D 转换

2）顺序采样。每一个采样周期内，对上一个通道完成采样及 A/D 转换后，再开始对下一个通道进行采样，此为顺序采样，其结构示意图如图 5－15 所示。顺序采样必然会给各通道采样值带来时间差。由于目前采用的采样器与 A/D 转换器的速度远大于系统基波变化速度，所以顺序采样是利用这种快速性来近似地满足同时性。当然，这只适合采样 A/D 转换速度高，并且对同时性要求不高的场合。顺序采样的优点是只需一个公用的采样保持器，并且对其技术要求较低。由于这个原因，顺序采样在电力系统微机控制及低压配电网络微机保护的研究中目前仍占重要地位。

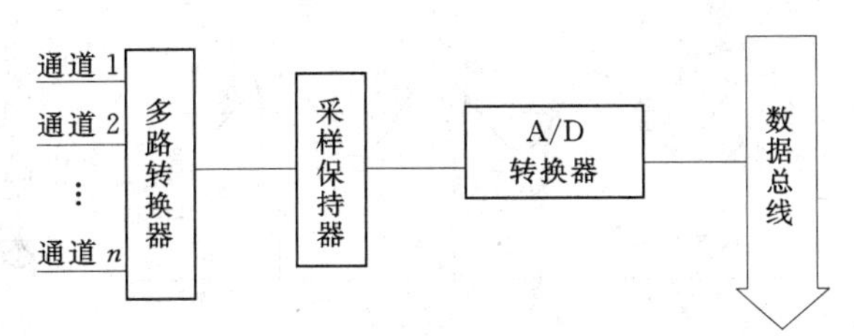

图 5－15　顺序采样，依次 A/D 转换

3）分组同时采样。将所有输入通道分成若干组，组内各通道同时采样，组间人为地增加一延时后再开始采样叫分组采样。

有许多保护原理要求对电压或电流相量旋转一个小的角度。在微机继电保护中，往往可以通过对合适的输入量增加某个时延再进行采样来实现。如对电流量需要顺时针旋转一个小角度时，可将电流量看成一组，该组的采样时刻略比电压组延迟一点即达到目的。

这种做法虽然会带来额外时延，但能大幅度减少计算量和简化软件结构，不过此法只适用于旋转角度很小的情况，否则延时太大，将延误保护的动作。

4. 采样频率的选择

图 5－12 中所示采样间隔 T_s 的倒数称为采样频率。采样频率 f_s 的选择是微机继电保护硬件设计中的一个关键问题，为此要综合考虑很多因素，并从中作出权衡。采样频率越高，要求 CPU 的速度越高。因为微机继电保护是个实时系统，数据采集系统以采样频率不断地向 CPU 输入数据，CPU 必须要来得及在两个相邻采样间隔时间 T_s 内处理完对每一组采样值所必须做的各种操作和运算，否则 CPU 将跟不上实时节拍而无法工作。相反采样频率过低将不能真实地反映被采样信号情况。若要不丢失信息，完好地采用输入信号，必须满足 f_s 大于 f_{max} 的两倍，这就是 Nyquist 采样定理。实际应用中所取倍数常取 4～10 倍，这样才有利于改善测量精度。设被采样信号 $x(t)$ 中含有的最高频率为 f_{max}，若将 $x(t)$ 中这一成分 $X_{f_{max}}(t)$ 单独画在图 5－16（a）中，从图 5－16（b）中可以看出，当 $f_s=f_{max}$ 时，采样所看到的为一直流成分，而从图 5－16（c）中看出，当 f_s 略大于 f_{max} 时，采样所看到的是一个差拍低频信号。这就是说，一个高于 $f_s/2$ 的频率成分在采样后将被错误地认为是一个低频信号，或称高频信号“混叠”到了低频段，显然在 $f_s>f_{max}$ 后，将不会出现这种混叠现象。

对微机继电保护而言，在故障初始瞬间，电压、电流中含有较高的频率成分，为防止混叠，f_s 将不得不用得很高，从而对硬件速度提出过高的要求。实际上，目前大多数的微机保护原理都是反映工频量的，在这种情况下可以在采样前用一个低通模拟滤波器（ALF）将高频分量滤去，这样可以降低 f_s，从而降低对硬件提出的要求。实际上，由于数字滤波器有许多优点，因而通常并不要求低通模拟滤波器滤掉所有的高频分量，而仅用

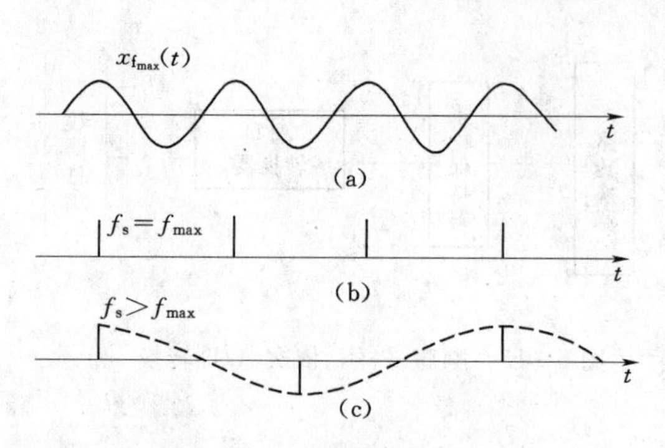

图5-16　频率混叠示意图

(a) 最高频率；(b) 直流成分；(c) 差拍低频信号

它滤掉$\frac{f_s}{2}$以上的分量，以消除频率混叠，防止高频分量混到工频附近来。低于$\frac{f_s}{2}$的其他暂态频率分量，可以通过数字滤波来消除。

采用前置低通模拟滤波器一方面限制了输入信号的最高频率，也就是必须给予输入信号一定的带限，另一方面降低了对硬件的速度要求。

采用低通模拟滤波消除频率混叠问题后，采样频率的选择很大程度上取决于保护原理和算法的要求，同时还要考虑硬件速度的问题。

5.3.2.3　模拟量多路转换开关（MPX）

对于反映两个量以上的继电保护装置（如阻抗、方向等），要求对各个模拟量同时采样，以准确地获得各个量之间的相位关系，因而图5-10中要对每个模拟输入量设置一个电压形成、抗混叠低通滤波和采样保持电路。所有采样保持器在逻辑输入端并联后由定时器同时供给采样脉冲。但由于模数转换器价格昂贵，通常不是每个模拟量输入通道设一个A/D，而是公用一个，中间经多路转换开关切换，轮流由公用的A/D转换成数字量输入给微机。多路转换开关包括选择接通路数的二进制译码电路和由它控制的多路电子开关，它们被集成在一个集成电路芯片中。

5.3.2.4　模数转换器（A/D）

1. A/D的一般原理

由于计算机只能对数字量进行运算，而电力系统中的电流、电压信号均为模拟量，因此必须采用模数转换器连续的模拟量变为离散的数字量。

模数转换器可以认为是一编码电路，它将输入的模拟量U_A相对于模拟参考量U_R经一编码电路转换成数字量D输出，一个理想的A/D转换器，其输出与输入的关系为

$$D=\frac{U_A}{U_R} \tag{5-8}$$

式中D是小于1的二进制数。对单极性的模拟量，小数点在最高位前，即要求输入U_A必须小于U_R，D可表示为

$$D=B_1 2^{-1}+B_2 2^{-2}+\cdots+B_n 2^{-n} \tag{5-9}$$

于是式（5-8）可以写成

$$U_A \approx U_R(B_1 2^{-1}+B_2 2^{-2}+\cdots+B_n 2^{-n}) \tag{5-10}$$

这就是在ADC中的模拟信号量化表达式。式中B_1为其最高位，常用英文缩写MSB表示；B_n为最低位，英文缩写为LSB。$B_1 \sim B_n$均为二进制码。

由于编码电路的位数总是有限的，例如式（5-10）中有n位，而实际的模拟量公式

$\frac{U_A}{U_R}$却可能为任意值，因而对连续的模拟量用有限长位数的二进制数表示时不可避免的舍去最低位（LSB）更小的数，从而模数转换编码的位数越多，即数值越细，所引入的量化误差就越小，或称为分辨率越高。

2. 数模转换器（D/A）

模数转换一般要用到数模转换器。数模转换器的作用是将数字量 D 经一解码电路变成模拟电压输出，数字量是用代码数位的权组合起来表示的，每一位代码都有一定的权，即代表一具体数值。因此为了将数字量转换成模拟量，必须将每一位代码按其权的值转换成相应的模拟量，然后，将代表各位的模拟量相加，即得到与被转换数字量相当的模拟量，亦即完成了数模转换。

图 5-17 是按上述原理构成的一个 4 位数模转换器的原理图。图中电子开关 S0～S3 分别受输入四位数字量 B1～B4 控制。在某一位为“0”时，其对应开关倒向右侧，即接地。而为“1”时，开关倒向左侧，即接至运算放大器 A 的反相输入端。运算放大器反相端的总电流 I_Σ 反映了四位输入数字量的大小，它经过带负荷反馈电阻 R_F 的运算放大器，变换成电压 u_{out} 输出。根据虚地概念，运算放大器 A 的反相输入端的电位实际上也是地电位，因此无论各开关倒向那一侧，对图中电阻网络的电流分配是没有影响的。从电阻网络 $-U_R$、a、b、c 四点分别向右看，网络的等值电阻都是 R，因而 a 点电位必定是$\frac{U_R}{2}$，b 点的电位则为$\frac{U_R}{4}$，c 点为$\frac{U_R}{8}$。

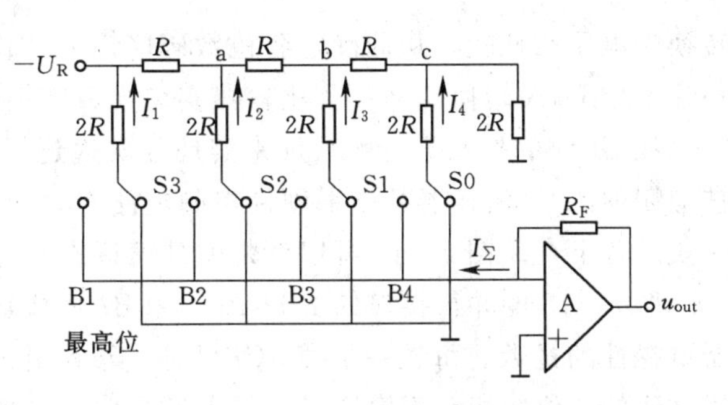

图 5-17　4 位数模转换器的原理图

图 5-17 中相应的各电流分别为

$$I_1=\frac{U_R}{2R},\quad I_2=\frac{1}{2}I_1,\quad I_3=\frac{1}{4}I_1,\quad I_4=\frac{1}{8}I_1$$

各电流之间的相对关系正是二进制数各位的权的关系，因而总电流 I_Σ 必然正比于数字量 D。

由图 5-17 可得

$$I_\Sigma=B_1I_1+B_2I_2+B_3I_3+B_4I_4=\frac{U_R}{R}(B_12^{-1}+B_22^{-2}+B_32^{-3}+B_42^{-4})=\frac{U_R}{R}D$$

而输出电压

$$u_{out}=I_\Sigma R_F=\frac{U_RR_F}{R}D \tag{5-11}$$

图 5-17 所示的数模转换器电路通常被集成在一块芯片上。由于采用激光技术，集成电阻值可以做得相当精确，因而数模转换器的精度主要取决于参考电压或称基准电压 U_R 的精度。

图 5-17 所示 D/A 转换器的电路只是很多方案中的一种。由于微机继电保护用 D/A

转换只是为了实现 A/D 转换，而在实际应用中都选用包含是 D/A 转换部分的 A/D 转换芯片。

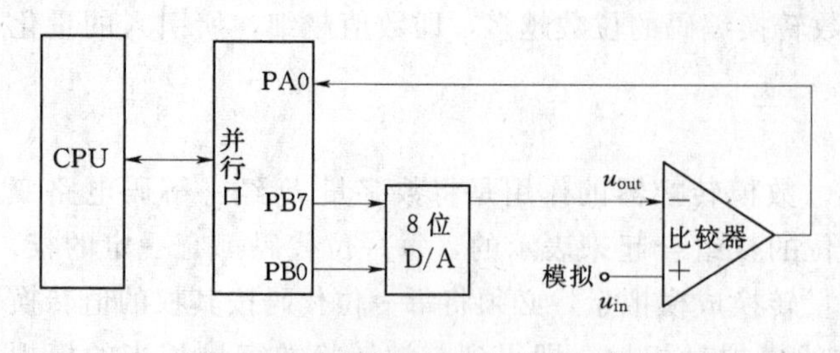

图 5-18　模拟转换器基本原理框图

3. 逐位逼近法模数转换器的基本原理

微机继电保护用的模数转换器绝大多数是应用逐次逼近法的原理实现的。逐位比较法是指数码设定方式是从最高位到低位逐次设定每位的数码为“1”或“0”，并逐位将所设定的数码转换为基准电压与待转换的电压相比较，从而确定各位数码应该是“1”还是“0”。图 5-18 示出了一个应用一片 8 位 D/A 转换器和一个比较器实现模数转换的基本原理的框图。

在 CPU 的控制下，由软件来实现逐次逼近，转换速度慢，实用价值并不大。微机保护应用的 A/D 转换器都是由硬件控制电路自动进行逐次逼近的，并且整个电路都集成在一块芯片上，从图 5-18 可以清楚的理解逐次逼近法 A/D 转换的基本原理。

图 5-18 的并行接口的 B 口 PB0～PB7 用作输出，由 CPU 通过该口往 8 位 D/A 转换器试探性的送数。每送一个数，CPU 通过读取并行口的 PA0 的状态（“1”或“0”）来试探试送的 8 位数相对于模拟量是偏大还是偏小。如果偏大，即 D/A 的输出 u_{out} 大于待转换的模拟输入电压，则比较器输出“0”，否则为“1”。如此通过软件不断的修正送往 D/A 的 8 位二进制数，直到找到最相近的值即为转换结果。

逼近的步骤采用二分搜索法，对于 7 位的转换器来说，最大可能的转换输出数为 1111111，第一步试探可先试最大可能值的 1/2，即试送 1000000，如果比较器输出为“1”，即偏小，则可以肯定最终结果最高位必定为 1；第二步应当试送 1100000。如果试送 1000000 后比较器输出为“0”，则可以肯定最终结果最高位必定是“0”，则第二步应送 0100000。如此逐位确定，直至最低位，全部比较完成。

4. 微机继电保护对模数转换器的主要要求

对微机保护来说，选择 A/D 转换芯片时要考虑的主要是两个指标：一是转换时间；二是数字输出的位数。对于转换时间，由于各通道共用一个 A/D，至少要求所有的通道轮流转换所需的时间总和小于采样间隔 T_s。对 A/D 的位数，它决定量化误差的大小，这一点对继电保护十分重要，因为保护在工作时输入电压和电流的动态范围很大，在输入值接近 A/D 量值的上限附近时，LSB 的最大量化误差可以忽略，但当输入电压、电流很小时，LSB 的量化误差所引入的相对误差就不能忽略了。实际上，对于交变的模拟量输入不论有效值多大，在过零附近的采样值总是很小，因此经 A/D 转换后的相对量化误差可能相当大，这样将产生波形失真，但只要峰值附近的量化误差可以忽略，这种波形失真所带来的谐波分量可由数字滤波器来抑制。分析和实践指出，采用 12 位的 A/D 配合数字滤波可以做到约 200 倍的精确工作范围。

5.3.3　微型机主系统

微机型主系统 CPU 实质上就是一台特别设计的专用微型计算机，一般由微处理

器、存储器、定时器/计数器及控制电路等部分组成，并通过数据总线、地址总线、控制总线连成一个系统。继电保护程序在CPU系统内运行，指挥各种外围接口部件运转，完成数字信号处理，实现保护原理。

CPU是整个微机保护的指挥中枢，计算机程序的执行依赖于CPU实现。CPU在很大程度上决定了微机保护系统的技术水平。CPU的主要技术指标包括字长（用二进制位数表示）、指令的丰富性、运行速度（用典型指令执行时间表示）等。

存储器来保存程序和数据，它的存储容量和访问时间也会影响整个微机保护系统的性能。在微机保护中根据任务性质采用了如下三种不同类型存储器。

（1）只读存储器ROM用于存储各种编写好的程序。

（2）快擦写只读存储器FLASH用于存放保护定值。

（3）随机存取存储器RAM用于采样数据及运算的中间结果。

定时器计数器除了为延时动作的保护提供精确计时外，还可以用来提供定时采样触发信号，形成中断控制等。

5.3.4 开关量输入及输出回路

微机保护装置中，除了有模拟量输入外，还有大量的开关量的输入和输出。所谓开关量，就是触点状态（接通或断开）或是逻辑电平的高低等。

5.3.4.1 开关量输入回路

开关量输入大多数是触点状态的输入，可以分成以下两大类。

（1）安装在装置面板上的触点。这类触点包括在装置调试时用的或运行中定期检查装置用的键盘触点以及切换装置工作方式用的转换开关等。

这类触点与外界电路无联系，可直接接至微机的并行接口。如图5-19所示，也可以直接与CPU口线相连。只要在可初始化时规定图中可编程的并行口的PA0为输入端，则CPU就可以通过软件查询，随时知道图5-19中外部触点S1的状态。当S1断开时，通过上拉电阻使PA0输入电压为5V；S1闭合时，PA0输入电压为0V。因此，CPU通过查询PA0的输入电压，就可以判断S1是处于断开还是闭合状态。

（2）从装置外部经过端子排引入装置的触点。例如需要由运行人员不打开装置外盖而在运行中切换的各种压板，转换开关以及其他保护装置和操作继电器等。

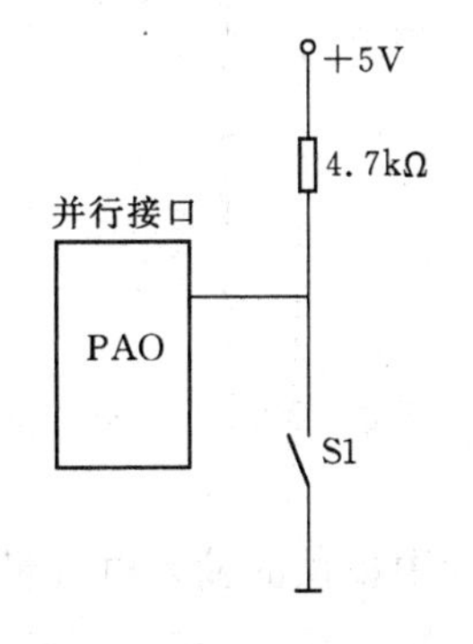

图5-19 装置面板上的接点与微机接口连接图

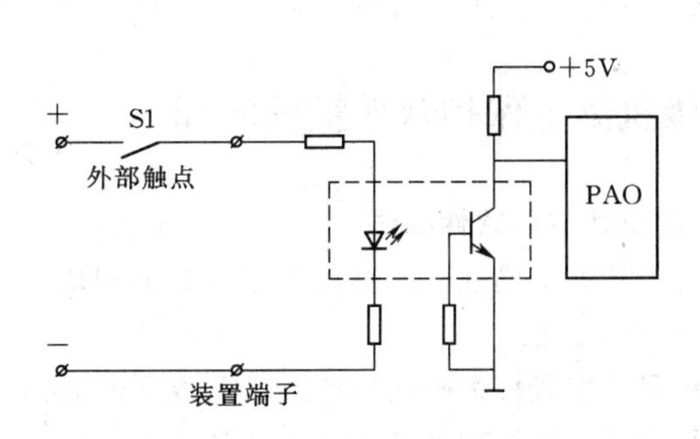

图5-20 装置外部接点与微机的连接接线图

这类触点由于与外电路有联系，如果也按图 5－19 接线将给微机引入干扰，故应经光电隔离如图 5－20 所示。图中虚线框内是一个光电耦合器件，集成在一个芯片内。当外部触点接通时，有电流通过光电器件的发光二极管回路，使光敏三极管导通。S1 打开时，则光敏三极管截止。因此三极管的导通与截止完全反映了外部触点的状态，如同将 S1 接到三极管的位置一样，不同点是将可能带有电磁干扰的外部接线回路和微机的电路部分之间无直接电的联系，因此可大大削弱干扰。

5.3.4.2　开关量输出回路

开关量输出主要包括保护的跳闸出口以及本地和中央信号等，一般都采用并行接口的输出口来控制有触点继电器（干簧或密封小中间继电器）的方法，但为提高抗干扰能力，最好也经过一级光电隔离，如图 5－21 所示。

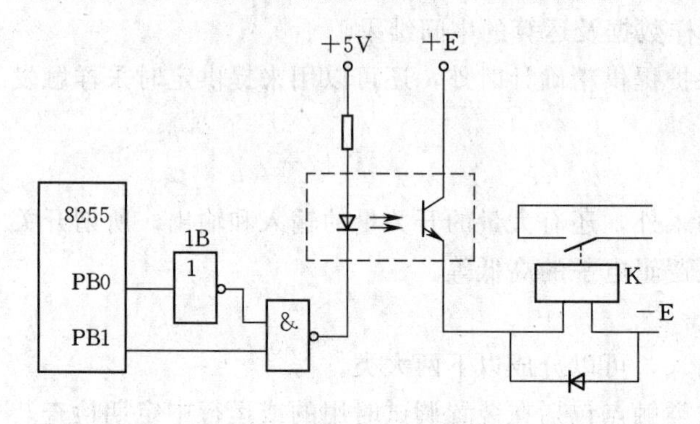

图 5－21　开关量输出回路图

只要通过软件使并行口的 PB0 输出“0”，PB1 输出“1”，便可使与非门 1 H 输出低电平，光敏三极管导通，继电器 K 被吸合。

在初始化和需要继电器 K 返回时，应使 PB0 输出“1”，PB1 输出“0”。

设置反相器 1B 及与非门 1H，而不将发光极管直接同并行口相连，一方面是因为并行口带负载能力有限，不足以驱动发光二极管；另一方面因为采用与非门后要满足两个条件才能使 K 动作，增加了抗干扰能力。

将 PB0 经一反相器输出，而 PB1 不经反相器输出，这样接可防止拉合直流电源的过程中继电器 K 的短时误动，因为在拉合直流电源过程中，当 5V 电源处于某一个临界电压值时，可能由于逻辑电路的工作紊乱而造成保护误动作，特别是保护装置的电源往往接有大量的电容器，所以拉合直流电源时，无论是 5V 电源还是驱动继电器 K 用的电源 E，都可能缓慢地上升或下降，从而完全可能来得及使继电器 K 的触点短时闭合。由于采用上述接法后，两个相反的条件的互相制约，可以可靠地防止误动作。

5.4　微机继电保护软件组成原理

5.4.1　微机保护的软件算法

微机保护的准确性、实时性与算法有关密切关系，因此，保护算法的研究是微机保护研究的重要问题之一。

微机保护装置根据模数转换或是从数字滤波器的输出序列中提供的输入电气量的采样数据进行分析、运算和判断，以实现各种继电保护功能的方法称为算法。

目前已提出的算法种类很多。在微机保护中，保护的硬件及输入的模拟量一般是相同的，不同的保护原理、特性由不同的算法实现，而每一种原理的保护其算法也可以有多

种。不论是哪一类算法，其核心问题归结为算出表征被保护设备运行特点的参数，例如电流、电压的有效值、相位，或者序分量，或某次谐波分量等。有了这些基本的计算量，就可以很容易地构成各种不同原理的继电器或保护。

衡量各种算法的优缺点，主要指标可归结为：计算精度、响应时间和运算量。这三者之间往往是相互矛盾的，因此应根据保护的功能、性能指标（如精度、动作时间）和保护系统硬件的条件（如 CPU 的运算速度、存储器的容量）的不同，采用不同的算法。

继电保护特别是快速动作的保护对计算速度的要求较高。由于反映工频电气量的保护设有滤波环节，前置系统中也有延时，各种保护的算法都需要时间，因此在其他条件相同的情况下，尽量提高算法的计算速度，缩短响应时间，可以提高保护的动作速度。在满足精度的条件下，在算法中通常采用缩短数据窗、简化算法以减小计算工作量，或采用兼有多种功能（例如滤波功能）的算法以节省时间等措施来缩短响应时间，提高速度。

计算精度是保护的测量元件的一个重要指标，高精度与快速动作之间存在着矛盾，一般要根据实际需要进行协调以得到最合理的结果。在选用准确的数学模型及合理的数据窗长度（或称采样点数）的前提下，计算精度与有限字长有关，其误差表现为量化误差和舍入误差两个方面。为了减小量化误差，在保护中通常采用的 A/D 芯片至少是 12 位的，而减小舍入误差则要增加字长。

对算法除了有精度和速度要求之外，还要考虑算法的数字滤波功能，某些算法本身就具有良好的数字滤波功能。所以评价算法时要考虑对数字滤波的要求。没有数字滤波功能的算法，其保护装置采样电路部分就要考虑装设模拟滤波器。微机保护的数字滤波用程序实现，因此不受温度影响，也不存在元件老化和负载阻抗匹配等问题。模拟滤波器还会因元件差异而影响滤波效果，可靠性较低。

下面讨论微机保护算法的一般概念，借此来了解微机保护算法的意义，为以后的的分析做准备。

5.4.1.1 数字滤波器

1. 数字滤波器基本概念

数字滤波器是一种特殊的算法，其特点是通过对采样序列的数字运算得到一个新的序列，在新的序列中已经滤去了不需要的频率成分，只保留了需要的频率成分。

在微机保护中，可供选择的滤波器有两种形式，一种是传统的模拟式滤波器，另一种是数字式滤波器。在采用模拟滤波器时，模拟量输入信号首先经过滤波器进行滤波处理，然后对滤波后的连续型信号进行采样、量化和计算，其基本流程如图 5-22 所示。而采用数字式滤波器时，则是直接对输入信号的离散采样值进行滤波计算，形成一组新的采样序列，然后根据新采样值进行参数计算，其流程如图 5-23 所示。

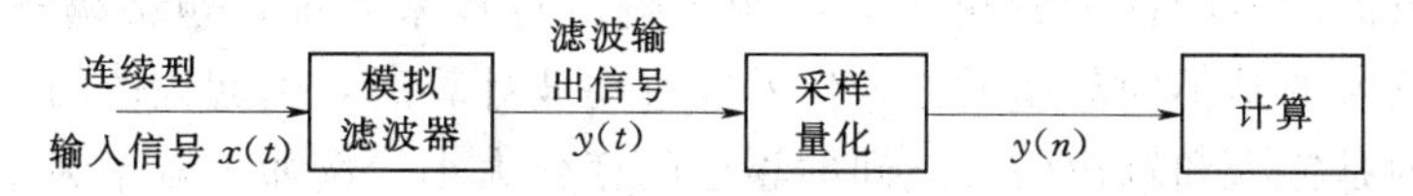

图 5-22 模拟式滤波基本框图

高速继电保护装置都工作在故障发生后的最初瞬变过程中，这时的电压和电流信号由于混有衰减直流分量和复杂的谐波成分而发生严重的畸变。目前大多数保护装置的原理是

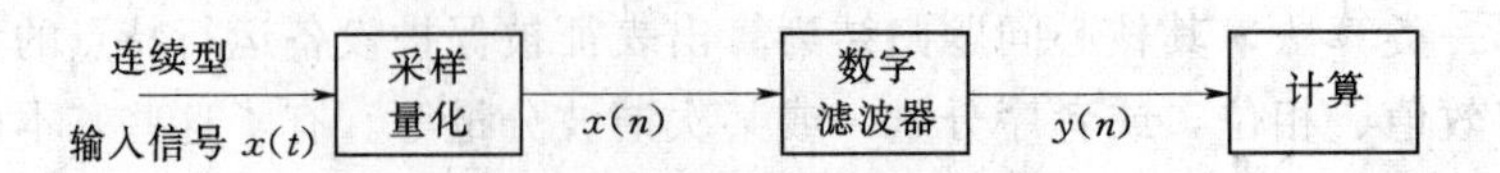

图5-23　数字式滤波基本框图

建立在反映正弦基波或某些整数倍谐波基础之上，所以滤波器一直是继电保护装置的关键器件。目前所使用的微机继电保护几乎毫无例外地采用了数字滤波器。这主要是因为数字滤波器与模拟滤波器相比具有以下突出优点。

（1）滤波精度高。通过加大计算机所使用的字长，可以很容易地提高滤波精度。

（2）具有高度的灵活性。通过改变滤波算法或某些滤波参数，可灵活调整数字滤波器的滤波特性，易于适应不同应用场合的要求。

（3）稳定性高。模拟器件受环境和温度的影响较大，而数字系统受这种影响要小得多，因而具有高度的稳定性和可靠性。

（4）便于分时复用。采用模拟滤波器时，每一个输入通道都需要装设一个滤波器，而数字滤波器通过分时复用，一套数字滤波即可完成所有通道的滤波任务，并能保证各个通道的滤波性能完全一致。

滤波器就广义而言是一个装置或系统，用于对输入信号进行某种加工处理，以达到取得信号中的有用信息而去掉无用成分的目的。模拟滤波器是应用无源或有源电路元件组成的一个物理装置或系统。数字滤波器它将输入模拟信号 $x(t)$ 经过采样和模数转换变成数字量后，进行某种数学运算去掉信号中的无用成分，然后再经过数模转换得到模拟量输出 $y(t)$。如果把数字滤波器框图看成一个双口网络，则就网络的输入、输出端来看，其作用和模拟滤波器完全一样。

在微机保护中，数字滤波器的运算过程可用下述常系数线性差分方程来描述，即

$$y(n)=\sum_{i=0}^{K}a_{i}x(n-i)+\sum_{i=1}^{K}b_{i}y(n-i) \tag{5-12}$$

式中　$x(n)$、$y(n)$——滤波器的输入值和输出值序列；

a_i、b_i——滤波系数。

通过选择滤波系数 a_i 和 b_i，可滤除输入信号序列 $x(n)$ 中的某些无用频率成分，使滤波器的输出序列 $y(n)$ 能更明确地反映有效信号的变化特征。在式（5-12）中，系数 b_i 全部为0时，称之为非递归型滤波器，此时，当前的输出 $y(n)$ 只是过去和当前的输入值 $x(n-i)$ 的函数，而与过去的输出值 $y(n-i)$ 无关。若系数 b_i 不全为0，即过去的输出对现在的输出有直接影响，称为递归型滤波器。就数字滤波器的运算结构而言，主要包括递归型和非递归型两种基本形式。

数字滤波器的滤波特性通常可用它的频率响应特性来表征，包括幅频特性和相频特性。幅频特性反映的是不同频率的输入信号经过滤波计算后，引起幅值的变化情况；而相频特性则反映的是输入和输出信号之间的相位的变化大小。例如，频率为 f、幅值和相位分别为 X_m 和 φ_x 的正弦函数输入序列 $x(n)$，经过由式（5-12）所示的线性滤波计算后，输出序列 $y(n)$ 仍为正弦函数序列，并且频率与输入信号频率相同，只是幅值相位发生了变化。假设输出序列 $y(n)$ 的幅值为 Y_m，相位为 φ_y，则滤波器的幅值特性定义为

$$H(f)=\frac{Y_m}{X_m}$$

相频特性定义为

$$\varphi(f)=\varphi_y-\varphi_x$$

对于大多数的微机保护来说，由于保护原理只用到基频或某次谐波，因此，最关心的是滤波器的幅频特性，即使需要进行比相，只要参加比相的各量采用相同的滤波器，它们的相对相位总是不变的，因此，对滤波器的相频特性一般不作特殊要求，只有在某些特殊应用场合，才考虑相频特性的影响。

数字滤波器作为数字信号领域中的一个重要组成部分，经过近几十年的发展，已具有较完整的理论体系和成熟的设计方法。原则上，这些理论和方法也可应用于微机保护的数字滤波器设计之中。但是，当电力系统作为一具体的特定系统，其信号的变化有着自身的特点，有些传统的滤波器设计方法并不完全适用。继电保护作为实时性要求较高的自动装置，对滤波器的性能也有一些特殊的要求。下面通过对微机型保护中所采用的几种典型滤波器的分析，让读者对数字滤波器的基本原理和特点有一概括的了解。

2. 非递归型滤波器

在非递归型滤波器中，最简单的一种常用滤波器是所谓的差分（相减）滤波器，它的滤波方程为

$$y(n)=x(n)-x(n-K) \tag{5-13}$$

式中 K——差分步长，$K\geqslant 1$，为一事先确定的常数，可根据不同的滤波要求进行选择。

数字滤波器的滤波特性如幅频特性通常是根据表征滤波器输入、输出之间关系的传递函数来求取，这涉及到较多的有关离散时间系统的基础知识。下面将根据幅频特性的基本定义，对差分滤波器的滤波特性进行分析。

假设 $x(n)$ 是连续型正弦函数信号 $x(t)$ 在 $t_n=nT_s$ 的采样值，有

$$x(t)=X_m\sin(2\pi ft+\varphi_x)$$

$$x(n)=X_m\sin(2\pi ft_n+\varphi_x)=X_m\sin(2\pi fnT_s+\varphi_x) \tag{5-14}$$

式中 X_m、φ_x、f——输入信号的幅值、相位和频率；

T_s——前后两个采样点之间的时间间隔，称为采样周期。

而 $x(n-K)$ 则表示在 $t_{n-K}=t_n-KT_s=(n-K)T_s$ 时刻的采样值，即

$$x(n-K)=X_m\sin[2\pi f(t_n-KT_s)+\varphi_x] \tag{5-15}$$

经过差分滤波计算后，输出信号序列为

$$\begin{aligned}y(n)&=X_m\sin(2\pi ft_n+\varphi_x)-X_m\sin[2\pi f(t_n-KT_s)+\varphi_x]\\&=2X_m\sin\left(\frac{2\pi fKT_s}{2}\right)\cos\left(2\pi ft_n+\varphi_x-\frac{2\pi fKT_s}{2}\right)\end{aligned}$$

即

$$y(n)=Y_m\sin(2\pi ft_n+\varphi_y) \tag{5-16}$$

其中

$$Y_m=\left|2X_m\sin\left(\frac{2\pi fKT_s}{2}\right)\right|$$

$$\varphi_y=\varphi_x-\frac{2\pi fKT_s}{2}+\frac{\pi}{2}$$

若每基频周期内点数为 N，则有 $T_s=1/Nf_1$，此时差分滤波器的幅频特性为

$$H(f)=\frac{Y_m}{X_m}=\left|2\sin\left(\frac{2\pi fKT_s}{2}\right)\right|=\left|2\sin\left(\frac{fK}{Nf_1}\right)\pi\right|$$

幅频特性曲线如图 5－24 所示，图中 $f_m=Nf_1/K$。

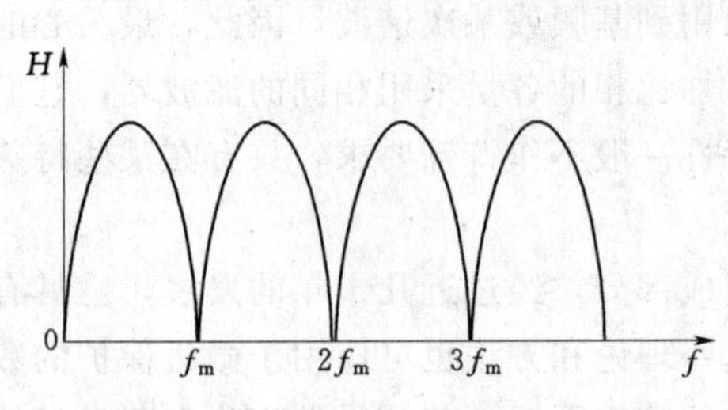

图 5－24　差分滤波器的幅频特性

由幅频特性不难看出，经差分滤波后，输入信号中的直流分量以及频率为 f_m 和 f_m 的整次谐波分量将被完全滤除。

在微机保护中，差分滤波器主要用于以下几方面：

(1) 抑制故障信号中的衰减直流分量的影响。差分滤波器的突出优点之一是完全滤除输入信号中的恒定直流分量，即使对于衰减的直流分量也有良好的抑制作用。为减少算法的数据窗（加快计算速度），通常取 $K=1$。

但需要指出的是，差分滤波器对故障信号中的高频分量有放大作用。因此，一般不能单独使用，需与其他的数字滤波器和算法相配合，以保证在故障信号中同时含有衰减直流分量和其他高频分量时，仍具有良好的综合滤波效果。

(2) 提取故障信号中的故障分量。在式（5－13）中，若将 K 值取为 N，滤波方程为

$$y(n)=x(n)-x(n-N)$$

相应地，如图 5－24 所示的幅频特性中有 $f_m=f_1$，即该滤波器可滤除直流、基频及所有整次谐波分量。这样，当电力系统正常运行时，滤波器无输出，$y(n)=0$，而发生故障时，在故障后的第一个基频周期内，输出量 $y(n)$ 为故障信号与正常信号的差值，即故障分量。根据上述特点，差分滤波器常用 y 来实现故障的检测元件、选项元件以及其他利用故障分量原理构成的保护。

差分滤波器的结构非常简单，计算量很小，但各自独立使用时，滤波特性难以满足要求。为此，在实际使用时，可以把具有不同特性的滤波器进行组合，以进一步提高滤波性能，这也是数字滤波器设计中常用的方法之一。

在进行滤波器组合时，一种做法是将各滤波器单元进行级联。级联类似于各滤波器相串联，即前一个滤波单元的输出作为后一个滤波单元的输入，如图 5－25 所示。

图 5－25　滤波器的级联

采用级联组合滤波后，整个滤波系统的幅频特性等于各滤波单元幅频特性的乘积，即

$$H(f)=\prod_{i=1}^{m}H_i(f)$$

除差分滤波器之外，在微机保护中另一种常用的数字滤波器是所谓的积分滤波器，其滤波方程为

$$y(n)=\sum_{i=0}^{K}x(n-i)\quad K\geqslant 1$$

通过合理选择和配合具有不同滤波特性的滤波单元，可使得整个滤波系统的滤波特性能得到明显改善。若需提取故障信号中的基频分量，可将差分滤波单元与积分滤波单元相级联，利用差分滤波器减少非周期分量的影响，而借助积分滤波器来抑制高频分量作用。具体示例如下所述。

设采样频率为每周波 24 点（$N=24$），要求完全滤除直流分量及第 3、4、6、8、9、12 次谐波分量，并且具有良好的高频衰减特性。

选用一个差分滤波单元和两个积分单元组成三单元组级联滤波器，如图 5-26 所示。各滤波单元的滤波方程选择为。

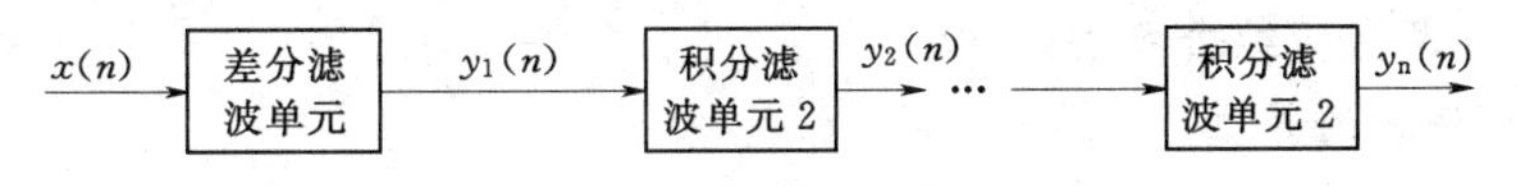

图 5-26　级联滤波器示例

（1）差分滤波

$$y_1(n)=x(n)-x(n-6)$$

（2）积分滤波

$$y_2(n)=\sum_{k=0}^{7}y_1(n-K),y(n)=\sum_{k=0}^{9}y_2(n-K)$$

非递归型滤波器的设计方法除组合滤波之外，其他常用方法还包括窗函数法、零点配置法、频率抽样法和等波动逼近法等。

对于非递归型数字滤波器而言，其突出的优点是由于采用有限个输入信号的采样值进行滤波计算，不存在滤波器的不稳定问题，也不存在因计算过程中的舍入误差的累积造成滤波特性恶化。此外，由于滤波器的数据窗明确，便于确定它的滤波速度，因此，易于在滤波特性与滤波速度之间进行协调。非递归型滤波器存在的主要问题是，要获得较理想的滤波特性，通常要求滤波算法的数据窗较长，所以在某些场合可考虑采用递归型滤波器。

3. 递归型数字滤波器

当滤波方程式（5-12）中滤波系数 b_i 不全为 0 时，滤波器的输出 $y(n)$ 不仅与当前的输入值 $x_1(n)$ 和过去的输入值 $x(n-K)$ 有关，还取决于过去的输出值 $y(n-K)$，这种反馈和记忆是递归型滤波器的基本特征。

数字式递归型滤波器的设计方法一般分为三种。

（1）零极点配置法。即在频域上，通过对滤波器的传递函数的零点和极点进行合理选择和配置，使滤波特性满足给定要求。

（2）借助模拟滤波器的设计方法进行设计。首先根据所要求的滤波器的技术指标，采用业已成熟的模拟滤波器的设计方法设计出一个参考模拟滤波器，然后采用适宜的转换方法，如脉冲响应不变法、阶跃响应不变法或双线性变换法等，将参考模拟滤波器转换成数字滤波器。

（3）采用最优技术进行滤波器设计。采用递归型数字滤波器可以获得相当理想的滤波特性，并且计算简单，便于实时应用。由于递归型滤波器从计算的角度来说，是一递推计算过程，递归型滤波器从某种意义上来说相当于一个数据窗为无穷大的非递归型滤波器，因此，结构简单、计算量小的递归型滤波器也能实现相当理想的滤波特性。

由于递归型滤波器采用递推计算，而计算机的字长有限，计算过程的舍入误差可能不断累积造成滤波器性能恶化，需要采取其他措施予以解决。如合理选择递推计算起始时刻、限定递推计算的持续时间等。

两种型式的数字滤波器，递归型和非递归型，都可应用于微机保护。选择哪一种型式的滤波器主要取决于应用场合的不同要求，包括所采用的保护原理、故障信号的变化特点以及保护所选用的微机硬件等。此外，在滤波器的选型和滤波特性的设计时，还应充分考虑后续所使用的参数计算算法的基本特点和要求。不同的参数计算方法，对滤波器的要求也会有所不同，两者应综合考虑。

5.4.1.2　微机保护的算法

这里所说的微机保护的算法是狭义的，它不同于数字滤波器。数字滤波器是将含有各种频率成分的采样序列变换成只含特定频率信号的输出序列，是序列到序列的变换。而算法则要从数字滤波器的输出序列或直接从采样序列中求取电气信号的特征参数，进而为实现保护原理。微机保护算法分为两大类：一类是基本算法，它是用来计算保护所需的各种电气量的特征参数；另一类是保护的原理算法，它是用基本算法的结果来实现保护的原理。本书介绍常用的基本算法。

1. 同步算法

同步算法是指在正弦波的一个周期中，每隔一定角度采样一次，常用的有30°采样，即每个周期采样12次；还有90°采样，即每周期采样4次。为方便说明，以90°采样为例。

本算法是基于提供给算法的原始数据为纯正弦量的理想采样值，或者是含有各种谐波包括直流分量的原始数据经过理想的带通数字滤波器之后输出的数据。设正弦电流为

$$i=\sqrt{2}I_{m}\sin(\omega t+\varphi)$$

从图5-27可见，第k次采样和第$k+1$次采样的时间间隔为90°，则第k次采样和第$k+1$次采样的电流为

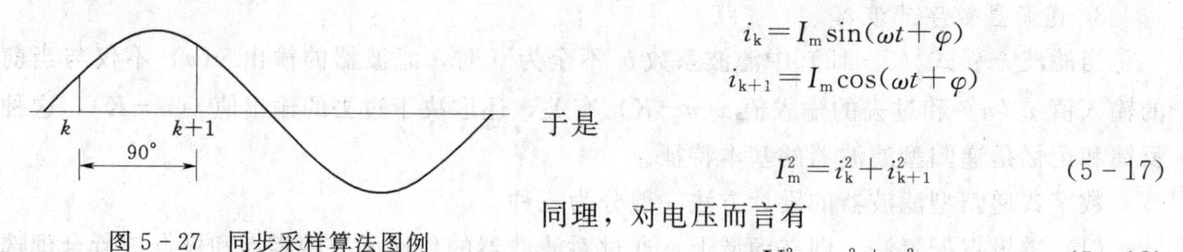

$$i_{k}=I_{m}\sin(\omega t+\varphi)$$
$$i_{k+1}=I_{m}\cos(\omega t+\varphi)$$

于是

$$I_{m}^{2}=i_{k}^{2}+i_{k+1}^{2} \tag{5-17}$$

同理，对电压而言有

$$U_{m}^{2}=u_{k}^{2}+u_{k+1}^{2} \tag{5-18}$$

图5-27　同步采样算法图例

可以证明$\dot{U}$、$\dot{I}$之间的相角差有下式关系

$$\tan\theta=\frac{i_{k+1}u_{k}-i_{k}u_{k+1}}{u_{k}i_{k}+u_{k+1}i_{k+1}} \tag{5-19}$$

上述乘积用了两个相隔$\pi/2$的采样值。算法本身所需的数据窗长度为工频的1/4周期，时延（响应时间）为5ms。

2. 导数算法

导数算法也称为微分法。这种算法只需知道输入正弦量在某一时刻 $t_1=n_1T_s$ 的采样和该时刻的导数，即可算出其有效值和相位。下面以电流为例进行说明。设 i_1 为 t_1 时刻的电流瞬时值，表达式为

$$i_1=\sqrt{2}I\sin(\omega t_1+\alpha_{0I})=\sqrt{2}I\sin\alpha_{1I} \tag{5-20}$$

则 t_1 时刻电流的导数为

$$i_1'=\omega\sqrt{2}I\cos\alpha_{1I}$$

或

$$\frac{i_1'}{\omega}=\sqrt{2}I\cos\alpha_{1I} \tag{5-21}$$

同理对电压有

$$u_1=\sqrt{2}U\sin(\omega t_1+\alpha_{0U})=\sqrt{2}U\sin\alpha_{1U}$$

或

$$\frac{u_1'}{\omega}=\sqrt{2}U\cos\alpha_{1U} \tag{5-22}$$

可得

$$2I^2=i_1^2+\left(\frac{i_1'}{\omega}\right)^2 \tag{5-23}$$

$$2U^2=u_1^2+\left(\frac{u_1'}{\omega}\right)^2 \tag{5-24}$$

于是有

$$R=\frac{i_1u_1+\frac{i_1'}{\omega}\cdot\frac{u_1'}{\omega}}{i_1^2+\left(\frac{i_1'}{\omega}\right)^2} \tag{5-25}$$

$$X=\frac{u_1\frac{i_1'}{\omega}-\frac{u_1'}{\omega}i_1}{i_1^2+\left(\frac{i_1'}{\omega}\right)^2} \tag{5-26}$$

其中 u_1 和 u_1' 分别为 $t=t_1$ 时刻的采样值和导数。

以上分析表明，只要知道电流电压某一点采样值和在该点的导数，就可以求出电流电压的大小和相位。对于采样值可以通过采样得到，而导数是不能直接得到的。下面说明导数的求法。

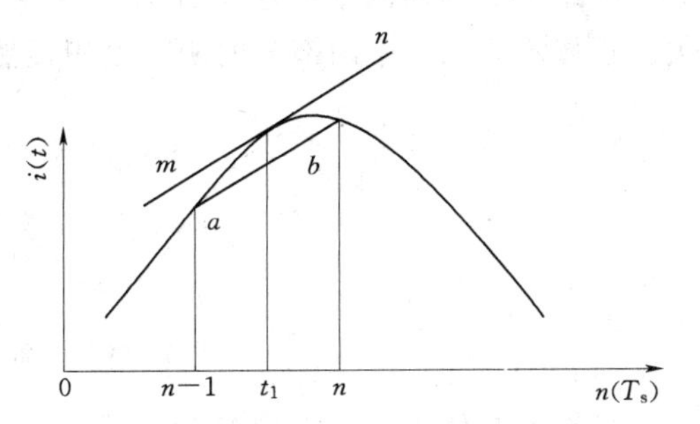

图 5-28 用差分近似求导示意图

为求导数，可以取 t_1 为两个相邻的采样时刻 n 和 $n-1$ 中间的某时刻，如图 5-28 所示，然后用差分代替该点的导数

$$i_1'=\frac{1}{T_s}(i_n-i_{n-1}) \tag{5-27}$$

$$u_1'=\frac{1}{T_s}(u_n-u_{n-1}) \tag{5-28}$$

这相当于直线 ab 的斜率来代替直线 mn 的斜率，显然这是近似的，但当 T_s 足够小

时，这种近似会有足够的精度。

上面所求得的导数是 t_1 时刻的，但 t_1 不在采样点上，为了使采样值与导数在同一点，可以用相邻两点的采样值取平均值

$$i_1=\frac{1}{2}(i_{n-1}+i_n)$$

$$u_1=\frac{1}{2}(u_{n-1}+u_n) \tag{5-29}$$

将上面得到的 i_1'、u_1'、i_1、u_1 代入式（5-23）～式（5-26）即可。

另外求导数也可以用相邻的三个采样点，设 t_1 为（$n-1$）T_s，则有

$$i_1'=\frac{1}{2T_s}(i_n-i_{n-2})$$

$$u_1'=\frac{1}{2T_s}(u_n-u_{n-2})$$

$$i_1=i_{n-1},\ u_1=u_{n-1}$$

本算法的特点：

（1）数据窗短，仅需两个或三个采样点，即时窗为 T_s 或 $2T_s$。

（2）运算工作量与采样值乘积算法相似。

（3）因在求导数时是用差分代替微分，算法的精度与采样频率有关。当采样频率越高时，这种近似的精确度越高。故采用此算法时，为达到一定的精度，要合理选择采样频率。

（4）本算法具有一定的抑制直流分量的能力，但对高次谐波具有放大作用，因此要求所配数字滤波器应有良好的滤除高频分量的能力。

3. 半周绝对积分算法

当被采样的模拟量是交流正弦量时，可使用半周积分算法，该算法的依据是一个正弦量在任意半个周期内绝对值积分为一常数 S，且积分值 S 与积分起始点即与初相角 α 无关。正如图 5-29 中两部分的阴影面积显然是相等的。

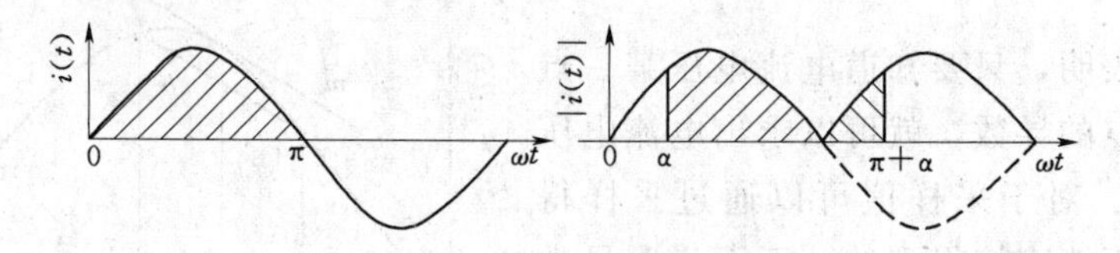

图 5-29　半周积分算法原理示意图

半周绝对值积分的面积 S 为

$$S=\int_0^{T/2}\sqrt{2}I\,|\sin(\bar{\omega}t+\alpha)|\ \mathrm{d}t=\int_0^{T/2}\sqrt{2}I\sin\bar{\omega}t\ \mathrm{d}t$$

得

$$I=S\,\frac{\bar{\omega}}{2\sqrt{2}} \tag{5-30}$$

上式可知，只要半周期面积 S 求出后，即可利用式（5-30）算出正弦波的幅值或有效值。S 可以通过图 5-30 所求的梯形法（或矩形法）求和算出。

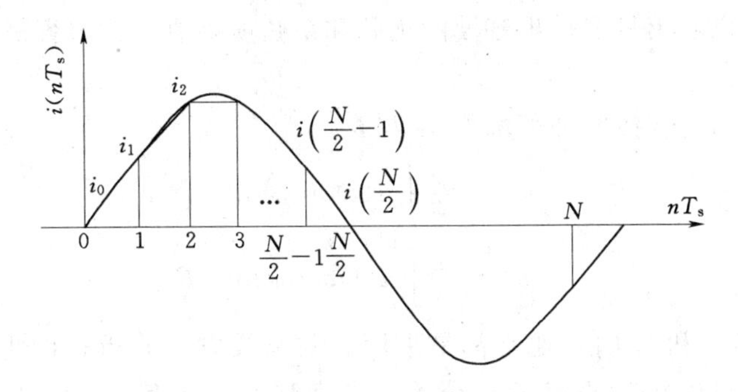

图 5-30 用梯形法近似计算面积

$$S \approx \left[\frac{1}{2}|i_0| + \sum_{K=1}^{N/2-1}|i_K| + \frac{1}{2}|i_{N/2}|\right]T_s \tag{5-31}$$

式中 i_K——第 K 次采样值，$K=0$ 时采样值为 i_0；

N——一周期的采样点数。

半周积分法的数据窗长度为半周，对工频正弦量而言，时延为 10ms。只要采样点数 N 足够多，用梯形法近似积分的误差可以做到很小。半周期积分算法本身具有一定的高频分量滤除能力，因为叠加在基波上的高频分量在半周期积分中其对称的正负半周互相抵消，剩余的未被抵消部分占的比重就很少了，但这种算法不能抑制直流分量，必要时可与差分滤波器配合。由于只有加法运算，运算工作量较小，对于一些要求不高的电流、电压保护可采用此种算法。

4. 傅氏变换算法

半周积分算法的局限性是要求采样的波形为正弦波。当被采样的模拟量不是正弦波而是一个周期性时间函数时，可采用傅氏变换算法。傅氏变换算法源于傅里叶级数，即一个周期性函数 $i(t)$ 可用傅里叶级数展开为各次谐波的正弦项和余弦项之和，如下式所示

$$i(t) = \sum_{n=0}^{\infty}(b_n \cos n\omega_1 t + a_n \sin n\omega_1 t) \tag{5-32}$$

式中 n——为自然数，表示谐波分量次数，$n=0$，1，2…；

a_n、b_n——各次谐波正弦项和余弦项的幅值；

ω_1——基波的角频率。

则电流 $i_1(t)$ 中的基波分量可表示为

$$i_1(t) = b_1 \cos\omega_1 t + a_1 \sin\omega_1 t \tag{5-33}$$

$i_1(t)$ 还可以表示为一般表达式

$$i_1(t) = \sqrt{2} I_1 \sin(\omega_1 t + \alpha_1) \tag{5-34}$$

式中 I_1——基波有效值；

α_1——$t=0$ 时基波分量初相角。

将 $\sin(\omega_1 t + \alpha_1)$ 用和角公式展开，再与式（5-33）比较，可得到 I_1 和 α_1 及 a_1 和 b_1 的关系。

$$a_1 = 2I_1 \cos\alpha_1 \tag{5-35}$$

$$b_1 = 2I_1 \sin\alpha_1 \tag{5-36}$$

从上两式中可以看出只要求出基波的正弦和余弦项幅值，就很容易求得基波的有效值和初相位角 α_1。

根据傅氏级数的逆变换原理可求得 a_1 和 b_1。

$$a_1 = \frac{2}{T}\int_0^T i(t)\sin\omega_1 t\mathrm{d}t \tag{5-37}$$

$$b_1 = \frac{2}{T}\int_0^T i(t)\cos\omega_1 t\mathrm{d}t \tag{5-38}$$

在用微机计算 a_1 和 b_1 时，通常都是采用有限离散方法算得，即将 $i(t)$ 用各采样点数值代入，通过梯形法求和来代替积分法。考虑到 $N\Delta t = T$，$\omega_1 t = 2\pi k/N$ 时，式（5-38）可表示为

$$a_1 = \frac{1}{N}\left[2\sum_{k=1}^{N-1} i_k \sin\left(k\frac{2\pi}{N}\right)\right] \tag{5-39}$$

$$b_1 = \frac{1}{N}\left[i_0 + 2\sum_{k=1}^{N-1} i_k \cos\left(k\frac{2\pi}{N}\right) + i_N\right] \tag{5-40}$$

式中　N——周采样点数；

i_k——第 k 次采样值；

i_0、i_N——分别为 $k=0$ 和 N 时的采样值。

当 $N=12$ 时采样间隔 T_s 一般用角度表示为30°。

算出 a_1 和 b_1 后，根据式（5-35）、式（5-36）可得到基波的有效值和相角

$$I_1^2 = \frac{a_1^2 + b_1^2}{2} \tag{5-41}$$

$$\alpha_1 = \tan^{-1}\frac{b_1}{a_1} \tag{5-42}$$

与半周积分算法比较，傅氏变换算法可以计算周期性时间函数，还可以算出初相角，其积分运算结果同样具有数字滤波功能，运算工作量也不大。但这种算法用于暂态采样计算时受输入模拟量中的非周期分量影响较大，理论分析在最不利条件下可产生15%以上的误差，通常还需要采用一些补偿措施加以克服。目前许多较先进的保护装置都采用了傅氏变换算法。

5.4.2　微机保护的程序

典型的微机保护程序结构框图如图5-31所示。微机保护的程序由主程序与中断服务程序两大部分组成，在中断服务程序中有正常运行程序模块和故障处理程序模块。

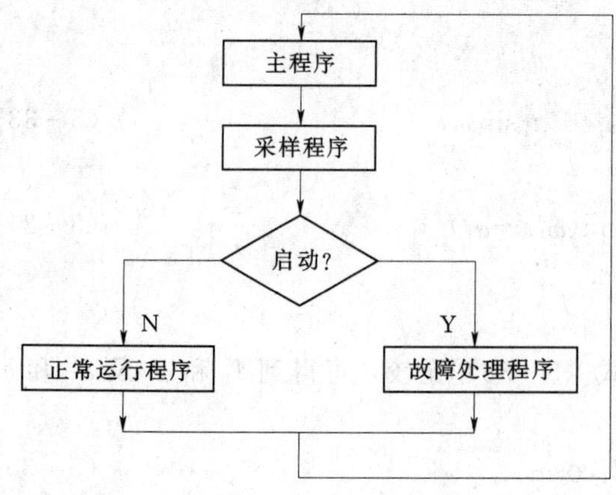

图5-31　典型微机保护程序结构框图

正常运行程序中进行采样值自动零漂调整及运行状态检查。运行状态检查包括交流电压断线、开关位置状态检查、变化量制动电压形成、重合闸充电等，不正常

时发告警信号。告警信号分两种：①运行异常告警，这时不闭锁保护装置，提醒运行人员进行相应处理；②闭锁告警信号，告警同时将保护装置闭锁，保护退出。

故障处理程序中进行各种保护的算法计算、跳闸逻辑判断以及事件报告、故障报告及波形的整理等。

5.4.2.1 主程序

主程序按固定的采样周期接受采样中断进入采样程序，在采样程序中进行模拟量采集与滤波，开关量的采集、装置硬件自检、交流电压断线和启动判据的计算，根据是否满足启动条件而进入正常运行程序或故障处理程序。

5.4.2.2 中断服务程序

1. 故障处理程序

根据被保护设备的不同，保护的故障处理程序有所不同。对于线路保护来说，一般包括电压电流保护、零序保护、距离保护、纵联差动保护等处理程序。

2. 正常运行程序

正常运行程序包括开关位置检查；交流电压电流断线判断；交流电流断线；电压、电流回路零点漂移调整等。

(1) 开关位置检查：三相无电流，同时断路器处于跳闸位置动作，则认为设备不在运行。线路有电流但断路器处于跳闸位置动作，或三相断路器位置不一致，经 10s 延时报断路器位置异常。

(2) 交流电压电流断线判断：交流电压断线时发 TV 断线异常信号。TV 断线信号动作的同时，将 TV 断线时会误动的保护退出，自动投入 TV 断线过流和 TV 断线零序过流保护或将带方向保护经过控制字的设置改为不经方向元件控制。三相电压正常后，经延时发 TV 断线信号复归。

(3) 交流电流断线：交流电流断线发 TA 断线异常信号。保护判出交流电流断线的同时，在装置总启动元件中不进行零序过流元件启动判别，且要退出某些会误动的保护，或将某些保护不经过方向控制。

(4) 电压、电流回路零点漂移调整：随着温度变化和环境条件的改变，电压、电流的零点可能会发生漂移，装置将自动跟踪零点的漂移。

小结

整流型、晶体管型继电器和微机型继电保护装置中常用的测量变换器有电压变换器、电流变换器和电抗变换器。电流变换器与电抗变换器都是将电流互感器二次电流变换成输出的低电压，但它们适用于的场合不同。电流变换器适用于只需对变换器输出电压值进行比较的场合，而电抗变换器适用于对变换器的线性范围有较高要求的场合。

继电器是组成继电保护装置的基本元件，按其作用分为测量继电器和辅助继电器两类，测量继电器是用来监视被保护电气元件运行状态，辅助继电器是用来实现保护装置的各种逻辑关系和保护装置出口的执行命令。测量继电器一般为交流继电器，而辅助继电器以直流继电器为多，主要是电力系统中操作电源多采用直流。

微机型继电保护的构成包括硬件和软件两部分。硬件指模拟和数字电子电路，由它建立起与微机型保护外部系统的电气联系和软件运行的平台；软件指计算机程序，由它按照保护原理和功能的要求对硬件进行控制，有序地完成数据采集、外部信息交换、数字运行和逻辑判断、动作指令执行等各项操作。微机保护需要硬件和软件的配合才能实现保护原理和功能，缺一不可。甚至从某种角度上说，软件才真正代表了保护装置的技术内涵和特点，为同一套硬件配上不同的软件，就能构成不同特性或是不同功能的保护，正是这一优点使微机保护具有超越模拟式继电保护装置的灵活性、开放性和适应性。

微机保护装置输入信号有开关量及模拟量信号，其中开关量的输入信号要进行电平转换以满足单片微机的输入电压要求；模拟量输入回路（即数据采集系统）实际上是一个输入信号的预处理过程，其流程如图5-32所示。

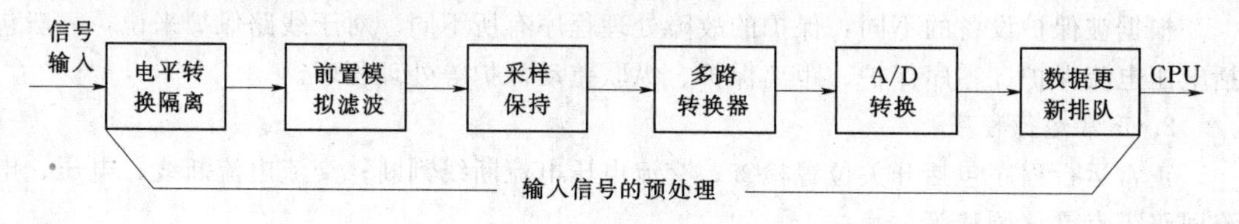

图5-32　输入信号预处理程序框图

微机继电保护装置的核心是微处理器系统，该系统与存储在存储器里的软件系统构成的整个微机系统主要任务是根据输入信号完成数值测量、计算、逻辑运算、记录并通过输出通道对被控对象实现控制等智能化任务。除此之外，微机保护还可具有通信功能，实现各种远方功能。同时，为了提高人机交互能力，设置了人机接口回路。

算法+语言=程序，为了实现不同特性或是不同功能的保护，算法一直是研究微机保护的重点之一。分析和评价各种不同的算法优劣的标准是精度和速度，同时还根据不同算法的滤波效果设置相应的滤波回路，用于对输入信号进行加工处理（运算）以达到取得信号中有用的频率成分而去掉无用信息的目的。

习　题

5-1　继电保护装置的辅助继电器有哪些？各自的作用是什么？

5-2　何谓电流继电器的继电特性？

5-3　试述电磁型继电器的基本结构和工作原理。

5-4　过电流继电器的返回系数为何小于1？影响其返回系数的因素有哪些？

5-5　将额定电压为220V的直流电磁型继电器接入220V交流回路中，继电器能否正常工作，为什么？

5-6　什么叫电流继电器的动作电流和返回电流？电磁型电流继电器的动作电流如何调整？

5-7　试比较过量继电器（如过电流继电器）和低量继电器（如低电压继电器）动作值、返回值及返回系数的区别。

5-8　说出电流、电压、时间、中间、信号继电器在继电保护装置中的作用。

5-9　已知DL-30/20型电流继电器的最大整定电流为20A。试问它的最小整定电

流为多少安？当继电器线圈串联或并联时，其动作电流整定范围各是多少？

5-10　试比较变换器 UV、UA、UR 的相同点和区别。

5-11　微机继电保护装置的硬件主要由哪些部分构成？

5-12　微机继电保护装置的 CPU 系统主要由哪些元件构成？其作用如何？

5-13　微机保护的模数变换有哪两种方式？分别画出两种变换方式的方框图并说明其作用原理。

5-14　采样/保持电路的作用是什么？

5-15　逐次比较式 A/D 转换器的两个重要指标是什么？

5-16　何谓微机保护算法？它包含哪些基本内容？

5-17　微机保护的软件是如何组成的？各有什么作用？

第6章 输电线路相间短路的电流电压保护

【教学要求】 掌握输电线路相间短路的无时限电流速断保护、带时限电流速断保护、定时限过电流保护、电流电压联锁保护的工作原理和整定计算方法；掌握常用相间短路的电流保护接线方式，搞清阶段式电流保护的构成及各段保护间的相互配合关系，掌握阶段式电流保护的整定计算方法，能熟练阅读各种保护原理接线图，能熟练绘制保护的原理框图。

6.1 无时限电流速断保护

根据电网对继电保护装置速动性的要求，在保证选择性及简单、可靠的前提下，在各种电气元件上，应装设快速动作的继电保护装置。反应电流增大且瞬时动作的保护称为无时限电流速断保护（相间短路电流保护第Ⅰ段）。

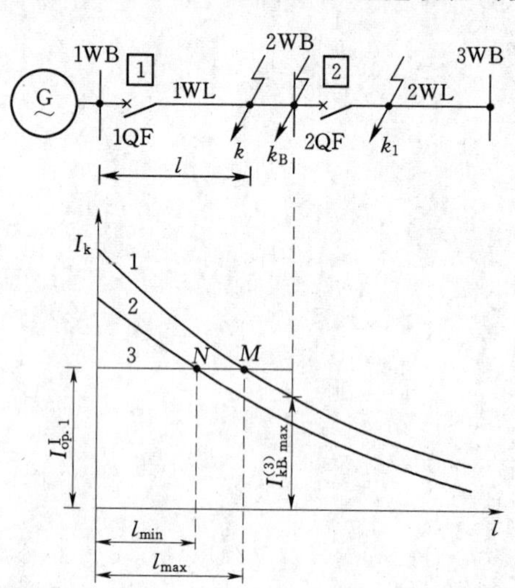

图6-1 无时限电流速断保护整定计算示意图
1—最大运行方式；2—最小运行方式；
3—动作电流整定值

6.1.1 工作原理及整定计算

无时限电流速断保护的作用是保证在任何故障情况下只切除本线路上的故障，其工作原理可用图6-1来说明。在单侧电源辐射形电网各线路靠电源侧装设有无时限电流速断保护。当电源电势 E_s 一定，线路上任意一点发生短路时，短路电流 I_k 的大小与短路点至电源之间的电抗 X_Σ（忽略电阻 R_Σ）及短路类型有关，三相短路和两相短路时，通过保护装置的短路电流 I_k 与总电抗 X_Σ 的关系如下：

$$I_k^{(3)}=\frac{E_s}{X_s+X_1 l} \tag{6-1}$$

$$I_k^{(2)}=\frac{\sqrt{3}}{2}\times\frac{E_s}{X_s+X_1 l} \tag{6-2}$$

式中 E_s——系统的等值计算相电势；

X_s——归算至保护安装处电网电压的系统等值电抗；

X_1——输电线路单位公里长度的正序电抗；

l——短路点至保护安装处的距离。

从式（6-1）、式（6-2）可看出，当系统运行方式一定时，X_s 也一定，这样短路点从线路末端逐渐移向电源时，由于 l 的减小，短路电流 I_k 随之增大，因此，可以作出不

同点短路时通过保护装置的短路电流曲线。当系统运行方式改变及故障类型变化时，对同一点短路，短路电流的大小也会变化。图 6-1 中曲线 1 表示在最大运行方式下，通过保护装置的三相短路电流随短路点变化的曲线，曲线 2 表示在最小运行方式下，通过保护装置的两相短路电流曲线。

假定在线路 1WL 和线路 2WL 上分别装设无时限电流速断保护 1 和保护 2。根据选择性的要求，无时限电流速断保护的动作范围不能超出被保护线路，即对保护 1 而言，在相邻线路 2WL 首端 k_1 点短路时，不应该动作，而应由保护 2 动作切除故障。因此，无时限电流速断保护 1 的动作电流应大于 k_1 点短路时流过保护装置的最大短路电流。由于在相邻线路 2WL 首端 k_1 点短路时的最大短路电流和本线路 1WL 末端 2WB 母线上 k_B 点短路时的最大短路电流相等。故保护 1 无时限电流速断保护的动作电流可按大于本线路末端 k_B 点短路时流过保护装置的最大短路电流来整定，即

$$I_{op.1}^{\mathrm{I}} > I_{k_{2wB.max}}^{(3)}$$

写成等式

$$I_{op.1}^{\mathrm{I}} = K_{rel} I_{k_{2wB.max}}^{(3)} \tag{6-3}$$

式中　$I_{op.1}^{\mathrm{I}}$——保护装置 1 无时限电流速断保护的动作电流，又称一次动作电流（动作电流符号的右上角用Ⅰ代表无时限电流速断保护）；

K_{rel}——可靠系数，考虑到继电器的整定误差、短路电流计算误差和非周期分量的影响等而引入的。取 1.2～1.3；

$I_{k_{2wB.max}}^{(3)}$——最大运行方式下，被保护线路末端 2WB 母线上三相短路时流过保护装置的短路电流，一般取次暂态短路电流周期分量的有效值。

同理，保护 2 无时限电流速断保护的动作电流为

$$I_{op.2}^{\mathrm{I}} = K_{rel} I_{k_{3wB.max}}^{(3)} \tag{6-4}$$

动作电流按式（6-3）、式（6-4）整定后，不反映本线路以外的故障，所以说无时限电流速断保护是利用动作电流的整定值来获得选择性的。由于动作电流值整定后是不变的，与短路点的位置无关，故在图 6-1 上可用直线 3 来表示。直线 3 与曲线 1、曲线 2 分别有一个交点为 M 和 N 点，在交点到保护安装处的一段线路上短路时，$I_k > I_{op.1}^{\mathrm{I}}$，保护 1 会动作。在交点以后的一段线路上短路时，$I_k < I_{op.1}^{\mathrm{I}}$，保护 1 不会动作。由此可见，无时限电流速断保护不能保护本线路的全长，其保护范围随系统运行方式和故障类型而变。在最大运行方式下三相短路时，保护范围最大，用 l_{max} 表示；在最小运行方式下两相短路时，保护范围最小，用 l_{min} 表示。

保护范围可用图解法求得，也可用解析法求得。当保护的动作电流 I_{op}^{I} 已知时，可求得最大保护范围 l_{max} 和最小保护范围 l_{min}。从图 6-1 中可看出，在最大保范围末端（交点 M）短路时，短路电流等于保护装置的动作电流，即

$$I_{op}^{\mathrm{I}} = \frac{E_s}{X_{s.min} + X_1 l_{max}}$$

解上式得

$$l_{max} = \frac{1}{X_1}\left(\frac{E_s}{I_{op}^{I}} - X_{s.min}\right) \tag{6-5}$$

同理，在最小保护范围末端（交点 N）短路时，短路电流等于保护装置的动作电流，即

$$I_{op}^{I}=\frac{\sqrt{3}}{2}\times\frac{E_s}{X_{s.max}+X_1 l_{min}}$$

解上式得

$$l_{min}=\frac{1}{X_1}\left(\frac{\sqrt{3}}{2}\times\frac{E_s}{I_{op}^{I}}-X_{s.max}\right) \tag{6-6}$$

无时限电流保护的灵敏系数通常用保护范围的长度占被保护线路全长的百分数来表示。一般认为最大保护范围大于被保护线路全长的50%时，有良好的保护效果，而在最小保护范围不小于被保护线路全长的15%～20%时，才能装设无时限电流速断保护。

无时限电流速断保护由于没有人为的延时，只考虑继电器本身固有的动作时间，在整定计算时可认为$t^{I}\approx0$。

无时限电流速断保护一般只能保护线路首端的一部分，但在某些特殊情况下，如电网的终端线路上采用线路—变压器组的接线方式时，如图6-2所示，无时限电流速断保护的保护范围可以延伸到被保护线路以外，使全线路都能瞬时切除故障。因为线路—变压器组可以看成一个整体，当变压器内部故障时，切除变压器和切除线路的后果是相同的，所以当变压器内部故障时，由线路的无时限电流速断保护切除故障是允许的，因此线路的无时限电流速断保护的动作电流可以按躲过变压器二次侧母线上短路时最大短路电流来整定，从而使无时限电流速断保护可以保护线路的全长。

在图6-2中，保护1的无时限电流速断保护动作电流为

$$I_{op.1}^{I}=K_{rel}I_{k_{3wB.max}}^{(3)} \tag{6-7}$$

式中　K_{rel}——可靠系数，取1.3；

$I_{k_{3wB.max}}^{(3)}$——变压器低压侧母线3WB上短路时，流过保护1的最大三相短路电流。

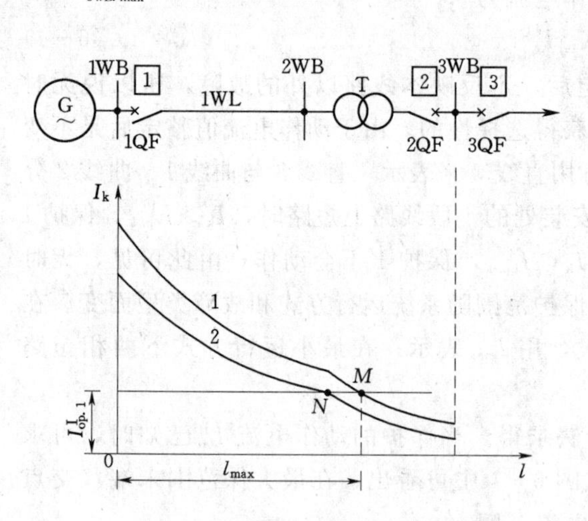

图6-2　线路—变压器组的无时限电流速断保护整定计算示意图

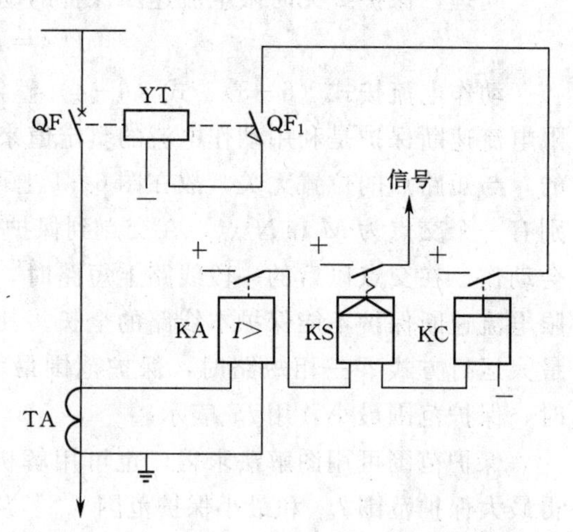

图6-3　无时限电流速断保护单相原理接线图

6.1.2　单相原理接线图

无时限电流速断保护的单相原理接线图如图6-3所示。它由接在电流互感器TA二次侧的电流继电器KA和信号继电器KS及中间继电器KC构成。

正常运行时，流过电流继电器KA的电流小于其整定值，电流继电器KA不动作。当

被保护线路发生短路时，电流继电器 KA 动作，起动中间继电器 KC，使断路器跳闸，切除故障线路，同时发出保护装置动作的信号。

图中采用了中间继电器 KC，是因为电流继电器的触点容量比较小，若直接接通断路器的跳闸回路，会被损坏，而 KC 的触点容量较大，可直接接通断路器的跳闸回路；另外，考虑当线路上装有管型避雷器时，雷击线路使避雷器放电相当于发生瞬时短路，避雷器放电完毕，线路即恢复正常工作，在这个过程中，无时限电流速断保护不应该误动作。由于避雷器放电的时间约为 0.01s，也可延长到 0.02～0.03s，故可利用带 0.06～0.08s 延时的中间继电器增加保护装置固有动作时间，防止由于管型避雷器的放电而引起无时限电流速断保护的误动作。图中信号继电器 KS 的作用是在保护动作后，指示并记录保护的动作情况，以便运行人员进行处理和分析故障。此外，在跳闸回路中增加了断路器的辅助触头 1QF 其目的是为了保护中间继电器 KC 的触点不被烧坏。

无时限电流速断保护接线简单，动作迅速、可靠，但由于不能保护线路的全长，故不能单独使用。它的保护范围受系统运行方式变化的影响较大，对于短线路，由于线路首端和末端短路时，短路电流数值相差不大，致使它的保护范围可能为零，故不能使用。

6.2 带时限电流速断保护

由于无时限电流速断保护不能保护线路的全长，其保护范围以外的故障必须由其他的保护装置来切除。为了较快地切除余下部分线路的故障，可增设第二套电流速断保护，它的保护范围应包括本线路全长，这样做的结果，其保护范围必然要延伸到相邻下一线路的一部分。为了获得保护的选择性，以便和相邻线路保护相配合，第二套电流速断保护就必须带有一定的时限（动作时间），时限的大小与保护范围延伸的程度有关。为了尽量缩短保护的动作时限，通常是使第二套电流速断保护范围不超出相邻下一线路无时限电流速断保护范围，这样，它的动作时限只需比相邻下一线路无时限电流速断保护的动作时限大一个时限级差 Δt。这种带有小时限的第二套电流速断保护称为带时限电流速断保护（相间短路电流保护第Ⅱ段）。

6.2.1 工作原理及整定计算

带时限电流速断保护的工作原理和整定计算原则可用图 6-4 来说明。图中线路 1WL 和 2WL 都装设有无时限电流速断保护和带时限电流速断保护，线路 1WL 和 2WL 上分别装设保护 1 和保护 2，在动作值符号的右上角 Ⅰ、Ⅱ 分别表示无时限电流速断保护和带时限电流速断保护，下面讨论保护 1 带时限电流速断保护的整

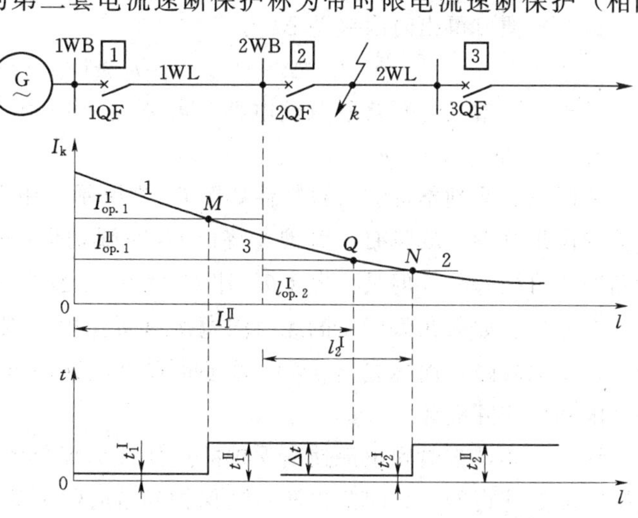

图 6-4 带时限电流速断保护整定计算示意图

定计算原则。

为了使线路1WL的带时限电流速断保护的保护范围不超出相邻下一线路2WL的无时限电流速断保护的保护范围，必须使保护1带时限电流速断保护的动作电流$I_{op.1}^{\mathrm{II}}$大于保护2的无时限电流速断保护的动作电流$I_{op.2}^{\mathrm{I}}$，即

$$I_{op.1}^{\mathrm{II}} > I_{op.2}^{\mathrm{I}}$$

写成等式

$$I_{op.1}^{\mathrm{II}} = K_{rel} I_{op.2}^{\mathrm{I}} \tag{6-8}$$

式中 K_{rel}——可靠系数，因考虑短路电流非周期分量已经衰减，可选得小些，一般取1.1～1.2。

图6-4中曲线1为最大运行方式下的三相短路电流随短路点变化的曲线，直线2表示$I_{op.2}^{\mathrm{I}}$，它与曲线1的交点N确定了保护2无时限电流速断保护范围l_2^{I}。直线3表示$I_{op.1}^{\mathrm{II}}$，它与曲线1的交点Q确定了保护1无时限电流速断保护范围l_1^{II}。由此看出，按公式(6-8)整定后，保护范围l_1^{II}没有超出l_2^{I}，但是，为了保证选择性，保护1的带时限电流速断保护的动作时限t_1^{II}，还要与保护2的无时限电流速断保护的动作时限t_2^{I}相配合，即

$$t_1^{\mathrm{II}} = t_2^{\mathrm{I}} + \Delta t \tag{6-9}$$

时限级差Δt应尽量小一些，以降低整个电网的时限水平，但是Δt又不宜过小，否则难以保证动作的选择性。因此，Δt的数值应在考虑保护动作时限存在误差最不利条件下，保证下一线路断路器有足够的跳闸时间这一前提来确定。以图6-4中线路WL2首端k点短路时，保护1、2的动作时限的配合为例来说明。与时限级差Δt有关的主要因素是：断路器2QF的跳闸时间t_{2QF}（直至电弧熄灭）、保护2无时限电流速断保护的实际动作时间比整定值t_2^{I}增大的正误差$t_{r.2}$、保护1带时限电流速断保护的实际动作时间比整定值t_1^{II}缩短的负误差$t_{r.1}$以及再考虑一个裕度时间t_s。因此，保护1带时限电流速断保护的动作时间为

$$t_1^{\mathrm{II}} = t_2^{\mathrm{I}} + t_{2QF} + t_{r2} + t_{r1} + t_s$$

由上式便可得出时限级差Δt为

$$\Delta t = t_1^{\mathrm{II}} - t_2^{\mathrm{I}} = t_{2QF} + t_{r2} + t_{r1} + t_s \tag{6-10}$$

对于不同型式的断路器及继电器，由公式(6-10)所确定的Δt在0.35～0.6s范围内，通常取$\Delta t=0.5$s。

按照上述原则整定的时限特性如图6-4所示。由图可见，在保护2无时限电流速断保护的保护范围内故障时，保护2将以t_2^{I}时限动作，切除故障，这时保护1带时限电流速断保护可能起动，但是，由于t_1^{II}比t_2^{I}大一个Δt的时限，故保护1不动作，保证了动作的选择性。如果在保护1的无时限电流速断保护范围内故障时，则保护1将以t_1^{I}时限动作，切除故障，而当线路1WL的无时限电流速断保护范围以外发生故障时，则以t_1^{II}的时限动作切除故障。

综上所述，带时限电流速断保护的选择性是部分依靠动作电流的整定，部分依靠动作时限的配合获得的。无时限电流速断保护和带时限电流速断保护的配合工作，可使全线路范围内的短路故障都能以0.5s的时限切除，故这两种保护可配合构成输电线路的主保护。

6.2.2 灵敏系数的校验

确定了保护装置的动作电流之后，还要进行灵敏系数校验，即在保护区内发生短路时，验算保护装置的灵敏系数是否满足要求。灵敏系数的校验首先要确定校验点，校验点应选择在保护区内短路电流值为最小的点（即被保护线路的末端）。只有当这种情况的灵敏系数满足了，才能保证在其他任何情况下的灵敏系数都满足要求。其灵敏系数计算公式为

$$K_{sen}=\frac{I_{k.min}}{I_{op}^{II}} \tag{6-11}$$

式中 $I_{k.min}$——在被保护线路末端短路时，通过保护装置的最小短路电流；

I_{op}^{II}——被保护线路带时限电流速断保护的动作电流。

规程规定，$K_{sen}\geqslant 1.3\sim1.5$。

如果灵敏系数不能满足规程要求，还要采用降低动作电流值的方法来提高其灵敏系数。也就是由线路 1WL 的带时限电流速断保护与线路 2WL 的带时限电流速断保护相配合，即

$$I_{op.1}^{II}=K_{rei}I_{op.2}^{II} \tag{6-12}$$

$$t_1^{II}=t_2^{II}+\Delta t \tag{6-13}$$

6.2.3 原理接线图

带时限电流速断保护的单相原理接线图如图 6-5 所示，它与无时限电流速断保护的原理接线图相似，不同的是用时间继电器 KT 代替图 6-3 中的中间继电器 KC，时间继电器是用来建立保护装置所必需的延时，由于时间继电器触点容量较大，故可直接接通跳闸回路。

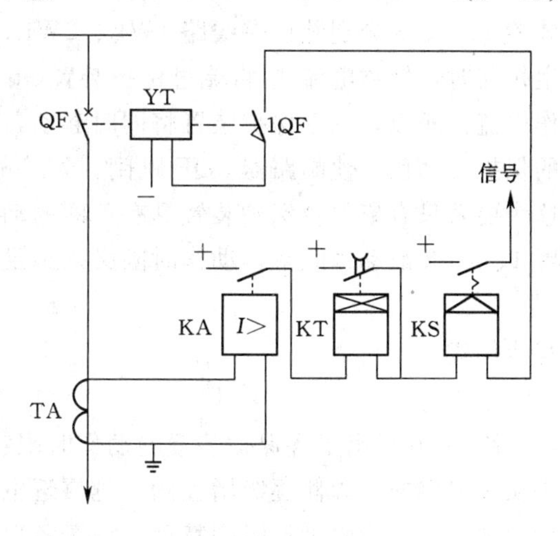

图 6-5 带时限电流速断保护单相原理接线图

与无时限电流速断保护比较，带时限电流速断保护的灵敏系数较高，它能保护线路的全长，并且还能作为该线路无时限电流速断保护的近后备保护，即被保护线路首端故障时，如果无时限电流速断保护拒动，由带时限电流速断保护动作切除故障。

6.3 定时限过电流保护

由于带时限电流速断保护的保护范围只能包含相邻下一线路的一部分，因此，它不能为相邻下一线路起到远后备保护的作用。为解决远后备保护的问题，还需装设过电流保护（相间短路的第Ⅲ段保护）。

6.3.1 工作原理及时限特性

过电流保护是指其动作电流按躲过线路最大负荷电流来整定，并以时限来保证动作选择性的一种保护。电网正常运行时它不应该动作，而在发生短路时，则能反应电流的增大而动作。由于一般情况下的短路电流比最大负荷电流大得多，所以该保护灵敏系数较高，

不仅能够保护本线路的全长，作本线路的近后备保护，而且还能保护相邻线路及其他电气元件，作相邻线路及其他电气元件的远后备保护。

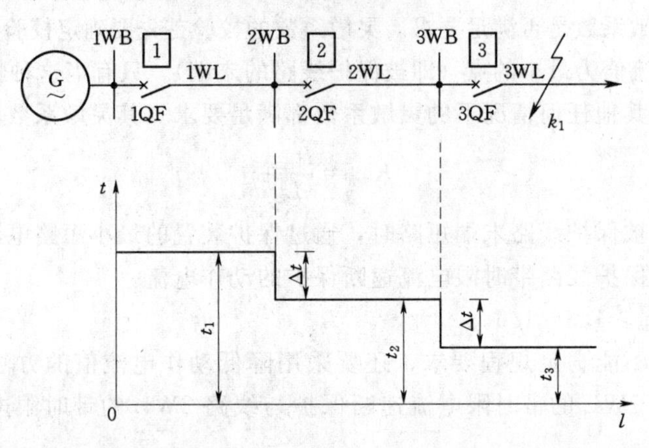

图 6-6　定时限过电流保护的工作原理及动作时限整定计算示意图

过电流保护的工作原理可用图 6-6 所示的单侧电源辐射形电网来说明。过电流保护装置 1、2、3 分别装设在线路 1WL、2WL、3WL 靠电源的一侧。当线路 3WL 上 k_1 点发生短路时，短路电流 I_k 将流过保护装置 1、2、3，一般 I_k 均大于保护装置 1、2、3 的动作电流，所以，三套保护装置将同时起动，但根据选择性的要求，应该由距离故障点最近的保护 3 动作，使断路器 3QF 跳闸，切除故障，而保护 1、2 则在故障切除后立即返回，这个要求只有依靠各保护装置具有不同的动作时限来保证。用 t_1、t_2、t_3 分别表示保护装置 1、2、3 的动作时限，动作时限必须满足如下条件：

$$t_1^{\mathrm{III}} > t_2^{\mathrm{III}} > t_3^{\mathrm{III}}$$

写成等式

$$t_1^{\mathrm{III}} = t_2^{\mathrm{III}} + \Delta t$$

$$t_2^{\mathrm{III}} = t_3^{\mathrm{III}} + \Delta t$$

图 6-6 示出了各保护装置的动作时限特性，由图可知，各保护装置动作时限的大小是从用户侧向电源侧逐级增加的，越靠近电源，过电流保护动作时限越长，其形状好比一个阶梯，故称为阶梯形时限特性。由于各保护装置动作时限都是分别固定的，与短路电流的大小无关，故这种保护称为定时限过电流保护。

6.3.2　动作电流的整定

定时限过电流保护动作电流值整定的出发点是：只有在被保护线路上故障时，它才起动，而在正常运行（输送最大负荷电流和外部故障切除后电动机自起动）时，不应该动作。因此，动作电流按下面两个条件整定。

(1) 为了使定时限过电流保护在正常运行时不动作，保护装置的动作电流 I_{op}^{III} 应大于该线路上可能出现的最大负荷电流 $K_{ss}I_{L.max}$，即

$$I_{op}^{\mathrm{III}} > K_{ss}I_{L.max} \tag{6-14}$$

式中　K_{ss}——电动机自起动时线路电流增大的自起动系数，可根据计算、试验或实际运行数据确定。其值大于 1，一般取 1.5～3；

$I_{L.max}$——不考虑电动机自起动时，线路输送的最大负荷电流。

（2）为了使过电流保护在外部故障切除后能可靠的返回，保护装置的返回电流应大于线路上可能出现的最大负荷电流 $K_{ss}I_{L.max}$，即

$$I_{re}^{Ⅲ}>K_{ss}I_{L.max} \tag{6-15}$$

式中　$I_{re}^{Ⅲ}$——过电流保护装置的返回电流。

这个条件可用图6-7所示电网加以说明。图中 k 点短路对保护1来说是外部故障，当 k 点短路时，保护1、2均起动，由于保护2动作时限短，借助于2QF有选择地将故障切除。故障切除后，母线2WB电压恢复过程中电动机的自起动，使电流由故障电流减小为 $K_{ss}I_{L.max}$，这时已经起动的保护1也应立即返回。如果保护1在这种情况下不能返回，那么，达到其动作时限后，断路器1QF将跳开，造成事故范围扩大，显然这是不允许的。

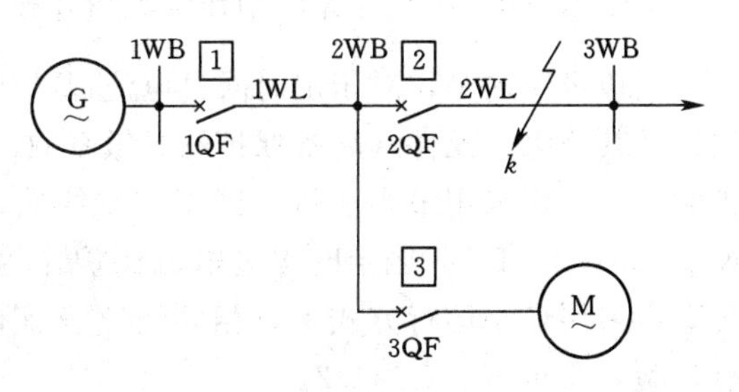

图6-7　定时限过电流保护动作电流整定计算示意图

由于过电流继电器的返回电流总是小于动作电流，所以满足式（6-15）就必然满足式（6-14），因此，保护的动作电流由式（6-15）决定。将式（6-15）写成等式，即

$$I_{re}^{Ⅲ}=K_{rel}K_{ss}I_{L.max}$$

式中　K_{rel}——可靠系数，考虑电流继电器整定误差及负荷电流计算不准确等因素的影响而引入的，一般取1.15～1.25。

由于

$$K_{re}=\frac{I_{re.r}}{I_{op.r}}=\frac{I_{re}^{Ⅲ}}{I_{op}^{Ⅲ}}$$

故定时限过电流保护的动作电流为

$$I_{op}^{Ⅲ}=\frac{I_{re}^{Ⅲ}}{K_{re}}=\frac{K_{rel}K_{ss}}{K_{re}}I_{L.max} \tag{6-16}$$

式中　K_{re}——电流继电器的返回系数，一般取0.85。

从式（6-16）可看出，K_{re}越小，则 $I_{op}^{Ⅲ}$就越大，这将使保护的灵敏度降低，这是不利的，故要求电流继电器的返回系数不能过低。

应当指出，在动作电流整定计算中，如何确定最大负荷电流是一个重要问题。所谓最大负荷电流是指在负荷状态下流过保护装置的最大电流。因此，在确定最大负荷电流时除考虑负荷本身应处于最大值外，还要考虑电网接线方式变化时，流过被保护线路的实际电流增大的情况。在如图6-8（a）所示的双回线路运行时，应考虑其中一回线路因故障断开后，余下的一回线路将流过全部的负荷电流的情况。又如图6-8（b）所示的具有备用电源自投入装置（AAT）的电网中，当线路1WL因故障断开

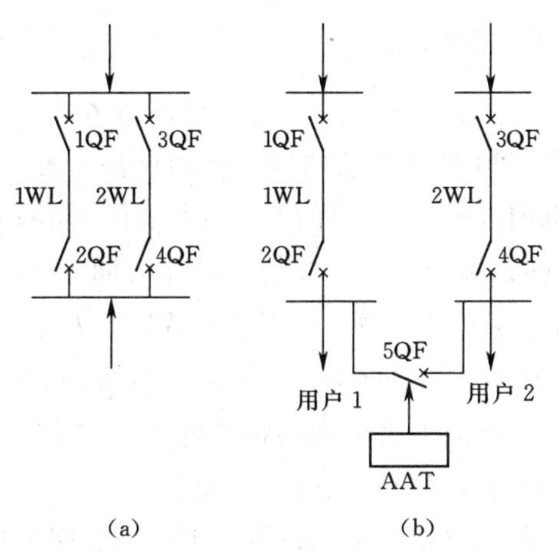

图6-8　最大负荷电流的确定

后，应考虑断路器5QF由AAT自动投入，线路2WL因用户1的全部负荷转入而使负荷电流增大的情况。

6.3.3 灵敏系数的校验

由公式（6-16）计算出动作电流后，按公式 $K_{sen}=\frac{I_{k.min}}{I_{op}^{Ⅲ}}$ 进行灵敏系数的校验。

应该说明的是，对于定时限过电流保护应分别校验作本线路近后备保护和作相邻下一线路及其他电气元件远后备保护的灵敏系数。当过电流保护作为本线路主保护的近后备保护时，$I_{k.min}$ 应采用最小运行方式下，本线路末端两相短路的短路电流来进行校验，要求 $K_{sen(L)}>1.3\sim1.5$；当定时限过电流保护作为相邻线路及其他电气元件的远后备保护时，$I_{k.min}$ 应采用最小运行方式下，相邻线路及其他电气元件末端两相短路时的短路电流来进行校验，要求 $K_{sen(R)}>1.2$。

6.3.4 动作时限的整定

为了保证选择性，过电流保护的动作时限按阶梯原则进行整定，这个原则是从用户侧到电源侧的各保护装置的动作时限逐级增加一个 Δt。

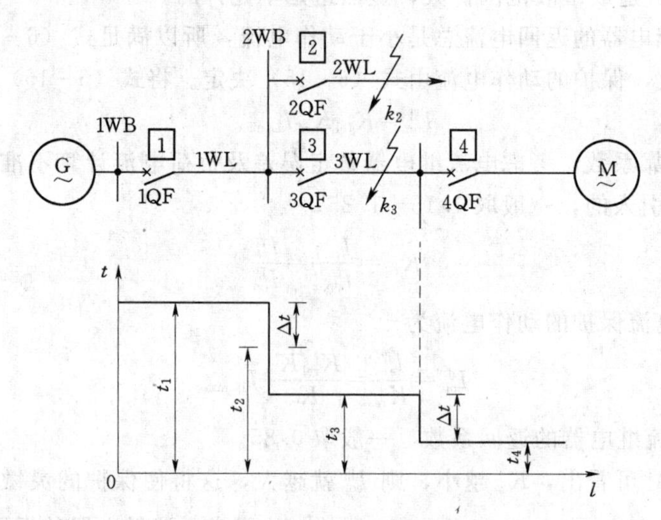

图6-9 定时限过电流保护动作时限配合示意图

如图6-9为定时限过电流保护装置动作时限整定配合示意图，动作时限的整定从离电源最远的电气元件的保护开始，也就是说，从位于电网最末端的电动机的保护4开始。由于电动机是电网中最末端的电气元件，当电动机内部故障时，保护4瞬时动作，切除故障，所以 t_4 即为电动机过电流保护的固有动作时间，即 $t_4=0$s。保护3动作时间 t_3 应该比 t_4 大一个时限级差 Δt，即 $t_4+\Delta t=0.5$s。而对于保护1来说，当线路2WL上 k_2 点短路时，有短路电流通过保护1、2，保护1要和保护2配合，即 $t_1=t_2+\Delta t$，当线路3WL上 k_3 点短路时，有短路电流通过保护1、3，这样，保护1又要和保护3配合，即 $t_1=t_3+\Delta t$，根据选择性的要求，保护1要与保护2、3中动作时限最大的一个配合。

从上面的分析可得出：任一过电流保护动作时限的整定，应选择得比下一级线路保护的动作时限至少高出一个 Δt，只有这样才能充分保证保护动作的选择性。

6.3.5 保护装置接线图

定时限过电流保护的单相原理接线图与图 6-5 所示的带时限电流速断保护的单相原理图相同。

6.4 电流保护的接线方式

6.4.1 电流保护的接线方式

6.4.1.1 三相三继电器完全星形接线

三相三继电器完全星形接线如图 6-10 所示，将三相电流互感器的二次绕组与三个电流继电器的线圈分别按相连接，三相电流互感器的二次绕组和电流互感器的线圈均接成完全星形，每一继电器线圈流过相应电流互感器的二次相电流，中性线上流过的电流为$\dot{I}_a+\dot{I}_b+\dot{I}_c$。三个电流继电器的触点并联连接，构成“或”门电路。这种接线方式不仅能反应各种相间短路，还能反应中性点直接接地电网的单相接地短路。

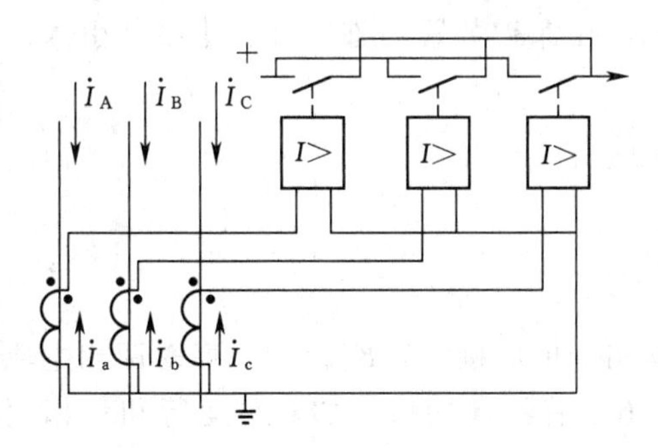

图 6-10 三相三继电器完全星形接线

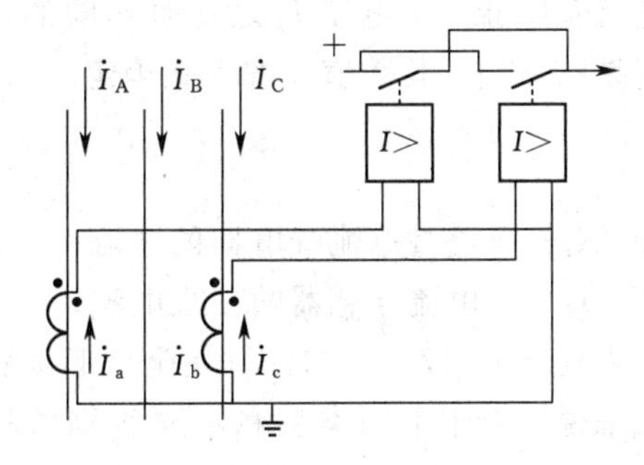

图 6-11 两相两继电器不完全星形接线

6.4.1.2 两相两继电器不完全星形接线

两相两继电器不完全星形接线如图 6-11 所示，将两个电流继电器的线圈和装设在 A、C 两相上的两台电流互感器的二次绕组分别按相连接，它与三相三继电器完全星形接线的区别仅在于 B 相上不装设电流互感器和相应的电流继电器。因此它不能反映 B 相中流过的电流，每一继电器线圈中流过的电流是相应电流互感器的二次相电流，中性线上流过的电流为$\dot{I}_a+\dot{I}_c$。这种接线方式，由于两个电流继电器触点并联，能反应各种相间短路。

6.4.1.3 两相一继电器电流差接线

两相一继电器电流差接线如图 6-12 所示，由两个分别装在 A、C 相上的电流互感器的二次绕组接成相电流差，然后接人一个电流继电器线圈的接线。通过电流继电器的电流为两相电流之差，即$\dot{I}_r=\dot{I}_a-\dot{I}_c$。在正常运行和三相短路情况下，电流相量图如图 6-13（a）所示，$I_r=\sqrt{3}I_a=\sqrt{3}I_c$；在 A、C 两相短路时，电流相量图如图 6-13（b）所示，$I_r=2I_a$；在 A、B 两相短路时，电流相量图如图 6-13（c）所示，$I_r=I_a$，同理 B、C 两相短路时 $I_r=I_c$。

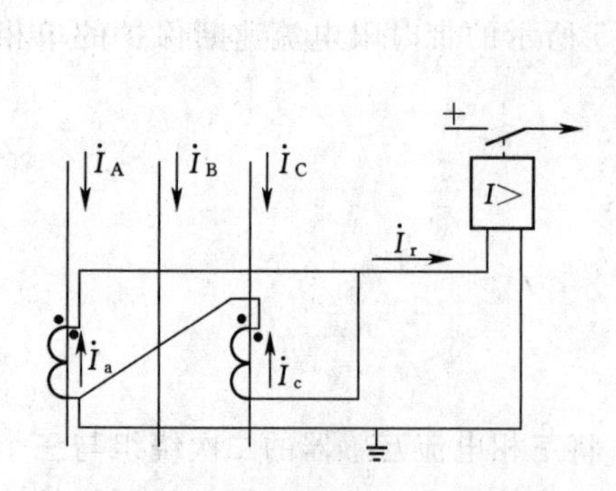

图 6－12　两相一继电器电流差接线

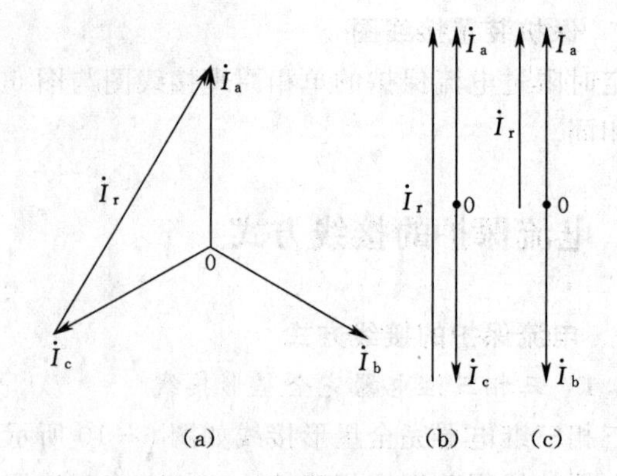

图 6－13　两相一继电器电流差接线的电流相量图

(a) 正常运行和三相短路时；(b) A、C 两相短路时；(c) A、B 两相短路时

由前面的分析可看出，在不同的短路类型和短路相别情况下通过电流继电器的电流 I_r 与电流互感器二次电流 I_2 之比是不同的。因此，在保护装置的整定计算中必须引入一个接线系数 K_{con}，其数值可按下式确定

$$K_{con}=\frac{I_r}{I_2} \tag{6-17}$$

式中　I_r——流过电流继电器的电流；

I_2——电流互感器的二次电流。

由式（6－17）可知，对完全星形接线和不完全星形接线，$K_{con}=1$。而对两相电流差方式来说，对于不同类型和不同相别的故障，K_{con} 有不同的值。如对称运行和三相短路时，$K_{con}=\sqrt{3}$；A、C 两相短路时，$K_{con}=2$；A、B 或 B、C 两相短路时，$K_{con}=1$。故两相一继电器电流差接线方式，虽然可以反应各种相间短路，但是它在不同类型和不同相别的故障时其灵敏系数是不一样的。

6.4.2　各种接线方式的工作性能

上述三种接线方式都能反应各种相间短路。因此，在这里主要是分析它们在某些特殊情况下，保护装置的工作性能。

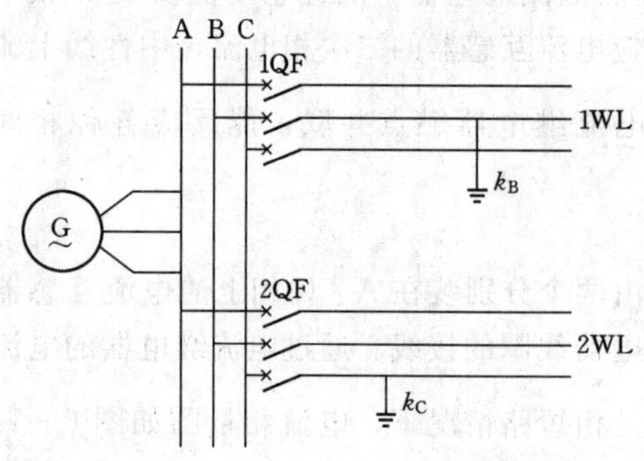

图 6－14　并联线路上的不同线路不同相两点接地

6.4.2.1　中性点非直接接地电网中的两点接地短路

在中性点非直接接地电网，发生单相接地故障时，由于不构成短路，所以可继续运行一段时间。故在这种电网中，在不同线路不同相别的两点同时发生接地而形成两点接地短路时，希望只切除一个接地点，以提高供电的可靠性。

对于并联接线的电网，如图 6－14 所示，当线路 1WL 的 B 相和线路 2WL 的 C 相同时

发生两点接地，并且两线路保护的动作时间相等时，采用三相三继电器完全星形接线方式时，两条线路1WL、2WL将同时被切除，与只切除一个接地点的要求不相符合，不满足供电可靠性的要求。因此，三相三继电器完全星形接线不适合中性点非直接接地电网。

如果采用两相两继电器不完全星形接线方式，各线路上的电流互感器和相应的保护装置都装在同名相A、C相上时，见图6-15（a)，由于线路2WL的C相有保护，线路2WL被切除；而线路1WL的B相无保护，则线路1WL可继续运行。对于各种故障相别可能的六种不同组合来说，采用两相两继电器不完全星形接线方式有2/3的机会只切除一条线路，有1/3的机会切除两条线路，详见表6-1。

表6-1　电流互感器装在同名相上，不同地点两点接地时，保护动作情况

线路1WL接地相别	A	A	B	B	C	C
线路2WL接地相别	B	C	A	C	A	B
线路1WL保护动作情况	动作	动作	不动作	不动作	动作	动作
线路2WL保护动作情况	不动作	动作	动作	动作	动作	不动作
停电线路数目	1	2	1	1	2	1

如果采用电流互感器不装在同名相上的两相两继电器不完全星形接线方式，见图6-15（b)，如线路1WL的电流互感器装在A、C相上，线路2WL的电流互感器装在A、B相上。对于各种故障相别可能的六种不同组合来说，只有1/3的机会切除一条线路，有1/2机会切除两条线路，而有1/6机会两套保护都不动作，这是不允许的，见表6-2。因此，对系统中同一电压母线上各线路的电流互感器要接在同名相上，习惯上规定为A、C相。

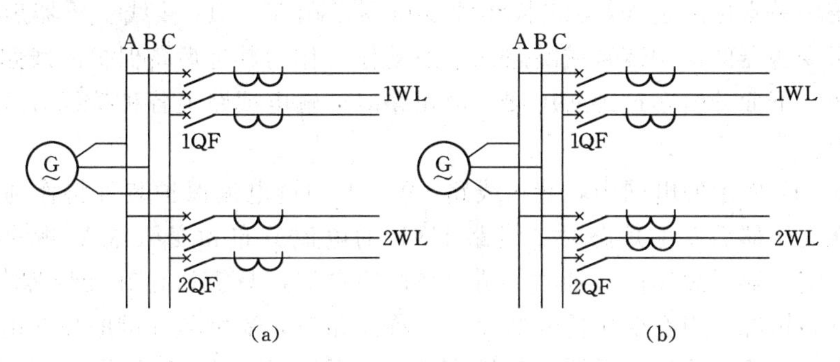

图6-15　电流互感器接在不同相别比较示意图
(a) 电流互感器接在同名相上；(b) 电流互感器不接在同名相上

表6-2　电流互感器不装在同名相上，不同地点两点接地时，保护动作情况

线路1WL接地相别	A	A	B	B	C	C
线路2WL接地相别	B	C	A	C	A	B
线路1WL保护动作情况	动作	动作	不动作	不动作	动作	动作
线路2WL保护动作情况	动作	不动作	动作	不动作	动作	动作
停电线路数目	2	1	1	0	2	2

在串联接线电网中，如图 6－16 所示，如果采用两相两继电器不完全星形接线，且电流互感器装在同名相上，当发生不同线路不同相别两点接地时，各保护动作情况与表 6－1 相同。此时，希望只切除距离电源较远的线路 2WL，而不切除线路 1WL，以保证变电所Ⅱ的连续供电。但由于线路 1WL 保护动作时间 t_1 大于线路 2WL 保护动作时间 t_2，故只能保证有 2/3 机会切除后一条线路 2WL，有 1/3 机会无选择性地切除线路 1WL，从而扩大了停电范围。如果采用三相三继电器完全星形接线，由于两保护之间在整定值和时限上都按选择性要求配合整定，因此能 100％保证只切除线路 2WL。

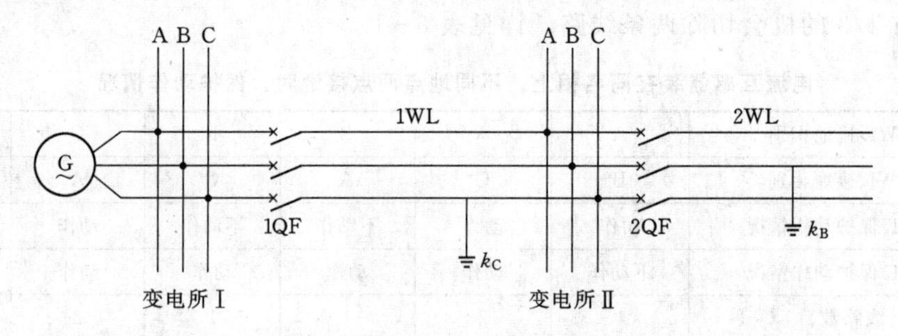

图 6－16　串联线路上的两点接地分析示意图

由上面的分析可知，在中性点非直接接地电网中，采用三相三继电器完全星形接线方式和两相两继电器不完全星形接线方式，对上述串、并联线路各有优缺点，但考虑到两相两继电器不完全星形接线方式节省设备和并联线路上不同线路不同相两点接地的几率较高，通常在这种网络中规定采用两相两继电器不完全星形接线。

6.4.2.2　Y，d11 接线变压器后面的两相短路

电力系统中最常用的是 Y，d11 接线的变压器，在 Y，d11 接线变压器后面发生两相短路时，如果变压器的保护装置或断路器拒绝动作，作为其远后备保护的线路过电流保护装置应该动作。下面分析在这种变压器后面短路时，输电线路上各种接线方式的过电流保护的工作情况。

在如图 6－17 所示的电网中，装在线路 1WL 上的过电流保护装置将作为变压器的远后备保护，在变压器后发生短路时，线路 1WL 的电流分布和变压器 Y 侧的电流分布相同，故要讨论变压器后短路时，通过线路 1WL 的电流，只需讨论在变压器 d 侧短路时，Y 侧的电流分布情况。当在变压器 d 侧发生对称短路时，Y 侧与 d 侧的短路电流相同，这里不讨论。下面主要讨论在变压器 d 侧发生 A、B 两相短路时，Y 侧短路电流的分布。即已知变压器 d 侧 A、B 两相短路时的短路电流 $I_{a.d}$、$I_{b.d}$ 求变压器 Y 侧的短路电流 $I_{A.Y}$、$I_{B.Y}$、$I_{C.Y}$。

为了简化问题的讨论，假设变压器的变比 $K_T=1$，且故障前是空载。当变压器 d 侧 A、B 两相短路时，C 相为非故障相，短路电流为零，即 $\dot{I}_{c.d}=0$，根据序分量短路边界条件可知 $\dot{I}_{c1}+\dot{I}_{c2}=0$，即 $\dot{I}_{c1}=-\dot{I}_{c2}$，这样就可以作出变压器 d 侧各序电流的相量图，如图 6－17（c）所示。对于正序电流来说，变压器 Y 侧电流滞后 d 侧电流 30°；而对负序电流来说，变压器 Y 侧电流超前 d 侧电流 30°，经过 Y，d11 转换后，得到变压器 Y 侧各序电流相量图，如图 6－17（d）所示。如果 d 侧短路电流大小等于 1，则 Y 侧 A 相和 C 短路

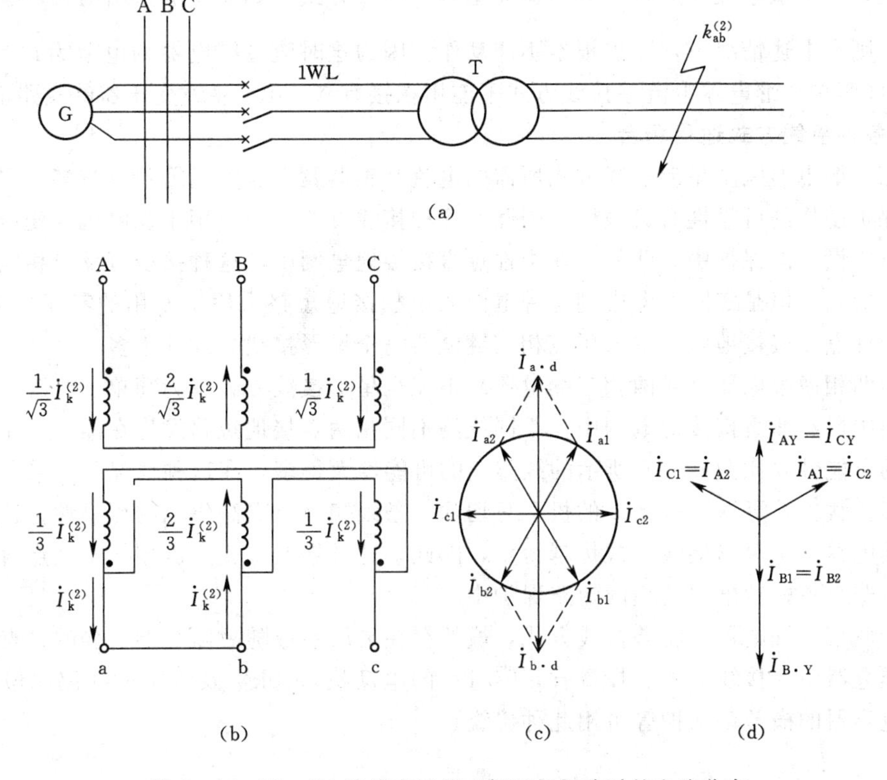

图 6-17 Y，d11 接线变压器 d 侧两相短路时的电流分布

(a) 电网图；(b) 电流分布图；(c) d 侧各序电流相量图；(d) Y 侧各序电流相量图

电流为 $1/\sqrt{3}$，只有 B 相短路电流为 $2/\sqrt{3}$。d 侧只有短路相有短路电流，Y 侧三相都有短路电流，最大短路电流出在短路的滞后相 B 相。

从上面的分析可看出，当 Y，d11 接线变压器 d 侧发生两相短路时，Y 侧有一相短路电流等于其他两相短路电流的两倍，并且这一相短路电流的方向与其他两相的短路电流方向相反。所以，若电流保护采用三相三继电器完全星形接线，总有一个继电器流过最大相的短路电流，保护装置的灵敏系数较高，可按最大相的短路电流来校验灵敏系数；如果采用两相两继电器不完全星形接线，由于 B 相未装电流互感器，只能由 A、C 两相保护来反应，而这两相电流刚好是 B 相电流的一半时，保护装置的灵敏系数也将降低一半。为了克服两相两继电器不完全星形接线的这一缺点，可在两相两继电器接线的中性线上再加一个继电器，如图 6-18 所示，该继电器中的电流为 $\dot{I}_r=\dot{I}_a+\dot{I}_c=-\dot{I}_b$，反应 B 相电流，这样，对 Y，d11 接线的变压器后两相

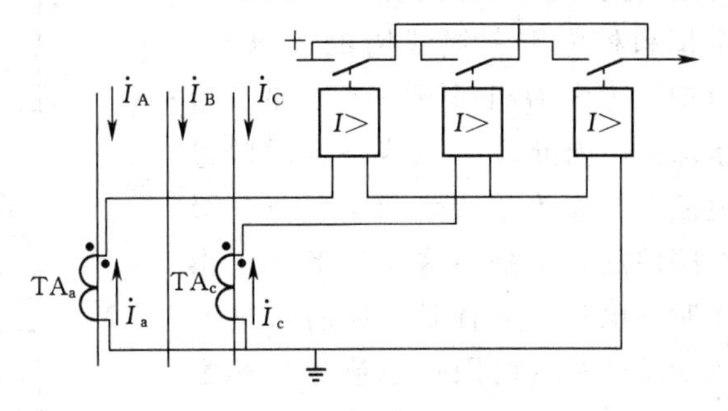

图 6-18 两相三继电器不完全星形接线

短路来说，其灵敏系数同三相三继电器完全星形接线方式。如果保护采用两相一继电器流差接线，则在上述情况下，保护根本不能动作。因为这时流过继电器的电流为 $\dot{I}_{r}=\dot{I}_{a}-\dot{I}_{c}=0$，所以两相一继电器电流差接线方式不能用在接有 Y，d11 接线变压器的线路上。

6.4.3　各种接线方式适用场合

三相三继电器完全星形接线方式所需的电流互感器及电流继电器数目较多，但是它可以提高保护动作的可靠性和灵敏性。因此，这种接线方式广泛应用于发电机、变压器等大型贵重电气设备的保护中。此外，在中性点直接接地电网中，这种接线可反应相间短路和单相接地短路。但是实际上考虑到这种电网的单相接地短路采用了专用的零序电流保护，因而在中性点直接接地电网中采用三相三继电器完全星形接线方式并不多。

由于两相两继电器（或两相三继电器）不完全星形接线方式较为简单、经济，并且分布很广的中性点非直接接地电网中，不同线路不同相两点接地短路发生在图 6－14 所示的线路上的可能性要比图 6－16 所示的线路上的可能性大得多，在这种情况下，采用两相不完全星形接线方式可保证有 2/3 的机会只切除一条线路，以提高供电的可靠性，这一点比三相三继电器完全星形接线方式优越得多，因此，这种接线方式广泛用于中性点直接接地和中性点非直接接地电网的相间短路保护中。

对于两相一继电器电流差接线方式，虽然存在灵敏系数随故障类型而变的缺点，但它所用的继电器少，接线简单、投资省，容量小的电动机、10kV 及以下的线路的电流保护和并联电容器的横差动保护等可用此种接线。

6.5　阶段式电流保护

6.5.1　阶段式电流保护的构成

前面介绍的无时限电流速断保护只能保护线路首端的一部分，带时限电流保护虽然能保护本线路的全长和相邻下一级线路的一部分，但却不能作为相邻下一级线路的后备保护，因此还必须装设定时限过电流保护作为本线路和相邻下一级线路的后备保护。这样就形成了由无时限电流速断保护、带时限电流速断保护和定时限过电流保护相配合的一整套保护，称为阶段式电流保护。由第Ⅰ、Ⅱ段保护共同构成输电线路的主保护，第Ⅲ段保护既作本线路第Ⅰ、Ⅱ段保护的近后备保护，也作为相邻下一级线路及其

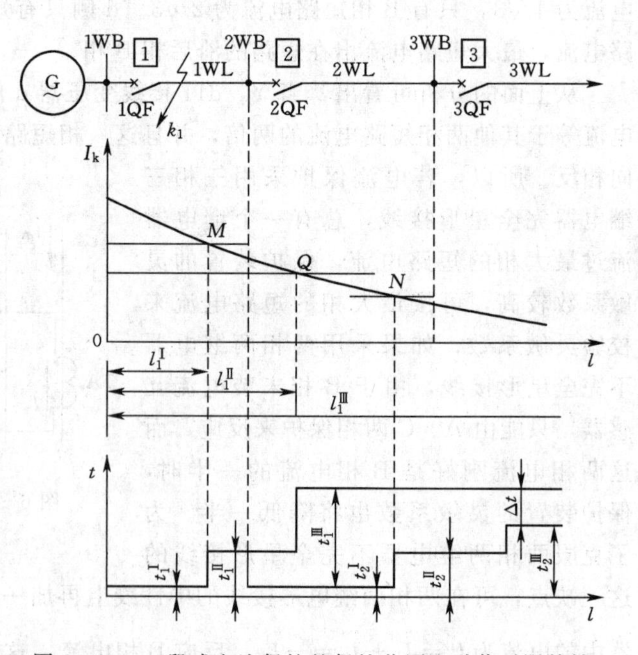

图 6－19　三段式电流保护的保护范围和动作时限特性

他电气元件的远后备保护。阶段式电流保护能快速地、可靠地切除输电线路的相间短路故障。

图 6-19 绘出了三段式电流保护各段保护动作电流、保护范围及动作时限配合情况。必须指出，输电线路上并不一定都要装设三段式电流保护。根据具体情况，有时只需装设其中两段（如Ⅰ、Ⅲ段或Ⅱ、Ⅲ段）就可以了。例如线路一变压器组接线，可不装设Ⅱ段，又如在很短的线路上，只需装设Ⅱ段和Ⅲ段，在电网末端线路上，只需装设Ⅲ段，越靠近电源侧，保护应该越完整，一般需装设三段式电流保护。

6.5.2 三段式电流保护装置接线图

6.5.2.1 三段式电流保护原理框图

三段式电流保护原理框图如图 6-20 所示，保护采用两相不完全星形接线方式。

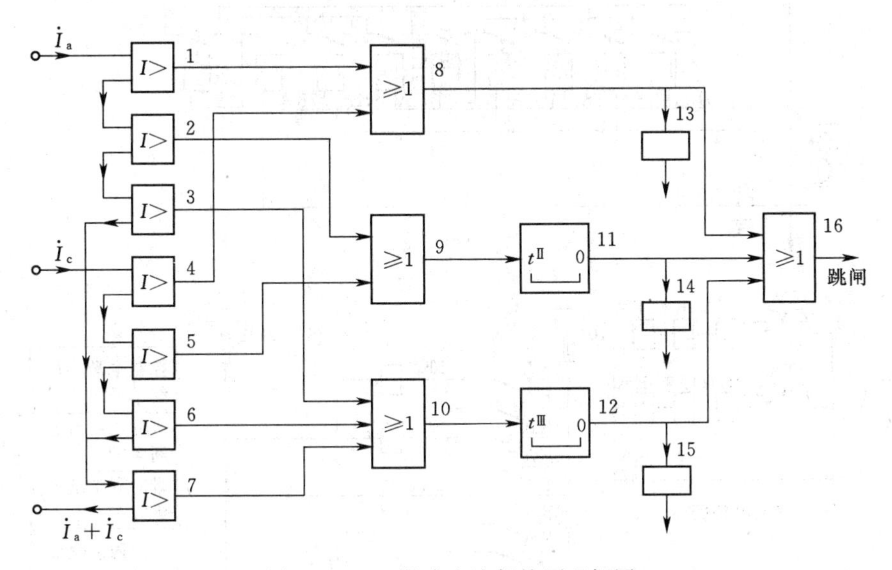

图 6-20 三段式电流保护原理框图

1、4—电流保护第Ⅰ段测量元件；2、5—电流保护第Ⅱ段测量元件；3、6、7—电流保护第Ⅲ段测量元件；8、9、10—或门逻辑元件；11、12—电流保护Ⅱ、Ⅲ段的延时元件；13、14、15—电流保护Ⅰ、Ⅱ、Ⅲ段的信号元件；16—出口元件。

其动作过程是：在图 6-19 所示电网中线路 1WL 上 k_1 点（即第Ⅰ段保护范围内）发生 A、B 两相短路时，测量元件 1、2、3、7 都将动作，其中测量元件 1 经或门 8 直接起动出口元件 16 和信号元件 13，并使断路器跳闸，切除故障。虽然测量元件 2 经或门元件 9 起动了延时元件 11，测量元件 3、7 经或门 10 起动了延时元件 12，但因故障切除后，故障电流已消失，测量元件 2、3、7 和延时未到的延时元件 11、12，出口元件 16 将返回。电流保护第Ⅱ、Ⅲ段不会再输出跳闸信号。

6.5.2.2 三段式电流保护原理接线图

三段式电流保护原理接线图如图 6-21 所示。保护采用两相不完全星形接线方式。

1. 原理图

图 6-21（a）是三段式电流保护装置的原理图。第Ⅰ段无时限电流速断保护由 1KA、

2KA、1KS继电器和保护出口中间继电器KCO构成。第Ⅱ段带时限电流速断保护由3KA、4KA、1KT、2KS和KCO继电器构成。第Ⅲ段定时限过电流保护由5KA、6KA、7KA、2KT、3KS和KCO继电器构成。7KA接在A、C两相电流之和上（即两相三继电器不完全星形接线），是为了在Y，d11接线的变压器后发生两相短路时提高过电流保护的灵敏系数。当任何一段保护动作时，相应的信号继电器动作，发出声、光信号以及就地掉牌信号，从而知道哪一段保护已经动作，以便分析故障的大致范围。

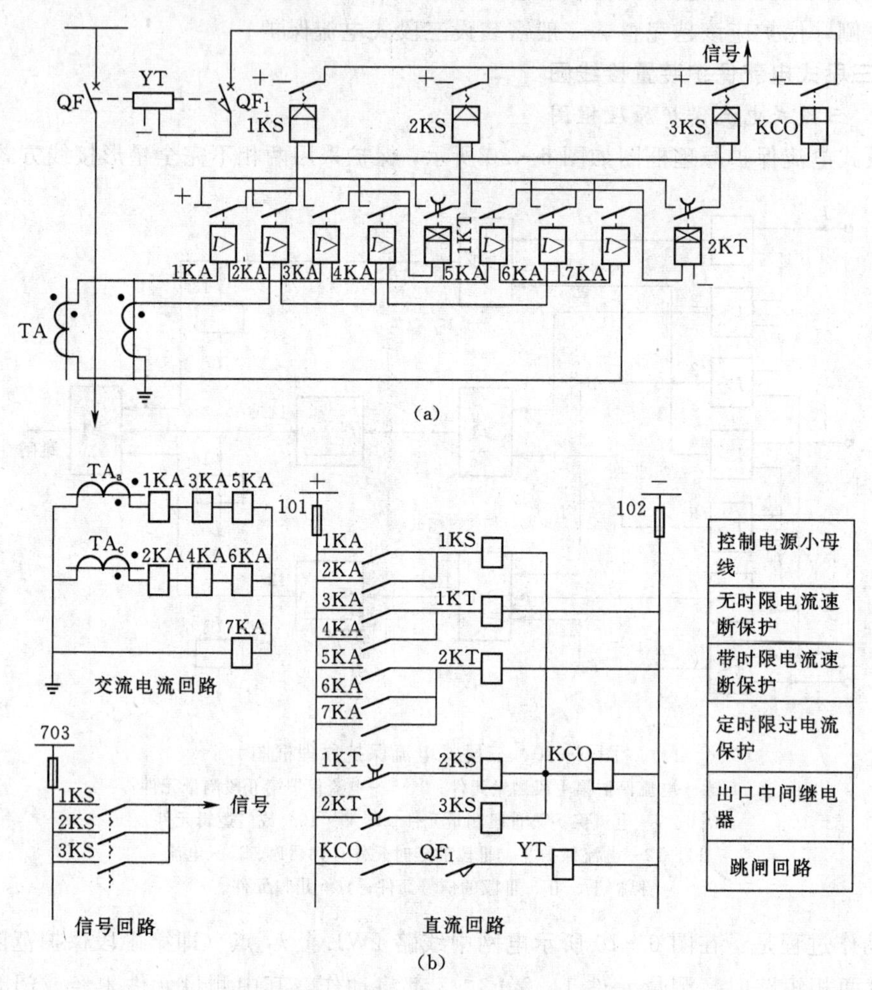

图6-21　三段式电流保护原理接线图

(a) 原理图；(b) 展开图

2. 展开图

图6-21 (b) 为三段式电流保护的展开图。展开图是在原理图的基础上作出的，它是原理图的另一种表示形式。在展开图中，把保护装置接线中的交流电流回路、交流电压回路、直流回路和信号回路分别绘制。同一继电器的不同部件（如线圈和触点），分别画在它们所属的不同回路中，属于同一继电器的全部部件标注同一标号，以便在不同回路中查找。展开图看起来没有原理图那样形象，但它清楚地表明了保护装置的动作过程，阅

读、绘制都比较方便，便于查找接线中的错误，便于调试，尤其用在复杂的保护装置中，要比原理图优越得多。因此，展开图在生产中得到广泛应用。

6.5.3 三段式电流保护整定计算举例

【例 6-1】 在图 6-22 所示的 35kV 单侧电源辐射形电网中，线路 1WL 和 2WL 均考虑装设三段式电流保护。已知线路 1WL 长 20km，线路 2WL 长 55km，均为架空线路，线路的正序电抗为 0.4Ω/km。系统的等值电抗为：最大运行方式时 $X_{s.min}=5.5\Omega$，最小运行方式时 $X_{s.min}=7.5\Omega$。线路 1WL 的最大负荷电流为 150A，负荷的自起动系数为 1.5。线路 2WL 的过电流保护的动作时限为 2s。各短路点短路电流的计算以 37kV 为基准，最大运行方式下，$I^{(3)}_{k2.max}=1585.4A$，$I^{(3)}_{k3.max}=602.3A$；最小运行方式下，$I^{(3)}_{k2.min}=1375.7A$，$I^{(3)}_{k3.min}=569.3A$。

试计算线路 1WL 三段式电流保护的动作电流、动作时限，并校验保护的灵敏系数。

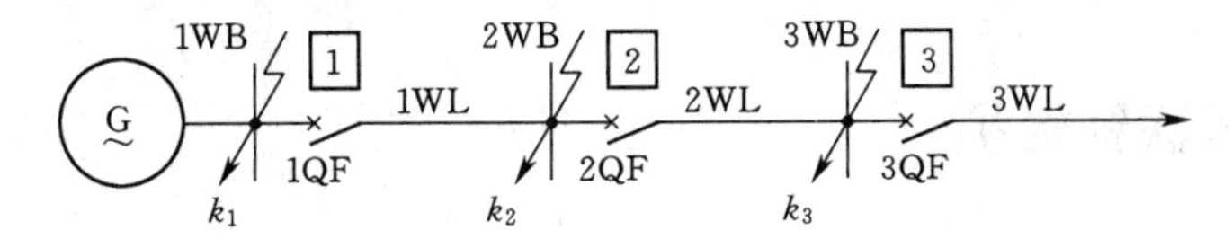

图 6-22 三段式电流保护整定计算举例图

解：(1) 第Ⅰ段无时限电流速断保护

动作电流按躲过线路 1WL 末端 K_2 点短路时的最大短路电流整定，即

$$I^{\mathrm{I}}_{op.1}=K_{rel}I^{(3)}_{k2.max}=1.3\times1585.4=2061(\mathrm{A})$$

动作时限为 $t^{\mathrm{I}}_1\approx0s$

保护范围为

$$l_{max}=\frac{1}{X_1}\left(\frac{E_s}{I^{I}_{op.1}}-X_{s.min}\right)=\frac{1}{0.4}\times\left(\frac{3700/\sqrt{3}}{2061}-5.5\right)=12.2(\mathrm{km})$$

$$\frac{l_{max}}{l_1}\times100\%=\frac{12.2}{20}\times100\%=61\%>50\%$$

$$l_{min}=\frac{1}{X_1}\left(\frac{\sqrt{3}}{2}\times\frac{E_s}{I^{I}_{op.1}}-X_{s.max}\right)=\frac{1}{0.4}\times\left(\frac{\sqrt{3}}{2}\times\frac{3700/\sqrt{3}}{2061}-7.5\right)=3.7(\mathrm{km})$$

$$\frac{l_{min}}{l_1}\times100\%=\frac{3.7}{20}\times100\%=18.5\%>15\%$$

(2) 第Ⅱ段带时限电流速断保护。

首先算出线路 2WL 的第Ⅰ段的动作电流，$I^{\mathrm{I}}_{op.2}$ 按躲过线路 2WL 末端 k_3 点短路时的最大短路电流整定，即

$$I^{\mathrm{I}}_{op.2}=K_{rel}I^{(3)}_{k3.max}=1.3\times602.3=783(\mathrm{A})$$

线路 1WL 的第Ⅱ段动作电流为

$$I^{\mathrm{II}}_{op.1}=K_{rel}I^{\mathrm{I}}_{op.2}=1.1\times783=861.3(\mathrm{A})$$

动作时限为 $$t^{\mathrm{II}}_1=t^{\mathrm{I}}_2+\Delta t=0.5(\mathrm{s})$$

灵敏系数按线路 1WL 末端 k_2 点短路来校验。

$$K_{sen}=\frac{I_{k2.max}}{I^{\mathrm{II}}_{op.1}}=\frac{\frac{\sqrt{3}}{2}I^{(3)}_{k2.min}}{I^{\mathrm{II}}_{op.1}}=\frac{\frac{\sqrt{3}}{2}\times1375.7}{861.3}=1.4>1.3$$

(3) 第Ⅲ段定时限过电流保护。

动作电流为　$I_{op.1}^{Ⅲ}=\frac{K_{rel}K_{ss}}{K_{re}}I_{l.max}=\frac{1.2\times1.5}{0.85}\times150=317.6\ (A)$

动作时限为　$t_1^{Ⅲ}=t_2^{Ⅲ}+\Delta t=2+0.5=2.5\ (s)$

作近后备保护时，灵敏系数按线路1WL末端k_2点短路来校验。

$$K_{sen(L)}=\frac{I_{k2.max}}{I_{op.1}^{Ⅱ}}=\frac{\frac{\sqrt{3}}{2}I_{k2.min}^{(3)}}{I_{op.1}^{Ⅱ}}=\frac{\frac{\sqrt{3}}{2}\times1375.7}{317.6}=3.8>1.5$$

作远后备保护时，灵敏系数按线路2WL末端k_3点短路来校验。

$$K_{sen(R)}=\frac{I_{k3.min}}{I_{op.1}^{Ⅱ}}=\frac{\frac{\sqrt{3}}{2}I_{k3.min}^{(3)}}{I_{op.1}^{Ⅱ}}=\frac{\frac{\sqrt{3}}{2}\times596.3}{317.6}=1.6>1.2$$

6.6　电流电压联锁保护

从前面的分析可知，当系统运行方式变化很大时，无时限电流速断保护可能没有保护区，带时限电流速断保护和过电流保护的灵敏系数可能不满足要求。在不增加保护动作时限的前提下，可采取降低保护装置的动作电流来提高保护的灵敏系数。但是，这样做会导致保护范围外部短路时保护误动作，这时可增加一个电压测量元件来保证选择性，构成电流电压联锁保护。

6.6.1　无时限电流电压联锁速断保护

6.6.1.1　原理框图

无时限电流电压联锁速断保护，就是无时限电流速断保护和无时限电压速断保护相互闭锁的一种保护装置。电流电压联锁速断保护的原理框图如图6-23所示，图中1表示低电压测量元件，2表示电流测量元件，3表示与门电路，4表示信号元件。故障时，只有当短路电流大于保护的动作电流$I_{op}^{Ⅰ}$时电流测量元件1有输出，同时保护安装处母线上的残余电压又低于保护的动作电压整定值$U_{op}^{Ⅰ}$时低电压测量元件2有输出，经与门电路3保护才动作于跳闸。

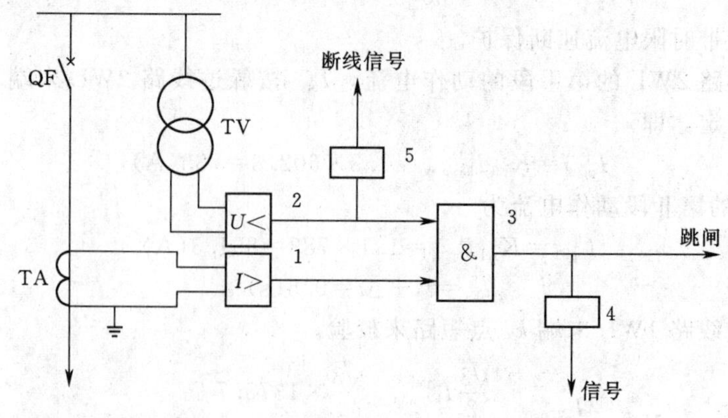

图6-23　无时限电流电压联锁速断保护原理框图

6.6.1.2 整定计算

图 6-24 所示为无时限电流电压联锁速断保护的整定计算示意图。图中线路 1WL 上装设了无时限电流电压联锁速断保护，由于该保护采用了电流元件、电压元件相互闭锁，在外部故障时，只要有一个测量元件不动作，保护就能满足选择性。通常的整定方法是按系统在经常性出现的运行方式（简称正常运行方式）下有较大的保护范围来进行整定计算。

设被保护线路的长度为 l，正常运行方式下的保护范围为 l_1，为了保证选择性，要求 $l_1<l$，写成等式

$$l_1=\frac{l}{K_{rel}}\approx 0.8l \tag{6-18}$$

式中 K_{rel}——可靠系数，取 1.2～1.3。

对应于保护范围 l_1，保护装置的动作电流为

$$I_{op.1}^{I}=\frac{E_s}{X_s+X_1 l_1} \tag{6-19}$$

式中 E_s——系统的等值计算相电势；

X_s——正常运行方式下，系统等值电抗；

X_1——线路单位公里长度的正序电抗。

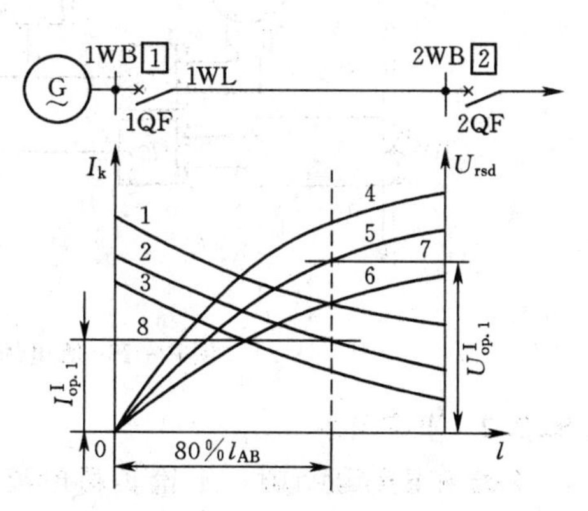

图 6-24 无时限电流电压联锁速断保护整定计算示意图

对应于保护范围 l_1，保护装置的动作电压（通常考虑线电压）为

$$U_{op.1}^{I}=\sqrt{3}I_{op.1}^{I}X_1 l_1 \tag{6-20}$$

从式（6-20）可看出，$U_{op.1}^{I}$ 就是在正常运行方式下，保护范围 l_1 末端三相短路时，保护安装处母线 1WB 上的残余电压。因此，在正常运行方式下，电流元件、电压元件的保护范围是相等的，其保护范围约为被保护线路全长的 80%。

在图 6-24 中，曲线 1、2、3 分别表示在最大、正常、最小运行方式下的短路电流 I_k 随短路距离 l 变化的关系曲线，曲线 4、5、6 分别表示在最大、正常、最小运行方式下保护安装处 A 母线上的残余电压 U_{rsd} 随短路距离 l 变化的关系曲线，直线 7 和 8 分别表示动作电流 $I_{op.1}^{I}$ 和动作电压 $U_{op.1}^{I}$。从图中可以看出，对于无时限电流电压联锁速断保护，在最大运行方式下，电流元件的保护范围会延伸到相邻线路的一部分，而电压元件的保护范围不会超出本线路，此时电压元件起闭锁作用，保证了选择性。在最小运行方式下，电压元件的保护范围也会延伸到相邻线路的一部分，但电流元件的保护范围也不会超出本线路，此时电流元件起闭锁作用，也保证了选择性。

根据规程规定，在各种可能的运行方式下，无时限电流电压联锁速断保护的最小保护范围要不小于被保护线路全长的 15%。

由于无时限电流电压联锁速断保护接线比较复杂，所以只有当无时限电流速断保护不能满足灵敏系数要求时，才考虑采用。

同理，也可以组成带时限电流电压联锁速断保护。由于实际很少采用，故不讨论。

6.6.2 低电压起动的过电流保护

6.6.2.1 原理框图

对于定时限过电流保护，当灵敏系数不满足要求时，必须采取措施提高灵敏系数。提

高灵敏系数最简单的方法也是降低动作电流，并在原有过电流保护的基础上加装低电压起动元件，即构成低电压起动的过电流保护，其原理框图如图6-25所示。

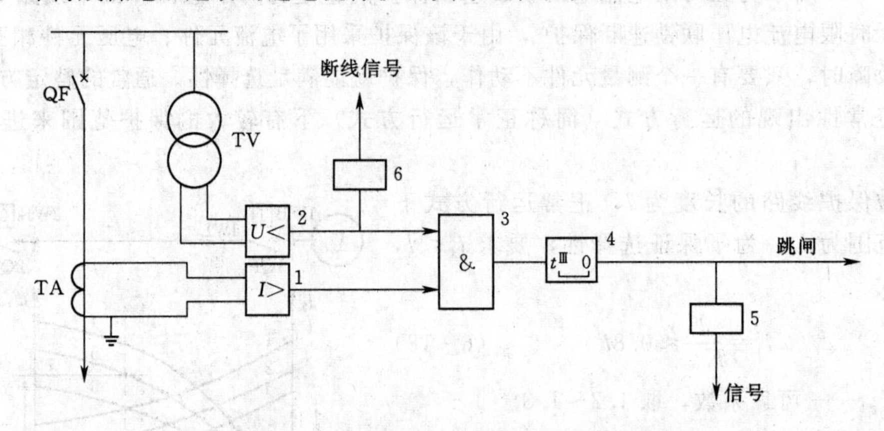

图6-25　低电压起动过电流保护的原理框图

6.6.2.2　整定计算

系统在正常运行时，不论负荷电流多大，母线上的电压都很高，低电压元件不会动作。在此情况下，即使电流元件动作，保护也不会误动作。因此，在计算电流元件动作电流时，可以不按躲过最大负荷电流 $I_{L.max}$，而只需按开正常工作电流来整定，一般用线路的额定电流 $I_{N.L}$来计算，即保护的动作电流为

$$I_{op}=\frac{K_{rel}}{K_{re}}I_{N.L} \tag{6-21}$$

这样就大大地降低了保护装置的动作电流，从而提高了它的灵敏系数。保护的动作电压按躲过最小工作电压来整定，即

$$U_{op}^{Ⅲ}=\frac{K_{re}}{K_{rel}}U_{w.min} \tag{6-22}$$

式中　K_{rel}——低电压元件的可靠系数，取0.9；

K_{re}——低电压元件的返回系数，取1.15；

$U_{w.min}$——保护安装处母线上的最小工作电压，取 $0.9U_N$（U_N 为保护装置所在电网的额定电压）。

将上述数据代入式（6-22），得

$$U_{op}\approx 0.7U_N \tag{6-23}$$

对于过电流元件灵敏系数的校验同定时限过电流保护。低电压元件灵敏系数应按最不利的短路情况下保护安装处相间残余电压最高的情况来校验，即按在最大运行方式下，在保护范围末端短路来校验，即

$$K_{sen}=\frac{U_{op}^{Ⅲ}}{U_{rsd.max}} \tag{6-24}$$

式中　$U_{rsd.max}$——最大运行方式下，保护范围末端短路时，保护安装处的最高残余压（线电压）。

规程规定，电压元件的 $K_{sen(L)}\geqslant 1.3$，$K_{sen(R)}\geqslant 1.2$。

小结

输电线路发生相间短路时，最主要的特征是电源至故障点之间的电流会增大，故障相母线上电压会降低，利用这一特征可构成输电线路相间短路的电流、电压保护。它们主要用于35kV及以下的中性点非直接接地电流电网中单侧电源辐射形线路。对单侧电源辐射形线路上的电流、电压保护采用的测量方式是：以流过被保护线路靠电源一侧的电流来判断故障点的电流，以母线上的电压来反应发生故障后电压的降低。

根据短路时电流增大的特点，可构成无时限电流速断保护、带时限电流速断保护、过电流保护，根据短路时电流增大、电压降低的特点可构成电流电压联锁速断保护。

三段式电流保护由无时限电流速断保护、带时限电流速断保护和定时限过电流保护构成，各段保护的特点见表6-3，表中计算公式均以图6-19中保护1为例。

当电流保护灵敏系数不满足要求时，必须采取措施提高灵敏系数。提高灵敏系数最简单的方法也是降低动作电流，这样做的结果会使保护装置在保护范围外部故障时误动作，故在原有电流保护的基础上加装低电压闭锁元件，即构成电流电压联锁保护。

由电磁式继电器构成的电流、电压保护特别是三段式电流保护广泛应用于35kV及以下的输电线路。

表6-3　　三段式电流保护各段对比表

段别		Ⅰ	Ⅱ	Ⅲ
名称		无时限电流速断保护	带时限电流速断保护	定时限过电流保护
选择性的实现		依靠动作电流的整定值	依靠动作电流的整定值和动作时限的整定值	依靠动作电流的整定值和动作时限的整定值
保护范围		线路1WL首端一部分	(1) 线路1WL的全长； (2) 线路2WL首端一部分	(1) 线路1WL的全长（近后备）； (2) 线路2WL的全长（远后备）
整定方法	条件	按线路1WL末端2WB母线上短路时的最大短路电流整定	(1) 与线路2WL的无时限电流速断保护配合整定； (2) 与线路2WL的带时限电流速断保护配合整定	按流过线路1WL的最大负荷电流整定
	公式	$I_{op.1}^{\mathrm{I}}=K_{rel}I_{k.2wB.max}^{(3)}$	(1) $I_{op.1}^{\mathrm{II}}=K_{rel}I_{op.2}^{\mathrm{I}}$； (2) $I_{op.1}^{\mathrm{II}}=K_{rel}I_{op.2}^{\mathrm{II}}$	$I_{op.1}^{\mathrm{III}}=\frac{K_{rel}}{K_{re}}I_{L.max}$
动作时限		0.04～0.08s（保护装置固有时限），$t_1^{\mathrm{I}}\approx 0s$	(1) Δt； (2) $2\Delta t$	全电网按阶梯原则整定
校验	校验点	实际保护范围末端	线路1WL的末端	(1) 线路1WL的末端（近后备）； (2) 线路2WL的末端（远后备）
	公式	$l_{max}=\frac{1}{X_1}\left(\frac{E_s}{I_{op}}-X_{s.min}\right)$ 要求 $l_{max}\geqslant 50\%l_{AB}$ $l_{min}=\frac{1}{X_1}\left(\frac{\sqrt{3}}{2}\times\frac{E_s}{I_{op}}-X_{s.max}\right)$ 要求 $l_{min}\geqslant(10\%\sim20\%)\ l_{AB}$	$K_{sen}=\frac{I_{k\cdot 2wB.min}^{(2)}}{I_{op.1}^{\mathrm{II}}}\geqslant 1.25$	$K_{sen(L)}=\frac{I_{k\cdot 2wB.min}^{(2)}}{I_{op.1}^{\mathrm{III}}}\geqslant 1.5$ $K_{sen(R)}=\frac{I_{k\cdot 3wB.min}^{(2)}}{I_{op.1}^{\mathrm{III}}}\geqslant 1.2$

习　题

6-1　什么是无时限电流速断保护？它的动作电流如何计算？灵敏系数如何校验？

6-2　无时限电流速断保护为什么要采用带延时的中间继电器？

6-3　画出无时限电流速断保护的原理图、展开图，并说明图中各继电器的作用？

6-4　带时限电流速断保护的动作电流和动作时限应如何选择？灵敏系数如何校验？为什么？

6-5　为什么带时限电流速断保护的可靠系数比无时限电流速断保护的可靠系数取得要小些？

6-6　在计算无时限电流速断保护和带时限电流速断保护的动作电流时，为什么不考虑负荷的自起动系数 K_{ss} 和返回系数 K_{re}？

6-7　在电流保护的整定计算中，使用了各种系数，如可靠系数 K_{rel}、返回系数 K_{re}、自起动系数 K_{ss}、灵敏系数 K_{sen}、接线系数 K_{w} 等，试分别说明它们的意义及作用？

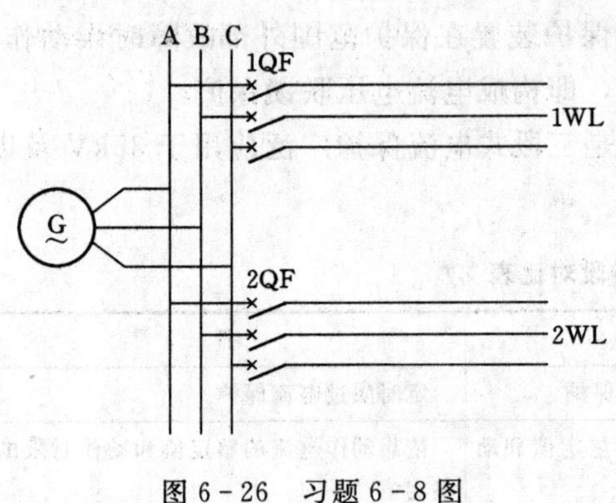

图 6-26　习题 6-8 图

6-8　在图 6-26 所示的中性点不接地电网中，线路 1WL 供电给重要用户，线路 2WL 供电给一般用户，为了保证在不同线路不同相别的两点同时发生一点接地而形成两点接地短路时都不会停止对重要用户的供电，二条线路上的过电流保护要采取什么措施？

6-9　在 Y，d11 接线的变压器 d 侧发生两相短路时，装在 Y 侧的电流保护采用三相三继电器完全星形接线与采用两相两继电器不完全星形接线其灵敏系数为什么不同？为什么采用两相三继电器不完全星形接线就可以使它的灵敏系数与采用三相三继电器完全星形接线相同？

6-10　在图 6-27 所示网络中，如果 C 相电流互感器二次极性接线错误，试分析在发生三相短路及 A、C 两相短路时，流过各继电器中的电流为多少？如果 C 相电流互感器二次极性接线正确，中性线断了，会有什么后果？

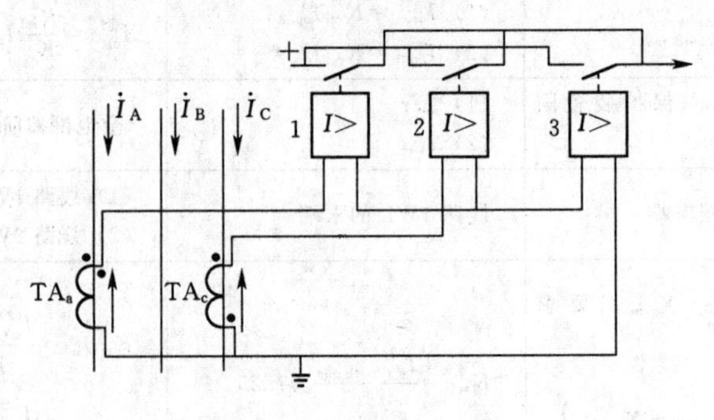

图 6-27　习题 6-10 图

6－11　在三段式电流保护中，哪一段最灵敏？哪一段最不灵敏？为什么？

6－12　在如图6－28所示的35kV单侧电源辐射形电网中，已知线路的最大负荷电流为10A，负荷的自起系数为2.0，电流互感器的变比为200/5，最大运行方式下k_1点三相短路电流为1310A，k_2点三相短路电流为520A；最小运行方式下k_1点三相短路电流为1100A，k_2点三相短路电流为490A。线路2WL过电流保护的动作时限为2.5。拟定在线路1WL上装三段式电流保护。试决定：

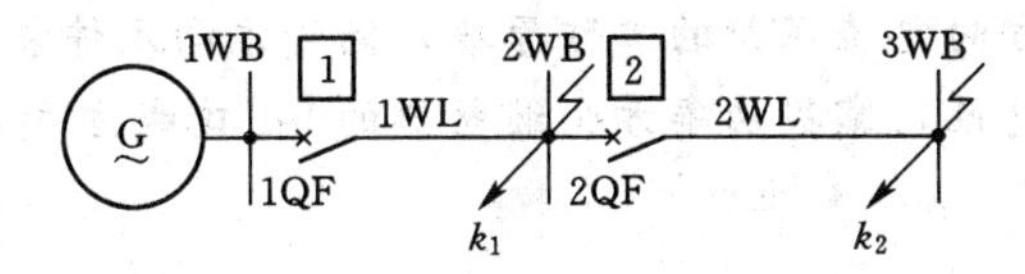

图6－28　习题6－12图

（1）保护应采用哪种接线方式。

（2）各段保护的动作电流I_{op}和动作时限t。

（3）Ⅱ段和Ⅲ段的灵敏系数。

6－13　如果在输电线路上采用电流保护，是否一定要设置三段式电流保护？用二段式电流保护行不行？为什么？

6－14　在图6－29所示的网络中，各断路上均装设了定时限过电流保护，并已知：保护2和保护5均采用两相三继电器不完全星形接线方式；线路1WL和2WL的最大负荷电流分别为190A和120A，负荷的自起动系数分别为2.5和2.3；电流互感器的变比分别为200/5和150/5；可靠系数$K_{rel}=1.15$，返回系数$K_{re}=0.85$，时限级差Δt；$=0.5s$；$I_k \approx I_{\infty}$，其他数据如图所示。图中线路和变压器的电抗值均为归算至35kV的欧姆数。$E_s=37kV$，$X_{s.max}=10.4\Omega$，$X_{s.min}=6\Omega$，试决定：

（1）保护1和保护2的动作电流I_{op}，灵敏系数K_{sen}，动作时间t。

（2）如果K_{sen}不满足，应采取什么措施？

（3）作出保护2的三相原理接线图。

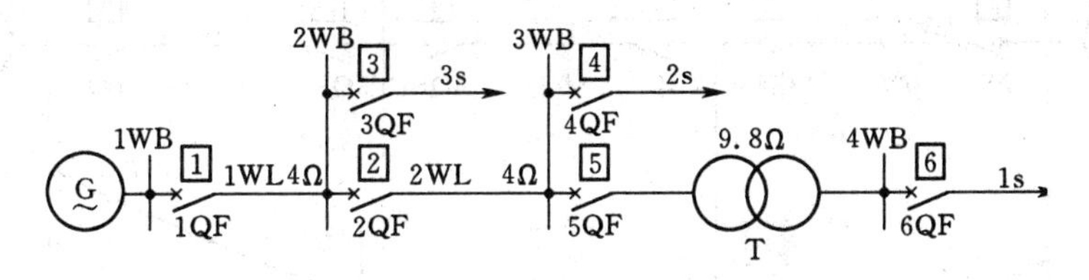

图6－29　习题6－14图

6－15　什么是电流电压联锁速断保护？在什么情况下采用该保护？本保护装置中的电流元件有何作用？

第7章 输电线路相间短路的方向电流保护

【教学要求】 了解方向电流保护的工作原理，搞清方向元件装设的条件，掌握功率方向继电器的原理及动作特性，掌握功率方向继电器的90°接线方式及方向电流保护的整定计算方法。

7.1 方向电流保护的工作原理

7.1.1 电流保护方向性问题的提出

在单侧电源辐射形电网中采用的阶段式电流保护，是依靠动作电流的整定值和动作时限的配合来保证其选择性的。随着电力系统的发展和用户对供电可靠性要求的提高，出现了双侧电源辐射形电网和单侧电源环形电网，如图7-1和图7-2所示。在这样的电网中，为了切除故障线路，应在线路两侧都装设断路器和保护装置。以图7-1为例进行分析，当在线路1WL上发生k_1点短路时，装在线路1WL两侧的保护1、2动作，使断路器1QF、2QF跳闸，将故障线路1WL从电网中切除。故障线路切除后，接在1WB母线上的用户以及2WB、3WB、4WB母线上的用户，仍然由电源S_{I}和S_{II}分别继续供电，从而大大地提高了对用户供电的可靠性。但是，这种电网也给继电保护带来了新的问题。若将阶段式电流保护直接用在这种电网中，靠动作电流的整定值和动作时限的配合，不能完全满足保护动作选择性的要求。

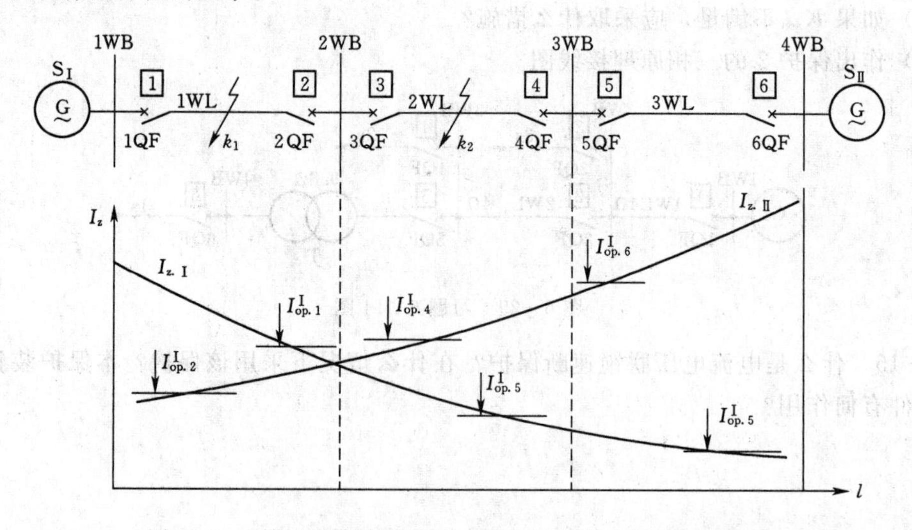

图7-1 双侧电源辐射形电网方向电流保护工作原理示意图

下面以图7-1所示的双侧电源辐射形电网为例进行分析。图中各断路器上分别装设

与断路器编号1QF～6QF相同的保护装置1～6，图中作出了由电源S_{I}和S_{II}分别提供的最大短路电流曲线。为了保证保护动作的选择性，断路器1QF、3QF、5QF应该有选择地切除由电源S_{I}提供的短路电流，2QF、4QF、6QF应该有选择地切除由电源S_{II}提供的短路电流。

1. 对无时限电流速断保护的影响

对于无时限电流速断保护，只要短路电流大于其动作电流整定值，就可能动作。在图7－1中，当k_1点发生短路时，应该由保护1、保护2动作，切除故障。而对保护3来说，k_1点故障，通过它的短路电流是反方向电源S_{II}提供的。从电源S_{II}提供的短路电流$I_{k.II}$曲线及保护3电流速断保护的动作电流整定值$I^{I}_{op.3}$可以看出，此时，$I_{k.II}>I^{I}_{op.3}$，保护3也会无选择地动作，使2WB母线停止供电，从而扩大了停电的范围。同样，在k_2点短路时，保护2和保护5也可能在反方向电源提供的短路电流下无选择地动作。所以在这种电网中，当保护装置流过反方向电源提供的短路电流时，无时限电流速断保护可能会无选择地动作。

2. 对定时限过电流保护的影响

对于定时限过电流保护，若不采取措施，同样会发生无选择性误动作。在图7－1中，对装在2WB母线两侧的保护2和保护3而言，当k_1点短路时，为了保证选择性，要求$t_2^{III}<t_3^{III}$；而当k_2点短路时，又要求$t_2^{III}>t_3^{III}$。显然，这两个要求是相互矛盾的。分析位于其他母线两侧的保护，也可以得出同样的结果。这说明定时限过电流保护在这种电网中无法满足选择性的要求。

对于图7－2所示的单侧电源环形电网，情况也完全相同。

为了解决上述问题，必须进一步分析在双侧电源辐射形电网中发生短路时，流过保护装置的短路功率的方向。

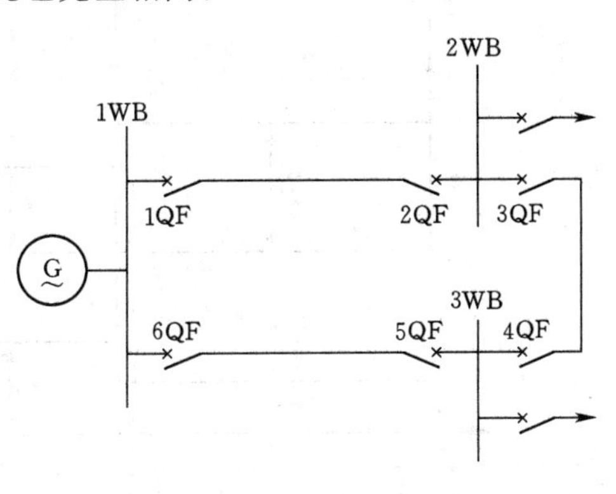

图7－2 单侧电源环形电网

在图7－1所示电网中，当线路1WL的k_1点发生短路时，流经保护2的短路功率方向是由母线指向线路，保护2应该动作；而流经保护3的短路功率是由线路指向母线，保护3不应动作。当线路1WL的k_2点发生短路时，流经保护2的短路功率方向是由线路指向母线，保护2不应该动作；而流过保护3的短路功率方向是由母线指向线路，保护3应该动作。从前面分析可看出，只有当短路功率的方向从母线指向线路时，保护动作才是有选择性的。为此，我们可以在电流保护的基础上加装一个功率方向判别元件——功率方向继电器，并且规定短路功率方向由母线指向线路为正方向。只有当线路中的短路功率方向与规定的正方向相同时，保护才动作。

7.1.2 方向过电流保护的工作原理

在定时限过电流保护的基础上加装一个方向元件，就构成了方向过电流保护。下面以图7－3所示双侧电源辐射形电网为例，说明方向过电流保护的工作原理。

在图 7-3（a）所示的电网中，各断路器上均装设了方向过电流保护。图中所示的箭头方向即为各保护动作的正方向。当 k_1 点短路时通过保护 2 的短路功率方向是从母线指向线路，符合规定的动作正方向，保护 2 正确动作；而通过保护 3 的短路功率方向由线路指向母线，与规定的动作正方向相反，保护 3 不动作。因此，保护 3 的动作时限不需要与保护 2 配合。同理，保护 4 和保护 5 动作时限也不需要配合。而当 k_1 点短路时，通过保护 4 的短路功率的方向与保护 2 相同，与规定动作正方向相同。为了保证选择性，保护 4 要与保护 2 的动作时限配合，这样，可将电网中各保护按其动作方向分为两组单侧电源电网，电源 S_I、保护 1、3、5 为一组，如图 7-3（b）所示；电源 S_I、保护 2、4、6 为一组，如图 7-3（c）所示。对各电源供电的电网，其过电流保护的动作时限仍按第 6 章所述的阶梯形原则进行配合，即电源 S_I 供电的电网中，$t_1^{\mathrm{III}}>t_3^{\mathrm{III}}>t_5^{\mathrm{III}}$；电源 S_I 供电的电网中，$t_6^{\mathrm{III}}>t_4^{\mathrm{III}}>t_2^{\mathrm{III}}$。它们的时限特性如图 7-3（d）所示，两组方向过电流保护之间不需要考虑配合。

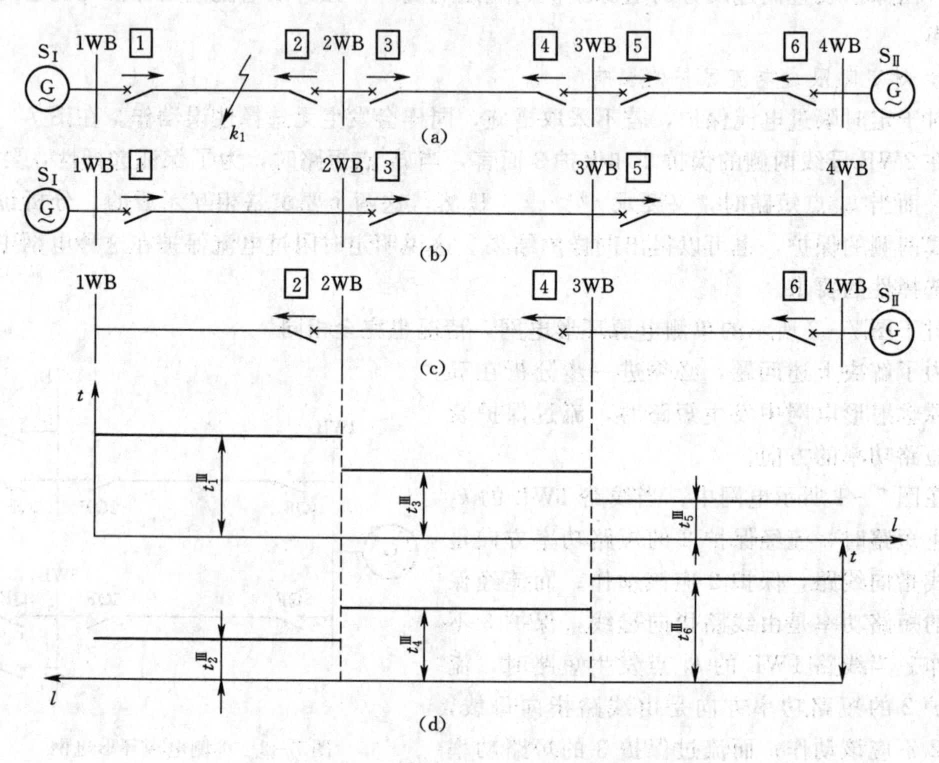

图 7-3 方向过电流保护工作原理示意图

（a）电网图；（b）S_I 供电的单侧电源电网图；（c）S_{II} 供电的单侧电源电网图；（d）时限特性

7.1.3 三段式方向电流保护的构成

在双侧电源辐射形电网或单侧电源环形电网中，为了满足继电保护的各种性能的要求，可采用三段式方向电流保护。

三段式方向电流保护的单相原理框图如图 7-4 所示。

从图 7-4 可看出，为了提高三段式方向电流保护装置的可靠性，保护装置中的每相的Ⅰ、Ⅱ、Ⅲ段共用一个功率方向元件。

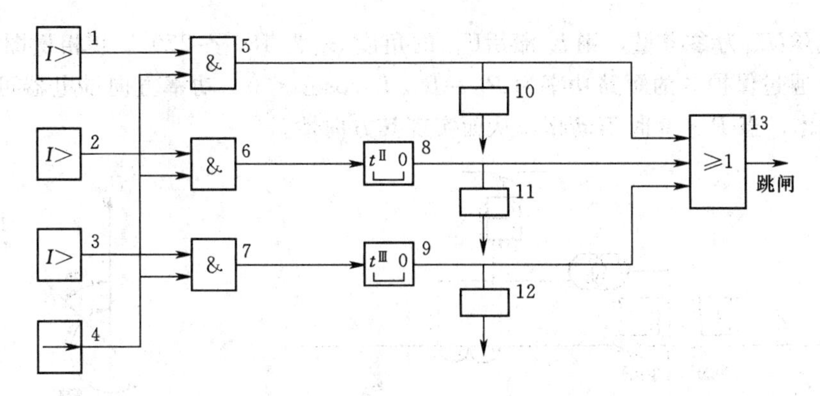

图 7-4 三段式方向电流保护单相原理框图

1、2、3—方向电流保护Ⅰ、Ⅱ、Ⅲ段的电流起动元件；4—功率方向元件；
5、6、7—与门逻辑元件；8、9—方向电流保护Ⅱ、Ⅲ段的延时元件；
10、11、12—方向电流保护Ⅰ、Ⅱ、Ⅲ段的信号元件；
13—方向电流保护Ⅰ、Ⅱ、Ⅲ段的出口元件

需要指出，在双侧电源辐射形电网或单侧电源环形电网中，并不是所有的电流保护都要装设功率方向元件才能保证选择性，而是当利用动作电流值的整定、动作时限的配合不满足选择性要求时，才需要装方向元件。例如，在图 7-3 所示的电网中，由于保护 3 的动作时限已大于保护 2 的动作时限，保护 3 的过电流保护可以不装方向元件。因为在 k_1 点短路时，2QF 跳闸后，保护 3 能立即返回，3QF 不会跳闸。一般来说，对于无时限电流速断保护利用动作电流的整定能满足选择性要求时，可以不装方向元件；对于带时限电流速断保护利用动作电流值的整定和动作时限的配合能满足选择性要求时，可以不装方向元件；对于接在同一变电所母线上的定时限过电流保护，动作时限长者可不装方向元件，而动作时限短者和相等者则必须装设方向元件。

7.2 功率方向继电器

7.2.1 功率方向继电器的工作原理

功率方向继电器之所以能判别正、反方向故障，是因为正、反方向故障时，接入功率继电器中的电流和电压的相位关系不同。现以图 7-5（a）所示电路来说明功率方向继电器的原理。对保护 3 而言，接入功率方向继电器的电压$\dot{U}_r$是保护安装处母线电压的二次值，通过继电器中的电流$\dot{I}_r$是被保护线路中电流的二次值，$\dot{U}_r$和$\dot{I}_r$分别反映了保护安装处母线的电压和被保护线路电流的大小和相位。在正方向 k_1 点短路时，流过保护 3 的短路电流$\dot{I}_{k1}$从母线指向线路，由于输电线路的短路阻抗呈感性，这时，接入功率方向继电器的一次短路电流$\dot{I}_{k1}$滞后母线残压$\dot{U}_{rsd}$的角度 φ_{k1} 为 0°～90°。如果以母线上的残压$\dot{U}_{rsd}$为参考量，其相量图如图 7-5（b）所示，显然，通过保护 3 的短路功率为 $P_{k1}=U_{rsd}I_{k1}\cos\varphi_{k1}>0$；当反方向 k_2 点短路时，通过保护 3 的短路电流$\dot{I}_{k2}$从线路指向母线，如果仍以

母线上的残压$\dot{U}_{rsd}$为参考量，则$\dot{I}_{k2}$滞后$\dot{U}_{rsd}$的角度φ_{k2}为180°～270°，其相量图如图7-5（b）所示，通过保护3的短路功率为$P_{k2}=U_{rsd}I_{k2}\cos\varphi_{k2}<0$。功率方向继电器可以做成当$P_k>0$时动作，当$P_k<0$时不动作，从而实现其方向性。

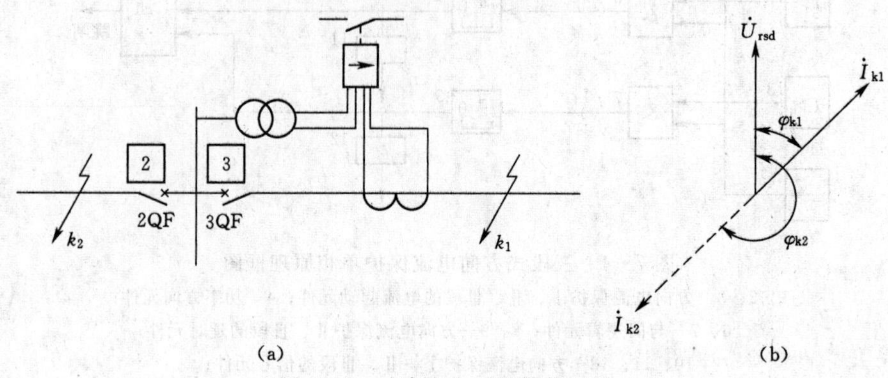

图7-5　功率方向继电器的原理

（a）原理图；（b）相量图

7.2.2　功率方向继电器的分类

功率方向继电器的工作原理，实质上就是判断母线电压和流入线路电流之间的相位角，是否在-90°～90°范围内。常用的表达式为

$$-90°\leqslant\arg\frac{\dot{U}_r}{\dot{I}_r}\leqslant 90° \tag{7-1}$$

式中　$\dot{U}_r$——加入功率方向继电器的电压；

$\dot{I}_r$——加入功率方向继电器的电流。

构成功率继电器，既可以比较$\dot{U}_r$和$\dot{I}_r$间的夹角，也可间接比较电压$\dot{C}$、$\dot{D}$之间的夹角。

$$\dot{C}=\dot{K}_{uv}\dot{U}_r \tag{7-2}$$

$$\dot{D}=\dot{K}_{ur}\dot{U}I_r \tag{7-3}$$

式中　$\dot{K}_{uv}$、$\dot{K}_{ur}$——变换系数，决定于继电器内部结构和参数。

$$-90°\leqslant\arg\frac{\dot{C}}{\dot{D}}\leqslant 90° \tag{7-4}$$

$$-90°-\alpha\leqslant\arg\frac{\dot{U}_r}{\dot{I}_r}\leqslant 90°-\alpha \tag{7-5}$$

式中　α——功率方向继电器的内角，$\alpha=\arg\frac{\dot{U}_{uv}}{\dot{K}_{ur}}$。

功率方向继电器的动作区如图7-6所示。

7.2.3 幅值比较式功率方向继电器

所谓幅值比较原理，就是比较两个电气量的幅值大小，而不再比较他们的相位关系，相位比较和绝对值比较之间存在互换关系，即为平行四边形边与对角线的关系。比较幅值的两个电气量可按下式构成

$$\left.\begin{aligned}\dot{A}&=\dot{C}+\dot{D}\\ \dot{B}&=\dot{C}-\dot{D}\end{aligned}\right\} \quad (7-6)$$

可以分析，当$|\dot{A}|>|\dot{B}|$时继电器动作，当$|\dot{A}|<|\dot{B}|$时继电器不动作。

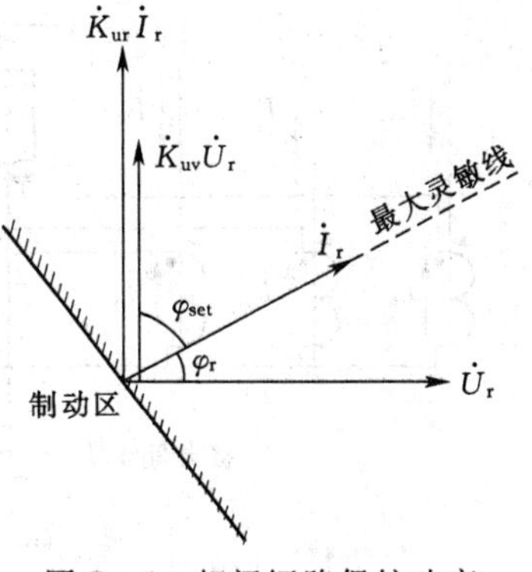

图 7-6 相间短路保护功率方向继电器的动作区

7.3 功率方向继电器的接线方式

7.3.1 功率方向继电器的 90°接线方式

功率方向继电器的接线方式是指它与电流互感器和电压互感器二次绕组之间的连接方式，即$\dot{I}_r$和$\dot{U}_r$应该采用什么电流和电压的问题。在考虑接线方式时，必须保证功率方向继电器能正确动作和有较高的灵敏系数。为了能保证正确动作，要求在正方向发生任何形式的故障时，功率方向继电器都能动作，而当反方向故障时，功率方向继电器不动作。为了有较高的灵敏系数，要求故障时接入继电器的电流$\dot{I}_r$采用故障相电流，$\dot{U}_r$尽可能不用故障相电压，并尽可能使φ_r接近φ_{sen}。

相间短路保护用的功率方向继电器常用的接线方式为 90°接线方式。所谓 90°接线方式是指在系统三相对称且功率因数 $\cos\varphi=1$ 的情况下，接入继电器的电流$\dot{I}_r$超前电压$\dot{U}_r$90°的接线方式。这种接线方式对于每相的功率方向继电器，其电流线圈接入本相电流，而电压线圈则按一定的顺序接在其他两相的线电压上。如图 7-7（a）及表 7-1 所示。以 A 相功率方向继电器 1KW 为例，当系统三相对称，$\cos\varphi=1$ 时，$\dot{I}_r=\dot{I}_a$，$\dot{U}_r=\dot{U}_{bc}$，$\dot{I}_r$与$\dot{U}_r$间的夹角正好是 90°，如图 7-7（b）所示，故 90°接线方式因此而得名，它没有什么物理意义。

表 7-1　　三相功率方向继电器接入的电流和电压

功率方向继电器	$\dot{I}_r$	$\dot{U}_r$
1KW	$\dot{I}_a$	$\dot{U}_{bc}$
2KW	$\dot{I}_b$	$\dot{U}_{ca}$
3KW	$\dot{I}_c$	$\dot{U}_{ab}$

90°接线方式对功率方向继电器的工作十分有利，在不对称短路时，加到电压线圈上的电压较高，继电器动作较灵敏，它还可以消除正向出口发生两相短路时的电压死区。但对正向出口三相短路时的电压死区无能为力。

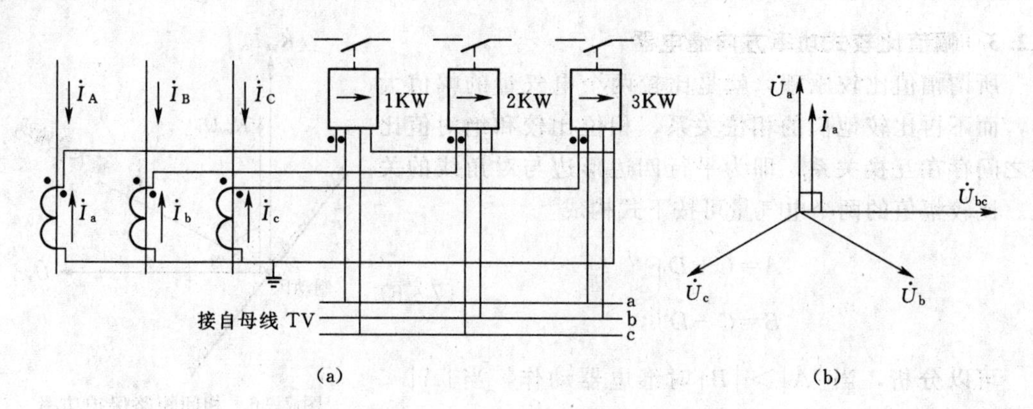

图 7-7　功率方向继电器的 90°接线

(a) 接线图；(b) 相量图

需要注意的是，功率方向继电器在接线时，要特别注意电流线圈和电压线圈的极性与相应的电流互感器和电压互感器二次绕组的极性连接正确，否则，会造成继电器不能正确动作。

7.3.2　功率方向继电器 90°接线方式分析

分析 90°接线的目的是选择一个合适的功率方向继电器的内角 α，保证在各种线路上发生各种相间短路故障时，功率方向继电器都能正确判断短路功率方向。

功率方向继电器的动作条件可用角度来表示，即

$$-(90^\circ+\alpha)\leqslant\varphi_r\leqslant-\alpha$$

也可改写

$$-90^\circ\leqslant(\varphi_r+\alpha)\leqslant90^\circ \qquad (7-7)$$

这一动作条件也可用余弦函数来表示为

$$\cos(\varphi_r+\alpha)\geqslant0 \qquad (7-8)$$

式 (7-7)、式 (7-8) 说明，在线路上发生短路时，功率方向继电器能否动作取决于 $\dot{I}_r$ 与 $\dot{U}_r$ 的相位角 φ_r 和继电器的内角 α，只要满足式 (7-7)、式 (7-8)，功率方向继电器就动作。

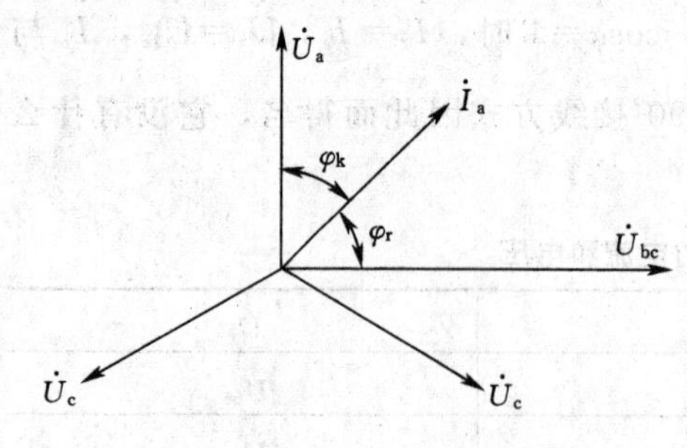

图 7-8　正方向三相短路时的电流、电压向量图

7.3.2.1　正方向三相短路时

在正方向发生三相短路时，保护安装处的残余电压为 $\dot{U}_a$、$\dot{U}_b$、$\dot{U}_c$，短路电流 $\dot{I}_a$、$\dot{I}_b$、$\dot{I}_c$ 滞后各对应的相电压 φ_k 角（短路点至保护安装处之间线路的阻抗角）。由于三相短路是对称短路，三个功率方向继电器的工作情况相同，可以只取 A 相的继电器 1KW 进行分析，如图 7-8 所示。

接入 A 相功率方向继电器的电流 $\dot{I}_{r.1}=\dot{I}_a$，电压 $\dot{U}_{r.1}=\dot{U}_{bc}$，由于 $\dot{I}_a$ 滞后 $\dot{U}_a$ 一个角 φ_k，所以 $\varphi_{r.1}=-(90^\circ-\varphi_k)$。在一般情况下，电网中任何架空线路和电缆线路阻抗角的变化范围是 $0^\circ\leqslant\varphi_k\leqslant90^\circ$，所在三相短路时 φ_r 可能的范围是 $-90^\circ\leqslant\varphi_r\leqslant0^\circ$。将 φ_r 代入式 (7-7)，

可得出能使继电器动作的条件为

$$0° \leqslant \alpha \leqslant 90° \tag{7-9}$$

7.3.2.2 正方向两相短路

对两相短路，分两种极限情况考虑：①保护安装处附近两相短路；②离保护安装处很远的地方两相短路。如果功率方向继电器在这两种极限情况下均能正确动作，则在整条线路上发生正方向两相短路都能正确动作。

下面将以B、C两相短路为例进行分析，如图7-9所示，用$\dot{E}_a$、$\dot{E}_b$、$\dot{E}_c$表示对称三相电源电势，用$\dot{U}_a$、$\dot{U}_b$、$\dot{U}_c$表示保护安装处母线上的电压，用$\dot{U}_{ka}$、$\dot{U}_{kb}$、$\dot{U}_{kc}$表示故障点处的电压。为了分析方便，假定故障前线路是空载，则短路电流为$\dot{I}_a=0$，$\dot{I}_b=-\dot{I}_c$。

1. 近处两相短路

故障发生在保护安装处附近的相量图，如图7-9（a）所示。保护安装处的电压近似认为是故障点的电压，即$\dot{U}_a=\dot{E}_a$、$\dot{U}_b=\dot{U}_{kc}$、$\dot{U}_c=\dot{U}_{kb}$，短路电流$\dot{I}_b$由电势$\dot{E}_{bc}$产生，且滞后$\dot{E}_{bc}$一个φ_k角，短路电流$\dot{I}_b=-\dot{I}_c$。

对功率方向继电器1KW而言，$\dot{I}_{r.1}=\dot{I}_a=0$，$\dot{U}_{r.1}=\dot{U}_{bc}=0$，则1KW不动作。对功率方向继电器2KW而言，$\dot{I}_{r.2}=\dot{I}_b$，$\dot{U}_{r.2}=\dot{U}_{ca}$，$\varphi_{r.2}=-(90°-\varphi_k)$。对功率方向继电器3KW而言，$\dot{I}_{r.3}=\dot{I}_c$，$\dot{U}_{r.3}=\dot{U}_{ab}$，$\varphi_{r.3}=-(90°-\varphi_k)$。综合1KW、2KW、3KW三个继电器情况，当$0°\leqslant\varphi_k\leqslant 90°$时，$\varphi_r$的可能范围是$-90°\leqslant\varphi_r\leqslant 0°$，其结果同三相短路，能使继电器动作的条件为

$$0° \leqslant \alpha \leqslant 90°。 \tag{7-10}$$

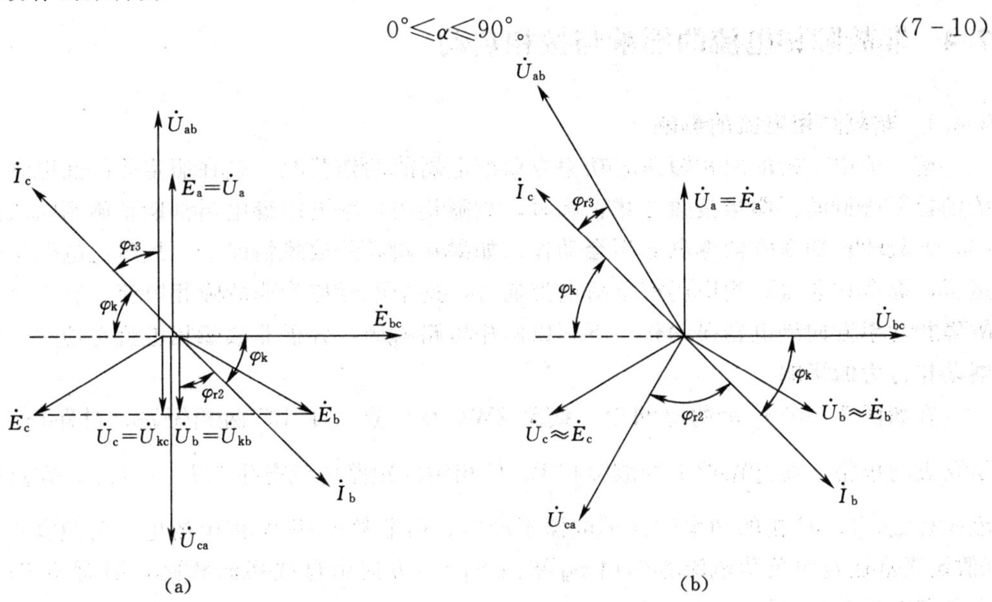

图7-9 正方向BC相短路时的相量图

（a）近处BC两相短路；（b）远处BC两相短路

2. 远处两相短路

当故障点远离保护安装处时的电流、电压相量图如图 7－9（b）所示。保护安装处的电压近似为电源的电势，即$\dot{U}_a \approx \dot{E}_a$，$\dot{U}_b \approx \dot{E}_b$，$\dot{U}_c \approx \dot{E}_c$，短路电流$\dot{I}_b$滞后$\dot{E}_{bc}$一个$\varphi_k$角，$\dot{I}_b = -\dot{I}_c$。

对功率方向继电器 1KW 而言，$\dot{I}_{r.1}=0$，$\dot{U}_{r.1}=\dot{U}_{bc}$，则 1KW 不动作；对功率方向继电器 2KW 而言，$\dot{I}_{r.2}=\dot{I}_b$，$\dot{U}_{r.2}=\dot{U}_{ca}\approx\dot{E}_{ca}$，$\varphi_{r.2}=-(120°-\varphi_k)$。当 $0°\leqslant\varphi_k\leqslant 90°$时，$\varphi_{r.2}$的变化范围是$-120°\leqslant\varphi_{r.2}\leqslant-30°$。故使继电器动作的条件为 $30°\leqslant\alpha\leqslant 120°$。对功率方向继电器 3KW 而言，$\dot{I}_{r.3}=\dot{I}_c$，$\dot{U}_{r.3}=\dot{U}_{ab}\approx\dot{E}_{ab}$，$\varphi_{r.3}=-(90°-\varphi_k)=-(60°-\varphi_k)$。当 $0°\leqslant\varphi_k\leqslant 90°$时，$\varphi_{r.3}$的变化范围是$-60°\leqslant\varphi_{r.3}\leqslant 30°$。故使继电器能动作的条件为

$$-30°\leqslant\alpha\leqslant 60° \tag{7-11}$$

同样的方法，可以分析 AB、CA 两相短路的情况。

综合三相、两相短路的分析情况，得出结论：当 $0°\leqslant\varphi_k\leqslant 90°$时，使 90°接线的功率方向继电器在各种相间短路故障下均能正确动作的条件是

$$30°\leqslant\alpha\leqslant 60° \tag{7-12}$$

继电器制造厂对相间短路的功率方向继电器提供了$\alpha=30°$、$\alpha=45°$两种内角，以满足各种相间短路情况的要求。值得注意的是，式（7－11）只给出了内角α的取值范围，它是在各种相间故障情况下功率方向继电器均能正确动作的条件，而不是继电器工作在最灵敏状态的条件。在此，对于某一具体输电线路来说，当短路的阻抗角φ_k确定后，可根据$\cos(\varphi_r+\alpha)=1$的条件来选择一个合适的α角，以使继电器工作在最灵敏状态。

7.4　非故障相电流的影响与按相启动

7.4.1　非故障相电流的影响

前一节中分析的两相短路时功率方向继电器的动作情况，是在假定故障前电网是空载的前提下进行的。即当接线方式正确时，故障相的功率方向继电器都能正确判断故障的方向，非故障相功率方向继电器不会动作。如果在同样的故障情况下，故障前电网是带负载运行，那么在非故障相中仍有负荷电流通过，这个电流称为非故障相电流，它将可能使非故障相功率方向继电器误动作。下面以两相短路为例，分析非故障相电流对功率方向继电器动作行为的影响。

在如图 7－10 所示的电网中，线路 2WL 在 k 点发生 BC 两相短路，对保护 1 来说，是反方向短路，通过保护 1 的故障相 B、C 相中的短路电流分别为$\dot{I}_{k.B}$、$\dot{I}_{k.C}$，方向从线路流向母线，B、C 相的功率方向继电器不动作。而非故障相 A 相中的电流为负荷电流$\dot{I}_{L.A}$（假定正常运行时负荷电流方向由 S_{II} 指向 S_I），方向由母线指向线路，因而 A 相的功率方向继电器会误动作。

7.4.2　按相起动

图 7－11（a）为方向过电流保护的按相起动接线，即先把同名相的电流继电器 KA

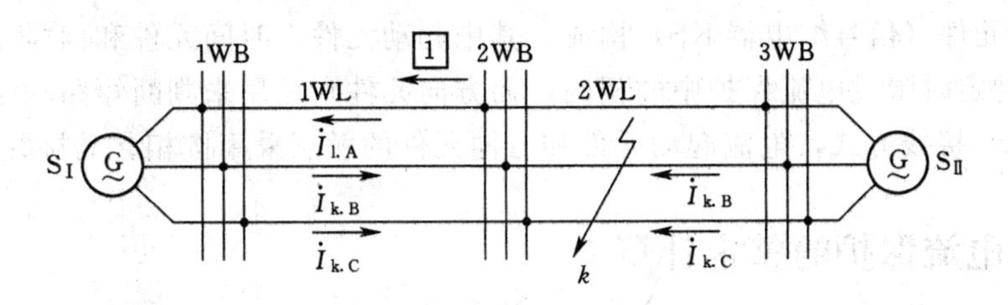

图 7-10 两相短路时非故障相中负荷电流影响的示意图

和功率方向继电器 KW 的触点直接串联，再把各同名相串联支路并联起来，然后与时间继电器 KT 的线圈串联。图 7-11（b）为方向过电流保护的不按相起动接线，即先把各相电流继电器 KA 的触点相并联、各相功率方向继电器的触点相并联，再将其串联，然后与时间继电器 KT 的线圈串联。这两种接线虽然都带有方向元件，但对躲过非故障相电流影响的效果完全不同。

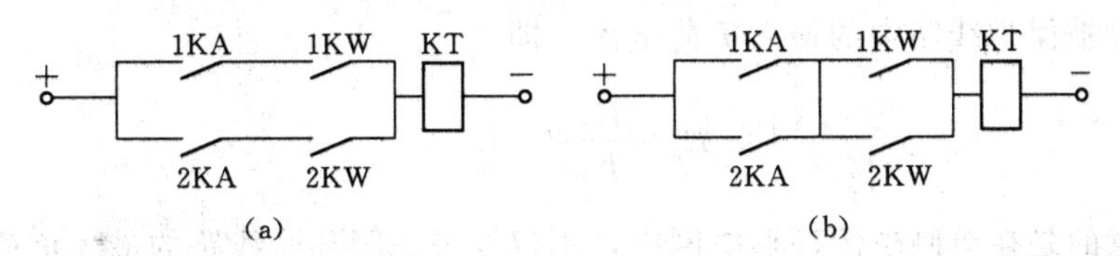

图 7-11 方向过电流保护的起动方式

（a）按相起动；（b）非按相起动

在图 7-10 中，由于非故障相电流的影响，保护 1 的 A 相方向元件起动，而电流起动元件不动作；对 B、C 相的电流起动元件动作，而方向元件不动作。此时，若按图 7-11（a）接线，保护 1 不会误动作，若按图 7-11（b）接线，保护 1 会误动作，因此，在方向电流保护中，电流继电器和功率方向继电器的触点要采用按相起动接线。

7.4.3 方向过电流保护接线图

图 7-12 所示的是两相式方向过电流保护原理接线图，图中它主要由起动元件（电流继电器 1KA、2KA）、方向元件（功率方向继电器 1KW、1KW）、时间元件（时间继电器

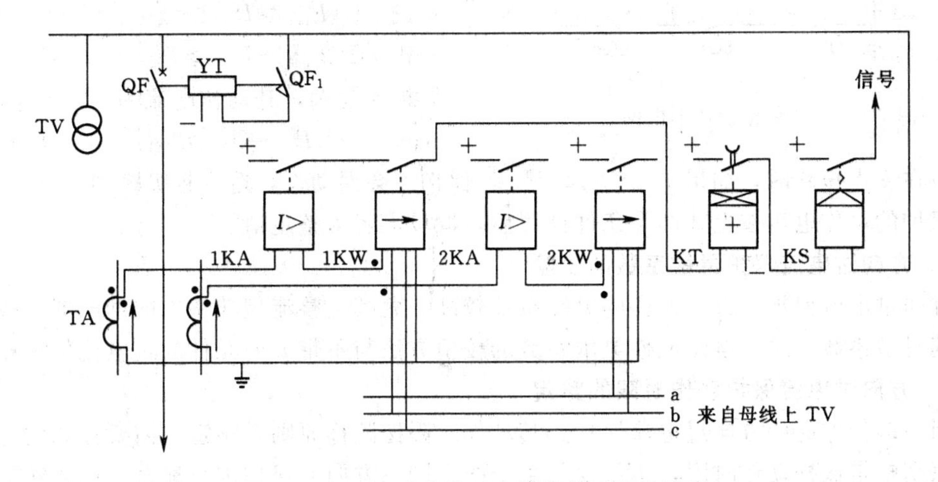

图 7-12 两相式方向过电流保护原理接线图

KT）和信号元件（信号继电器KS）构成。其中起动元件、时间元件和信号元件的作用与前一章介绍的定时限过电流保护中的相同，而方向元件则是用来判断短路功率方向的。方向元件采用90°接线方式，电流起动元件和方向元件的触点采用按相起动接线。

7.5 方向电流保护的整定计算

由于方向电流保护加装了方向元件，因此它不必考虑反方向故障，只需考虑同方向的保护相配合即可。同方向的阶段式方向电流保护的Ⅰ、Ⅱ、Ⅲ段的整定计算可分别按单侧电源相间短路的阶段式电流保护的整定计算方法进行。本节主要讨论方向过电流保护整定计算中的一些特殊问题。

7.5.1 方向过电流保护动作电流的整定

方向过电流保护的动作电流可按下述两个条件整定。

（1）躲过被保护线路中的最大负荷电流。即

$$I_{op}^{Ⅲ}=\frac{K_{rel}}{K_{re}}K_{ss}I_{L.max} \tag{7-13}$$

值得注意的是在单侧电源环形电网中，不仅要考虑闭环时线路的最大负荷电流，还考虑开环时负荷电流的突然增加。如图7-13所示，对保护6来说，正常运行时流过的是闭环时的负荷电流；当k点短路时，保护1、2动作，跳开QF1、QF2，电网开环运行，此时保护6中将流过开环时的全部负荷电流。因此，$I_{L.max}$应取开环时的最大负荷电流。

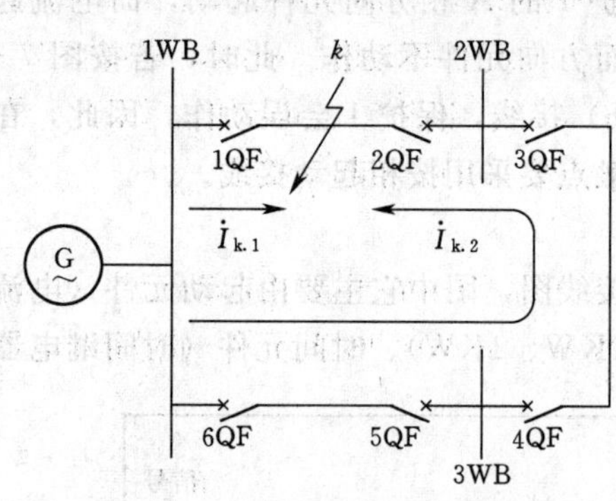

图7-13 单侧电源环形电网

（2）与相邻线路过电流保护动作电流配合。方向过电流保护通常作为相邻下一线路的后备保护。为了保证动作的选择性，要求相同动作方向各保护的动作电流应从离电源最远处开始逐级增加。如图7-13中，各线路保护的动作电流应满足

$$I_{op.1}^{Ⅲ}>I_{op.3}^{Ⅲ}>I_{op.5}^{Ⅲ}$$

$$I_{op.6}^{Ⅲ}>I_{op.4}^{Ⅲ}>I_{op.2}^{Ⅲ}$$

以保护4为例，其动作电流为

$$I_{op.4}^{Ⅲ}=K_{rel}I_{op.2}^{Ⅲ} \tag{7-14}$$

否则，在k点短路时，如果$I_{op.4}^{Ⅲ}\leqslant I_k\leqslant I_{op.2}^{Ⅲ}$，保护4会误动作，造成越级跳闸。

保护的动作电流按上述两个条件计算后，取较大者为整定值。

7.5.2 方向过电流保护灵敏系数的校验

方向过电流保护中方向元件的灵敏系数较高，尤其是整流型功率方向继电器，故不需校验其灵敏系数。对于电流元件灵敏系数的校验方法与不带方向元件的过电流保护相同。

7.5.3 方向过电流保护动作时限的整定

同一动作方向的方向过电流保护，其动作时限按阶梯原则来整定。需要注意的是，按阶梯原则整定保护动作时限，不仅要与主干线上同一方向的保护进行配合，而且还要与相

关的对应端变电所母线上所有其他出线的保护相配合，这一点可以通过下面的例题来说明。

【例题7-1】 在如图7-14所示的双侧电源辐射形电网中，拟定在各断路器上装设过电流保护。已知时限级差$\Delta t=0.5s$。试确定过电流保护1～8的动作时限，并指出哪些保护应装方向元件？

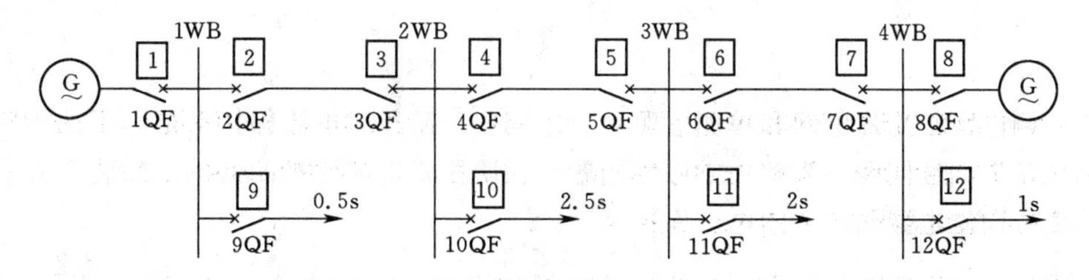

图7-14 例题7-1图

解：(1) 计算各保护的动作时限。考虑到发电机上均设有瞬时动作的纵联差动保护，则线路的过电流保护的动作时限无需与发电机过电流保护的动作时限相配合。

同一方向的保护有1、2、4、6，其动作时限为

$$t_6=t_{12}+\Delta t=1+0.5=1.5(s)$$

$$t_4=t_{11}+\Delta t=2+0.5=2.5(s)$$

$$t_2=t_4+\Delta t=2.5+0.5=3(s)$$

$$t_1=t_2+\Delta t=3+0.5=3.5(s)$$

同一方向的保护有8、7、5、3其动作时限为

$$t_3=t_9+\Delta t=0.5+0.5=1(s)$$

$$t_5=t_{10}+\Delta t=2.5+0.5=3(s)$$

$$t_7=t_5+\Delta t=3+0.5=3.5(s)$$

$$t_8=t_7+\Delta t=3.5+0.5=4(s)$$

(2) 确定应装设方向元件的保护。一般来说，接入同一变电所母线上的双侧电源线路的过电流保护，动作时限长者可不装设方向元件，而动作时限短者和相等者则必须装方向元件。对1WB，因为$t_1>t_2$，故保护2需设方向元件；对2WB，因为$t_3<t_4$，所以保护3设方向元件；对3WB，$t_5>t_6$；对4WB，$t_7<t_8$；所以保护5、保护7设计方向元件。

从上面分析得出，要装方向元件的有保护2、3、5、7。

7.5.4 保护装置的相继动作

在如图7-13所示的单侧电源环形电网中，当靠近变电所1WB母线处k点短路时，由于短路电流在环网中的分配是与线路的阻抗成反比，所以由电源经1QF流向k点的短路电流$I_{k.1}$很大，而由电源经过环网流向k点的短路电流$I_{k.2}$几乎为零。因此，在短路刚开始时，保护2不能动作，只有保护1动作跳开1QF后，电网开环运行，通过保护2的短路电流增大，保护2才动作跳开2QF。保护装置的这种动作情况，称为相继动作。相继动作的线路长度，称为相继动作区域。

保护装置的相继动作，将使整个电网的故障切除时间加长，这是所不希望的。但在环形电网中，发生相继动作是不可避免的。因此，有时可利用相继动作来保证保护装置的灵敏系数。例如在图7-13中，在校验保护2的灵敏系数时，可按k点短路时QF1跳闸后来校验。

小结

在双侧电源辐射形电网和单侧电源环形电网中，阶段式电流保护满足不了选择性的要求，出现了方向性问题。为解决方向性问题，在阶段式电流保护的基础上加装了方向元件——功率方向继电器构成方向电流保护。

功率方向继电器的任务是测量接入继电器中的电压$\dot{U}_r$和电流$\dot{I}_r$之间的相位角φ_r，以判别正、反方向故障。由于功率方向继电器是一种复杂的继电器，它将使继电保护装置的接线增加复杂性，因此在双侧电源辐射形电网和单侧电源环形电网的线路上，如果不影响动作的选择性时，尽可能不加装方向元件。

在输电线路相间短路的方向电流保护中，功率方向继电器采用90°接线方式，在构成方向电流保护时，电流继电器与功率方向继电器的触点采用按相起动接线。由于加装了方向元件，在方向电流保护的整定计算中，不必考虑反方向故障，只需考虑同方向的保护配合即可，同方向的阶段式方向电流保护的Ⅰ、Ⅱ、Ⅲ段的整定计算可按单侧电源相间短路的阶段式电流保护的整定计算方法进行，只是在方向过电流保护整定计算中要注意一下特殊问题。对于方向元件的灵敏度很高，可不进行校验。

方向电流保护主要用于35kV及以下的单侧电源辐射形电网和单侧电源环形电网中，通常都是将带方向或不带方向的电流速断保护与方向过电流保护构成阶段式方向电流保护，作为相间短路的整套保护。

习　题

7-1　双侧电源辐射形电网中的电流速断保护在什么情况下需加装方向元件？试举例说明。

7-4　什么是功率方向继电器的内角？当$\alpha=45°$时，最灵敏角φ_{sen}等于多少？

7-5　方向电流保护中方向元件的动作方向通常是从母线指向线路，如果要改变它的动作方向，即由线路指向母线，应采取什么办法？

7-6　什么是按相起动接线？方向过电流保护的起动元件和方向元件为什么要采用按相起动接线？

7-7　作出两相式方向过电流保护装置的原理图和展开图，并分析当电压互感器的二次电压突然消失时，保护装置是否会误动作？对保护装置的工作有无影响？

7-8　在图7-15所示的多电源辐射形电网中，拟定在各断路器上装设过电流保护。已知时限级差$\Delta t=0.5$s，为保证选择性，问：

(1) 电流保护1～8及13的动作时限为多大？

（2）哪些保护要上装方向元件？

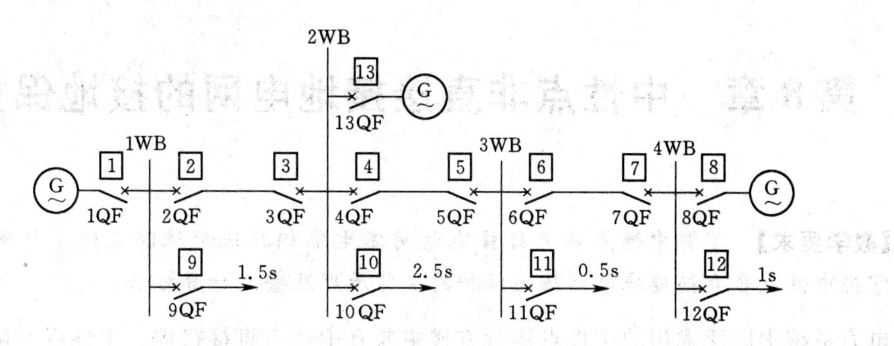

图 7-15　习题 7-8 图

第 8 章　中性点非直接接地电网的接地保护

【教学要求】 了解中性点非直接接地电网发生单相接地故障时电流、电压变化的特点，掌握中性点非直接接地电网接地保护的工作原理及整定计算方法。

电力系统中广泛采用的中性点运行方式主要有中性点直接接地、中性点不接地和中性点经消弧线圈接地三种方式。一般 3～35kV 的电网采用中性点不接地或经消弧线圈接地方式，这类电网称为中性点非直接接地电网（又称小接地电流系统）。

在中性点非直接接地电网中，单相接地故障发生的概率占所有故障的 90%左右。当发生单相接地故障时，由于故障点的电流很小，而且三相的相间电压仍然保持对称，对负荷的供电没有影响，因此，允许再继续运行 1～2h，而不必立即跳闸。但是发生单相接地后，非故障相对地电压升高为正常运行时的$\sqrt{3}$倍，威胁到线路及设备的绝缘。为了防止故障的进一步扩大，要求保护装置能及时发出信号，以便运行值班人员及时处理，必要时保护应动作于跳闸。

8.1　中性点不接地电网的接地保护

8.1.1　中性点不接地电网的正常运行

中性点不接地电网正常运行时电容电流的分布及其相量图如图 8－1 所示，为了分析方便，三相对地分布电容分别用集中电容表示，其值为 $C_A=C_B=C_C=C_0$，$\dot{E}_A$、$\dot{E}_B$、$\dot{E}_C$ 分别为三相电源的相电势，设线路为空载状态。

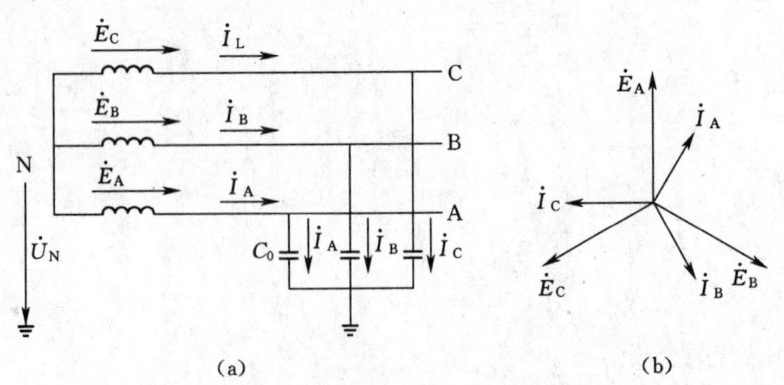

图 8－1　中性点不接地电网正常运行时电容电流的分布及其相量图

(a) 电容电流分布图；(b) 电容电流相量图

正常运行时，三相电流 $\dot{I}_A$、$\dot{I}_B$ 和 $\dot{I}_C$ 分别为很小的接地电容电流，其大小相等，相位超前于相应的相电压 90°，其相量图如图 8－1（b）所示。由于电源和负载都是对称的，

故在正常运行时，电网不会出现零序电压和零序电流。电源中性点电压$\dot{U}_N=0$，各相对地电压等于各相电压。

8.1.2 中性点不接地电网单相接地故障时的特点

当电网发生单相接地故障时，由于三相对地电压及电容电流的对称性遭到破坏，因而电网将出现零序电压和零序电流。现以图 8-2 所示中性点不接地电网为例进行分析。

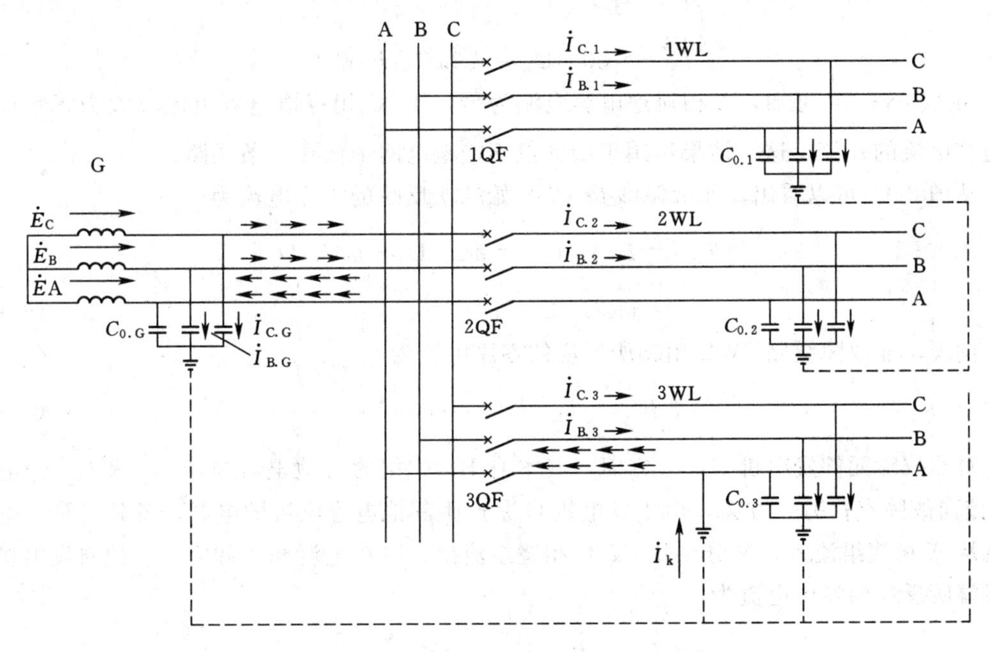

图 8-2 中性点不接地电网单相接地故障时电容电流分布图

在图 8-2 中，设线路 1WL、2WL、3WL 和发电机 G 的各相对地集中电容分别用$C_{0.1}$、$C_{0.2}$、$C_{0.3}$和$C_{0.G}$表示，为分析方便，仍假设线路为空载，并且忽略电容电流在线路阻抗上的压降。假设在线路 3WL 上 A 相某点发生单相金属性接地故障，则 A 相对地电容$C_{0.3}$被短接。电网中性点对地电压为

$$\dot{U}_N=-\dot{E}_A \tag{8-1}$$

电网中 A、B、C 三相对地电压分别为

$$\begin{cases}\dot{U}_A=\dot{E}_A-\dot{E}_A=0\\ \dot{U}_B=\dot{E}_B-\dot{E}_A=\sqrt{3}\dot{E}_A e^{-j150°}\\ \dot{U}_C=\dot{E}_C-\dot{E}_A=\sqrt{3}\dot{E}_A e^{j150°}\end{cases} \tag{8-2}$$

于是电网将出现零序电压，其值为

$$\dot{U}_A+\dot{U}_B+\dot{U}_C=3\dot{U}_0=-3\dot{E}_A$$

$$\dot{U}_0=-\dot{E}_A=\dot{U}_N \tag{8-3}$$

由式（8-2）可知，A 相对地电压为零，B、C 相的对地电压升高为正常运行时的$\sqrt{3}$倍。与此同时，电网中电容电流也发生了变化。由于全电网 A 相对地电压为零，故各线

路A相对地电容电流等于零，B、C相对地电容电流经大地、故障点、故障线路和电源构成回路，其电容电流分布如图8-2所示。

对于线路1WL，非故障相B、C相流向故障点的电容电流分别为

$$\begin{cases}\dot{I}_{A.1}=0\\ \dot{I}_{B.1}=j\omega C_{0.1}\dot{U}_B=j\sqrt{3}\omega C_{0.1}\dot{E}_A e^{-j150^\circ}\\ \dot{I}_{C.1}=j\omega C_{0.1}\dot{U}_C=j\sqrt{3}\omega C_{0.1}\dot{E}_A e^{j150^\circ}\end{cases} \tag{8-4}$$

由式（8-4）可知，A相对地电容电流为零，B、C相对地电容电流增大为正常运行时电容电流的$\sqrt{3}$倍，这一结果适用于中性点不接地电网中任意一条线路。

从图8-2可以看出，非故障线路1WL始端所反映的零序电流为

$$\begin{aligned}3\dot{I}_{0.1}&=\dot{I}_{B.1}+\dot{I}_{C.1}=j\omega C_{0.1}\dot{U}_B+j\omega C_{0.1}\dot{U}_C\\&=j3\omega C_{0.1}\dot{U}_0\end{aligned} \tag{8-5}$$

同理，非故障线路2WL始端所反应的零序电流为

$$3\dot{I}_{0.2}=\dot{I}_{B.2}+\dot{I}_{C.2}=j3\omega C_{0.2}\dot{U}_0 \tag{8-6}$$

对非故障元件发电机G，一方面，其本身B、C相的对地电容电流$\dot{I}_{B.G}$和$\dot{I}_{C.G}$经电容$C_{0.G}$流向故障点；另一方面，由于发电机G是产生其他电容电流的电源，各条线路的电容电流从A相绕组流入，又分别从B、C相绕组流出，三相电流相量和为零。故对发电机G出线端所反应的零序电流为

$$3\dot{I}_{0.G}=\dot{I}_{B.G}+\dot{I}_{C.G}=j3\omega C_{0.G}\dot{U}_0 \tag{8-7}$$

而对故障线路3WL，B、C相同非故障线路一样，流过它本身的电容电流为$\dot{I}_{B.3}$和$\dot{I}_{C.3}$，而A相要流过故障点的电流$\dot{I}_k$，$\dot{I}_k$的方向由线路指向母线，其值为

$$\begin{aligned}\dot{I}_k&=(\dot{I}_{B.1}+\dot{I}_{C.1})+(\dot{I}_{B.2}+\dot{I}_{C.2})+(\dot{I}_{B.3}+\dot{I}_{C.3})+(\dot{I}_{B.G}+\dot{I}_{C.G})\\&=j3\omega(C_{0.1}+C_{0.2}+C_{0.3}+C_{0,G})\dot{U}_0\\&=j3\omega C_{0.\Sigma}\end{aligned} \tag{8-8}$$

式中　$C_{0.\Sigma}$——全电网每相对地电容的总和，且$C_{0.\Sigma}=C_{0.1}+C_{0.2}+C_{0.3}+C_{0.G}$。

故障线路3WL始端所反应的零序电流为

$$\begin{aligned}3\dot{I}_{0.3}&=\dot{I}_{A.3}+\dot{I}_{B.3}+\dot{I}_{C.3}=-\dot{I}_k+\dot{I}_{B.3}+\dot{I}_{C.3}\\&=-(\dot{I}_{B.1}+\dot{I}_{C.1}+\dot{I}_{B.2}+\dot{I}_{C.2}+\dot{I}_{B.G}+\dot{I}_{C.G})\\&=-(3\dot{I}_{0.1}+3\dot{I}_{0.2}+3\dot{I}_{0.G})\end{aligned} \tag{8-9}$$

根据以上的分析，可以作出电网单相接地时电流、电压的相量图，如图8-3所示，并可得出如下结论。

（1）在中性点不接地电网中发生单相接地时，电网各处故障相对地电压为零，非故障相对地电压升高至电网的线电压；电网出现零序电压，其大小等于电网正常工作时的相电压。

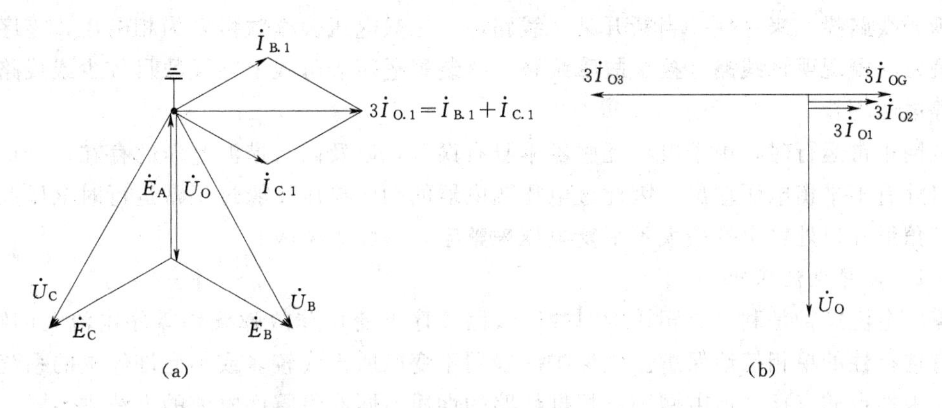

图 8-3 中性点不接地电网单相接地时零序电流电压的相量图

(2) 非故障线路上零序电流的大小等于线路本身的对地电容电流，即为该线路保护通过的零序电流，其方向为从母线指向线路，它超前零序电压 90°。

(3) 故障线路上零序电流的大小等于所有非故障元件零序电流的总和，数值较大，其方向为从线路指向母线，它滞后零序电压 90°。

8.1.3 中性点不接地电网的接地保护

根据前面的分析，针对中性点不接地电网单相接地故障时的特点，可以采用如下几种保护方式。

8.1.3.1 绝缘监视装置

绝缘监视装置的原理接线图如图 8-4 所示，在发电厂或变电所的母线上装设一台三相五柱式电压互感器或三台单相三绕组电压互感器。互感器二次侧有两组绕组，其中一组接成星形，绕组引出线上接三只电压表，测量各相电压；另一组接成开口三角形，在开口处接一只过电压继电器 KV，反应单相接地时出现的零序电压。

电网正常运行时，三相电压对称，没有零序电压，三只电压表读数相等，开口三角形的开口处电压接近于零，过电压继电器 KV 不动作。

当电网中任一相发生单相金属性接地时，接地相对地电压为零，与其对应相的电压表指示为零，非故障相对地电压升高为正常时的$\sqrt{3}$倍，其电压表读数升高为线电压。同时，在开口三角形的开口处将产生近 100V 的零序电压，过电压继电器 KV 动作，从而使信号接通回路，发出灯光和音响信号，以便运行人员及时处理。

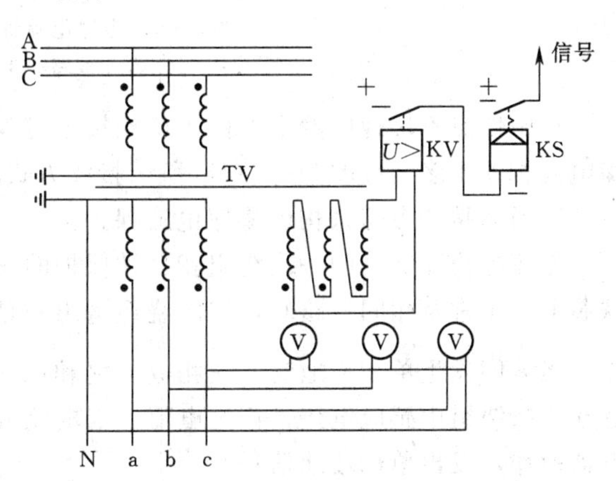

图 8-4 绝缘监视装置的原理接线图

运行人员可根据接地信号和电压表的读数，判断哪一段母线和哪一相发生单相接地故障，但不能判断是哪一条线路上发生了单相接地故障，因此绝缘监视装置是无选择性的。为了找出故障线路，运行人员必须依次短时断开各条线路，并辅以自动重合闸将断开线路投入来寻找。当断开某一线路时，三只电压表读数恢复为相电压，零序电压信号消失，即说明该线路是接地故障线路。该装置适用于母线上出线数目较少或线路允许短时停电的场合。

电网正常运行时，由于电压互感器本身有误差，以及高次谐波电压的存在，开口三角形开口处有不平衡电压输出。因此过电压继电器的动作电压按躲过正常运行时电压互感器开口三角形开口处输出的最大不平衡电压来整定，一般为15V。

8.1.3.2　零序电流保护

零序电流保护是利用单相接地时故障线路零序电流比非故障线路零序电流大的特点，实现有选择性的单相接地保护。该保护一般用于变电所出线较多或不允许停电的系统中。

在中性点非直接接地电网中，根据线路的性质不同取得零序电流的方法也不同。对于架空线路，可采用三只单相的电流互感器构成零序电流滤过器来取得零序电流，如图8-5（a）所示；对于电缆线路或经电缆引出的架空线，可采用特制的零序电流互感器TAN取得零序电流，如图8-5（b）所示。

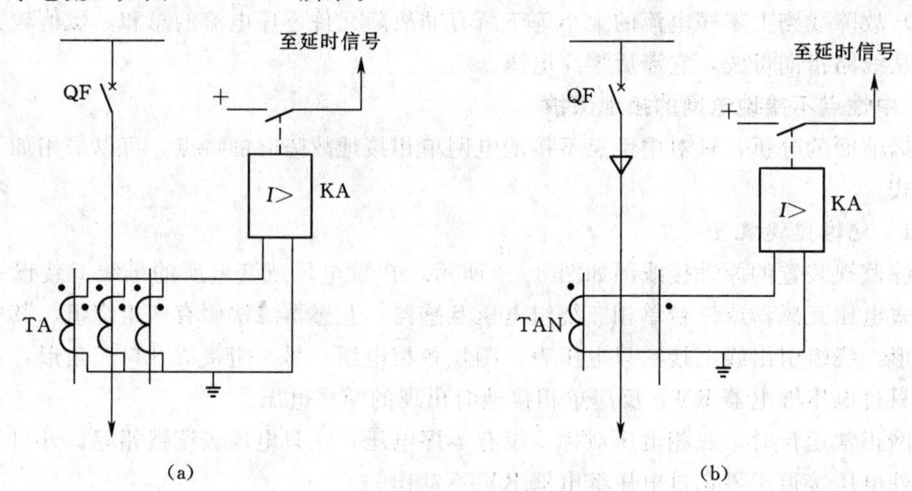

图8-5　零序电流保护原理接线图

（a）架空线路；（b）电缆线路

在中性点不接地电网中，由于单相接地时零序电流小，与零序电流滤过器输出的不平衡电流相差不多，故图8-5（a）所示接线方式难以采用。因此在实际中大多数采用图8-5（b）所示接线方式来构成零序电流保护。

零序电流互感器的一次绕组就是被保护的三相导线，二次绕组绕在包围着三相导线的铁芯上。正常及相间短路时，二次绕组输出的是不平衡电流，其数值很小，保护装置不动作。当电网发生单相接地时，三相电流之和$\dot{I}_A+\dot{I}_B+\dot{I}_C\neq0$，铁芯中出现零序磁通，该磁通在二次绕组中感应电势，产生电流。当电流大于电流继电器KA的动作电流时，电流继电器动作，发出单相接地信号。

需要指出，发生单相接地故障时，接地故障电流不仅可能沿着发生故障的电缆导电的外皮流动，也可能沿着非故障电缆导电的外皮流动；正常运行时，电缆导电外皮也可能流过杂散电流。在这种情况下，为了避免非故障电缆线路上的零序电流保护误动作，可将电

缆头与支架绝缘起来，将电缆头的接地线穿过零序电流互感器的铁芯见图 8-6。这样，流过非故障电缆外皮的电流与接地线中的电流相互抵消，不会反应到零序电流互感器的二次侧。

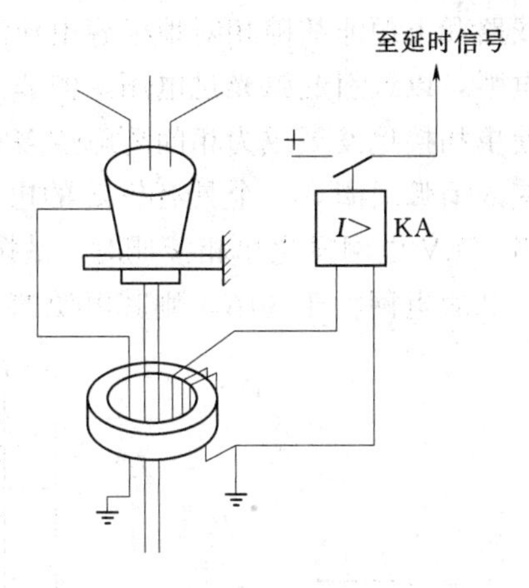

图 8-6　零序电流互感器安装原理图

零序电流保护的动作电流是按躲过其他线路单相接地时本线路的零序电流来整定，即

$$I_{op}=K_{rel}3I_0=3K_{rel}\omega C_0U_P \qquad (8-10)$$

式中　K_{rel}——可靠系数，其值与动作时限有关。如果保护瞬时动作，考虑到接地电容电流暂态分量的影响，取 4～5；如果保护延时动作，则取 1.5～2；

C_0——被保护线路每相的对地电容；

U_P——线路的相电压。

保护装置灵敏度的校验按在被保护线路上发生单相接地时，流过保护装置的最小零序电流来进行，可用下式计算

$$K_{sen}=\frac{3\omega(C_{0.\Sigma}-C_0)U_\varphi}{3\omega C_0U_\varphi}=\frac{C_{0.\Sigma}-C_0}{C_0} \qquad (8-11)$$

式中　$C_{0.\Sigma}$——系统在最小运行方式，各线路每相对地电容的总和。

根据规程规定，当采用零序电流互感器时，K_{sen}应大于 1.25；采用零序电流过滤器时，K_{sen}应大于 1.5。显然，这种保护只有出线较多时，才有足够的灵敏度。

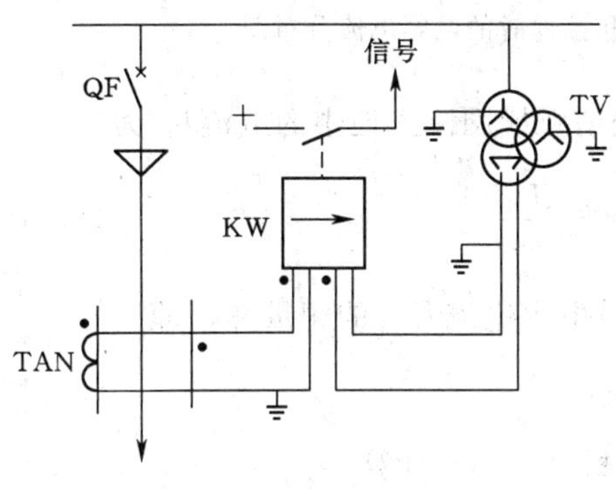

图 8-7　零序功率方向保护原理接线图

8.1.3.3　零序功率方向保护

在中性点不接地电网中，当出线比较少时，发生单相接地时故障线路的零序电流与非故障线路的零序电流相差不大，因而采用零序电流保护往往不能满足灵敏度的要求，这时可以考虑采用零序功率方向保护。零序功率方向保护是利用单相接地时故障线路的零序电流与非故障线路的零序电流的方向不同的特点来获得选择性的，保护装置动作于信号。

零序功率方向保护的原理接线图如图 8-7 所示，功率方向元件的电流线圈接于被保护线路零序电流互感器的二次侧，即$\dot{I}_r=3\dot{I}_0$，电压线圈接于母线电压互感器二次开口三角形的输出端，即$\dot{U}_r=3\dot{U}_0$。

8.2　中性点经消弧线圈接地电网的接地保护

8.2.1　单相接地时电流、电压的特点

根据前面的分析可知，中性点不接地电网发生单相接地时，接地点将流过全电网中各

线路和电源非故障相对地电容电流之和，若此电流数值比较大，就会在接地点产生间歇性电弧，以致引起弧光过电压，使非故障线路相对地电压进一步升高，因而导致绝缘损坏，使单相接地发展成为相间故障或多点接地故障，造成停电事故。为此在中性点和大地之间接入消弧线圈（一个具有铁芯的电感线圈）以削弱故障点的接地电流，如图 8－8 所示。当 35kV 电网发生单相接地时，故障点的电容电流总和大于 10A，10kV 电网大于 20A，3～6kV 电网大于 30A，则其电源的中性点应采取经消弧线圈接地的方式。

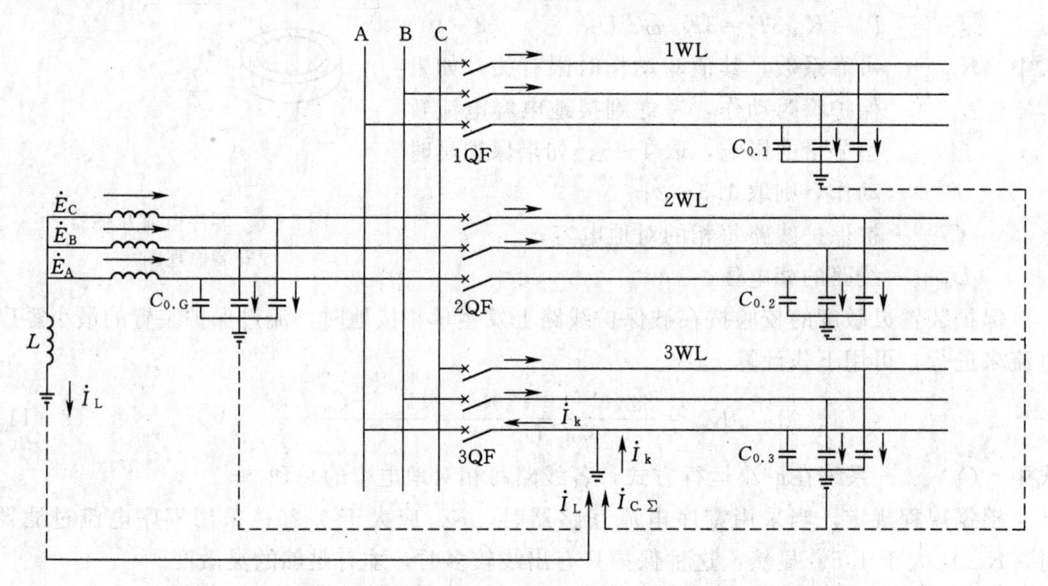

图 8－8　中性点经消弧线圈接地电网单相接地时的电容电流分布图

设 L 表示消弧线圈的电感值，单相接地时，经消弧线圈流入地中的电流 $\dot{I}_L$ 为

$$\dot{I}_L=\frac{\dot{U}_0}{jX_L}=-j\frac{\dot{U}_0}{X_L}=-j\frac{\dot{U}_0}{\omega L} \tag{8-12}$$

通过接地点总电流 $\dot{I}_k$ 为电感电流 $\dot{I}_L$ 与全系统总电容电流 $\dot{I}_{C.\Sigma}$ 的相量和，即

$$\dot{I}_k=\dot{I}_L+\dot{I}_{C.\Sigma} \tag{8-13}$$

式中　$\dot{I}_{C.\Sigma}$——全系统对地电容电流的总和，可按式（8－8）计算。

式（8－13）中 $\dot{I}_L$ 与 $\dot{I}_{C.\Sigma}$ 的方向相反，相互抵消，使 $\dot{I}_k$ 值减小，所以中性点经消弧线圈接地电网属于中性点非直接接地电网。其电容电流的大小和分布与中性点不接地电网相同，所不同的是在接地点增加了一个感性电流 $\dot{I}_L$，以抵消 $\dot{I}_{C.\Sigma}$，减小了通过故障点的电流，即使之得到了补偿。根据电感电流对电容电流补偿的程度不同，可以分为以下三种补偿方式。

（1）当 $I_L=I_{C.\Sigma}$ 时，为完全补偿。采用这种补偿方式后，流过接地点的电流近似为零，这从消除故障点的电弧来看是有利的。但是当完全补偿时，$X_L=X_{C.\Sigma}$，电路中出现串联谐振现象。在串联谐振时，回路中产生很大的电流，该电流在消弧线圈上产生很大的电压降，电源中性点对地电压严重升高，设备的绝缘受到破坏，因此在实际中不采用这种

补偿方式。

(2) 当$I_L<I_{C.\Sigma}$时，为欠补偿。采用这种补偿方式后，流过接地点的电流仍为容性电流。当系统运行方式发生变化时，比如当切除某条线路时，电容电流减少，可能得到完全补偿，所以欠补偿的方式一般不采用。

(3) 当$I_L>I_{C.\Sigma}$时，为过补偿。采用这种补偿方式后，流过接地点的电流是感性电流。当系统运行方式发生变化时，也不会出现串联谐振现象，因此这种补偿方式在实际中得到了广泛的应用。补偿的具体程度用补偿系数K来表示，其补偿系数的计算公式为

$$K=\frac{I_L-I_{C.\Sigma}}{I_{C.\Sigma}} \tag{8-14}$$

一般选择过补偿度K为(5～10)%。消弧线圈一般都是可调的，来适应系统运行方式的变化。根据以上分析，可以得出如下的结论。

(1) 中性点经消弧线圈接地电网中发生单相金属性接地时，故障相对地电压为零，非故障相对地电压也同样升高至线电压，电网中将出现零序电压，零序电压的大小等于电网正常运行时的相电压，与此同时也将出现零序电流。

(2) 消弧线圈两端的电压为零序电压，消弧线圈的电流$\dot{I}_L$通过接地故障点和故障线路的故障相，但不通过非故障线路。

(3) 由于过补偿使故障点、故障线路的零序电流大大减小，因此故障线路零序电流的大小与非故障线路零序电流的值差别不大。

(4) 采用过补偿方式后，故障线路零序电流和零序功率方向与非故障线路零序电流和零序功率方向相同。

由此可见，中性点经消弧线圈接地电网中，当采用过补偿方式时，流经故障线路和非故障线路保护安装处的电流，是电容性电流，其容性无功功率方向都是由母线流向线路。故无法利用功率方向来判别是线路故障还是非线路故障。当过补偿度不大时，也很难利用电流大小判别出故障线路。

对中性点经消弧线圈接地系统，根据运行要求有时采用消弧线圈并(串)电阻运行的派生接地方式。有时采用自动跟踪补偿消弧线圈。

8.2.2 中性点经消弧线圈接地电网的接地保护方式

由上述可见，在中性点经消弧线圈接地的电网中，要实现有选择性的保护是很困难的。目前这类电网可采用无选择性的绝缘监视装置。除此之外，还可以采用零序电流有功分量法、稳态高次谐波分量法、暂态零序电流半波法、注入信号法、小波法等保护原理。

1. 绝缘监视装置

该装置与中性点不接地电网的绝缘监视装置的原理和接线图相同。

2. 反应高次谐波分量的接地保护

在电力系统中的谐波电流中，数值最大的是5次谐波分量，它是因电源电势中存在高次谐波分量和负荷的非线性而产生，并随系统运行方式而变化。在中性点经消弧线圈接地的电网中，5次谐波电容电流不能被消弧线圈所补偿，故障线路与非故障线路的5次谐波零序电流相差较大，故反应5次谐波分量的接地保护装置能灵敏地反应单相接地故障。

3. 反应暂态零序电流的保护

前面所述有关零序电流的特点，指的都是稳态电流值。实际上，在发生单相接地时，故障电压和电流的暂态过程持续时间虽短但含有丰富的故障信息，较稳态值大很多倍，又因为故障时的暂态过程不受接地方式的影响，即系统不接地和系统经消弧线圈接地时的暂态过程是相同的，利用暂态分量以下特点可构成接地保护。

中性点非直接接地系统发生单相接地后，故障相对地电压突然降低为零，并引起故障相对地电容放电。放电电流衰减快、振荡频率高达数千赫，这是由于放电回路电阻和电感都比较小的缘故。而非故障线路由于对地电压突然升高$\sqrt{3}$倍，从而引起充电电流。因为充电电流要通过电源，故电感较大，所以充电电源衰减较慢，且振荡频率也较低（仅数百Hz）。

（1）反应零序电流首半波的保护。理论计算和实践证明，在接地故障发生后，故障线路暂态零序电流第一个周期的首半波比非故障线路的保护安装处暂态零序电流大得多，且方向相反。故可以利用这些特点构成有选择性接地保护。

（2）反应小波变换的保护。小波变换是在傅里叶变换基础上发展起来的一种现代信号处理理论与方法，是一种信号的时间—频率分析方法，它具有多分辨率分析的特点，而且时频两域都具有表征信号局部性的能力。反应小波变换的保护原理就是把测得的暂态零序电流的信息进行小波分析处理获得小波系数、小波突变信号、小波突变量等特征量来选择故障线路。

小结

在中性点非直接接地电网中发生单相接地故障时，故障相对地电压为零，非故障相对地电压升高为正常运行时的$\sqrt{3}$倍，同时会出现零序电压和零序电流，根据这一特点及接地时出现的基本特征量，可实现中性点非直接接地电网的接地保护。中性点不接地电网接地保护的方式有如下几种。

（1）绝缘监视装置。该装置是一种无选择性的信号装置，它的优点是接线简单、经济，但在寻找接地故障过程中，不仅要短时中断对用户的供电，且操作麻烦，还需要人工查找故障线路。这种装置广泛用在变电所母线上，用以监视本电网中的单相接地故障及母线电压。当采用其他接地保护方式不满足选择性和灵敏性要求时，只得用本装置来构成接地保护。它适用于出线较少的中性点不接地电网。

（2）零序电流保护。只有当电网的线路数目较多时，这种保护才能有足够的灵敏度。当线路的数目较少时，实现这种保护是很困难的。

（3）零序功率方向保护。当零序电流保护灵敏系数不满足时才采用零序功率方向保护。

中性点经消弧线圈接地的保护方式有以下几种。

（1）绝缘监视装置。

（2）反应高次谐波分量的接地保护。

（3）反应暂态过程的接地保护。

习　题

8-1　中性点不接地电网和中性点经消弧线圈接地的电网，在发生单相接地故障时，其零序电容电流分布的特点是什么？

8-2　试述在中性点不接地电网中发生单相接地故障时，电流、电压变化的特点。

8-3　说明零序电流互感器的构造和工作原理，并指出为什么在中性点不接地电网中的零序电流保护中多采用零序电流互感器而不是零序电流滤过器？为什么要求电缆头的接地线穿过互感器的铁芯后再接地？

8-4　说明零序电流保护动作电流的整定计算原则及灵敏度的校验方法。

8-5　绘出零序功率方向保护的原理接线图，说明其工作原理。

8-6　说明在中性点经消弧线圈接地电网中发生单相接地时，为什么不能采用一般的零序电流保护和零序功率方向保护？

第9章　输电线路的距离保护

【教学要求】 掌握距离保护的基本工作原理，阻抗继电器原理，阻抗继电器接线；熟悉整定计算方法；熟悉电力系统振荡，断线、短路点过渡电阻，分支电源对距离保护的影响及采取的措施。

9.1　距离保护概述

9.1.1　距离保护的作用

电流电压保护，其保护范围随系统运行方式的变化而变化，在某些运行方式下，电流速断保护或限时电流速断保护的保护范围将变得很小，电流速断保护有时甚至没有保护区，不能满足电力系统稳定性的要求。此外，对长距离、重负荷线路，由于线路的最大负荷电流可能与线路末端短路时的短路电流相差甚微，这种情况下，即使采用过电流保护，其灵敏性也常常不能满足要求。

因此，在结构复杂的高压电网中，应采用性能更加完善的保护装置，距离保护就是其中的一种。

9.1.2　距离保护的基本原理

距离保护就是反应故障点至保护安装处之间的距离，并根据该距离的大小确定动作时限的一种继电保护装置。当故障点距保护安装处越近时，保护装置感受的距离越小，保护的动作时限就越短；反之，当故障点距保护安装处越远时，保护装置感受的距离越大，保护的动作时限就越长。这样，故障点总是由离故障点近的保护首先动作切除，从而保证了在任何形状的电网中，故障线路都能有选择性地被切除。

因此，作为距离保护测量的核心元件阻抗继电器，应能测量故障点至保护安装处的距离。方向阻抗继电器不仅能测量阻抗的大小，而且还应能测量出故障点的方向。因线路阻抗的大小，反映了线路的长度。因此，测量故障点至保护安装处的阻抗，实际上是测量故障点至保护安装处的线路距离。如图 9-1 所示，设阻抗继电器安装在线路 M 侧，保护安装处的母线测量电压为$\dot{U}_r$，由母线流向被保护线路的测量电流为$\dot{I}_r$，当电压互感器、电流互感器的变比为 1 时，加入继电器的电压、电流为$\dot{U}_r$、$\dot{I}_r$。

当被保护线路上发生短路故障时，阻抗继电器的测量阻抗 Z_r 为

$$Z_r=\frac{\dot{U}_r}{\dot{I}_r} \tag{9-1}$$

Z_{set}为整定阻抗，当区内故障时，$|Z_r|\leqslant|Z_{set}|$，保护动作；而当区外故障时，

$|Z_r|>|Z_{set}|$，保护不动作。

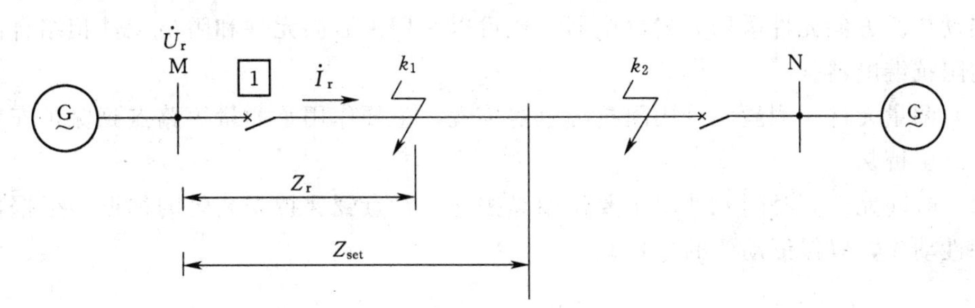

图 9-1 距离保护基本原理

9.1.3 距离保护时限特性

距离保护的动作时限 t_{op} 与保护安装处到短路点间距离的关系，即 $t_{op}=f(Z_m)$ 的关系称为时限特性，如图 9-2 所示。与三段式电流保护类似，具有阶梯时限特性的距离保护获得了最广泛的应用。

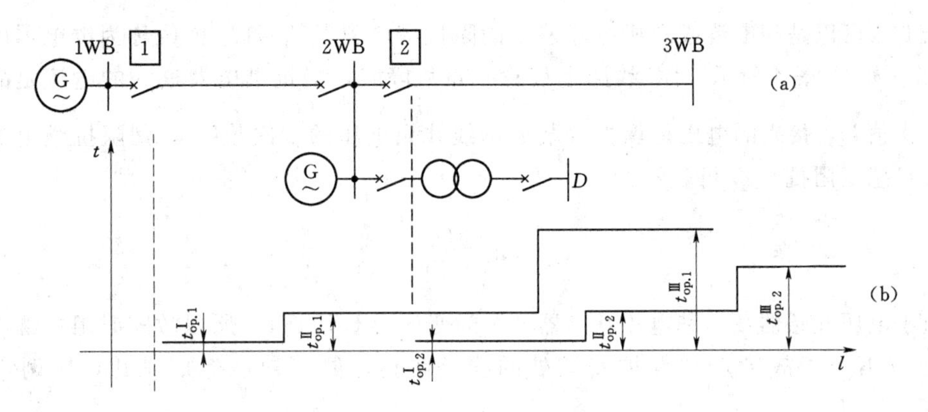

图 9-2 距离保护时限特性

(a) 电网结构；(b) 阶梯时限特性

距离保护的第Ⅰ段是瞬时动作，以保护固有的动作时间 t^{I}_{op} 跳闸。考虑到测量互感器及继电器的误差，整定阻抗取被保护线路正序阻抗的 80%～85%。

9.1.4 距离保护的构成

三段式距离保护装置一般由启动元件、方向元件、测量元件（阻抗元件）、时间元件、出口元件组成，其逻辑关系如图 9-3 所示。

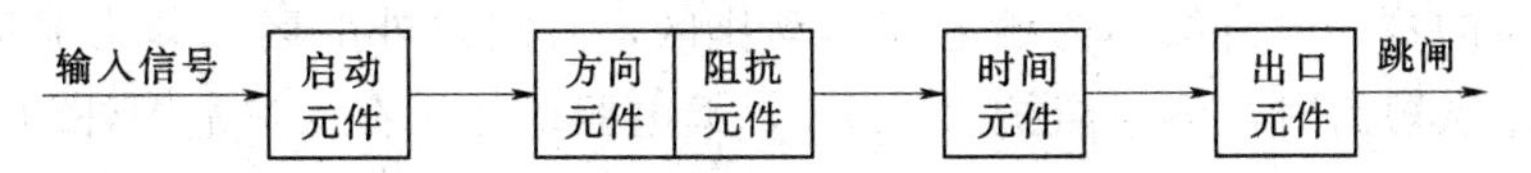

图 9-3 距离保护原理组成元件框图

(1) 启动元件。启动元件的主要作用是在发生故障瞬间启动保护装置。启动元件可采用反映负序电流构成或负序与零序电流的复合电流构成，也可以采用反映突变量的元件作为启动元件。

（2）方向元件。方向元件的作用是保证动作的方向性，防止反方向发生短路故障时，保护误动作。方向元件采用方向继电器，也可以采用由方向元件和阻抗元件相结合而构成的方向阻抗继电器。

（3）测量元件。测量元件用阻抗继电器实现，主要作用是测量短路点到保护安装处的距离（或阻抗）。

（4）时间元件。时间元件的主要作用是按照故障点到保护安装处的远近，根据预定的时限特性动作，以保证动作的选择性。

9.2　阻抗继电器

阻抗继电器是距离保护装置的核心元件，其主要作用是测量短路点到保护安装处的距离，并与整定值进行比较，以确定保护是否动作。下面以单相式阻抗继电器为例进行分析。

单相式阻抗继电器是指加入继电器只有一个电压$\dot{U}_r$（可以是相电压或线电压）和一个电流$\dot{I}_r$（可以是相电流或两相电流差）的阻抗继电器，$\dot{U}_r$和$\dot{I}_r$比值称为继电器的测量阻抗Z_r。如图9-4所示，BC线路上任意一点故障时，阻抗继电器通入的电流是故障电流的二次值$\dot{I}_r$，接入的电压是保护安装处母线残余电压的二次值$\dot{U}_m$，则阻抗继电器的测量阻抗（感受阻抗）Z_r可表示为

$$Z_r=\frac{\dot{U}_r}{\dot{I}_r} \tag{9-2}$$

由于电压互感器TV和电流互感器TA的变比均不等于1，所以故障时阻抗继电器的测量阻抗不等于故障点到保护安装处的线路阻抗，但Z_r与Z_k成正比，比例常数为K_{TA}/K_{TV}。

在复数平面上，测量阻抗Z_r可以写成$R+jX$的复数形式。为了便于比较测量阻抗Z_r与整定阻抗Z_{set}，通常将它们画在同一阻抗复数平面上。以图9-4中的BC线路的保护2为例，在图9-4上，将线路的始端B置于坐标原点，保护正方向故障时的测量阻抗在第Ⅰ象限，即落在直线BC上，BC与R轴之间的夹角为线路的阻抗角。保护反方向故障时的测量阻抗则在第Ⅲ象限，即落在直线BA上。假如保护2的距离Ⅰ段测量元件的整定阻抗$Z_{set}^{I}=0.85Z_{BC}$，且整定阻抗角$\varphi_{set}=\varphi_L$（线路阻抗角），那么，Z_{set}^{I}在复数平面上的位置必然在BC上。

Z_{set}^{I}所表示的这一段直线即为继电器的动作区，直线以外的区域即为非动作区。在保护范围内的k_1点短路时，测量阻抗$Z_r'<Z_{set}^{I}$，继电器动作；在保护范围外的k_2点短路时，测量阻抗$Z_r''>Z_{set}^{I}$，继电器不动作。

实际上具有直线形动作特性的阻抗继电器是不能采用的，因为在考虑到故障点过渡电阻的影响及互感器角度误差的影响时，测量阻抗Z_r将不会落在整定阻抗的直线上。为了在保护范围内故障时阻抗继电器均能动作，必须扩大其动作区。目前广泛应用的是在保证整定阻抗Z_{set}不变的情况下，将动作区扩展为位置不同的各种圆或多边形。

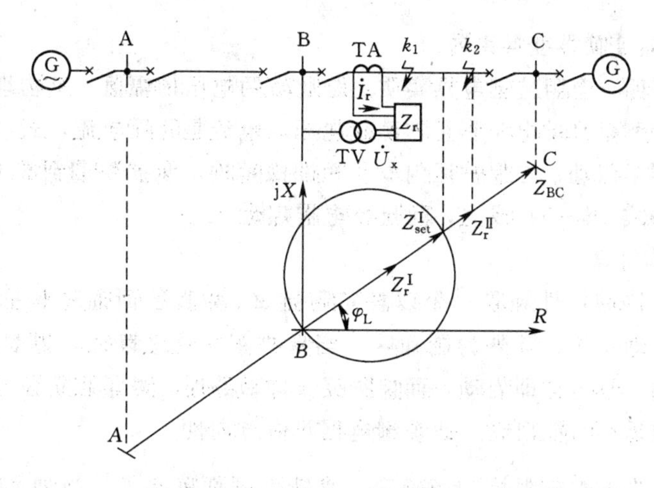

图 9-4　阻抗继电器的动作特性分析

9.2.1　圆特性阻抗继电器

1. 全阻抗继电器

如图 9-5 所示，全阻抗继电器的特性圆是一个以坐标原点为圆心，以整定阻抗的绝对值$|Z_{set}|$为半径所作的一个圆。圆内为动作区，圆外为非动作区。不论短路故障发生在正方向，还是反方向，只要测量阻抗 Z_r 落在圆内，继电器就动作，所以叫全阻抗继电器。当测量阻抗落在圆周上时，继电器刚好能动作，对应于此时的测量阻抗称为阻抗继电器的动作阻抗，以 Z_{op}表示。对全阻抗继电器来说，不论$\dot{U}_r$ 与 $\dot{I}_r$ 之间的相位差 φ_r 如何，$|Z_{op}|$均不变，总是$|Z_{op}|=|Z_{set}|$，即全阻抗继电器无方向性。

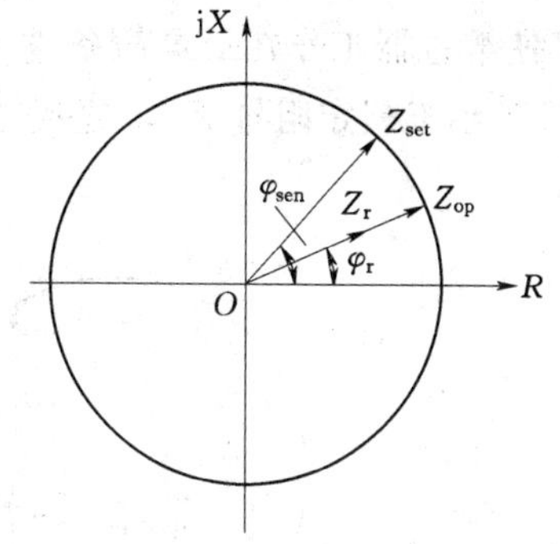

图 9-5　全阻抗继电器的动作特性

在构成阻抗继电器时，为了比较测量阻抗 Z_r 和整定阻抗 Z_{set}，总是将它们同乘以线路电流，变成两个电压后，进行比较，而对两个电压的比较，则可以比较其绝对值（也称比幅），也可以比较其相位（也称比相）。

对于图 9-5 所示的全阻抗继电器特性，只要其测量阻抗落在圆内，继电器就能动作，所以该继电器的动作方程为

$$|Z_r| \leqslant |Z_{set}| \tag{9-3}$$

上式两边同乘以电流$\dot{I}_r$，计及$\dot{I}_r Z_r=\dot{U}_r$，得

$$|\dot{U}_r| \leqslant |\dot{I}_r Z_{set}| \tag{9-4}$$

若令整定阻抗 $Z_{set}=\dot{K}_{ur}/\dot{K}_{uv}$，则式（9-4）为

$$|\dot{K}_{uv}\dot{U}_r| \leqslant |\dot{K}_{ur}\dot{I}_r| \tag{9-5}$$

式中　$\dot{K}_{uv}$——电压变换器变换系数；

$\dot{K}_{ur}$——电抗变换器变换系数。

式（9－5）表明，全阻抗继电器实质上是比较两电压的幅值。其物理意义是：正常运行时，保护安装处测量到的电压是正常额定电压，电流是负荷电流，式（9－5）不等式不成立，阻抗继电器不启动；在保护区内发生短路故障时，保护测量到的电压为残余电压，电流是短路电流，式（9－5）成立，阻抗继电器启动。

2. 方向阻抗继电器

方向阻抗继电器的特性圆是一个以整定阻抗 Z_{set} 为直径而通过坐标原点的圆，如图9－6所示，圆内为动作区，圆外为制动区。当保护正方向故障时，测量阻抗位于第Ⅰ象限，只要落在圆内，继电器即启动，而保护反方向短路时，测量阻抗位于第Ⅲ象限，不可能落在圆内，继电器不可能启动，故该继电器具有方向性。

方向阻抗继电器的整定阻抗一经确定，其特性圆便确定了。当加入继电器的 $\dot{U}_r$ 和 $\dot{I}_r$ 之间的相位差（测量阻抗角）φ_r 为不同数值时，此种继电器的动作阻抗 Z_{op} 也将随之改变。当 $\varphi_r=\varphi_{set}$ 时，继电器的动作阻抗达到最大，等于圆的直径。此时，阻抗继电器的保护范围最大，保护处于最灵敏状态。因此，这个角度称为方向阻抗继电器的最灵敏角，通常用 φ_{sen} 表示。当被保护线路范围内故障时，测量阻抗角 $\varphi_r=\varphi_k$（线路短路阻抗角），为了使继电器工作在最灵敏条件下，应选择整定阻抗角 $\varphi_{set}=\varphi_k$。若 $\varphi_k\neq\varphi_{set}$，则动作阻抗 Z_{op} 将小于整定阻抗 Z_{set}，这时继电器的动作条件是 $|Z_r<Z_{op}|$，而不是 $|Z_r<Z_{set}|$。

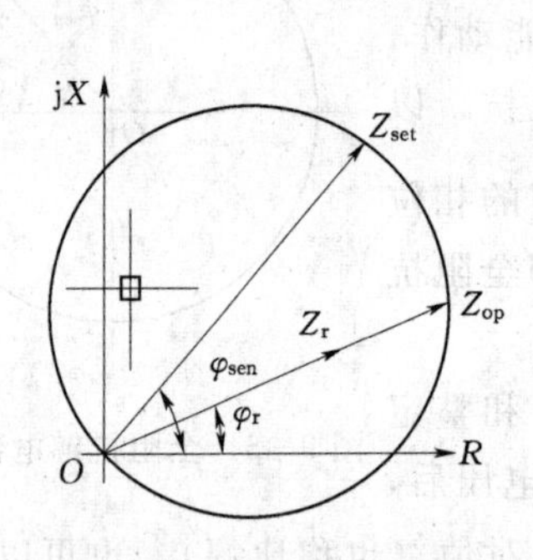

图9－6　方向阻抗继电器特性圆

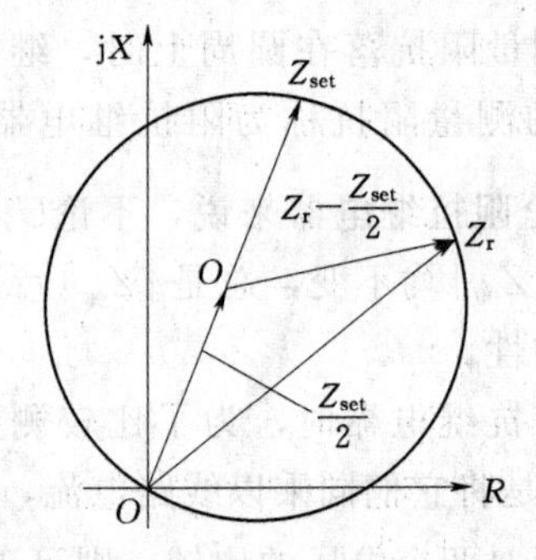

图9－7　方向阻抗继电器的动作特性

绝对值比较方式如图9－7所示，继电器阻抗形式启动（即测量阻抗 Z_r 位于圆内）的条件是

$$|Z_r-\frac{1}{2}Z_{set}|\leqslant|\frac{1}{2}Z_{set}| \tag{9-6}$$

式（4－14）两边乘以电流 $\dot{I}_r$，得到以比较两个电压的幅值动作方程为

$$|\dot{U}_r-\frac{1}{2}\dot{I}_rZ_{set}|\leqslant|\frac{1}{2}\dot{I}_rZ_{set}| \tag{9-7}$$

将整定阻抗与变换系数间关系代入式（9－7），得

$$|\dot{K}_{uv}\dot{U}_r-\frac{1}{2}\dot{K}_{ur}\dot{I}_r|\leqslant|\frac{1}{2}\dot{K}_{ur}\dot{I}_r| \tag{9-8}$$

3. 偏移特性阻抗继电器

由式(9-7)、式(9-8)可知，当加入阻抗继电器测量电压$\dot{U}_r=0$时，比幅原理阻抗继电器处于动作边缘，实际上由于执行元件总是需要动作功率的，阻抗继电器将不起动。显然，在保护安装出口处发生三相短路故障时，阻抗继电器测量电压$\dot{U}_r=0$，保护将无法反映保护安装处三相短路故障，即出现所谓“动作死区”。

偏移特性阻抗继电器的特性是当正方向的整定阻抗为Z_{set}时，同时反方向偏移一个αZ_{set}，称α为偏移度，其值在0～1之间。阻抗继电器的动作特性如图9-8所示，圆内为动作区，圆外为制动作区。偏移特性阻抗继电器的特性圆向第Ⅲ象限作了适当偏移，使坐标原点落入圆内，则母线附近的故障也在保护范围之内，因而电压死区不存在了。由图9-8可见，圆的直径为$|Z_{set}+\alpha Z_{set}|$，圆的半径为$|Z_{set}-Z_0|$。

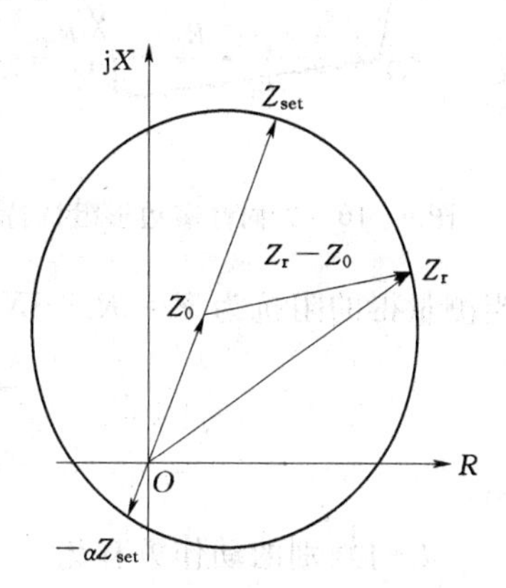

图9-8 偏移特性阻抗继电器特性

这种继电器的动作特性介于方向阻抗继电器和全阻抗继电器之间，例如当采用$\alpha=0$时，即为方向阻抗继电器，而当$\alpha=1$时，则为全阻抗继电器，其动作阻抗Z_{op}既与测量阻抗角φ_r有关，但又没有完全的方向性。实用上通常采用$\alpha=0.1$～0.2，以便消除方向阻抗继电器的死区。

9.2.2 多边形阻抗继电器

多边形阻抗继电器在微机保护中实现容易，且多边形阻抗继电器反应故障点过渡电阻能力强、躲过负荷阻抗能力好，所以多边形特性阻抗继电器在微机保护中应用得相当广泛。若测量阻抗落在多边形阻抗特性内部时，就判为保护区内故障；若阻抗值落在多边形特性阻抗外时，就判为保护区外故障。

1. 四边形阻抗继电器

图9-9示出了简单的四边形阻抗元件，它的动作判据可写为

$$\begin{cases}X_{set.2}\leqslant X_r\leqslant X_{set.1}\\R_{set.2}\leqslant R_r\leqslant R_{set.1}\end{cases}\tag{9-9}$$

式中 X_r、R_r——阻抗继电器测量电抗和电阻；

$X_{set.1}$、$X_{set.2}$——电抗分量整定值；

$R_{set.1}$、$R_{set.2}$——电阻分量整定值。

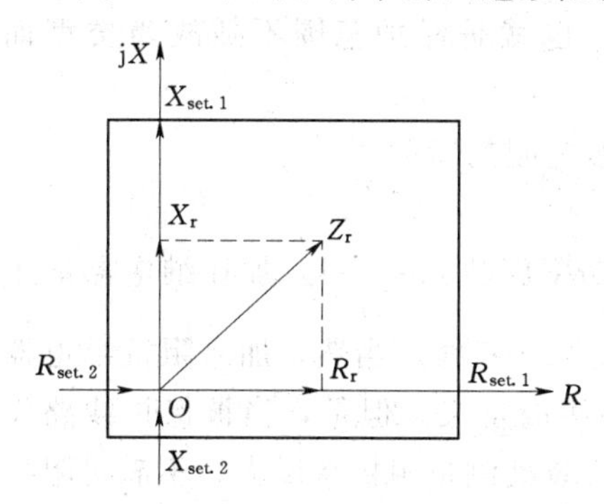

图9-9 四边形阻抗继电器

2. 方向性多边形阻抗继电器

图9-9示出了方向性多边形阻抗动作特性，在双侧电源线路上，考虑到经过渡电阻短路时，保护安装处测量阻抗受过渡电阻影响，且始端发生短路故障时的附加测量阻抗比末端发生短路故障时小，所以取α_1小于线路阻抗角，如取60°（为了提高躲负荷阻抗能力）；在第一象限中，与水平线成α夹角的下偏边界，是为了防止为防止被保护线路末端经过渡电阻短路故障时可能

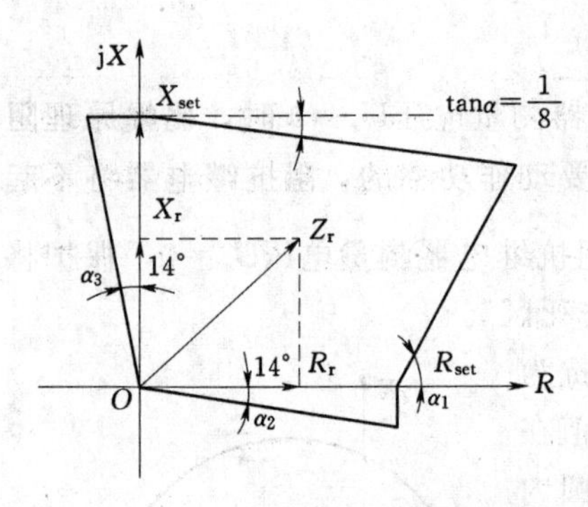

图9-10　方向性多边形阻抗特性

出现的超越范围制动启动而设计的，α 可取 7°～10°；为保证正向出口经过渡电阻短路时的阻抗继电器能可靠启动，α_2 应有一定的大小（其取值视是否采取了抑制负荷电流影响措施而定）；为保证被保护线路发生金属性短路故障时工作可靠性，α_3 可取 15°～30°（为实现方便 α_2、α_3 取 14°，因为 tan14°≈0.25）；如果采取了抑制负荷电流影响的措施后，顶边也可以平行于 R 轴。对方向性四边形特性阻抗继电器，还应设置方向判别元件，保证正向出口短路故障可靠动作，反向出口短路故障可靠不动作。整定参数仅有 R_{set} 和 X_{set}。

当测量得的阻抗为 $Z_r=R_r+jX_r$ 时，则动作判据为

$$\begin{cases}-X_r\tan14°\leqslant R_r\leqslant R_{set}+X_r\text{ctg}60°\\-R_r\tan14°\leqslant X_r\leqslant X_{set}-R_r\text{tg}\alpha\end{cases}\tag{9-10}$$

方向判别的动作方程为

$$-14°\leqslant\arg\frac{\dot{U}_r}{\dot{I}_r}\leqslant 90°+14°\tag{9-11}$$

式中　$\dot{U}_r$、$\dot{I}_r$——加入阻抗继电器的电压、电流，根据阻抗继电器接线方式而定。

9.3　阻抗继电器的接线方式

9.3.1　对阻抗继电器接线的要求

根据距离保护的工作原理，加入继电器的电压$\dot{U}_r$ 和电流$\dot{I}_r$ 应满足以下要求。

（1）阻抗继电器的测量阻抗应正比于短路点到保护安装地点之间的距离。

（2）阻抗继电器的测量阻抗应与故障类型无关，也就是保护范围不随故障类型而变化。

（3）阻抗继电器的测量阻抗应不受短路故障点过渡电阻的影响。

9.3.2　反应相间故障的阻抗继电器的0°接线方式

类似于在功率方向继电器接线方式中的定义，当功率因数 $\cos\varphi=1$，加在继电器端子上的电压$\dot{U}_r$ 与电流$\dot{I}_r$ 的相位差为 0°，称这种接线方式为 0°接线。当然，加入阻抗继电器的电压为相电压，电流为同相电流，虽然也满足 0°接线的定义。但是，当被保护线路发生两相短路故障时，短路点的相电压不等于零，保护安装处测量阻抗将增大，不满足阻抗继电器接线要求。因此，加入阻抗继电器的电压必须采用相间电压，电流采用与电压同名相两相电流差。同时，为了保护能反映各种不同的相间短路故障，需要三个阻抗继电器，其接线如表9-1所示。现分析采用这种接线方式的阻抗继电器，在发生各种相间故障时的测量阻抗。

表 9-1 **相间故障阻抗继电器接线**

继电器编号	加入继电器电压$\dot{U}_r$	加入继电器电流$\dot{I}_r$
1KI	$\dot{U}_A-\dot{U}_B$	$\dot{I}_A-\dot{I}_B$
2KI	$\dot{U}_B-\dot{U}_C$	$\dot{I}_B-\dot{I}_C$
3KI	$\dot{U}_C-\dot{U}_A$	$\dot{I}_C-\dot{I}_A$

1. 三相短路

如图 9-11 所示，由于三相短路是对称短路，三个阻抗继电器 1KI～3KI 的工作情况完全相同，因此，可仅以 1KI 为例分析之。设短路点至保护安装处之间的距离为 L_k，线路单位公里的正序阻抗为 $Z_1\Omega/\text{km}$，则保护安装处母线的电压$\dot{U}_{AB}$应为

$$\dot{U}_{AB}=\dot{U}_A-\dot{U}_B=\dot{I}_{MA}^{(3)}Z_1L_k-\dot{I}_{MB}^{(3)}Z_1L_k$$

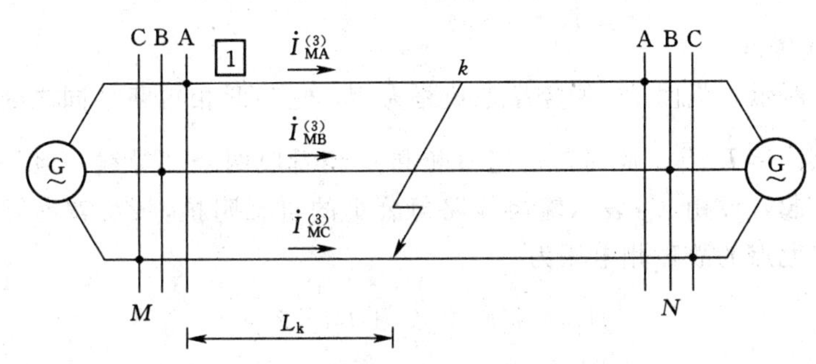

图 9-11 三相短路故障时测量阻抗的分析

因此，在三相短路时，阻抗继电器 1KI 的测量阻抗为

$$Z_r=\frac{\dot{U}_A-\dot{U}_B}{\dot{I}_A-\dot{I}_B}=Z_1L_k \tag{9-12}$$

显然，当被保护线路发生三相金属性短路故障时，三个阻抗继电器的测量阻抗均等于短路点到保护安装处的阻抗。

2. 两相短路

如图 9-12 所示，以 BC 两相短路为例，则故障相间的电压$\dot{U}_{BC}$为

$$\dot{U}_{BC}=\dot{U}_B-\dot{U}_C=\dot{I}_{MB}^{(2)}Z_1L_k-\dot{I}_{MC}^{(2)}Z_1L_k$$

因此，故障相阻抗继电器 2KI 的测量阻抗为

$$Z_r=\frac{\dot{U}_B-\dot{U}_C}{\dot{I}_B-\dot{I}_C}=Z_1L_k \tag{9-13}$$

在 BC 两相短路故障的情况下，对继电器 1KI 和 3KI 而言，由于所加电压有一相非故障相的电压，数值较$\dot{U}_{BC}$高，而电流只有一个故障相的电流，数值较小。因此，其测量阻抗必然大于式（9-13）的数值，也就是说它们不能正确地测量保护安装处到短路点的阻抗。

由此可见，保护区BC两相短路时，只有2KI能正确地测量短路阻抗。同理，分析AB和CA两相短路可知，相应地只有1KI和3KI能准确地测量到短路点的阻抗而动作。这就是为什么要用三个阻抗继电器并分别接于不同相别的原因。

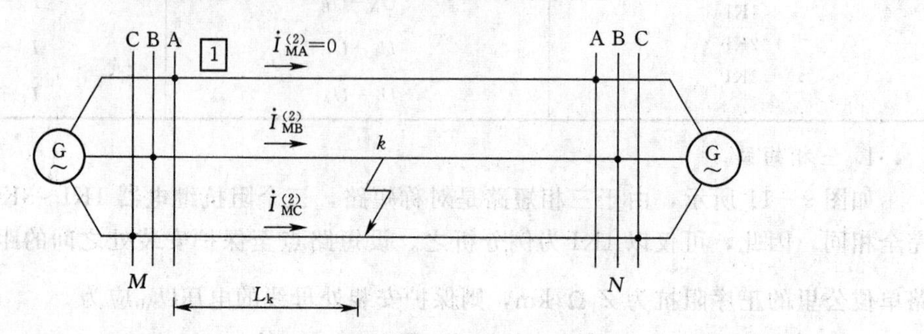

图9-12　两相短路故障时测量阻抗的分析

3. 两相接地短路

如图9-13所示，仍以BC两相接地短路为例，它与两相短路不同之处是地中有电流回路，因此，$\dot{I}_{MB}^{(1,1)}\neq\dot{I}_{MC}^{(1,1)}$。此时，若把B相和C相看成两个“导线—地”的送电线路并有互感耦合在一起，设用Z_L表示输电线路每公里的自感阻抗，Z_M表示每公里的互感阻抗，则保护安装地点的故障相电压为

$$\begin{cases}\dot{U}_B=\dot{I}_{MB}^{(1,1)}Z_L L_k+\dot{I}_{MC}^{(1,1)}Z_M L_k\\ \dot{U}_C=\dot{I}_{MC}^{(1,1)}Z_L L_k+\dot{I}_{MB}^{(1,1)}Z_M L_k\end{cases}$$

阻抗继电器2KI测量阻抗为

$$Z_r=\frac{\dot{U}_B-\dot{U}_C}{\dot{I}_B-\dot{I}_C}=\frac{(\dot{I}_{MB}^{(1,1)}-\dot{I}_{MC}^{(1,1)})(Z_L-Z_M)L_k}{\dot{I}_{MB}^{(1,1)}-\dot{I}_{MC}^{(1,1)}}=Z_1L_k \tag{9-14}$$

由此可见，当发生BC两相接地短路时，2KI的测量阻抗与三相短路时相同，保护能够正确动作。

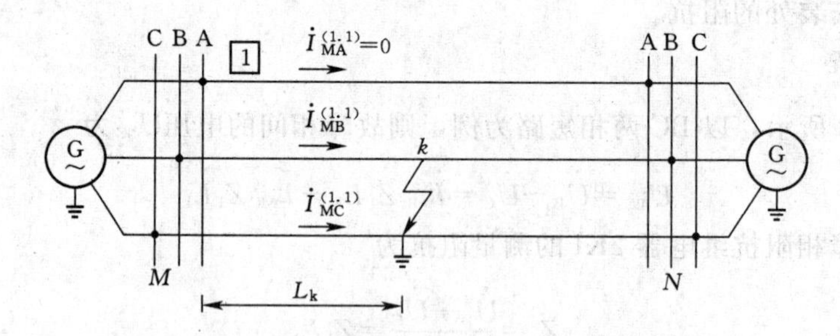

图9-13　BC两相接地短路时测量阻抗的分析

9.3.3　反映接地短路故障的阻抗继电器接线

在中性点直接接地电网中，当采用零序电流保护不能满足要求时，一般考虑采用接地距离保护。由于接地距离保护的任务是反应接地短路，故需对阻抗继电器接线方式作进一步的讨论。

当发生单相金属性接地短路时，只有故障相的电压降低，电流增大，而任何相间电压仍然很高。因此，从原则上看，阻抗继电器应接入故障相的电压和相电流。下面以A相阻抗继电器为例，若加入A相阻抗继电器电压、电流为

$$\dot{U}_r=\dot{U}_A、\dot{I}_r=\dot{I}_A$$

将故障点电压$\dot{U}_{kA}$和电流$\dot{I}_{kA}^{(1)}$分解为对称分量，则

$$\begin{cases}\dot{U}_{kA}=\dot{U}_{kA1}+\dot{U}_{kA2}+\dot{U}_{kA0}\\ \dot{I}_{kA}^{(1)}=\dot{I}_{kA1}^{(1)}+\dot{I}_{kA2}^{(1)}+\dot{I}_{kA0}^{(1)}\end{cases}$$

按照各序的等效网络，在保护安装处母线上各对称分量的电压与短路点的对称分量电压之间，应具有如下的关系

$$\begin{cases}\dot{U}_{A1}=\dot{U}_{kA1}+\dot{I}_{k1}Z_1L_k\\ \dot{U}_{A2}=\dot{U}_{kA2}+\dot{I}_{k2}Z_1L_k\\ \dot{U}_{A0}=\dot{U}_{kA0}+\dot{I}_{k0}Z_0L_k\end{cases}\tag{9-15}$$

式中　$\dot{I}_{k1}$、$\dot{I}_{k2}$、$\dot{I}_{k0}$——保护安装处测量到的正、负、零序电流。

因此，保护安装处母线上的A相电压应为

$$\begin{aligned}\dot{U}_A&=\dot{U}_{A1}+\dot{U}_{A2}+\dot{U}_{A0}=(\dot{U}_{kA1}+\dot{U}_{kA2}+\dot{U}_{kA0})+(\dot{I}_{k1}Z_1+\dot{I}_{k2}Z_1+\dot{I}_{k0}Z_0)L_k\\&=Z_1L_k(\dot{I}_{k1}+\dot{I}_{k2}+\dot{I}_{k0}\frac{Z_0}{Z_1})\\&=Z_1L_k(\dot{I}_A+\dot{I}_{k0}\frac{Z_0-Z_1}{Z_1})\end{aligned}\tag{9-16}$$

当采用$\dot{U}_r=\dot{U}_A$和$\dot{I}_r=\dot{I}_A$的接线方式时，则继电器的测量阻抗为

$$Z_r=Z_1L_k+\frac{\dot{I}_{k0}}{\dot{I}_A}(Z_0-Z_1)L_k\tag{9-17}$$

此测量阻抗之值与$\dot{I}_{k0}/\dot{I}_A$之比值有关，而这个比值因受中性点接地数目与分布的影响，并不等于常数，故阻抗继电器就不能准确地测量从短路点到保护安装处的阻抗。

为了使阻抗继电器的测量阻抗在单相接地时不受零序电流的影响，根据以上分析的结果，阻抗继电器应加入相电压和带零序电流补偿的相电流。即

$$\begin{cases}\dot{U}_r=\dot{U}_A\\ \dot{I}_r=\dot{I}_A+3K\dot{I}_0\end{cases}\tag{9-18}$$

式中，$K=\frac{Z_0-Z_1}{3Z_1}$。一般可近似认为零序阻抗角和正序阻抗角相等，K为实常数。此时，阻抗继电器测量阻抗为

$$Z_r=\frac{(\dot{I}_A+3K\dot{I}_0)Z_1L_k}{\dot{I}_A+3K\dot{I}_0}=Z_1L_k\tag{9-19}$$

显然，加入阻抗继电器的电压采用相电压，电流采用带零序电流补偿的相电流后，阻抗继电器就能正确地测量从短路点到保护安装处的阻抗，并与相间短路的阻抗继电器所测量的阻抗为同一数值。因此，反应接地距离保护必须采用这种接线。这种接线同样也能够反映两相接地短路和三相短路故障。

为了反应任一相的接地短路故障，接地距离保护也必须采用三个阻抗继电器，每个继电器所加的电压与电流如表9-2所示。

表9-2　反映接地短路故障的阻抗继电器接线

阻抗继电器编号	加入继电器电压$\dot{U}_r$	加入继电器电流$\dot{I}_r$
1KI	$\dot{U}_A$	$\dot{I}_A+3K\dot{I}_0$
2KI	$\dot{U}_B$	$\dot{I}_B+3K\dot{I}_0$
3KI	$\dot{U}_C$	$\dot{I}_C+3K\dot{I}_0$

9.4 距离保护的启动元件

9.4.1 启动元件的作用

距离保护装置的启动元件，主要任务是当输电线路发生短路故障时启动保护装置或进入计算程序，其作用如下所述。

(1) 闭锁作用。因启动元件动作后才给上保护装置的电源，所以装置在正常运行发生异常情况时是不会误动作的，此时启动元件起到闭锁作用，提高了装置工作的可靠性。

(2) 在某些距离保护中，启动元件与振荡闭锁启动元件为同一个元件，因此启动元件起到了振荡闭锁的作用。

(3) 如果保护装置中第Ⅰ段和第Ⅱ段采用同一阻抗测量元件，则启动元件动作后按要求自动地将阻抗定值由第Ⅰ段切换到第Ⅱ段。当保护装置采用Ⅱ、Ⅲ段切换时，同样按要求能自动地将阻抗定值由第Ⅱ段切换到第Ⅲ段。

(4) 当保护装置只用一个阻抗测量元件来反应不同短路故障形式时，则启动元件应能按故障类型将适当的电压、电流组合加于测量元件上。

9.4.2 对启动元件的要求

(1) 能反应各种类型的短路故障，即使是三相同时性短路故障，启动元件也应能可靠启动。

(2) 在保护范围内短路故障时，即使故障点存在过渡电阻，启动元件也应有足够的灵敏度，动作可靠、快速，在故障切除后尽快返回。

(3) 被保护线路通过最大负荷电流时，启动元件应可靠不动作；电力系统振荡时启动元件不允许动作。

(4) 当电压回路发生异常时，阻抗继电器可能发生误动作，此时启动元件不应动作，为此启动元件应采用电流量，不应采用电压量来构成启动元件。

(5) 为能发挥启动元件的闭锁作用，构成启动元件的数据采集、CPU等部分最好应

完全独立，不应与保护部分共用。

9.4.3 负序、零序电流启动元件

距离保护中的启动元件，有电流元件、阻抗元件、负序和零序电流元件、电流突变量元件等。电流启动元件具有简单可靠和二次电压回路断线失压不误启动的优点，但是，在较高电压等级的网络中，灵敏度难于满足要求，且振荡时要误启动，因而只适用于35kV及以下网络的距离保护中。阻抗启动元件虽然其灵敏度仍不受系统运行方式变化的影响，且灵敏度较高，但在长距离重负荷线路上有时灵敏度仍不能满足要求，二次电压回路失压、电力系统振荡时会误动。

根据故障电流分析，当电力系统发生不对称短路故障时，总会出现负序电流，考虑到一般三相短路故障是由不对称短路故障发展而成，所以在三相短路故障的初瞬间也有负序电流出现。因此，负序电流可用于构成距离保护装置的启动元件，基本能满足距离保护装置对启动元件的要求。当发生不对称接地短路故障时，会出现零序电流，为提高启动元件灵敏度，与负序电流共同构成启动元件。

9.4.4 序分量滤过器算法

因为负序和零序分量只有在故障时才产生，它具有不受负荷电流的影响、灵敏度高等优点，因此，在微机保护中被广泛应用。

为了获取负序、零序分量，可以采用负序、零序滤过器来实现。但是，在微机保护中，是通过算法来实现的。下面以直接移相原理的序分量滤过器、增量元件算法作为例子进行讲述内容。

直接移相原理的序分量滤过器是基于对称分量基本公式（以电压为例）

$$\begin{cases}3\dot{U}_1=\dot{U}_a+a\dot{U}_b+a^2\dot{U}_c\\3\dot{U}_2=\dot{U}_a+a^2\dot{U}_b+a\dot{U}_c\\3\dot{U}_0=\dot{U}_a+\dot{U}_b+\dot{U}_c\end{cases}\tag{9-20}$$

对于序列 $3u_1$、$3u_2$、$3u_0$ 相应的公式为

$$\begin{cases}3u_1(n)=u_a(n)+au_b(n)+a^2u_c(n)\\3u_2(n)=u_a(n)+a^2u_b(n)+au_c(n)\\3u_0(n)=u_a(n)+u_b(n)+u_c(n)\end{cases}\tag{9-21}$$

只要知道了a、b、c三相的采样序列，经过移相±120°后，用式（9-21）运算即可得到正序、负序和零序分量的序列，相当于各序分量的采样值。

9.5 距离保护振荡闭锁装置

9.5.1 系统振荡时电气量变化特点

并列运行的系统或发电厂失去同步的现象称为振荡，电力系统振荡时两侧等效电动势间的夹角 δ 在0°～360°作周期性变化。引起系统振荡的原因较多，大多数是由于切除短路故障时间过长而引起系统暂态稳定破坏，在联系较弱的系统中，也可能由于误操作、发电厂失磁或故障跳闸、断开某一线路或设备、过负荷等造成系统振荡。

电力系统振荡时，将引起电压、电流大幅度变化，对用户产生严重影响。系统发生振荡后，可能在励磁调节器或自动装置作用下恢复同步，必要时切除功率过剩侧的某些机组、功率缺额侧启动备用机组或切除负荷以尽快恢复同步运行或解列。显然，在振荡过程中不允许继电保护装置发生误动作。

电力系统振荡时，电气量变化的特点有以下几种。

(1) 系统振荡时电流作大幅度变化。设系统如图 9-14 所示，若 $E_M=E_N=E$，则当正常运行时$\dot{E}_M$ 与$\dot{E}_N$ 间夹角为 δ_0 时，负荷电流 I_L 为

$$I_L=\frac{2E}{Z_{\Sigma1}}\sin\frac{\delta_0}{2} \tag{9-22}$$

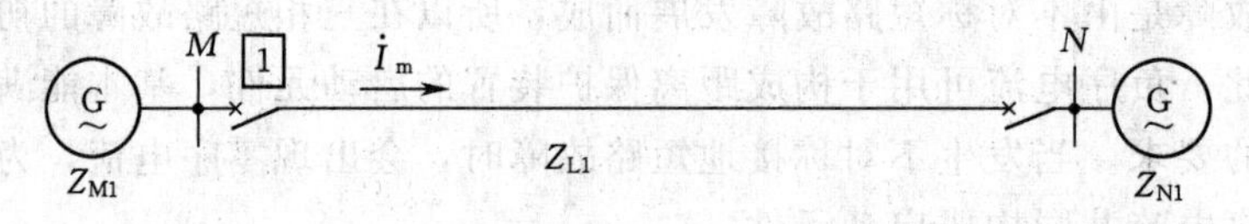

图 9-14 系统振荡等值图

系统振荡时，设$\dot{E}_M$ 超前$\dot{E}_N$ 的相位角为 δ、$E_M=E_N=E$，且系统中各元件阻抗角相等，则振荡电流为

$$\dot{I}_{swi}=\frac{\dot{E}_M-\dot{E}_N}{Z_{M1}+Z_{L1}+Z_{N1}}=\frac{\dot{E}_M-\dot{E}_N}{Z_{\Sigma1}}=\frac{\dot{E}(1-e^{-j\delta})}{Z_{\Sigma1}} \tag{9-23}$$

式中 $\dot{E}_M$——M 侧相电势；

$\dot{E}_N$——N 侧相电势；

Z_{M1}——M 侧电源等值正序阻抗；

Z_{N1}——N 侧电源等值正序阻抗；

Z_{L1}——线路正序阻抗；

$Z_{\Sigma1}$——系统正序总阻抗。

振荡电流滞后于电势差$\dot{E}_M-\dot{E}_N$ 的角度为（系统振荡阻抗角）

$$\varphi_\Sigma=\arctan\frac{X_{\Sigma1}}{R_{\Sigma1}}$$

系统 M、N 点的电压分别为

$$\begin{cases}\dot{U}_M=\dot{E}_M-\dot{I}_{swi}Z_{M1}\\ \dot{U}_N=\dot{E}_N+\dot{I}_{swi}Z_{N1}=\dot{E}_M-\dot{I}_{swi}(Z_{M1}+Z_{L1})\end{cases} \tag{9-24}$$

系统振荡时电压、电流相量图如图 9-15 所示。Z 点位于 $0.5Z_{\Sigma1}$ 处。当 $\delta=180°$时，$I_{swi.max}=\dfrac{2E}{Z_{\Sigma1}}$达最大值，电压$\dot{U}_Z=0$，此点称为系统振荡中心。振荡电流幅值在 $0\sim2I_m$ 间作周期变化，与正常运行时负荷电流幅值保持不变完全不同。

当在图 9-14 线路上发生三相短路故障时，若不计负荷电流，则流经 M 侧的短路电流 $I_{k.m}^{(3)}$的幅值为

$$I_{k.m}^{(3)}=\sqrt{2}\frac{E_M}{Z_{M1}+Z_k} \tag{9-25}$$

式中 Z_k——M 侧母线至短路点阻抗。

令 $k=\frac{Z_{M1}+Z_k}{Z_{\Sigma 1}}$，上式变换为

$$I_{k.m}^{(3)}=\sqrt{2}\frac{E_M}{kZ_{\Sigma 1}}=\frac{I_m}{k} \tag{9-26}$$

式中 I_m——振荡电流幅值。

当 $k>0.5$ 时，短路电流的幅值 $I_{k.m}^{(3)}$ 小于振荡电流幅值；$k=0.5$ 时，短路电流的幅值 $I_{k.m}^{(3)}$ 等于振荡电流的幅值；$k<0.5$ 时，短路电流的幅值 $I_{k.m}^{(3)}$ 大于振荡电流幅值。

可见，振荡电流的幅值随 δ 角的变化作大幅度变化。

(2) 全相振荡时系统保持对称性，系统中不会出现负序、零序分量，只有正序分量。在短路时，一般会出现负序或零序分量。

(3) 系统振荡时电压作大幅度变化。由图 9-15 可见，$\overline{OZ}=E\cos\frac{\delta}{2}$；$\overline{PQ}=2E\sin\frac{\delta}{2}$；$\overline{PZ}=E\sin\frac{\delta}{2}$；令 $m=Z_{M1}/Z_{\Sigma 1}$时，则有 $m=\overline{PM}/\overline{PQ}$，所以$\overline{PM}=2mE\sin\frac{\delta}{2}$，$\overline{MZ}=(1-2m)E\sin\frac{\delta}{2}$。于是

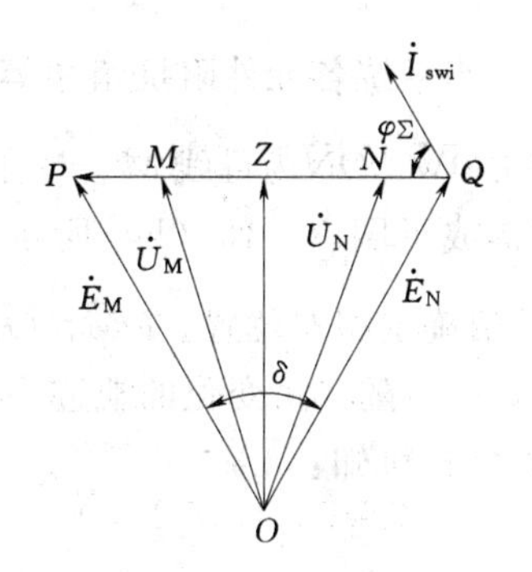

图 9-15 振荡过程中 M 侧母线电压与电势关系相量图

$$U_M=\sqrt{(E\cos\frac{\delta}{2})^2+[(1-2m)E\sin\frac{\delta}{2}]^2}=E\sqrt{1-4m(1-m)\sin^2\frac{\delta}{2}} \tag{9-27}$$

当 $\delta=0°$时，有 $U_M=E$，M 母线电压最高；当 $\delta=180°$时，有 $U_M=(2m-1)E$，M 母线电压最低。若 $m=0.5$，则 M 母线最低电压为零。由此可见，m 越趋近 0.5，变化幅度越大。

(4) 振荡过程中，系统各点电压和电流间的相角差是变化不定的。

(5) 振荡时电气量变化速度与短路故障时不同，因振荡时 δ 角不可能发生突变，所以电气量不是突然变化的，而短路故障时电气量是突变的。一般情况下振荡并非突然变化，所以在振荡初始阶段特别是振荡开始的半个周期内，电气量变化是比较缓慢的，在振荡结束前也是如此。

(6) 在振荡过程中，当振荡中心电压为零时，相当于在该点发生三相短路故障。但是，短路故障时，故障未切除前该点三相电压一直为零；而振荡中心电压为零值仅在 $\delta=180°$时出现，所以振荡中心电压为零值是短时间的。即使振荡中心在线路上，且 $\delta=180°$，线路两侧仍然流过同一电流，相当于保护区外部发生三相短路故障。但是，短路与振荡流过两侧的电流方向、大小是不相同的。

9.5.2 系统振荡时测量阻抗的特性分析

电力系统振荡时，保护安装处的电压和电流在很大范围内作周期性变化，因此阻抗继

电器的测量阻抗也作周期性变化。当测量阻抗落入继电器的动作特性内时，继电器就发生误动作。

9.5.2.1　系统振荡时测量阻抗的变化轨迹

电力系统发生振荡时，对于图 9－16 中 M 侧的反应相间短路故障或接地短路故障的阻抗继电器的测量阻抗为

$$Z_r=\frac{\dot{U}_M}{\dot{I}_{swi}}=\frac{\dot{E}_M-\dot{I}_{Sswi}Z_M}{\dot{I}_{swi}}=\frac{\dot{E}_M}{\dot{I}_{swi}}-Z_M=\frac{1}{1-K_e e^{-j\delta}}Z_\Sigma-Z_M \tag{9-28}$$

当系统各元件阻抗角相等时，作出振荡时电流、电压相量关系如图 9－16（a）所示，其中$\overrightarrow{OM}$、$\overrightarrow{ON}$为母线 M、N 上的电压$\dot{U}_M$、$\dot{U}_N$。若将各量除以$\dot{I}_{swi}$，则相量关系不变，从而构成了图 9－16（b）所示的阻抗图。显然，P、M、N、Q 为四定点，由 Z_{M1}、Z_{L1}、Z_{N1}值确定相对位置。$\overrightarrow{OM}$、$\overrightarrow{ON}$为 M、N 点阻抗继电器的测量阻抗$\dot{U}_M/\dot{I}_{swi}$、$\dot{U}_N/\dot{I}_{swi}$。显然，O 点随 δ 角变化的轨迹为阻抗继电器测量阻抗末端端点随 δ 角的变化轨迹。由图 9－16（b）可知：

$$\left|\frac{\overline{OP}}{\overline{OQ}}\right|=\frac{E_M}{E_N}=K_e$$

所以，当 δ 应 0°～360°变化时，若$\dot{E}_M$ 与$\dot{E}_N$ 的比值不变，则求阻抗继电器测量阻抗的变化轨迹是求一动点到两定点距离之比为常数的轨迹。

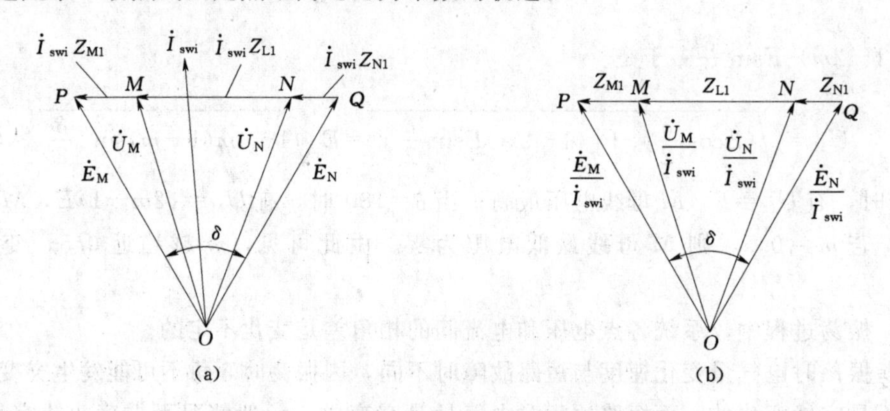

图 9－16　系统振荡时电流、电压相量关系

（a）电流、电压相量关系；（b）阻抗关系

当 $K_e=1$ 时，O 点轨迹为直线，则测量阻抗随 δ 的变化关系为

$$Z_r=\frac{1}{1-e^{-j\delta}}Z_\Sigma-Z_M=\left(\frac{1}{2}Z_\Sigma-Z_M\right)-j\frac{1}{2}Z_\Sigma\cot\frac{\delta}{2} \tag{9-29}$$

式（9－29）变化轨迹如图 9－17 所示。当 $K_e>1$ 时，O 点轨迹为包含 Q 点的一个圆；当 $K_e<1$ 时，O 点轨迹为包含 P 点的一个圆。轨迹线与$\overline{PQ}$线段交点处对应于 $\delta=180°$，轨迹线与$\overline{PQ}$线段的延长线对应于 $\delta=0°$（或 $\delta=360°$）。系统振荡时，O 点随 δ 角变化在轨迹线上移动，安装在系统各处的阻抗继电器的测量阻抗随着发生变化。

9.5.2.2 系统振荡时测量阻抗的变化率

由图 9-17 可知，测量阻抗随δ角变化而变化，同时测量阻抗也随时间变化。若设$K_e=1$，因 M 母线电压$\dot{U}_M=\dot{E}_N+\dot{I}_{swi}(Z_{N1}+Z_{L1})$、振荡电流$\dot{I}_{swi}=(\dot{E}_M-\dot{E}_N)/Z_{\Sigma1}$，则振荡时$M$侧的测量阻抗为

$$Z_r=\frac{\dot{U}_M}{\dot{I}_{swi}}=Z_{N1}+Z_{L1}+\frac{Z_{\Sigma1}}{e^{j\delta}-1} \tag{9-30}$$

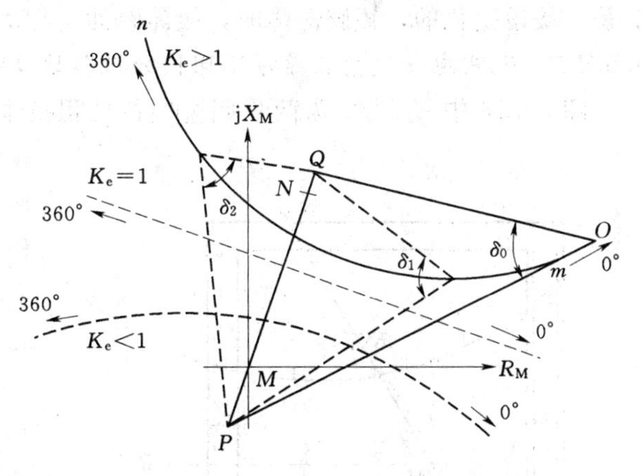

图 9-17 测量阻抗的变化轨迹

故得到测量阻抗变化率为

$$\frac{dZ_r}{dt}=-jZ_{\Sigma1}\frac{e^{j\delta}}{(e^{j\delta}-1)^2}\frac{d\delta}{dt}$$

计及$|e^{j\delta}-1|=2\sin\frac{\delta}{2}$、$\delta=\delta_0+\omega_s t$、$d\delta/dt=\omega_s$，上式可简化为

$$\left|\frac{dZ_r}{dt}\right|=\frac{Z_{\Sigma1}}{4\sin^2\frac{\delta}{2}}|\omega_s| \tag{9-31}$$

当$\delta=180°$时，阻抗变化率具有最小值，即

$$\left|\frac{dZ_r}{dt}\right|_{min}=\frac{Z_{\Sigma1}}{4}|\omega_s| \tag{9-32}$$

因$|\omega_s|=\frac{2\pi}{T_{swi}}$，所以当振荡周期$T_{swi}$有最大值时，$|\omega_s|$有最小值。根据统计资料，可取$T_{swi}$最大值为$3s$，将$|\omega_s|_{min}=\frac{2\pi}{3}$代入式（9-33），可得

$$\left|\frac{dZ_r}{dt}\right|\leqslant\frac{\pi Z_{\Sigma1}}{6} \tag{9-33}$$

只要适当选取阻抗变化率的数值作为保护开放条件，则就可保证保护不误动。

9.5.3 短路故障和振荡的区分

系统振荡时保护有可能发生误动作，为了防止距离保护误动作，一般采用振荡闭锁措施，即振荡时闭锁距离保护Ⅰ、Ⅱ段。距离保护的振荡闭锁装置应满足如下条件。

（1）电力系统发生短路故障时，应快速开放保护。

（2）电力系统发生振荡时，应可靠闭锁保护。

（3）外部短路故障切除后发生振荡，保护不应误动作，即振荡闭锁不应开放。

（4）振荡过程中发生短路故障，保护应能正确动作，即振荡闭锁装置仍要快速开放。

（5）振荡闭锁启动后，应在振荡平息后自动复归。

9.5.3.1 采用电流突变量区分短路故障和振荡

电流突变量通常采用相电流差突变量、相电流突变量、综合突变量。振荡过程中，电

流是呈缓慢变化的，短路故障时，故障瞬间有较大的突变。

9.5.3.2 利用电气量变化速度不同区分短路故障和振荡

图 9-18 中 Z_1、Z_2 为两只四边形特性阻抗继电器，Z_2 整定值大于 Z_1 整定值25%。正常运行时的负荷阻抗为$\overline{MO}$，当在保护区内发生短路故障时，Z_1、Z_2 几乎同时动作；当系统振荡时，测量阻抗沿轨迹线变动，Z_1、Z_2 先后动作，存在动作时间差 Δt。一般动作时间差在 40～50ms 以上。

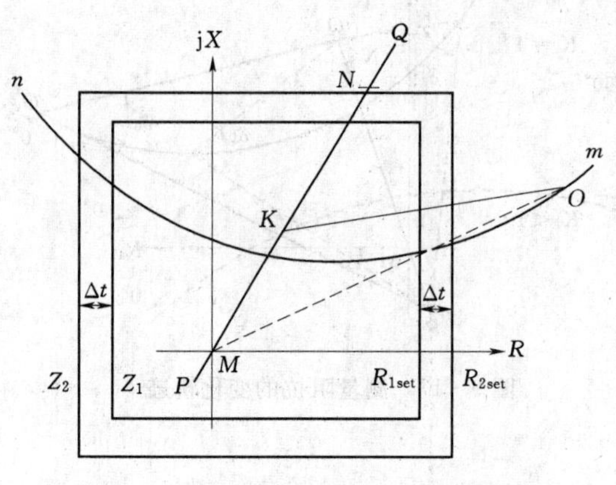

图 9-18 由两个阻抗继电器构成振荡闭锁

因此，Z_1、Z_2 动作时间差大于 40ms，判为系统振荡；动作时间小于 40ms，判为短路故障。为保证振荡闭锁的功能，最小负荷阻抗不能落入 Z_2 的动作特性内，应满足

$$R_{\text{set2}} \leqslant \frac{0.8}{1.25} Z_{\text{L.min}} \tag{9-34}$$

式中 $Z_{\text{L.min}}$——最小负荷阻抗。

当然 Z_1、Z_2 也可用圆特性阻抗继电器，或者其他特性阻抗继电器。

9.5.3.3 判别测量阻抗变化率检测系统振荡

由式（9-34）可知，系统振荡时 Z_{m} 的变化率必大于$\frac{\pi Z_{\Sigma 1}}{6}$；而系统正常时，测量阻抗等于负荷阻抗为一定值，其变化率自然为零。设当前的测量阻抗为 $R_{\text{m}}+\text{j}X_{\text{m}}$，上一点的测量阻抗为 $R_{\text{m0}}+\text{j}X_{\text{m0}}$，两点时间间隔为 Δt_{m} 时，则式（9-34）可写成

$$\frac{\sqrt{(R_{\text{m}}-R_{\text{m0}})^2+(X_{\text{m}}-X_{\text{m0}})^2}}{\Delta t_{\text{m}}} > \frac{\pi Z_{\Sigma 1}}{6} (\Omega/\text{s}) \tag{9-35}$$

满足式（9-36）时，判系统发生了振荡；不满足时，系统未发生振荡，不应闭锁保护。

9.5.4 振荡过程中对称短路故障的识别

电力系统在振荡过程中，若发生短路故障，则保护也应当能正确动作，这时候可以利用检查振荡中心电压来识别短路故障。

在保护安装处可以测得振荡中心的电压，振荡中心的电压是呈周期性变化的；当电力系统发生短路故障时，在保护安装处所测得的电压便为故障点电弧电压，短路故障时的电弧电压始终小于额定电压的 6%不变。

可以利用测量阻抗变化率识别短路故障，当测量阻抗变化率$\left|\frac{\text{d}Z_{\text{m}}}{\text{d}t}\right|$不满足式（9-34）、式（9-36）时，可判定发生了三相短路故障，可解除闭锁，开放保护。从而识别了振荡过程中发生三相短路故障。

9.5.5 振荡闭锁装置

正确区分短路故障和振荡、正确识别振荡过程中发生的短路故障，是构成振荡闭锁的基本原理。

9.5.5.1 反应突变量的闭锁装置

图 9-19 为微机距离保护振荡闭锁装置逻辑框图。其中 Δi_{φ} 为相电流突变量元件；$3I_0$ 为零序电流元件，该元件在零序电流大于整定值并持续 30ms 后动作；Z_{swi} 为静稳定破坏检测元件，任一相间测量阻抗在设定的全阻抗元件内持续 30ms，并且检测到振荡中心电压小于 $0.5U_N$ 时，该元件动作；$\left|\frac{dZ_r}{dt}\right|$ 为测量阻抗变化率检测元件。

9.5.5.2 工作原理

电力系统振荡时，Δi_{φ} 元件、$\left|\frac{dZ_r}{dt}\right|$ 元件、γ 元件、$3I_0$ 元件不动作，或门 H'' 不动作，Ⅰ、Ⅱ段距离保护不开放。

系统发生短路故障时，无论是对称短路故障还是不对称短路故障，在故障发生时启动禁止门 JZ'，启动时间元件 T''，通过或门迅速开放保护 150ms。若短路故障在Ⅰ段保护区内，则可快速切除；若短路故障在Ⅱ段保护区内，因 γ 元件处于动作状态（不对称短路故障）、$\left|\frac{dZ_m}{dt}\right|$ 元件处于动作状态（对称短路故障），所以或门 H'、H'' 一直有输出信号，振荡闭锁开放，直到Ⅱ段阻抗继电器动作将短路故障切除。

图 9-19 中，因 Z_{swi} 或 $3I_0$ 动作后才投入振荡过程中短路故障的识别元件 γ 和 $\left|\frac{dZ_m}{dt}\right|$ 元件，为防止保护区内短路故障时短时开放时间元件 T'' 返回导致振荡闭锁的关闭，增设了由或门 H2、与门 Y 组成的固定逻辑回路。

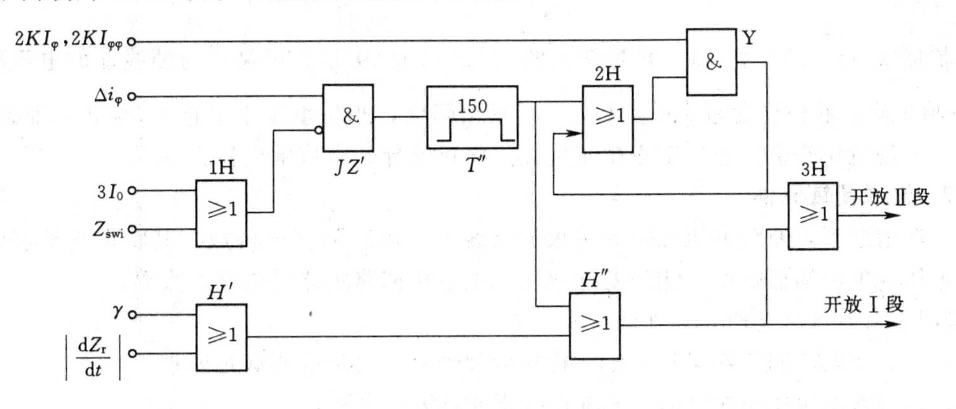

图 9-19 振荡闭锁装置逻辑框图

9.6 断线闭锁装置

9.6.1 断线失压时阻抗继电器动作行为

距离保护在运行中，可能会发生电压互感器二次侧发生短路故障、二次侧熔断器熔断、二次侧快速自动开关跳开等等引起的失压现象。所有这些现象，都会使保护装置的电压下降或消失，或相位变化，导致阻抗继电器失压误动。

如图 9-20（a）所示电压互感器二次侧 a 相断线的示意图，图中 Z_1、Z_2、Z_3 为电压

互感器二次相负载阻抗；Z_{ab}、Z_{bc}、Z_{ca}为相间负载阻抗。当电压互感器二次 a 相断线时，由叠加原理求得$\dot{U}_a$ 的表达式为

$$\dot{U}_a=\dot{C}_1\dot{E}_b+\dot{C}_2\dot{E}_c \tag{9-36}$$

式中 $\dot{E}_b$、$\dot{E}_c$——电压互感器二次 b 相、c 相感应电动势；

$\dot{C}_1$、$\dot{C}_2$——分压系数，其中$\dot{C}_1=\dfrac{Z_1//Z_{ac}}{Z_{ab}+(Z_1//Z_{ac})}$、$\dot{C}_2=\dfrac{Z_1//Z_{ab}}{Z_{ac}+(Z_1//Z_{ab})}$，一般情况下负荷阻抗角基本相同，则分压系数为实数。

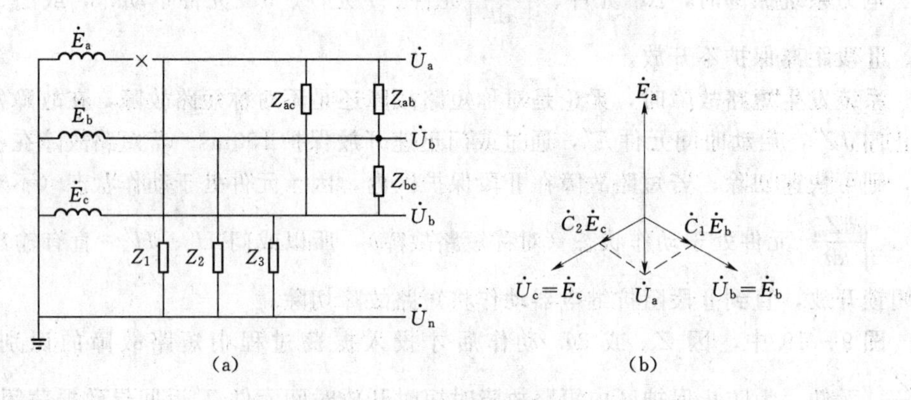

图 9-20 二次侧 a 相断线失压

(a) 系统接线图；(b) 二次侧 a 相断线时相量图

根据式（9-37）作出$\dot{U}_a$ 相量图如图 9-20（b）所示。可见，与断线前的电压相比，$\dot{U}_a$ 幅值下降、相位变化近 180°，$\dot{U}_{ab}$、$\dot{U}_{ac}$ 幅值降低，相位也发生了近 60°变化，加到继电器端子上的电压幅值、相位都发生了变化，将可能导致阻抗继电器误动。

9.6.2 断线闭锁元件

一般情况下，断线失压闭锁元件根据断线失压出现的特征构成，其特征是零序电压、负序电压、电压幅值降低、相位变化以及二次电压回路短路时电流增大等。

9.6.2.1 对断线失压闭锁元件的要求

（1）二次电压回路断线失压时，构成的闭锁元件灵敏度要满足要求。

（2）一次系统短路故障时，不应闭锁保护或发出断线信号。

（3）断线失压闭锁元件应有一定的动作速度，以便在保护误动前实现闭锁。

（4）断线失压闭锁元件动作后应固定动作状态，可靠将保护闭锁，解除闭锁应由运行人员进行，保证在处理断线故障过程中区外发生短路故障或系统操作时，保护不误动。

9.6.2.2 断线闭锁元件

（1）三相电压求和闭锁元件。电压互感器二次回路完好时，三相电压对称，$\dot{U}_a+\dot{U}_b+\dot{U}_c\approx0$，即使出现不平衡电压，数值也很小。当电压互感器二次出现一相或两相断线时，三相电压的对称性被破坏，出现较大的零序电压。当一相断线时，零序电压为

$$3\dot{U}_0=(1+\dot{C}_1)\dot{E}_b+(1+\dot{C}_2)\dot{E}_c \tag{9-37}$$

当电压互感器出现三相断线时，三相电压数值和为

$$|\dot{U}_a| + |\dot{U}_b| + |\dot{U}_c| = 0 \tag{9-38}$$

而在一相或两相断线时，有

$$|\dot{U}_a| + |\dot{U}_b| + |\dot{U}_c| \geqslant U_{2N} \tag{9-39}$$

式中 U_{2N}——电压互感器二次额定相电压。

由上面分析可知，判别三相电压相量和大小可识别出一相断线或两相断线；判别三相电压数值和大小可识别出三相断线。

实际上，通过检查三相相量和与电压互感器开口三角形绕组的差电压大小，也可判别出二次电压回路的一相断线或两相断线。当一次系统中存在零序电压$\dot{U}_{10}$时，在中性点直接接地系统中，有$\dot{U}_a+\dot{U}_b+\dot{U}_c=3\dot{U}_{10}\dfrac{100}{U_{1N}}$（$U_{1N}$为电压互感器高压侧额定相间电压），开口三角形侧零序电压为$\dot{U}_\Delta=3\dot{U}_{10}\dfrac{100}{U_{1N}/\sqrt{3}}$；在中性点非直接接地系统中，开口三角形侧零序电压为$\dot{U}_\Delta=3\dot{U}_{10}\dfrac{100/3}{U_{1N}/\sqrt{3}}$，其条件为

$$U_{dif} = |K\dot{U}_\Delta - (\dot{U}_a + \dot{U}_b + \dot{U}_c)| \tag{9-40}$$

式中 U_{dif}——差电压；

K——系数，中性点直接接地系统，$K=1/\sqrt{3}$、中性点不直接接地系统，$K=\sqrt{3}$；

$\dot{U}_\Delta$——开口三角形侧零序电压。

显然，电压互感器二次回路完好或一次系统中发生接地短路故障时，$U_{dif}\approx 0$；二次侧一相或两相断线时，差电压U_{dif}有一定的数值。用差电压方法判别电压二次回路断线，还可反应微机保护装置内部采集系统的异常。当然，开口三角形侧断线时，正常情况下检测不出，当中性点直接接地系统发生接地短路故障时，差电压可能很大，此时并没有断线。

当三相电压的有效值均很低时，同样可以识别出三相断线；当正序电压很小时，也可以反应三相断线。

（2）断线判据。根据以上断线失压工作原理的分析，电压互感器二次一相或两相断线的判据是：

微机保护启动元件没有启动，同时满足

$$|\dot{U}_a + \dot{U}_b + \dot{U}_c| > 8(\text{V}) \tag{9-41}$$

式（9-42）也可采用如下判据

$$|K\dot{U}_\Delta - (\dot{U}_a + \dot{U}_b + \dot{U}_c)| > 8(\text{V}) \tag{9-42}$$

用以上两式判据判别一相或两相断线失压，有很高的动作灵敏度。当判别断线后，可经短延时闭锁距离保护，经较长延时发出断线信号。

判别三相断线，若电压互感器接在线路侧而仅用电压判据时，当断路器未合上前会出现断线告警信号。为此，对三相断线还需要增加断路器合闸的位置信号和线路有电流信号。所以，三相断线判据如下。

微机装置保护启动元件没有启动，断路器在合闸位置，或者有一相电流大于 I_{set}（I_{set} 无电流门槛，可取 $0.04I_n$ 或 $0.08I_n$，I_n 电流互感器二次额定电流）；同时满足

$$|\dot{U}_a|+|\dot{U}_b|+|\dot{U}_c|\leqslant 0.5U_{2N} \tag{9-43}$$

也可采用如下判据

$$U_a<8V、U_b<8V、U_c<8V \tag{9-44}$$

或者采用

$$U_1<0.1U_{2n} \tag{9-45}$$

式中　U_1——三相电压的正序分量。

当检出三相断线后，应闭锁保护、发出断线信号。若不引入断路器合闸位置信号仅用电流信号，则当实际电流小于 I_{set} 时，断线闭锁将起不到预期作用。

9.6.2.3　检测零序电压、零序电流的断线闭锁元件

若只应用式（9-42）来判别断线失压，则当一次系统发生接地短路故障时断线闭锁元件会出现误动。通常采用的闭锁措施是采用开口三角形绕组上的电压进行平衡，如式（9-43）所示；也可以采用检测零序电流进行闭锁。因此，断线失压的判据满足式（9-42）外，还要满足

$$3I_0<3I_{0.set} \tag{9-46}$$

零序电流闭锁元件整定值为

$$3I_{0.set}=K_{rel}3I_{0.unb.max}$$

式中　K_{rel}——可靠系数，取1.15；

$3I_{0.unb.max}$——正常运行时最大不平衡零序电流，一般可取电流互感器二次额定电流的10%。

与检测零序电压、零序电流判别断线相似，检测负序电压、负序电流也可判别断线失压。用这种判别方法，在中性点不接地系统中尤为适合，因为在中性点不接地系统中发生单相接地不会出现负序电压。

9.7　影响距离保护正确工作的因素

9.7.1　保护安装处和故障点间分支线的影响

在高压电力网中，在母线上接有电源线路、负载或平行线路以及环形线路等，形成分支线。

1. 助增电源

图9-21示出了具有电源分支线网络，当在线路NP上 k 点发生短路故障时，对于装在MN线路M侧的距离保护安装处母线上电压为

$$U_M=I_{MN}Z_{MN}+I_kZ_1L_k$$

测量阻抗为

$$Z_r=\frac{\dot{U}_M}{\dot{I}_{MN}}=Z_{MN}+\frac{\dot{I}_k}{\dot{I}_{MN}}Z_1L_k=Z_{MN}+K_bZ_1L_k \tag{9-47}$$

式中 Z_1——线路单位公里的正序阻抗；

$\dot{K}_b$——分支系数（助增系数），一般情况下可认为分支系数是实数，显然 $K_b=\frac{I_k}{I_{MN}}\geqslant 1$。

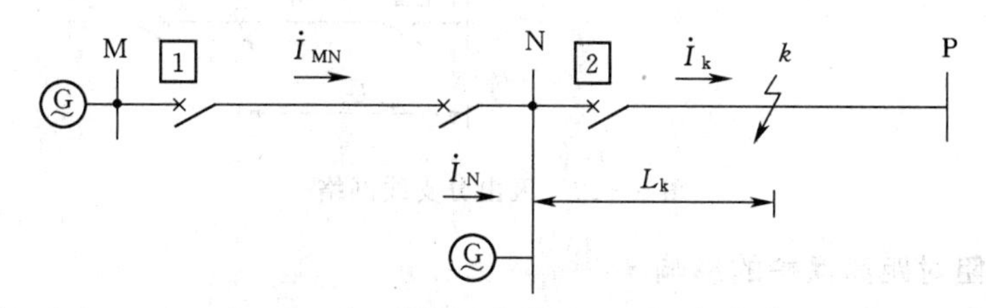

图 9-21 具有助增网络

由式（9-48）可见，由于助增电源的影响，使 M 侧阻抗继电器测量阻抗增大，保护区缩短。如图 9-21 所示网络，分支系数可表示为

$$\dot{K}_b=\frac{Z_{sM}+Z_{MN}+Z_{sN}}{Z_{sN}} \tag{9-48}$$

式中 Z_{sM}——M 侧母线电源等值阻抗；

Z_{sN}——N 侧母线电源等值阻抗；

Z_{MN}——MN 线路阻抗。

由式（9-46）可看出，分支系数与系统运行方式有关，在整定计算时应取较小的分支系数以便保证保护的选择性。因为出现较大的分支系数时，只会使测量阻抗增大，保护区缩短，不会造成非选择性动作。相反，当整定计算取用较大的分支系数时，在运行方式中出现较小分支系数，则将造成测量阻抗减小，导致保护区伸长，可能使保护失去选择性。

2. 汲出分支线

如图 9-22 所示汲出分支线的网络，当在 k 点发生短路故障时，对于装在 MN 线路上 M 侧母线上的电压为

$$\dot{U}_M=\dot{I}_{MN}Z_{MN}+\dot{I}_{k1}Z_1L_k$$

测量阻抗为

$$Z_r=\frac{\dot{U}_M}{\dot{I}_{MN}}=Z_{MN}+\frac{\dot{I}_{k1}}{\dot{I}_{MN}}Z_1L_k=Z_{MN}+\dot{K}_bZ_1L_k \tag{9-49}$$

式中 $\dot{K}_b$——分支系数（汲出系数），一般情况下取实数 $K_b=\frac{I_{k1}}{I_{MN}}\leqslant 1$。

显然，由于汲出电流的影响，导致 M 侧测量阻抗减小，保护区伸长，可能引起非选择性动作。如图 9-22 示出的网络，汲出系数可表示为

$$K_b=\frac{Z_{NP1}-Z_{set}+Z_{NP2}}{Z_{NP1}+Z_{NP2}} \tag{9-50}$$

式中 Z_{NP1}、Z_{NP2}——平行线路两回线阻抗，一般情况下数值相等；

Z_{set}——距离Ⅰ段整定阻抗。

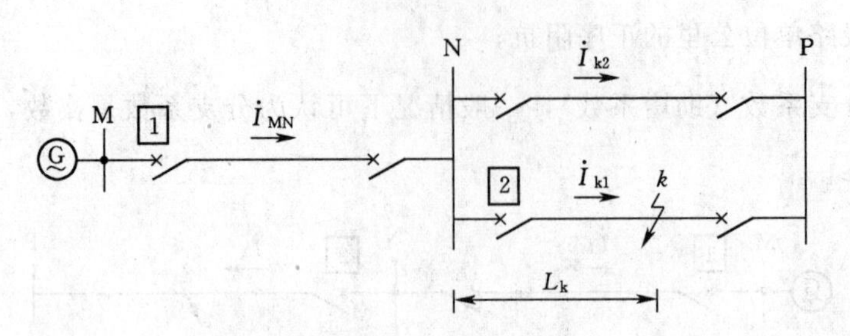

图 9-22　汲出分支线网络

9.7.2　过渡电阻对距离保护的影响

前面在分析过程中，都是假设发生金属性短路故障。而事实上，短路点通常是经过过渡电阻短路的。短路点的过渡电阻 R_F 是指当相间短路或接地短路时，短路电流从一相流到另一相或从相导线流入地的回路中所通过的物质的电阻。包括电弧、中间物质的电阻、相导线与地之间的接触电阻、金属杆塔的接地电阻等。

在相间短路时，过渡电阻主要由电弧电阻构成，其值可按经验公式估计。在导线对铁塔放电的接地短路时，铁塔及其接地电阻构成过渡电阻的主要部分。铁塔的接地电阻与大地导电率有关。对于跨越山区的高压线路，铁塔的接地电阻可达数十欧。此外，当导线通过树木或其他物体对地短路时，过渡电阻更高，难以准确计算。

1. 过渡电阻对接地阻抗继电器的影响

如图 9-23 所示，设距离 M 母线 L_k 公里处的 k 点 A 相经过渡电阻 R_F 发生了单相接地短路故障，按对称分量法可求得 M 母线上 A 相电压为

$$\begin{aligned}\dot{U}_A &= \dot{U}_{kA} + \dot{I}_{A1} Z_1 L_k + \dot{I}_{A2} Z_2 L_k + \dot{I}_{A0} Z_0 L_k \\ &= \dot{U}_{kA} + \left[(\dot{I}_{A1} + \dot{I}_{A2} + \dot{I}_{A0}) + 3\dot{I}_{A0} \frac{Z_0 - Z_1}{3Z_1} \right] Z_1 L_k \\ &= \dot{I}_{kA}^{(1)} R_F + (\dot{I}_A + 3K\dot{I}_0) Z_1 L_k\end{aligned}$$

则安装在线路 M 侧的 A 相接地阻抗继电器的测量阻抗为

$$Z_{rA} = Z_1 L_k + \frac{\dot{I}_{kA}^{(1)}}{\dot{I}_A + 3K\dot{I}_0} R_F \tag{9-51}$$

由式（9-49）可见，只有 $R_F = 0$，即金属性单相接地短路故障时，故障相阻抗继电器才能正确测量阻抗；而当 $R_F \neq 0$ 时，即非金属性单相接地时，测量阻抗中出现附加测量阻抗 ΔZ_A，附加测量阻抗为

$$\Delta Z_A = \frac{\dot{I}_{kA}^{(1)}}{\dot{I}_A + 3K\dot{I}_0} R_F \tag{9-52}$$

由于 ΔZ_A 的存在，测量阻抗与故障点距离成正比的关系不成立。对于非故障相阻抗继电器的测量阻抗，因故障点非故障相电压 $\dot{U}_{kA}$、$\dot{U}_{kB}$ 较高；非故障相电流 $\dot{I}_B + 3\dot{K}\dot{I}_0$、$\dot{I}_C + 3\dot{K}\dot{I}_0$ 较小，所以非故障相阻抗继电器的测量阻抗较大，不能正确测量故障点距离。

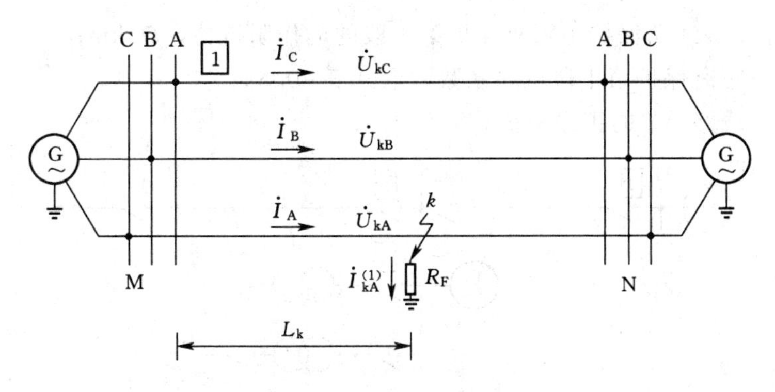

图 9-23 单相接地短路故障求母线电压网络图

2. 过渡电阻对相间短路保护阻抗继电器的影响

若在图 9-11 中 k 点发生相间短路故障，三个相间阻抗继电器测量阻抗分别为

$$\begin{cases} Z_{rAB}=Z_1L_k+\dfrac{\dot{U}_{kAB}}{\dot{I}_A-\dot{I}_B} \\ Z_{rBC}=Z_1L_k+\dfrac{\dot{U}_{kBC}}{\dot{I}_B-\dot{I}_C} \\ Z_{rCA}=Z_1L_k+\dfrac{\dot{U}_{kCA}}{\dot{I}_C-\dot{I}_A} \end{cases} \tag{9-53}$$

式中 $\dot{U}_{kAB}$、$\dot{U}_{kBC}$、$\dot{U}_{kCA}$——故障点相间电压。

显然，只有发生金属性相间短路故障，故障点的相间电压才为零，故障相的测量阻抗才能正确反映保护安装处到短路点的距离。当故障点存在过渡电阻时，因故障点相间电压不为零，所以阻抗继电器就不能正确测量保护安装处到故障点距离。

但是，相间短路故障的过渡电阻主要是电弧电阻，与接地短路故障相比要小的多，所以附加测量阻抗的影响也较小。

为了减小过渡电阻对保护的影响，可采用承受过渡电阻能力强的阻抗继电器，如四边形特性阻抗继电器等。

9.8 相间距离保护整定计算原则

目前相间距离保护多采用阶段式保护，三段式距离保护（包括接地距离保护）的整定计算原则与三段式电流保护的整定计算原则基本相同。下面介绍三段式相间距离保护的整定计算原则。

9.8.1 相间距离保护第Ⅰ段的整定

相间距离保护第Ⅰ段的整定值主要是按躲过本线路末端相间短路故障条件来选择。在图 9-24 所示的网络中，线路 AB 保护 1 相间距离保护第Ⅰ段的动作阻抗为

$$Z_{op.1}^{I}=K_{rel}^{I}Z_{AB} \tag{9-54}$$

式中　$Z_{op.1}^{I}$——AB线路保护1距离保护第Ⅰ段的动作阻抗值，Ω/km；

K_{rel}^{I}——距离保护第Ⅰ段可靠系数，取0.8～0.85；

Z_{AB}——线路AB的正序阻抗。

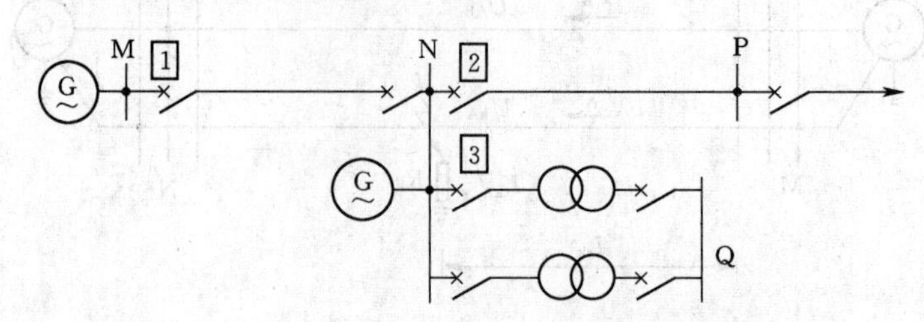

图9-24　距离保护整定计算系统图

若被保护对象为线路变压器组，则送电侧线路距离保护第Ⅰ段可按保护范围伸入变压器内部整定，即

$$Z_{op.1}^{I}=K_{rel}^{I}Z_{L}+K_{rel}'Z_{T} \tag{9-55}$$

式中　K_{rel}^{I}——距离保护第Ⅰ段可靠系数，取0.8～0.85；

K_{rel}'——伸入变压器部分第Ⅰ段可靠系数，取0.75；

Z_{L}——被保护线路的正序阻抗；

Z_{T}——线路末端变压器阻抗。

距离保护第Ⅰ段动作时间为固有动作时间，若整定阻抗与线路阻抗角相等，则保护区为被保护线路全长的80%～85%。

9.8.2　相间距离保护第Ⅱ段的整定

相间距离保护第Ⅱ段应与相邻线路相间距离第Ⅰ段或与相邻元件（变压器）速动保护配合，如图9-24所示，保护1距离保护第Ⅱ段整定值应满足以下条件。

1. 与相邻线路相间距离保护第Ⅰ段配合

与相邻线路相间距离保护第Ⅰ段配合，其动作阻抗为

$$Z_{op.1}^{II}=K_{rel}^{II}Z_{AB}+K_{rel}''K_{b.min}Z_{op.2}^{I} \tag{9-56}$$

式中　K_{rel}^{II}——距离保护第Ⅱ段可靠系数，取0.8～0.85；

K_{rel}''——距离保护第Ⅱ段的可靠系数，取$K_{rel}''\leqslant 0.8$；

$K_{b.min}$——最小分支系数。

2. 与相邻变压器速动保护配合

与相邻变压器速动保护配合，若变压器速动保护区为变压器全部，则动作阻抗为

$$Z_{op.1}^{II}=K_{rel}^{II}Z_{AB}+K_{rel}''K_{b.min}Z_{T.min} \tag{9-57}$$

式中　K_{rel}^{II}——距离保护第Ⅱ段可靠系数，取0.8～0.85；

K_{rel}''——距离保护第Ⅱ段的可靠系数，取$K_{rel}''\leqslant 0.7$；

$K_{b.min}$——最小分支系数；

$Z_{T.min}$——相邻变压器正序最小阻抗（应计及调压、并联运行等因素）。

应取式（9-54）和式（9-55）中较小值为整定值。若相邻线路有多回路时，则取所有线路相间距离保护第Ⅰ段最小整定值代入式（9-54）进行计算。

相间距离保护第Ⅱ段的动作时间为

$$t_{op.1}^{\text{II}}=\Delta t$$

相间距离保护第Ⅱ段的灵敏度按下式校验

$$K_{sen}^{\text{II}}=\frac{Z_{op.1}^{\text{II}}}{Z_{AB}}\geqslant 1.3\sim 1.5$$

当灵敏度不满足要求时，可与相邻线路相间距离第Ⅱ段配合，其动作阻抗为

$$Z_{op.1}^{\text{II}}=K_{rel}^{\text{II}}Z_{AB}+K''_{rel}K_{b.min}Z_{op.2}^{\text{II}} \tag{9-58}$$

式中　K_{rel}^{II}——距离保护第Ⅱ段可靠系数，取0.8～0.85；

K''_{rel}——距离保护第Ⅱ段的可靠系数，取$K''_{rel}\leqslant 0.8$；

$Z_{op.2}^{\text{II}}$——相邻线路相间距离保护第Ⅱ段的整定值。

此时，相间保护距离动作时间为

$$t_{op.1}^{\text{II}}=t_{op.2}^{\text{II}}+\Delta t \tag{9-59}$$

式中　$t_{op.2}^{\text{II}}$——相邻线路相间距离保护第Ⅱ段的动作时间。

9.8.3 相间距离保护第Ⅲ段的整定

相间距离保护第Ⅲ段应按躲过被保护线路最大事故负荷电流所对应的最小阻抗整定。

1. 按躲过最小负荷阻抗整定

若被保护线路最大事故负荷电流所对应的最小阻抗为$Z_{L.min}$，则

$$Z_{L.min}=\frac{U_{w.min}}{I_{L.max}} \tag{9-60}$$

式中　$U_{w.min}$——最小工作电压，其值为$U_{w.min}=(0.9\sim 0.95)U_N/\sqrt{3}$；

U_N——被保护线路电网的额定相间电压；

$I_{L.max}$——被保护线路最大事故负荷电流。

当采用全阻抗继电器作为测量元件时，整定阻抗为

$$Z_{set.1}^{\text{III}}=K_{rel}^{\text{III}}Z_{L.min} \tag{9-61}$$

当采用方向阻抗继电器作为测量元件时，整定阻抗为

$$Z_{set.1}^{\text{III}}=\frac{K_{rel}^{\text{III}}Z_{L.min}}{\cos(\varphi_{set}-\varphi)} \tag{9-62}$$

式中　φ_{set}——整定阻抗角；

φ——线路的负荷功率因数角。

第Ⅲ段的动作时间应大于系统振荡时的最大振荡周期，且与相邻元件、线路第Ⅲ段保护的动作时间按阶梯原则进行相互配合。

2. 与相邻距离保护第Ⅱ段配合

为了缩短保护切除故障时间，可与相邻线路相间距离保护第Ⅱ段配合，则

$$Z_{op.1}^{\text{III}}=K_{rel}^{\text{III}}Z_{AB}+K'''_{rel}K_{b.min}Z_{op.2}^{\text{II}} \tag{9-63}$$

式中　K_{rel}^{III}——距离保护第Ⅲ段可靠系数，取0.8～0.85；

K'''_{rel}——可靠系数，取$K'''_{rel}\leqslant 0.8$；

$Z_{op.2}^{\text{II}}$——相邻线路相间距离保护第Ⅱ段的整定值。

当距离保护第Ⅲ段的动作范围未伸出相邻变压器的另一侧时，应与相邻线路不经振荡闭锁的距离保护第Ⅱ段的动作时间配合，即

$$t_{op.1}^{Ⅲ}=t_{op.2}^{Ⅱ}+\Delta t \tag{9-64}$$

式中　$t_{op.2}^{Ⅱ}$——相邻线路不经振荡闭锁的距离保护第Ⅱ段的动作时间。

当距离保护第Ⅲ段的动作范围伸出相邻变压器的另一侧时，应与相邻变压器相间后备保护配合，即

$$t_{op.1}^{Ⅲ}=t_{op.T}^{Ⅲ}+\Delta t$$

式中　$t_{op.T}^{Ⅲ}$——相邻变压器相间短路后备保护的动作时间。

相间距离保护第Ⅲ段的灵敏度校验用下式计算

当作为近后备保护时：　$K_{sen}^{Ⅲ}=\dfrac{Z_{op.1}^{Ⅲ}}{Z_{AB}}\geqslant 1.3\sim 1.5$

当作为远后备保护时：　$K_{sen}^{Ⅲ}=\dfrac{Z_{op.1}^{Ⅲ}}{Z_{AB}+K_{b.max}Z_{BC}}\geqslant 1.2$

式中　$K_{b.max}$——最大分支系数。

当灵敏度不满足要求时，可与相邻线路相间距离保护第Ⅲ段配合，即

$$Z_{op.1}^{Ⅲ}=K_{rel}^{Ⅲ}Z_{AB}+K'''_{rel}K_{b.min}Z_{op.2}^{Ⅲ} \tag{9-65}$$

式中　$K_{rel}^{Ⅲ}$——距离保护第Ⅲ段可靠系数，取 0.8～0.85；

K'''_{rel}——可靠系数，取 $K'''_{rel}=0.8$；

$Z_{op.2}^{Ⅲ}$——相邻线路距离保护第Ⅲ段的整定值。

相间距离保护第Ⅲ段的动作时间为

$$t_{op.1}^{Ⅲ}=t_{op.2}^{Ⅲ}+\Delta t$$

若相邻元件为变压器，则与变压器相间短路后备保护配合，则第Ⅲ段距离保护阻抗元件动作值为

$$Z_{op.1}^{Ⅲ}=K_{rel}^{Ⅲ}Z_{AB}+K_{rel}^{Ⅲ}{'}K_{b.min}Z_{op.T}^{Ⅲ} \tag{9-66}$$

式中　$K_{rel}^{Ⅲ}$——距离保护第Ⅲ段可靠系数，取 0.8～0.85；

$K_{rel}^{Ⅲ}{'}$——可靠系数，取 $K_{rel}^{Ⅲ}{'}\leqslant 0.8$；

$Z_{op.T}^{Ⅲ}$——变压器相间短路后备保护最小保护范围所对应的阻抗值，应根据后备保护类型进行确定。

小结

本章分析了距离保护的基本工作原理，距离保护与电流保护相比，受系统运行方式的影响较小（有分支电源时，保护区有影响）。其保护区长且稳定，在高压输电线路中被广泛应用。

由于传统距离保护（相对于微机保护而言）圆特性阻抗继电器实现比较简单，因而被广泛应用。建立圆特性阻抗继电器动作方程的基本方法是：从圆的圆心作一有向线段至测量阻抗末端，与圆的半径进行比较，若有向线段比圆半径短，则测量落在动作区内；反之，测量阻抗落在保护区外。

为了正确地反应保护安装处到短路故障点的距离，在同一点发生不同类型短路故障时，测量阻抗应与短路类型无关。遗憾的是，无论采用哪一种接线都不能满足要求。因

此，在实用中将相间短路保护与接地短路保护分开，即采用不同的接线方式。

能区分电力系统振荡和短路故障的启动元件，具有在系统振荡条件下不动作，在正常运行状态下发生短路故障，或在振荡过程中发生短路故障都能迅速动作的优越性能。反映故障分量的启动元件可作为判别系统是否振荡，也可以与距离保护配合使用，以满足振荡时不误动，在发生短路故障时迅速启动保护的目的。

电力系统发生振荡，将引起电压、电流大幅度的变化，将造成距离保护的误动作。电力系统发生振荡，可以通过其他措施或装置使系统恢复同步，而不允许继电保护发生误动作，因此，必须装设振荡闭锁装置。

当短路故障时，短路点存在过渡电阻或有分支电源时，将影响距离保护的正确动作。在选择阻抗继电器的动作特性时，应考虑过渡电阻的影响；在整定计算时必须考虑分支系数。

习　题

9-1　已知：线路正序阻抗 $Z_1=0.4\Omega/\text{km}$，阻抗角为 65°，A、B 变电站装有反应相间短路的二段式距离保护，其测量元件采用方向阻抗继电器，灵敏角 $\varphi_{sen}=65°$，可靠系数 $K_{rel}^{I}=K_{rel}^{II}=0.8$。求：

（1）当线路 AB、BC 的长度分别为 100km 和 20km 时，A 变电站保护Ⅰ、Ⅱ段的整定值，并校验灵敏度。

（2）当线路 AB、BC 的长度分别为 20km 和 100km 时，A 变电站保护Ⅰ、Ⅱ段的整定值，并校验灵敏度。

（3）分析比较上述两种情况，距离保护在什么情况下使用较理想？

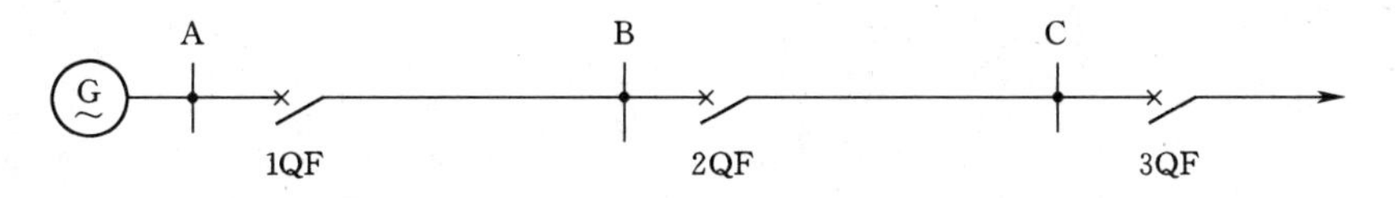

图 9-25　习题 9-1 网络接线图

9-2　如图 9-26 所示网络，已知 A 电源等效阻抗为：$X_{sA.min}=10\Omega$，$X_{sA.max}=15\Omega$；B 电源等效阻抗为：$X_{sB.min}=15\Omega$，$X_{sB.max}=25\Omega$；D 电源等效阻抗为 $X_{sD.min}=12\Omega$，$X_{sD.max}=40\Omega$；AB、BC、BD 线路阻抗分别为 20Ω、15Ω、10Ω。求网络的 A 侧距离保护的最大、最小分支系数、可靠系数取 0.8。

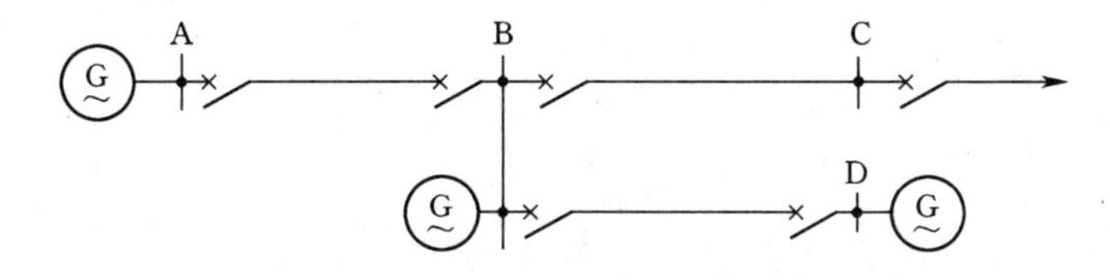

图 9-26　习题 9-2 系统接线图

9-3　如图 9-27 所示网络，各线路首端均装有距离保护，线路正序阻抗 $Z_1=0.4\Omega/\text{km}$。试求 AB 线路距离保护Ⅰ、Ⅱ段动作阻抗及距离Ⅱ段灵敏度。

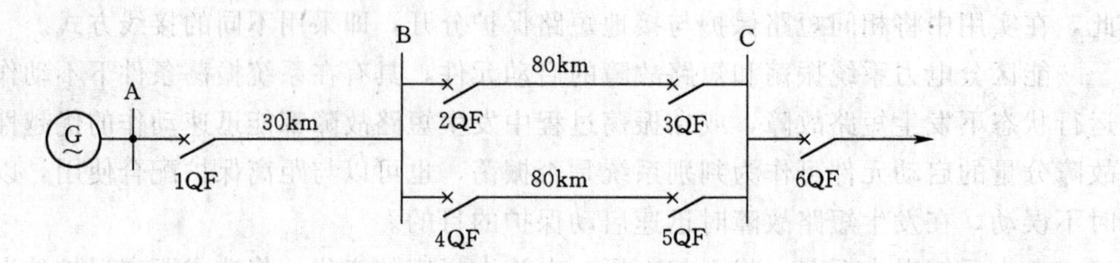

图 9-27　习题 9-3 系统接线图

9-4　如图 9-28 所示双侧电源电网，已知：线路的正序阻抗 $Z_1=0.4\Omega/\text{km}$，$\varphi_k=75°$；电源 M 的等值相电势 $E_M=115/\sqrt{3}\text{kV}$、阻抗 $Z_M=20\angle75°\Omega$；电源 N 的等值相电势 $E_N=115/\sqrt{3}\text{kV}$，阻抗 $Z_N=10\angle75°\Omega$；在变电站 M、N 装有距离保护，距离保护Ⅰ、Ⅱ段测量元件均采用方向阻抗继电器。

试求：

(1) 振荡中心位置，并在复平面坐标上画出振荡时的测量阻抗变化轨迹。

(2) 分析系统振荡时，变电站 M 侧的距离保护Ⅰ、Ⅱ段（Ⅱ段距离保护一次动作整定阻抗 160Ω，整定阻抗角 75°）误动的可能性及采取的措施。

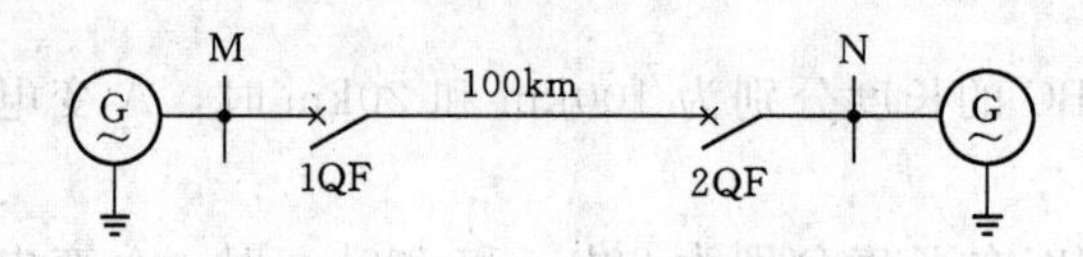

图 9-28　习题 9-4 系统接线图

第10章　电力变压器的继电保护

【教学要求】 熟悉变压器保护的配置原则；了解瓦斯保护工作原理；掌握变压器纵差保护工作原理及差动保护产生不平衡电流的原因及消除方法；理解微机差动保护的原理；了解电力变压器接地保护的构成；掌握变压器相间短路后备保护工作原理及整定计算方法。

10.1　电力变压器的故障类型及保护配置

10.1.1　变压器的故障和不正常运行状态

1. 变压器的故障

变压器故障可分内部故障和外部故障。

(1) 变压器内部故障指的是箱壳内部发生的故障，有绕组的相间短路故障、绕组的匝间短路故障、绕组与铁芯间的短路故障、变压器绕组引线与外壳发生的单相接地短路。此外，还有绕组的断线故障。

(2) 变压器外部故障指的是箱壳外部引出线间的各种相间短路故障和引出线因绝缘套管闪络或破碎通过箱壳发生的单相接地短路。

2. 变压器的异常运行方式

大型超高压变压器的不正常运行工况主要有过负荷、油箱漏油造成的油面降低、外部短路故障（接地故障和相间故障）引起的过电流。

对于大容量变压器，因铁芯额定工作磁密与饱和磁密比较接近，所以当电压过高或频率降低时，容易发生过励磁。

此外，对于中性点不直接接地运行的变压器，可能出现中性点电压过高的现象；运行中的变压器油温过高（包括有载调压部分）以及压力过高的现象。

10.1.2　变压器保护的配置

1. 瓦斯保护

容量在800kVA及以上的油浸式变压器和400kVA以上的车间内油浸式变压器，均应装设瓦斯保护。瓦斯保护用来反映变压器油箱内部的短路故障及油面降低，其中重瓦斯保护动作于跳开变压器各侧断路器，轻瓦斯保护动作于发出信号。

2. 纵差保护或电流速断保护

容量在6300kVA及以上并列运行的变压器、10000kVA及以上单独运行的变压器、发电厂厂用电变压器和工业企业中6300kVA及以上重要的变压器，应装设纵差保护。10000kVA及以下的电力变压器，应装设电流速断保护，其过电流保护的动作时限应大于0.5s。对于2000kVA以上的变压器，当电流速断保护灵敏度不能满足要求时，也应装设纵差保护。纵差保护或电流速断保护用于反映电力变压器绕组、出线套管及引出线发生的相间短路故障，中性点接点侧绕组的接地故障以及引出线的接地故障，保护动作于跳开变压器各侧断路器。

3. 相间短路的后备保护

相间短路的后备保护用于反映外部相间短路引起的变压器过电流。相间短路的后备保护的型式较多，过电流保护和低电压启动的过电流保护，宜用于中、小容量的降压变压器；复合电压启动的过电流保护，宜用于升压变压器和系统联络变压器，以及过电流保护灵敏度不能满足要求的降压变压器；6300kVA 及以上的升压变压器，应采用负序电流保护及单相式低电压启动的过电流保护；对大容量升压变压器或系统联络变压器，为了满足灵敏度要求，还可采用阻抗保护。

4. 接地故障的后备保护

对于中性点直接接地系统中的变压器，应装设零序电流保护，用于反映变压器高压侧(或中压侧)，以及外部元件的接地短路；变压器中性点可能接地或不接地运行时，应装设零序电流、电压保护。零序电流保护延时跳开变压器各侧断路器；零序电压保护延时动作于发出信号。

5. 过负荷保护

对于 400kVA 以上的变压器，当数台并列运行或单独运行并作为其他负荷的备用电源时，应装设过负荷保护。过负荷保护通常只装在一相，其动作时限较长，延时动作于发信号。

6. 其他保护

高压侧电压为 500kV 及以上的变压器，对频率降低和电压升高而引起的变压器励磁电流升高，应装设变压器过励磁保护。对变压器温度和油箱内压力升高，以及冷却系统故障，按变压器现行标准要求，应装设相应的保护装置。

10.2 电力变压器的瓦斯保护

10.2.1 气体继电器的构成和动作原理

当变压器油箱内部发生故障时，故障点的电弧使变压器油和其他绝缘材料分解，从而产生大量的可燃性气体，人们将这种可燃性气体统称为瓦斯气体。故障程度越严重，产生的瓦斯气体越多，气体在油箱内的运动还会夹带变压器油形成油流。瓦斯保护就是利用变压器油受热分解所产生的热气流和热油流来动作的保护。

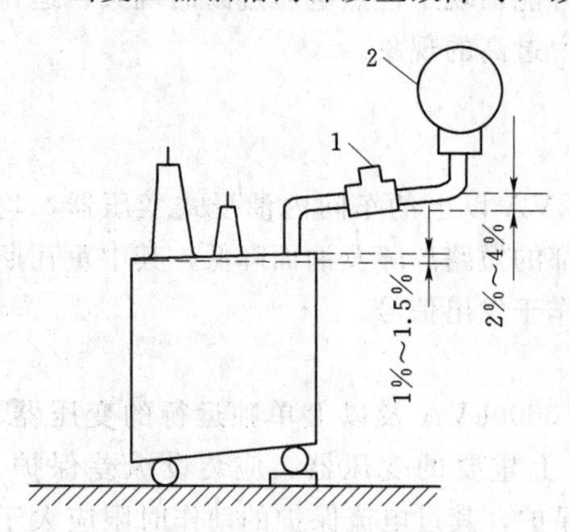

图 10-1 气体继电器安装示意图

1—气体继电器；2—油枕

瓦斯保护的核心元件是气体继电器，它安装在油箱与油枕的连接管道中，如图 10-1 所示。根据物体的物理特性，热的气流和油流在密闭的油箱内向上运动，为了保证气流和油流能顺利通过气体继电器，安装时应注意，变压器顶盖与水平面应有1%～1.5%的坡度，连接管道应有2%～4%的坡度。

我国目前采用的气体继电器有三种型式，即浮筒式、挡板式和复合式，其中复合式气体继电器具有浮筒式和挡板式的优点，在工程实践中应用较多。现以 QJ1—80 型气体继电器为例，来说明气体继电器的动作原理。如图 10－2 所示为 QJ1—80 型复合式气体继电器结构图。

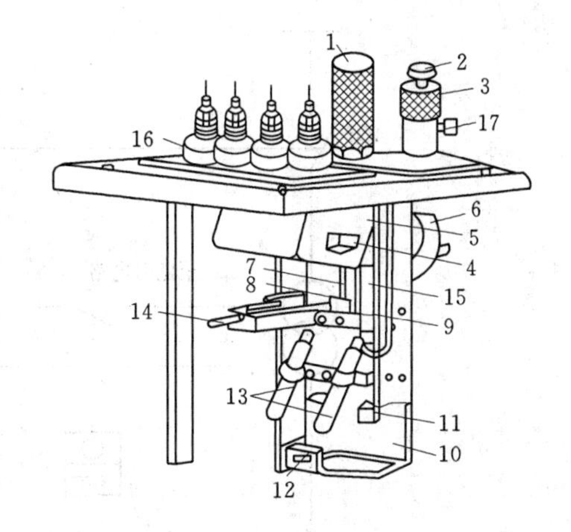

图 10－2 QJ1－80 型气体继电器结构图
1—罩；2—顶针；3—气塞；4—磁铁；5—开口杯；6—重锤；7—探针；8—开口销；9—弹簧；10—挡板；11—磁铁；12—螺杆；13—干簧触点（重瓦斯）；14—调节感杆；15—干簧触点（轻瓦斯）；16—套管；17—排气口

向上的开口杯 5 和重锤 6 固定在它们之间的一个转轴上。正常运行时，继电器及开口杯内都充满了油，开口杯因其自重抵消浮力后的力矩小于重锤自重抵消浮力后的力矩而处于上翘状态，固定在开口杯旁的磁铁 4 位于干簧触点 15 的上方，干簧触点可靠断开，轻瓦斯保护不动作；挡板 10 在弹簧 9 的作用下处于正常位置，磁铁 11 远离干簧触点 13，干簧触点可靠断开，重瓦斯保护也不动作。由于采取了两个干簧触点 13 串联且用弹簧 9 拉住挡板 10 的措施，使重瓦斯保护具有良好了抗震性能。

当变压器内部发生轻微故障时，所产生的少量气体逐渐聚集在继电器顶盖下面，使继电器内油面缓慢下降，油面低于开口杯时，开口杯所受浮力减小，其自重加杯内油重抵消浮力后的力矩将大于重锤自重抵消浮力后的力矩，开口杯位置随油面的降低而下降，磁铁 4 逐渐靠近干簧触点 15，接近到一定程度时触点闭合，发出轻瓦斯动作信号。

当变压器内部发生严重故障时，所产生的大量气体形成从油箱内冲向油枕的强烈气流，带油的气体直接冲击着挡板 10，克服了弹簧 9 的拉力使挡板偏转，磁铁 11 迅速靠近干簧触点 13，触点闭合（即重瓦斯保护动作）启动保护出口继电器，使变压器各侧断路器跳闸。

10.2.2 瓦斯保护的工作原理

瓦斯保护的原理接线如图 10－3 所示。气体继电器 KG 的轻瓦斯触点由开口杯控制，闭合后延时发出动作信号。KG 的重瓦斯触点由挡板控制，动作后经信号继电器 KS 启动保护出口继电器 KCO，使变压器各侧断路器跳闸。

为了防止变压器油箱内严重故障时油速不稳定，造成重瓦斯触点时通时断而不能可靠跳闸，KCO 采用带自保持电流线圈的中间继电器；为防止重瓦斯保护在变压器注油、滤油、换油或气体继电器试验时误动作，出口回路设有切换片 XB。将 XB 切换向电阻 $R1$ 侧，可使重瓦斯保护改为只发信号。

气体继电器动作后，在继电器上部的排气口收集气体。检查气体的化学成分和可燃性，从而判断出故障的性质。

瓦斯保护的主要优点是灵敏度高、动作迅速、简单经济。当变压器内部发生严重漏油或匝数很少的匝间短路时，往往纵联差动保护与其他保护不能反应，而瓦斯保护却能反映（这也正是纵联差动保护不能代替瓦斯保护的原因）。但是瓦斯保护只反映变压器油箱内的故障，不能反映油箱外套管与断路器间引出线上的故障，因此它也不能作为变压器唯一的主保护。通常瓦斯保护需和纵联差动保护配合共同作为变压器的主保护。

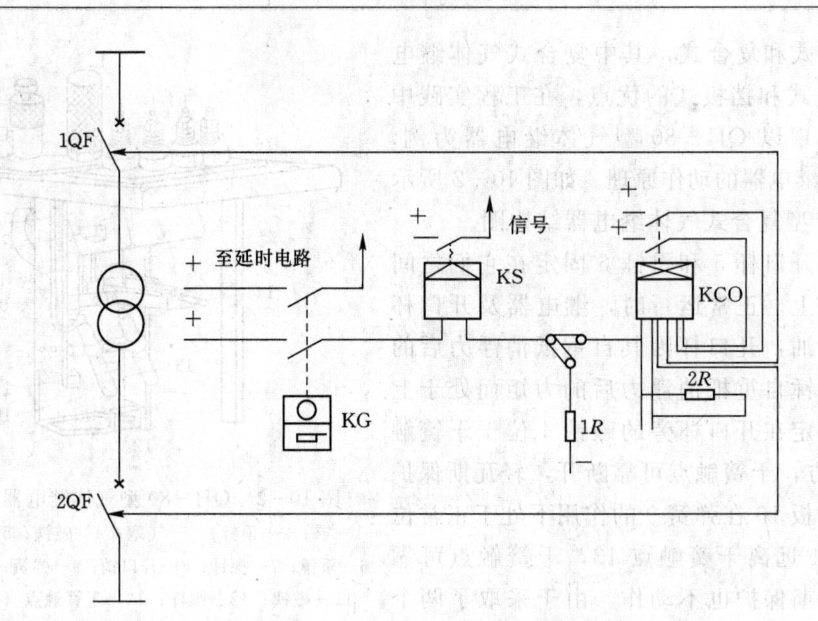

图 10-3　瓦斯保护原理接线图

10.3　电力变压器电流速断保护

对于容量较小的变压器，可在其电源侧装设电流速断保护，与瓦斯保护配合反映变压器绕组及引出线上的相间短路故障。电流速断保护的单相原理接线如图 10-4 所示。

当变压器的电源侧为直接接地系统时，保护采用完全星形接线，若为非直接接地系统，可采用两相不完全星形接线。保护的动作电流按下列条件选择。

(1) 大于变压器负荷侧 k_2 点短路时流过保护的最大短路电流，即

$$I_{op}=K_{rel}I_{k.max} \quad (10-1)$$

式中　K_{rel}——可靠系数，一般取 1.3～1.4；

$I_{k.max}$——最大运行方式下，变压器低压侧母线发生短路故障时，流过保护的最大短路电流。

(2) 躲过变压器空载投入时的励磁涌流，通常取

$$I_{op}=(3\sim5)I_N \quad (10-2)$$

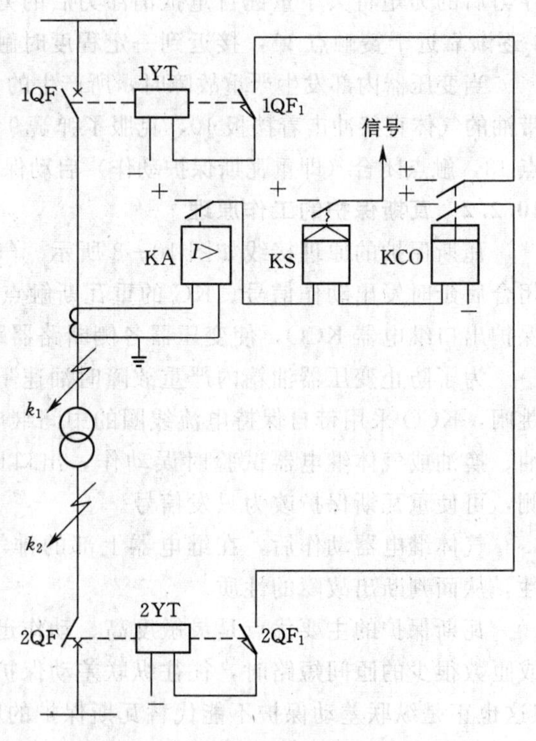

图 10-4　变压器电流速断保护单相原理接线图

式中 I_N——保护安装侧变压器的额定电流。

取上述两条件的较大值为保护动作电流值。保护的灵敏度要求

$$K_{sen}=\frac{I_{k.min}^{(2)}}{I_{op}}\geqslant 2 \tag{10-3}$$

式中 $I_{k.min}^{(2)}$——最小运行方式下，保护安装处两相短路时的最小短路电流。

保护动作后，瞬时跳开变压器各侧断路器并发出动作信号。电流速断保护具有接线简单、动作迅速等优点，能瞬时切除变压器电源侧引出线、出线套管及变压器内部部分线圈的故障。它的缺点是不能保护电力变压器的整个范围，当系统容量较小时，保护范围较小，灵敏度较难满足要求；在无电源的一侧，出线套管至断路器这一段发生的短路故障，要靠相间短路的后备保护才能反应，切除故障的时间较长，对系统安全运行不利；对于并列运行的变压器，负荷侧故障时将由相间短路的后备保护无选择性地切除所有变压器，扩大了停电范围。但该保护简单、经济并且与瓦斯保护、相间短路的后备保护配合较好，因此广泛应用于小容量变压器的保护中。

10.4 电力变压器的纵差保护

10.4.1 变压器纵差保护的基本原理

变压器的纵联差动保护（简称纵差保护）用来反映变压器绕组、引出线及套管上的各种短路故障，广泛运用于各种大中型变压器保护中，是变压器的主保护之一。

纵差保护是通过比较被保护的变压器两侧电流的大小和相位在故障前后的变化而实现保护的。为了实现这种比较，在变压器两侧各装设一组电流互感器1TA、2TA，其二次侧按环流法连接（通常变压器两端的电流互感器一次侧的正极性端子均置于靠近母线的一侧，则将它们二次侧的同极性端子相连接组成差动臂，再将差动继电器的线圈跨接在差动臂上），构成纵差保护，如图10-5所示。其保护范围为两侧电流互感器1TA、2TA之间的全部区域，包括变压器的高、低压绕组、套管及引出线等。

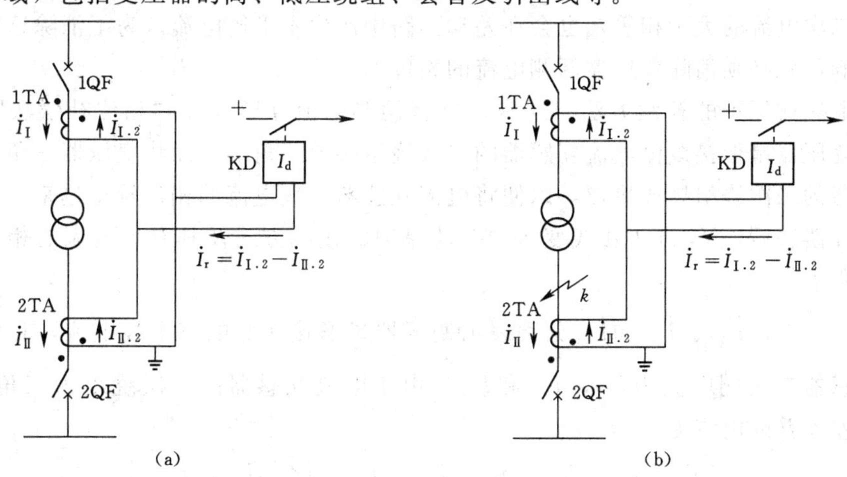

图10-5 变压器纵差动保护单相原理接线

(a) 外部故障；(b) 内部故障

由于变压器两侧额定电压和额定电流不同，为了保证纵差保护正确动作，必须适当选择两侧电流互感器的变比，使得正常运行和外部短路时，差动回路内没有电流。例如图 10－5 中，应使

$$I_{\mathrm{I}2}=I_{\mathrm{II}2}=\frac{I_{\mathrm{I}}}{n_{1\mathrm{TA}}}=\frac{I_{\mathrm{II}}}{n_{2\mathrm{TA}}} \tag{10-4}$$

式中　$n_{1\mathrm{TA}}$——高压侧电流互感器的变比；

$n_{2\mathrm{TA}}$——低压侧电流互感器的变比。

若满足上述条件，则当变压器正常运行或发生外部故障时，流入差动继电器的电流为

$$\dot{I}_{\mathrm{r}}=\dot{I}_{\mathrm{I}2}-\dot{I}_{\mathrm{II}2}=0 \tag{10-5}$$

实际上，由于电流互感器的误差、变压器的接线方式及励磁涌流等因素的影响即使满足式（10－4）条件，差动回路中仍会流过一定的不平衡电流$\dot{I}_{\mathrm{unb}}$，当该值小于 KD 的动作电流时，KD 不动作。

当变压器内部故障时，流入差动继电器的电流为

$$\dot{I}_{\mathrm{r}}=\dot{I}_{\mathrm{I}2}+\dot{I}_{\mathrm{II}2} \tag{10-6}$$

其值为短路电流的二次值。

可见当差动回路中的不平衡电流越大，差动继电器的动作电流也越大，差动保护的灵敏度就越低。因此，要提高变压器纵差保护的灵敏度，关键问题是减小或消除不平衡电流的影响。

10.4.2　变压器纵差保护中的不平衡电流

变压器纵差保护最明显的特点是产生不平衡电流的因素很多。现对不平衡电流产生的原因及减小或消除其影响的措施分别讨论如下。

1. 变压器接线组别的影响及其补偿措施

三相变压器的接线组别决定了变压器两侧的电流相位关系，以常用的 Y，d11 接线的电力变压器为例，高、低压侧电流之间就存在着 30°的相位差。这时，即使变压器两侧电流互感器二次电流的大小相等，也会在差动回路中产生不平衡电流。为了消除这种不平衡电流的影响，就必须消除变压器两侧电流的相位差。

（1）电磁式保护的补偿方法。通常都是将两侧电流互感器按“相位补偿法”进行连接，即将变压器星形接线侧电流互感器的二次绕组接成三角形，而将变压器三角形接线侧电流互感器的二次绕组接成星形，以便将电流互感器二次电流的相位校正过来。采用了这样的相位补偿法后，Y，d11 接线变压器差动保护的接线方式及其有关电流的相量图，如图 10－6 所示。

图 10－6 中，$\dot{I}_{\mathrm{AY}}$、$\dot{I}_{\mathrm{BY}}$和$\dot{I}_{\mathrm{CY}}$分别表示变压器星形接线侧的三个线电流，和它们对应的电流互感器二次侧电流为$\dot{I}_{\mathrm{aY}}$、$\dot{I}_{\mathrm{bY}}$和$\dot{I}_{\mathrm{cY}}$。由于电流互感器的二次绕组为三角形接线，所以流入差动臂的电流为

$$\dot{I}_{\mathrm{ar}}=\dot{I}_{\mathrm{aY}}-\dot{I}_{\mathrm{bY}}\quad \dot{I}_{\mathrm{br}}=\dot{I}_{\mathrm{bY}}-\dot{I}_{\mathrm{cY}}\quad \dot{I}_{\mathrm{cr}}=\dot{I}_{\mathrm{cY}}-\dot{I}_{\mathrm{aY}}$$

它们分别超前于$\dot{I}_{\mathrm{AY}}$、$\dot{I}_{\mathrm{BY}}$和$\dot{I}_{\mathrm{CY}}$相角为 30°，如图 10－6（b）所示。在变压器的三角

形接线侧，其三相电流分别为$\dot{I}_{Ad}$、$\dot{I}_{Bd}$和$\dot{I}_{Cd}$，相位分别超前$\dot{I}_{AY}$、$\dot{I}_{BY}$和$\dot{I}_{CY}$30°（变压器接线组别为Y，d11）。该侧电流互感器为星形连接，所以其输出电流$\dot{I}_{ad}$、$\dot{I}_{bd}$和$\dot{I}_{cd}$与$\dot{I}_{Ad}$、$\dot{I}_{Bd}$和$\dot{I}_{Cd}$同相位，流入差动臂的这三个电流$\dot{I}_{ad}$、$\dot{I}_{bd}$和$\dot{I}_{cd}$分别与变压器星形接线侧加入差动臂的电流$\dot{I}_{ar}$、$\dot{I}_{br}$和$\dot{I}_{cr}$同相，这就使Y，d11变压器两侧电流的相位差得到了校正，从而有效地消除了因两侧电流相位不同而引起的不平衡电流。若仅从相位补偿角度出发，也可以将变压器三角形侧电流互感器二次绕组连接成三角形。但是采取这种相位补偿措施，若变压器星形侧采用中性点接地工作方式，当差动回路外部发生单相接地短路故障时，变压器星形侧差动回路中将有零序电流，而变压器三角形侧差动回路中无零序分量，使不平衡电流加大。因此，对于常规变压器纵联差保护是不允许采用在变压器三角形侧进行相位补偿的接线方式。

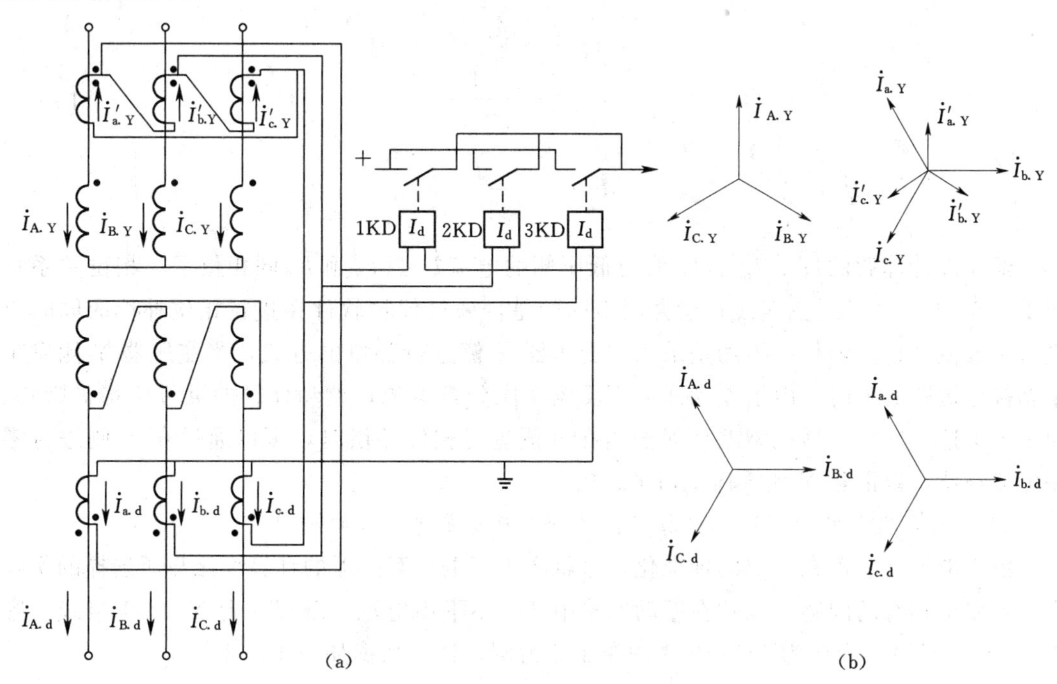

图10-6 Y，d11接线变压器纵联差动保护接线及相量图

(a) 接线图；(b) 相量图

采用了相位补偿接线后，在电流互感器绕组接成三角形的一侧，流入差动臂中的电流要比电流互感器的二次电流大$\sqrt{3}$倍。为了使正常工作及外部故障时差动回路中两差动臂的电流大小相等，可通过适当选择电流互感器变比解决，考虑到电流互感器二次额定电流为5A，则

$$K_{TA.Y}=\frac{\sqrt{3}I_{NY}}{5} \tag{10-7}$$

而变压器三角形侧电流互感器的变比为

$$K_{TA.d}=\frac{I_{Nd}}{5} \tag{10-8}$$

式中　I_{NY}——变压器星形侧的额定电流；

I_{Nd}——变压器三角形侧的额定电流。

根据式（10-7）和式（10-8）的计算结果，选定一个接近并稍大于计算值的标准变比。

（2）微机保护的补偿方法。由于微机保护软件计算的灵活性，允许变压器各侧的电流互感器二次侧都按星形接线，也可以采用Y-△接线的补偿方式。如果两侧都采用星形接线，在进行差动电流计算时由软件对变压器星形侧电流进行相位补偿及电流数值补偿。

如变压器Y侧二次三相电流采样值为$\dot{I}_{aY}$、$\dot{I}_{bY}$、$\dot{I}_{cY}$，用软件实现相位补偿时，则下式可求得用作差动计算的三相电流$\dot{I}_{ar}$、$\dot{I}_{br}$和$\dot{I}_{cr}$

$$\begin{cases}\dot{I}_{ar}=\dfrac{\dot{I}_{aY}-\dot{I}_{bY}}{\sqrt{3}}\\ \dot{I}_{br}=\dfrac{\dot{I}_{bY}-\dot{I}_{cY}}{\sqrt{3}}\\ \dot{I}_{cr}=\dfrac{\dot{I}_{cY}-\dot{I}_{aY}}{\sqrt{3}}\end{cases} \tag{10-9}$$

经软件计算后的$\dot{I}_{ar}$、$\dot{I}_{br}$、$\dot{I}_{cr}$就与低压侧的电流$\dot{I}_{ad}$、$\dot{I}_{bd}$和$\dot{I}_{cd}$同相位了，相位关系见图10-6（b）。与Y-△接线补偿方法不同的是，微机保护软件在进行相位补偿的同时也进行了数值补偿。值得一提的是采用在变压器Y侧进行补偿的方式，当变压器Y侧发生单相接地短路故障时，由于差动回路不反应零序分量电流，差动保护的灵敏度将受影响。为了解决这一问题，微机型差动保护当在d侧进行相位补偿时，可以通过在Y侧进行零序电流补偿，以消除Y侧零序电流的影响。

2. 电流互感器实际变比与计算变比不同时产生的不平衡电流

由于电流互感器在制上的标准化，这就产生了电流互感器的计算变比与所选择的实际变比不完全相符的问题，以致在差动回路中产生不平衡电流。现以一台Y，d11接线、容量为31.5MVA、变比为115/10.5的变压器为例，计算数据如表10-1。

表10-1　变压器两侧电流互感器实际变比与计算变比不同所产生的不平衡电流

电压侧	115kV(Y)	10.5kV(d)
额定电流/A	158	1730
电流互感器接线方式	Y	Y
电流互感器计算变比	$\frac{158}{5}$	$\frac{1730}{5}$
选择电流互感器实际变比	200/5	2000/5
经软件计算后流入差动回路中的电流/A	$\frac{158}{40}=3.95$	$\frac{1730}{400}=4.32$
不平衡电流/A	4.32－3.95＝0.37	

为了减小不平衡电流对纵差保护的影响，微机保护中采用了平衡系数进行补偿。微机保护中平衡系数的计算不同厂家的装置计算方法不同。当以一侧电流 $I_{\mathrm{I}2}$ 为基准时，另一侧的平衡系数便为

$$K_{ph}=\frac{I_{\mathrm{I}2}}{I_{\mathrm{II}2}} \tag{10-10}$$

这样一来，外部故障与正常运行时，差动回路的计算电流便为

$$\dot{I}_{r}=\dot{I}_{\mathrm{I}2}-K_{ph}\dot{I}_{\mathrm{II}2}=0 \tag{10-11}$$

由此补偿了计算变比与实际变比不一致产生的不平衡电流。

3. 两侧电流互感器型号不同而产生的不平衡电流

由于变压器两侧的额定电压不同，所以，其两侧电流互感器的型号也可能会不相同，因而它们的饱和特性和励磁电流（归算到同一侧）都是不相同的。即便型号相同，由于电流互感器的误差，也会产生不平衡电流。因此，在变压器的差动保护中始终存在不平衡电流。在外部短路时，这种不平衡电流可能会很大。为了解决这个问题，一方面，应按10%误差的要求选择两侧的电流互感器，以保证在外部短路的情况下，其二次电流的误差不超过10%。另一方面，在确定差动保护的动作电流时，考虑两侧电流互感器型号差异可能产生的不平衡电流并提高纵差保护的动作电流，以躲开不平衡电流的影响。

4. 变压器调压分接头位置改变而产生的不平衡电流

电力系统中常用调整变压器调压分接头位置的方法来调整系统的电压。调整分接头位置实际上就是改变变压器的变比，其结果必然将破坏两侧电流互感器二次电流的平衡关系，产生了新的不平衡电流。因此，在带负荷调压的变压器纵差保护中，应在整定计算时加以考虑，即用提高保护动作电流的方法来躲过这种不平衡电流的影响。

5. 变压器励磁涌流的影响及防止措施

由于变压器的励磁电流只流经它的电源侧，故造成变压器两侧电流不平衡，从而在差动回路内产生不平衡电流。在正常运行时，此电流很小，一般不超过变压器额定电流的3%～5%。外部故障时，由于电压降低，励磁电流也相应减小，其影响就更小。因此由正常励磁电流引起的不平衡电流影响不大，可以忽略不计。但是，当变压器空载投入和外部故障切除后电压恢复时，可能出现很大的励磁涌流，其值可达变压器额定电流的6～8倍。因此，励磁涌流将在差动回路中引起很大的不平衡电流，可能导致保护的误动作。

励磁涌流，就是变压器空载合闸时的暂态励磁电流。由于在稳态工作时，变压器铁芯中的磁通滞后于外加电压90°，如图10-7（a）所示。所以，如果空载合闸正好在电压瞬时值 $u=0$ 的瞬间接通电路，则铁芯中就具有一个相应的磁通 $-\Phi_{max}$，而铁芯中的磁通又是不能突变的，所以在合闸时必将出现一个 $+\Phi_{max}$ 的磁通分量。该磁通将按指数规律自由衰减，故称之为非周期性磁通分量。如果这个非周期性磁通分量的衰减过程比较慢，那么在最严重的情况下，经过半个周期后，它与稳态磁通相叠加的结果，将使铁芯中的总磁通达到 $2\Phi_{max}$ 的数值，如果铁芯中还有方向相同的剩余磁通 Φ_{res}，则总磁通将为 $2\Phi_{max}+\Phi_{res}$，如图10-7（b）所示。此时由于铁芯处于高度饱和状态，励磁电流将剧烈增加，从而形成了励磁涌流，如图10-7（c）所示。该图中与 Φ_{max} 对应的为变压器额定励磁电流的最大值 $I_{\mu N}$，与 $2\Phi_{max}+\Phi_{res}$ 对应的则为励磁涌流的最大值 $I_{\mu.max}$。随着铁芯中非周期分量磁通的

不断衰减，励磁电流也逐渐衰减至稳态值，如图10－7（d）所示。以上分析是在电压瞬时值$u=0$时合闸的情况。当然，如果变压器在电压瞬时值为最大的瞬间合闸时，因对应的稳态磁通等于零，故不会出现励磁涌流，合闸后变压器将立即进入稳态工作。但是，对于三相式电力变压器，因三相电压相位差为120°，空载合闸时出现励磁涌流是无法避免的。根据以上分析可以看出，励磁涌流的大小与合闸瞬间电压的相位、变压器容量的大小、铁芯中剩磁的大小和方向以及铁芯的特性等因素有关。而励磁涌流的衰减速度则随铁芯的饱和程度及导磁性能的不同而变化。

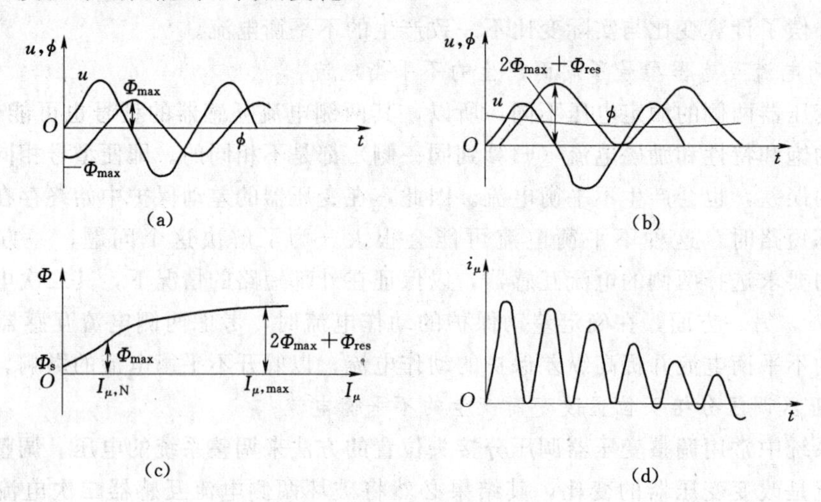

图10－7 变压器励磁涌流的产生及变化曲线

（a）稳态情况下，磁通与电压的关系；（b）在$u=0$瞬间空载合闸时，磁通与电压关系；（c）变压器铁芯的磁化曲线；（d）励磁涌流的波形

由图10－7（d）可见，变压器的励磁涌流具有以下几个明显特点。

（1）含有很大成分的非周期分量，使曲线偏向时间轴的一侧。

（2）含有大量的高次谐波，其中二次谐波所占比重最大。

（3）具有很大的间断角，（一般大于60°），如图10－8所示，图中α称为间断角。

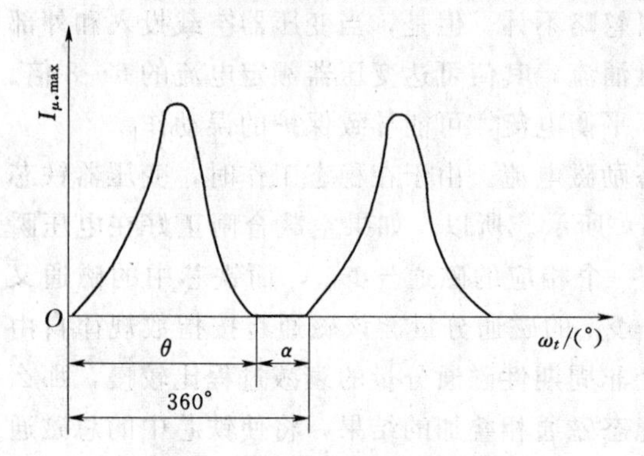

图10－8 励磁涌流波形的间断角

为了消除励磁涌流对变压器纵差保护的影响，通常采取的措施如下所述。

（1）二次谐波电流制动。利用流过差动元件差电流中的二次谐波电流作为制动量，区分出关是内部故障的短路电流还是励磁涌流，实现励磁涌流闭锁。具有二次谐波制的差动保护中，通过二次谐波制动比来衡量二次谐波制动能力。二次谐波制动比$K_{2\varphi}$是指：在通入差动元件的电流（差流）中，含有二次谐波分量电流和基波分量电流的比值。

$$K_{2\varphi}=\frac{I_{d2\varphi}}{I_{d1\varphi}} \tag{10-12}$$

式中　$I_{d2\varphi}$——差动电流中的二次谐波分量电流；

$K_{2\varphi}$——二次谐波制动系数；

$I_{d1\varphi}$——差动电流中的基波分量电流。

当差流回路中的二次谐波制动比大于整定的二次谐波制动比时，判断为励磁涌流，闭锁差动保护，反之开放保护。二次谐波制动比一般取0.15，二次谐波制动比的整定值越大，该差动保护躲励磁涌流的能力越弱，越容易误动；反之，二次谐波制动比的整定值越小，差动保护躲励磁涌流的能力越强。

（2）判别电流间断角识别励磁涌流。在微机保护中，间断角通常指在差流的半周期内，差动量小于制动量所对应的角度。在正常运行及外部故障时，制动电流很大，差流很小，间断角为360°，保护不动作；当内部故障时，制动电流很小，差流很大，波形连续，间断角很小，保护可靠动作。而在励磁涌流作用下，差动很大，制动电流很小，但励磁涌流波形是不连续的，使得间断角比较大（一般大于60°），在检测波形间断角判据中，通常间断角的定值可取$\theta_{j.set}=65°$。即$\theta_j>65°$判为励磁涌流，闭锁差动保护。否则判为内部故障时的短路电流。

（3）波形对称识别。在微机变压器纵差保护中，采用波形对称算法，将励磁涌流同变压器故障电流区分开来，首先滤去差流中的直流分量，使电流波形不偏移于时间轴的一侧，然后比较每个周其内差电流的前后半波的量值。

设I_i表示滤去直流分量后某点的差流，若其前后半波上的电流值的比值满足

$$\left|\frac{I_i+I_{i+180°}}{I_i-I_{i+180°}}\right|\leqslant K \tag{10-13}$$

则认为波形是对称的，开放差动保护；否则认为是励磁涌流，闭锁差动保护。其中K为不对称系数，通常取1/2。

10.4.3　电力变压器微机差动保护及整定

变压器微机型差动保护的构成原理，一般包括比率制动差动元件、励磁涌流制动元件、TA断线闭锁元件、抗饱和元件、过励磁元件等。其中TA断线闭锁元件一般不需整定，仅通过控制字投退；抗饱和元件也不需整定；主要考虑比率制动差动元件和谐波元件（励磁涌流元件）的整定。除此之外，还配置有差动速断元件，因此对差动速断元件也需要整定。

10.4.3.1　比率制动元件

由前面分析我们知道，变压器在正常运行及外部故障时，差动回路中存在着不平衡电流，为使差动保护动作可靠，差动回路的动作电流就必须大于不平衡电流。微机变压器纵联差动保护通常采用比率制动原理的差动保护，不同的保护装置比率制动特性不尽相同。对于常规的双折线比率制动差动保护其动作特性主要由启动电流（最小动作电流）、拐点电流（最小制动电流）、比率制动系数等构成。

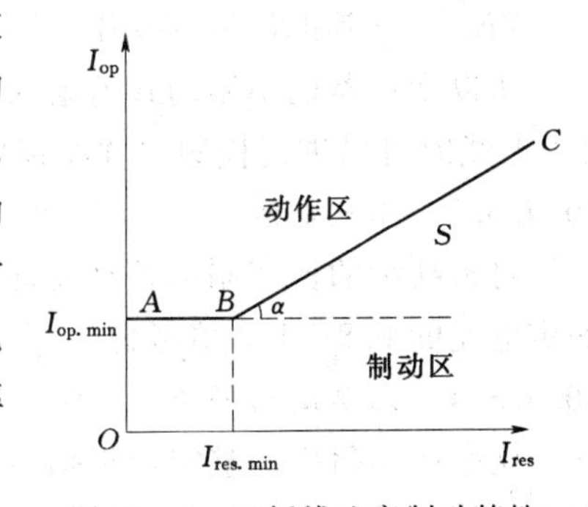

图10-9　双折线比率制动特性

图10-9示出了两折线式比率制动特性，由线段

AB、BC组成，特性曲线的上方为动作区，下方为制动区。$I_{op.min}$称为最小动作电流，$I_{res.min}$称为最小制动电流，S是BC制动段的斜率，即$S=\tan\alpha$。

对于双绕组变压器，当差动电流

$$I_d=|\dot{I}_h+\dot{I}_l| \tag{10-14}$$

制动电流

$$I_{res}=\frac{|\dot{I}_h-\dot{I}_l|}{2} \tag{10-15}$$

式中　$\dot{I}_h$——高压侧差动计算电流；

$\dot{I}_l$——低压侧差动计算电流。

动作方程可表示为

$$I_{op}=I_{op.min}\quad(I_{res}\leqslant I_{res.min})$$

$$I_{op}=I_{op.min}+S(I_{res}-I_{res.min})\quad(I_{res}>I_{res.min}) \tag{10-16}$$

当$I_d\geqslant I_{op}$时，差动保护动作。

10.4.3.2　启动电流

差动启动电流的整定原则是，应当能可靠躲过正常运行时由于TA变比等误差产生的最大不平衡电流。最大不平衡电流主要考虑正常运行时电流互感器误差、调压、各侧电流互感器型号不一致、变压器的励磁涌流等产生的不平衡电流。启动电流可按下式整定

$$I_{op.min}=K_{rel}I_{nub} \tag{10-17}$$

$$I_{op.min}=K_{rel}I_{unb}=K_{rel}(f_{er}+\Delta U+\Delta m+K_{ot})I_N \tag{10-18}$$

式中　I_N——变压器额定二次电流；

K_{rel}——可靠系数，取1.5～2；

f_{er}——电流互感器的比值误差，对于10P型TA，取0.03×2（三绕组变压器取0.03×3）；对于5P型TA，取0.01×2（三绕组变压器取0.01×3）；

ΔU——变压器改变分接头或带负荷调压造成的误差，取变压器最大调压分接头的绝对值；

Δm——通道变换及调试误差，取0.05×2；

K_{ot}——其他误差（变压器励磁电流等引起的误差），取0.05。

所以变压器比率制动式差动保护起始动作电流可取$I_{op.0}=(0.4\sim0.5)I_N$。微机保护在TA断线时可以进行检测，并闭锁保护，可以不用考虑躲过断线时的负荷电流。

10.4.3.3　拐点电流

对折线型的比率制动差动元件，拐点电流即开始超制动作时的电流，一般按照高压侧额定电流的0.8～1.0倍考虑。

10.4.3.4　比率制动斜率

比率制动斜率的整定应根据各个厂家说明进行整定，有些取固定斜率，不需要整定；有些其特性采用变斜率，也不用整定，对于比率制动的系数的取值基本原则是，应当能可

靠躲过外部短路引起的最大不平衡电流。

对于双绕组变压器，最大不平衡电流按下式计算

$$I_{unb.max}=(f_{er}+\Delta U+\Delta m+K_{ot}+K_{ap})I_{k.max} \tag{10-19}$$

式中 $I_{k.max}$——变压器出口短路时流过变压器最大短路电流的二次值；

K_{ap}——两侧电流互感器暂态特性不一致产生的不平衡量电流，取0.1。

在这里 f_{er}在最大短路电流作用下，应取0.1。

此时，对应动作电流应为

$$I_{op.max}=K_{rel}I_{unb.max}$$

对应的制动电流为

$$I_{res.max}=I_{k.max}$$

则曲线计算斜率为

$$S=\frac{(I_{op.max}-I_{op.min})}{(I_{res.max}-I_{res.min})} \tag{10-20}$$

10.4.3.5 *励磁涌流元件*

对微机型变压器差动保护往往采用多种方法来实现涌流制动，二次谐波制动元件采用最广泛，其次是各种针对涌流波形与短路波形的区别来构成的制动元件，其原理差异较大，但一般不需要讲行整定。

对于二次谐波制动的涌流元件整定计算方法也有差异。具有二次谐波制动的差动保护的二次谐波制动比，是表征单位二次谐波电流制动作用大小的。二次谐波制动比越大，则保护的谐波制动作用越弱，反之亦反。具有二次谐波制动的差动保护二次谐波制动比，通常整定为15%～20%。但是，在具体整定时应根据变压器的容量、主接线及系统负荷情况而定。

10.4.3.6 *差动速断元件*

由于变压器差动保护中设置有涌流判别元件，因此，其受电流波形畸变及电流中谐波的影响很大。当区内故障电流很大时，差动TA可能饱和，从而使差流中含有大量的谐波分量，并使差流波形发生畸变，可能导致差动保护拒动或延缓动作。差动速断元件只反应差流的有效值，不受差流中的谐波及波形畸变的影响。

差动速断元件的整定值应按躲过变压器励磁涌流来确定。通常

$$I_{op}=K_{rel}I_{N} \tag{10-21}$$

式中 K_{rel}——可靠系数，取4～8。

10.4.3.7 *内部短路故障灵敏度计算*

在最小运行方式下计算保护区（指变压器引出线上）两相金属性短路故障时最小短路电流 $I_{k.min}$和相应的制动电流 I_{res}（折算至基本侧）。根据制动电流的大小在相应制动特性曲线上求得相应的动作电流 I_{op}和差动电流 I_{d}。于是灵敏系数 K_{sen}为

$$K_{sen}=\frac{I_{d}}{I_{op}} \tag{10-22}$$

要求 $K_{sen}\geqslant 2$。

对于单侧电源变压器，内部故障时的制动电流采用不同方式，保护的灵敏度不同。

10.5　电力变压器相间短路的后备保护

变压器相间短路的后备保护既是变压器主保护的后备保护，又是相邻母线或线路的后备保护。根据变压器容量的大小和系统短路电流的大小，变压器相间短路的后备保护可采用过电流保护、低电压启动的过电流保护和复合电压启动的过电流保护等。

10.5.1　过电流保护

过电流保护宜用于降压变压器，其原理接线如图 10－10 所示。过电流保护采用三相式接线，且保护应装设在电源侧。保护的动作电流 I_{op} 按躲过变压器可能出现的最大负荷电流 $I_{L.max}$ 来整定，即

$$I_{op}=\frac{K_{rel}}{K_{re}}I_{L.max} \tag{10-23}$$

式中　K_{rel}——可靠系数，一般取 1.2～1.3；

K_{re}——返回系数。

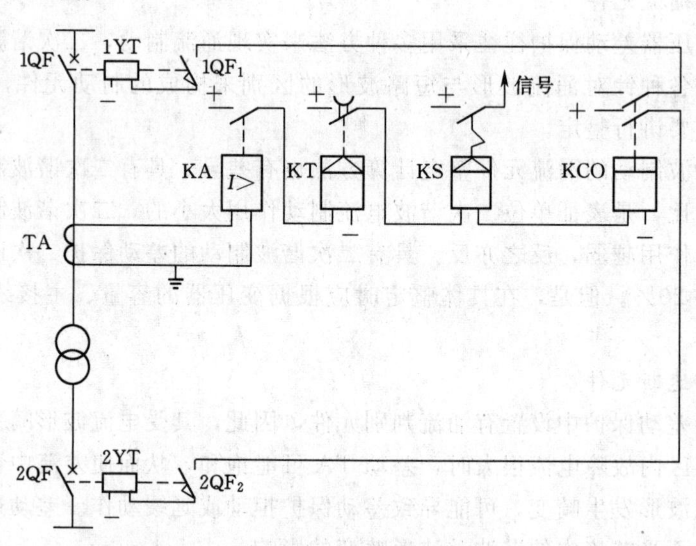

图 10－10　单相式过电流保护原理接线图

确定 $I_{L.max}$ 时，应考虑下述两种情况。

(1) 对并列运行的变压器，应考虑一台变压器退出运行以后所产生的过负荷。若各变压器容量相等，可按下式计算

$$I_{L.max}=\frac{m}{m-1}I_{N} \tag{10-24}$$

式中　m——并列运行变压器的台数；

I_{N}——变压器电源侧的额定电流。

(2) 对降压变压器，应考虑负荷中电动机自启动时的最大电流，则

$$I_{L.max}=K_{ss}I'_{L.max} \tag{10-25}$$

式中　K_{ss}——自启动系数，其值与负荷性质及用户与电源间的电气距离有关。对 110kV

降压变电站，6～10kV 侧，$K_{ss}=1.5\sim2.5$；35kV 侧，$K_{ss}=1.5\sim2.0$；

$I'_{L.max}$——正常运行时最大负荷电流。

保护的动作时限应与下级保护时限配合，即比下级保护中最大动作时限大一个阶梯时限 Δt。

保护的灵敏度为

$$K_{sen}=\frac{I_{k.min}}{I_{op}} \tag{10-26}$$

式中 $I_{k.min}$——最小运行方式下，在灵敏度校验点发生两相相间短路时，流过保护装置的最小短路电流。

在被保护变压器负荷侧母线上短路时（近后备），要求 $K_{sen}\geqslant1.5\sim2.0$；在后备保护范围末端短路时（远后备），要求 $K_{sen}\geqslant1.2$。若灵敏度不满足要求，则选用其他灵敏度较高的后备保护方式。

10.5.2 复合电压起动的（方向）过电流保护

微机保护中，接入装置电压为三个相电压或三个线电压，负序过电压与低电压功能由算法实现。过电流元件的实现通过接入三相电流和保护算法实现，两者与构成复合电压启动的过电压保护。

各种不对称短路时存在较大负序电压，负序过电压元件将动作，一方面开放过电流保护，过电流保护动作后经设定的延时动作于跳闸；另一方面使低电压保护的数据窗的数据清零，低电压保护动作。对称性三相短路时，由于短路初瞬间也会出现短时的负序电压，负序过电压元件将动作，低电压保护的数据窗被清零，低电压保护也动作。当负序电压消失后，低电压保护可由程序设定为电压较高时返回，三相短路电压一般都会降低，若它低于低电压元件返回电压，则低电压元件仍处于动作状态。

1. *动作逻辑*

如图 10-11 所示为复合电压启动（方向）过电流保护逻辑框图（只画出Ⅰ段，最末段不设方向元件控制），图中或门 1H 输出“1”表示复合电压已动作，U_2 为保护安装处母线负序电压，$U_{2.set}$ 为负序整定电压，$U_{\varphi\varphi.min}$ 为母线上最低相间电压；1KW、2KW、3KW 为保护安装侧 A 相、B 相、C 相的功率方向元件，I_A、I_B、I_C 为保护安装侧变压器三相电流，$I_{1.set}$ 为Ⅰ段电流定值。KG 控制字，1KG 为“1”时，方向元件投入，1KG 为“0”时，方向元件退出，各相的电流元件和该相的方向元件构成“与”关系，符合按相启动原则；2KG 为其他侧复合电压控制字，2KG 为“1”时，其他侧复合电压起到该侧方向电流保护的闭锁作用，1KG 为“0”时，其他侧复合电压不引入，引入其他侧复合电压可提高复合电压元件灵敏度；3KG 为复合电压的控制字，3KG 为“1”时，复合电压起闭锁作用，3KG 为“0”时，复合电压不起闭锁作用；4KG 为保护段投、退控制字，4KG 为“1”时，该段投入，4KG 为“0”时，该段保护退出。显然，1KG＝1、3KG＝1 时为复合电压闭锁的方向过电流保护；1KG＝1、3KG＝0 时为方向过电流保护；1KG＝0、3KG＝0 时为过电流保护；1KG＝0、3KG＝1 时为复合电压闭锁过电流保护。

对多侧电源的三绕组变压器，一般情况下三侧均要装设反映相间短路故障的后备保护，每侧设两段。高压侧的第Ⅰ段为复合电压闭锁的方向过电流保护，设有两个时限，短

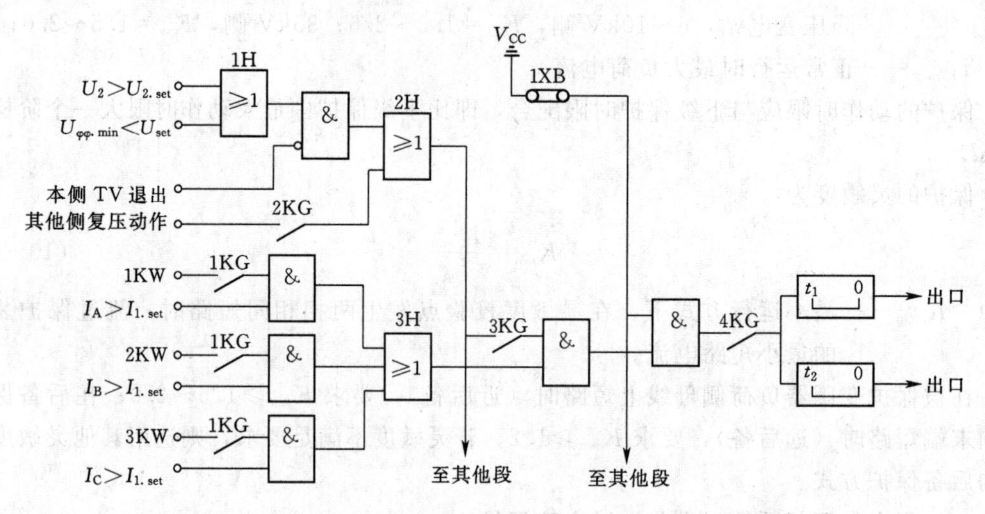

图 10-11　复合电压起动（方向）过电流保护逻辑框图

时限跳本侧母联断路器，长时延跳本侧或三侧断路器；第Ⅱ段为复合电压闭锁的过电流保护，设一个时限，可跳本侧或三侧断路器。中压侧、低压侧的第Ⅰ段、第Ⅱ段均为复合电压闭锁的方向过电流保护，同样设两个时限，短时限跳本侧母联断路器，长延时跳本侧、三侧断路器；第Ⅱ段也设两个时限，可跳本侧母联和本侧断路器或三侧断路器。根据具体情况由控制字确定需跳闸的断路器。

电压互感器二次断线时，应设断线闭锁。判出断线后，根据控制字可退出经方向或复合电压闭锁的各段过电流保护，也可取消方向或复合电压闭锁。

2. 方向判别元件

方向元件的动作方向由控制字设定，动作方向可设定为变压器指向母线为正方向，作为变压器外部本侧相邻元件短路故障的后备作用；也可以设定为母线指向变压器为正方向，此时后备起到变压器内部短路故障及其其他侧相邻元件短路故障的后备作用。

3. 整定计算

（1）电流元件动作电流为

$$I_{op}=\frac{K_{rel}}{K_{re}}I_N \tag{10-27}$$

式中　I_N——保护安装侧变压器额定电流。

（2）低电压元件动作电压为

$$U_{op}=0.7U_N \tag{10-28}$$

式中　U_N——保护安装侧变压器额定电压。

低电压元件灵敏度计算式为

$$K_{sen}=\frac{K_{re}U_{op}}{U_{k.max}}>1.2 \tag{10-29}$$

式中　$U_{k.max}$——相邻元件末端三相金属性短路故障时，保护安装处的最大母线残压；

K_{re}——低电压元件的返回系数，一般取 1.05～1.15。

（3）负序电压元件动作电压为

$$U_{2.op}=(0.06\sim0.12)U_N \tag{10-30}$$

负序电压元件灵敏度为

$$K_{sen}=\frac{U_{k2.min}}{U_{2.op}}>1.2 \tag{10-31}$$

式中 $U_{k2.min}$——相邻元件末端两相相间短路故障时，保护安装处最小负序电压。

10.5.3 负序电流和单相低电压启动的过电流保护

对于大容量的发电机—变压器组，由于额定电流大，电流元件往往不能满足远后备灵敏度的要求，可采用负序电流和单相低电压启动的过电流保护。它是由反映不对称短路故障的负序电流元件和反映对称短路故障的单相式低电压过电流保护组成。

负序电流保护灵敏度较高，且在 Y，d 接线的变压器另一侧发生不对称短路故障时，灵敏度不受影响，接线也较简单，但整定计算较复杂。

10.5.4 三绕组变压器后备保护的配置原则

对于三绕组变压器的后备保护，当变压器油箱内部故障时，应断开各侧断路器；当油箱外部故障时，原则上只断开近故障点侧的断路器，使变压器的其余两侧能继续运行。

(1) 对单侧电源的三绕组变压器，应设置两套后备保护，分别装于电源侧和负荷侧，如图 6-18 所示。负荷侧保护的动作时限 t_{II} 应比该侧母线所连接的全部元件中最大的保护动作时限高一个阶梯时限 Δt。电源侧保护带两级时限，以较小的时限 t_{III} ($t_{\mathrm{III}}=t_{\mathrm{II}}+\Delta t$) 跳开变压器Ⅲ侧断路器 3QF，以较大的时限 t_{I} ($t_{\mathrm{I}}=t_{\mathrm{III}}+\Delta t$) 跳开变压器各侧断路器。

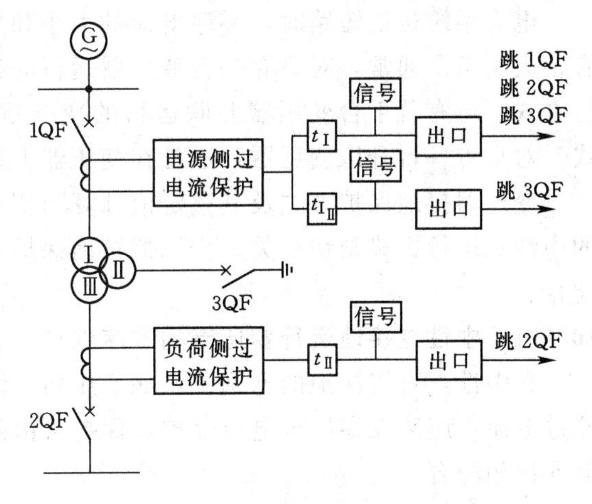

图 10-12 单侧电源三绕组变压器后备保护的配置图

(2) 对于多侧电源的三绕组变压器，应在三侧都装设后备保护。对动作时限最小的保护，应加方向元件，动作功率方向取为由变压器指向母线。各侧保护均动作于跳开本侧断路器。在装有方向性保护的一侧，加装一套不带方向的后备保护，其时限应比三侧保护最大的时限大一个阶梯时限 Δt，保护动作后，断开三侧断路器，作为内部故障的后备保护。

10.5.5 变压器的过负荷保护

变压器的过负荷保护反应变压器对称过负荷引起的过电流。保护用一个电流继电器接于一相电流，经延时动作于信号。

过负荷保护的安装侧，应根据保护能反应变压器各侧绕组可能过负荷情况来选择。

(1) 对双绕组升压变压器，装于发电机电压侧。

(2) 对一侧无电源的三绕组升压变压器，装于发电机电压侧和无电源侧。

(3) 对三侧有电源的三绕组升压变压器，三侧均应装设。

(4) 对于双绕组降压变压器，装于高压侧。

(5) 仅一侧电源的三绕组降压变压器，若三侧的容量相等，只装于电源侧；若三侧的容量不等，则装于电源侧及容量较小侧。

(6) 对两侧有电源的三绕组降压变压器，三侧均应装设。

装于各侧的过负荷保护，均经过同一时间继电器作用于信号。

过负荷保护的动作电流，应按躲开变压器的额定电流整定，即

$$I_{op}=\frac{K_{rel}}{K_{re}}I_N \tag{10-32}$$

式中　K_{rel}——可靠系数，取1.05；

K_{re}——返回系数，取0.85。

为了防止过负荷保护在外部短路时误动作，其时限应比变压器的后备保护动作时限大一个 Δt。

10.6　电力变压器的接地故障保护

电力系统接地短路时，零序电流的大小和分布与系统中变压器中性点接地数目和位置有很大关系。通常，对只有一台变压器运行的升压变压器，变压器中性点采用直接接地运行方式。对有若干台变压器并联运行的变电站，则采用部分变压器中性点接地运行的方式。对只有一台升压变压器，通常在变压器上装设普通的零序过电流保护。

变压器接地保护方式及其整定值计算与变压器的型式、中性点接地方式及所连接系统的中性点运行方式密切相关。变压器接地保护要在时间上和灵敏度上与线路的接地保护相配合。

10.6.1　中性点接地运行变压器的零序保护

在中性点直接接地的电网中，如变压器中性点直接接地运行，对单相接地引起的变压器过电流，应装设零序过电流保护，保护可由两段组成，其动作电流与相关线路零序过电流保护相配合。

当双绕组变压器中性点接地开关合上后，变压器直接接地运行，零序电流可取自中性点电流互感器的零序电流也可取自变压器出口三相电流之和的自产零序电流。若零序电流取自中性点零序电流互感器。

1. 零序电流Ⅰ段的整定

零序电流Ⅰ段保护的动作电流按与相邻线路零序过电流保护Ⅰ段或Ⅱ段或快速主保护配合。即

$$I_{op0}=K_cK_bI_{op0.L} \tag{10-33}$$

式中　I_{op0}——变压器零序过电流保护的动作电流；

K_c——配合系数，取1.1～1.2；

K_b——零序电流分支系数；

$I_{op0.L}$——相邻线路零序电流Ⅰ段的动作电流。Ⅰ段未对灵敏度做要求。

2. 零序过流Ⅱ段

Ⅱ段零序过电流继电器的动作电流应与相邻线路零序过电流保护的后备段相配合。与

相邻零序过流Ⅱ段配合的计算公式同零序过流Ⅰ段，仅需将 $I_{op0.L}$ 改为相邻线路零序配合段的动作电流值即可。

灵敏度要求：对母线接地故障应有不小于 1.5 的灵敏系数。

3. 零序方向元件

对于高中压侧均直接接地的三绕组普通变压器，高中压侧Ⅰ段应带方向，方向可指向本侧母线。零序过流Ⅱ段不应带方向，作为总后备。

4. 动作时限整定

动作时限及逻辑的整定还应根据实际现场运行情况进行考虑，下面是一般情况。

（1）零序Ⅰ段。

1）动作时间：与本侧零序Ⅰ段或配合段动作时间按上下级配合关系进行。

2）动作逻辑：可以较短时间跳母联或分段，以较长时间跳本侧。

（2）零序Ⅱ段。

1）动作时间：与之配合的线路零序电流保护按照上下级配合关系进行。

2）动作逻辑：延时跳各侧。

10.6.2 中性点间隙零序保护

（1）全绝缘变压器：应装设零序过电流保护，满足变压器中性点直接接地运行的要求。此外，应增设零序过电压保护，当变压器所连接的电力网失去接地中性点时，零序过电压保护经 0.3～0.5s 时限动作断开变压器各侧断路器。

（2）分级绝缘变压器：为限制此类变压器中性点不接地运行时可能出现的中性点过电压，在变压器中性点应装设放电间隙。此时应装设用于中性点直接接地和经放电间隙接地的两套零序过电流保护。另外，还应增设零序过电压保护。变压器中性点直接接地运行时零序电流保护起保护作用。变压器中性点经间隙接地时，反应间隙放电的零序电流保护和零序过电压保护起保护作用。当变压器所接的电力网失去接地中性点，又发生单相接地故障时，此间隙电流电压保护动作，经延时动作断开变压器各侧断路器。间隙保护不是后备保护，其动作电流、动作电压及动作延时的整定值不需与其他保护相配合。

1. 动作电流

当流过击穿间隙的电流大于或等于 100A 时保护动作，即

$$I_{op0}=\frac{100}{K_{TA}}(A) \tag{10-34}$$

式中 I_{op0}——保护的动作电流；

K_{TA}——间隙 TA 的变比。

2. 动作电压

$$U_{op0}=(150\sim180)V \tag{10-35}$$

式中 U_{op0}——保护的动作电压。

3. 动作延时

为躲过暂态过电压，间隙保护具有动作延时，一般其值为 0.3s。

10.6.3 变压器零序保护举例

当双绕组变压器中性点接地开关合上后，变压器直接接地运行，零序电流取自中性点

电流互感器的零序电流。零序电流保护原理如图 10－13 所示。Ⅰ段保护设两个时限 t_1 和 t_2，t_1 时限与相邻线路零序过电流Ⅰ段（或Ⅱ段）配合，取 $t_1=0.5\sim1\text{s}$，动作于母线解列或断分段断路器，以缩小停电范围；$t_2=t_1+\Delta t$ 断开变压器高压侧断路器。Ⅱ段保护也设两个时限 t_4 和 t_3，时限 t_3 比相邻元件零序电流保护后备段最长动作时限大一个级差，动作于母线解列或跳分段断路器；$t_4=t_3+\Delta t$，断开变压器高压侧断路器。

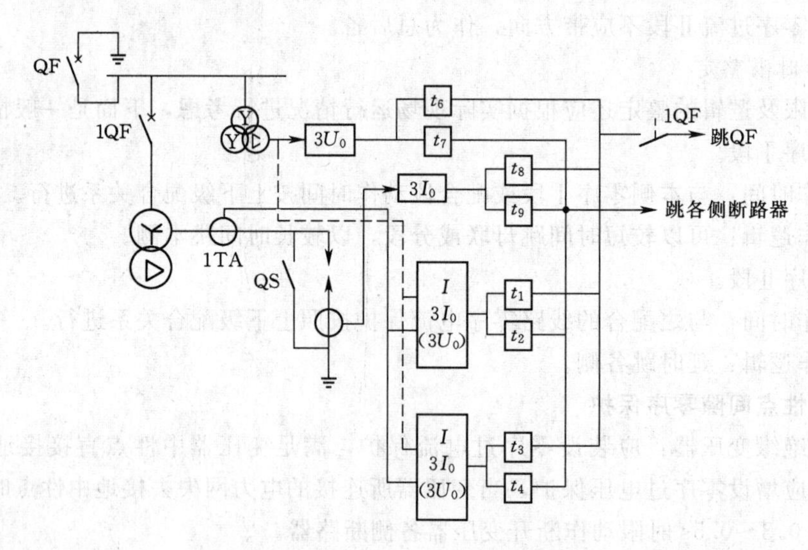

图 10－13　中性点有放电间隙的分级绝缘变压器零序保护原理图

为防止变压器接入电网前高压侧接地时误跳母联断路器，在母联解列回路中串进高压侧断路器 1QF 常开辅助触点。

当变压器中性点不接地（QS 隔离开关断开）运行时，投入间隙零序电流保护和零序电压保护，作为变压器不接地运行时的零序保护。

由于变压器的零序接地保护装设在变压器中性点接地一侧，所以对于 Y_n，d 的双绕组变压器，装设在高压侧；对于 Y_N，y_n，d 接线的三绕组变压器，Y_N，y_n 侧均应装设；对于自耦变压器，高压侧和中压侧均应装设。若故障仍然存在，变压器中性点电位升高，放电间隙击穿，间隙零序保护动作，经短延时 t_8（取 $t_8=0\sim0.1\text{s}$），先跳开母联或分段断路器，经较稍长延时 t_9（取 $t_9=0.3\sim0.5\text{s}$），切除不接地运行的变压器；若放电间隙未被击穿，零序电压保护动作，经短延时 t_6（取 $t_6=0.3\text{s}$，可躲过暂态过程影响）将母联解列，经稍长延时 t_7（取 $t_7=0.6\sim0.7\text{s}$），切除不接地运行的变压器。

10.7　电力变压器微机保护举例

10.7.1　概述

DMP322 型微机变压器差动保护，适用于 110kV 及以下电压等级的双绕组变压器，保护功能有：差动电流速断保护、二次谐波制动的比率制动差动保护、TA 断线识别和闭锁功能等、过负荷告警、过载启动风冷、过载闭锁有载调压。

10.7.2 保护的逻辑

1. 比率差动保护

比率差动保护采用两折线式比率制动特性，如图 10－9 所示。动作方程同式（10－16）可表示为

$$I_{op}=I_{op.min} \quad (I_{res}\leqslant I_{res.min})$$

$$I_{op}=I_{op.min}+S(I_{res}-I_{res.min}) \quad (I_{res}>I_{res.min})$$

当 $I_d\geqslant I_{op}$时，差动保护动作。

2. 二次谐波制动原理

利用三相差动电流二次谐波来防止涌流误动，动作判据为

$$K_2=\frac{I_{d2}}{I_{d1}}$$

式中 I_{d2}——差动电流中的二次谐波分量电流；

K_2——二次谐波制动系数；

I_{d1}——差动电流中的基波分量电流。

二次谐波制动采用或制动方式，即 A、B、C 三相满足制动条件，则闭锁差动保护出口。

3. 差动速断保护

当任一相差动电流大于差流速断定值时，瞬时动作于出口继电器。该保护可在变压器内部严重故障时快速切除故障变压器。

4. TA 断线判断方法

当变压器（双绕组或三绕组）两正常三相电时，如果一侧不平衡电流产生的负序电流大于 0.2A，程序判断 TA 断线，当差电流不大于 6A 时，发 TA 断线信号，闭锁保护出口；当差电流大于 6A 时，不闭锁保护出口。

5. 过负荷告警

动作条件

$$I_{hb}(\text{高压侧 B 相电流})>I_{set}$$

$$T>T_{set}$$

式中 I_{set}——该保护整定电流；

T_{set}——该保护整定时间。

6. 过载启动风冷

启动风冷动作条件

$$I_{hb}(\text{高压侧 B 相电流})>I_{set1}$$

$$T>T_{set1}$$

关闭风冷动作条件

$$I_{hb}(\text{高压侧 B 相电流})<I_{set2}$$

$$T>T_{set2}$$

式中 I_{set1}、I_{set2}——该保护整定电流；

T_{set1}、T_{set2}——该保护整定时间。

7. 过载锁有载调压

$$I_{hb}(\text{高压侧 B 相电流})>I_{set}$$

$$T>T_{set}$$

式中　I_{set}——该保护整定电流；

T_{set}——该保护整定时间。

8. 主变本体保护

变压器本体保护通过主变操作箱中重动板上的重动继电器分别出口，跳各侧开关，其事件信号在差动装置采集与上送。

10.7.3　保护的主要技术数据

1. 差动速断保护

（1）电流元件。整定范围 2～80A，整定级差 0.01A，误差小于±5%。

（2）时间元件。整定范围 0～10s，整定级差 0.01s，误差小于 40ms。

2. 比率差动保护

（1）差动门槛电流。整定范围 0.5～10A，整定级差 0.01A，误差小于±5%。

（2）二次谐波制动比。整定范围 0.1～0.15。

（3）制动系数固化为 0.5。

3. 过负荷告警

（1）电流元件。（高压侧 B 相电流）整定范围 0.5～10A，整定级差 0.01A，误差小于±5%。

（2）时间元件。整定范围 0～10s，整定级差 0.01s，误差小于 40ms。

4. 过载启动风冷

电流元件。整定范围 2～80A，整定级差 0.01A，误差小于±5%。

5. 过载闭锁有载调压

（1）电流元件。（高压侧 B 相电流）整定范围 0.5～10A，整定级差 0.01A，误差小于±5%。

（2）时间元件。整定范围 0～10s，整定级差 0.01s，误差小于 40ms。

小结

瓦斯保护是作为变压器本体内部匝间短路、相间短路以及油面降低的保护，是变压器内部短路故障的主保护；变压器差动保护是用来反映变压器绕组、引出线及套管上的各种相间短路，也是变压器的主保护。变压器的差动保护基本原理与输电线路相同，但是，由于变压器两侧电压等级不同，Y，d 接线时相位不一致，励磁涌流，电流互感器的计算变比与标准变比不一致，带负荷调压等原因，将在差动回路中产生较大的不平衡电流。为了提高变压器差动保护的灵敏度，必须设法减小不平衡电流。

常规型变压器差动保护为了进行相位补偿，将星形侧的互感器接成三角形，其目的是减小不平衡电流。微机变压器差动保护通过软件算法实现相位补偿。

本章分析了微机比率制定特性变压器差动保护整定计算。以双折线比率制动式差动保

护为例分析了微机型差动保护的基本原理，需要注意的是在工程实践中，应结合厂家说明书及实际运行经验来修正整定值。

相间短路后备保护，应根据变压器容量及重要程度，确定采用的保护方案。同时必须考虑保护的接线方式、安装地点问题。

反映变压器接地短路的保护，主要是利用零序分量这一特点来实现，同时与变压器接地方式有关。

习　题

10-1　电力变压器可能发生的故障和不正常运行工作情况有哪些？应装设哪些保护？

10-2　瓦斯保护的作用是什么？瓦斯保护特点和组成如何？

10-3　叙述变压器差动保护产生不平衡电流的原因及消除措施。

10-4　如何对Y，d11变压器进行相位补偿？补偿方法和原理是什么？

10-5　变压器相间短路后备保护有哪几种常用方式，试比较它们的优缺点？

10-6　变压器的接地保护是如何构成？

10-7　图10-14所示，降压变压器采用三折线式比率制动微机型构成纵差保护，已知变压器容量为20MVA，电压为110(1±2)×2.5%0/11kV，Y，d11接线，系统最大电抗为52.7Ω，最小电抗为26.4Ω，变压器的电抗为69.5Ω，以上电抗均为归算到高压侧的有名值。试对差动保护进行整定计算。

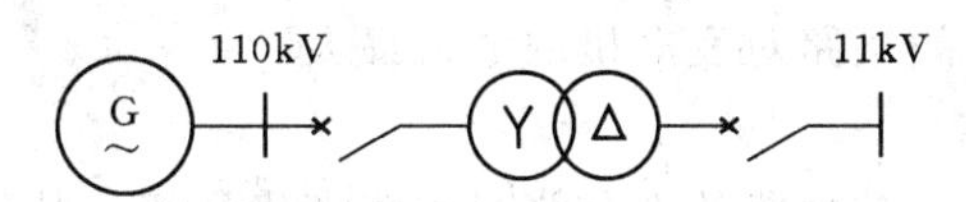

图10-14　习题10-7图

第11章 发电机的继电保护

【教学要求】 熟悉发电机的故障和不正常工作状态；掌握发电机纵差保护的工作原理和整定原则；理解发电机横差保护工作原理；理解100%保护范围的发电机定子接地保护工作原理；理解励磁回路一点接地、两点接地保护；了解负序过电流保护；了解发电机失磁保护；了解发电机-变压器组保护特点。

11.1 发电机故障类型及其保护配置

11.1.1 发电机的故障和不正常运行状态

11.1.1.1 发电机的故障类型

发电机的故障类型主要有以下几种。

1. 定子绕组相间短路

相间短路时产生很大的短路电流使绕组过热，故障点的电弧将破坏绕组绝缘，烧坏铁芯和绕组。定子绕组的相间短路对发电机的危害最大。

2. 定子绕组匝间短路

定子绕组匝间短路时，被短路的部分绕组内将产生环流，从而引起局部温度升高，绝缘破坏，并可能转变为单相接地和相间短路。

3. 定子绕组单相接地短路

故障时，发电机电压网络的电容电流将流过故障点。当此电流较大时，会使铁心局部熔化，给修理工作带来很大的困难。

4. 励磁回路一点或两点接地短路

励磁回路一点接地时，由于没有构成接地电流通路，故对发电机无直接危害。如果再发生另一点接地，就会造成励磁回路两点接地短路，可能烧坏励磁绕组和铁心。此外，由于转子磁通的对称性被破坏，将引起机组强烈振动。

5. 励磁电流急剧下降或消失

发电机励磁系统故障或自动灭磁开关误跳闸，会引起励磁电流急剧下降或消失。此时，发电机由同步运行转入异步运行状态，并从系统吸收无功功率。当系统无功不足时，将引起电压下降，甚至使系统崩溃。同时，还会引起定子绕组电流增加及转子局部过热，威胁发电机安全。

11.1.1.2 发电机的不正常工作状态

发电机的不正常工作状态主要有以下几种。

1. 定子绕组过电流

外部短路引起的定子绕组过电流，将使定子绕组温度升高，会发展成内部故障。

2. 三相对称过负荷

负荷超过发电机额定容量而引起的三相对称过负荷会使定子绕组过热。

3. 转子表层过热

电力系统发生不对称短路或发电机三相负荷不对称时，将有负序电流流过定子绕组，在发电机中产生相对转子的2倍同步转速的旋转磁场，从而在转子绕组中感应出倍频电流，可能造成转子局部灼伤，严重时会使护环受热松脱。

4. 定子绕组过电压

调速系统惯性较大的发电机，因突然甩负荷，转速急剧上升，使发电机电压迅速升高，将造成定子绕组绝缘击穿。

5. 发电机的逆功率

当汽轮机主气门突然关闭，而发电机出口断路器还没有断开时，发电机将变为电动机的运行方式，从系统中吸收功率，使发电机逆功率运行，将会使汽轮机受到损伤。

此外，发电机的不正常工作状态还有励磁绕组过负荷、发电机的失步等。

11.1.2 发电机保护的配置

根据《继电保护和安全自动装置技术规程》(GB/T 14285—2006）的规定，发电机应装设以下继电保护装置。

1. 纵联差动保护

对1MW以上发电机的定子绕组及其引出线的相间短路，应装设纵联差动保护。

2. 定子绕组匝间短路保护

对定子绕组为星形接线，每相有并联分支且中性点侧有分支引出端的发电机，应装设横联差动保护。对于中性点侧只有三个引出端的大容量发电机，可采用零序电压式或转子二次谐波电流式匝间短路保护。

3. 定子绕组单相接地保护

对直接联于母线的发电机定子绕组单相接地故障，当单相接地故障电流（不考虑消弧线圈的补偿作用）大于或等于表11-1规定的允许值时，应装设有选择性的接地保护。

表11-1　　发电机定子绕组单相接地时接地电流允许值

发电机额定电压/kV	发电机额定容量/MW		接地电流允许值/A
6.3	≤50		4
10.5	汽轮发电机	50～100	3
	水轮发电机	10～100	
13.8～15.75	汽轮发电机	125～200	2（氢冷发电机为2.5）
	水轮发电机	40～225	
18～20	300～600		1

对于发电机—变压器组，对容量在100MW以下的发电机，应装设保护区不小于定子绕组90%的定子绕组接地保护；对容量100MW及以上的发电机，应装设保护区为100%的定子绕组接地保护，保护带时限动作于信号，必要时也可动作于停机。

4. 励磁回路一点或两点接地保护

对于发电机励磁回路的接地故障，水轮发电机一般只装设励磁回路一点接地保护，小容量机组可采用定期检测装置；100MW以下汽轮发电机，对励磁回路的一点接地，一般采用定期检测装置，对两点接地故障，应装设两点接地保护。对于转子水内冷发电机和100MW及以上的汽轮发电机，应装设一点接地保护和两点接地保护装置。

5. 失磁保护

对于不允许失磁运行的发电机，或失磁对电力系统有重大影响的发电机，应装设专用的失磁保护。

6. 对于发电机外部短路引起的过电流

对于发电机外部短路引起的过电流可采用下列保护方式。

(1) 过电流保护。用于1MW及以下的小型发电机。

(2) 复合电压启动的过电流保护。一般用于1MW以上的发电机。

(3) 负序过电流及单相低电压启动的过电流保护。一般用于50MW及以上的发电机。

(4) 低阻抗保护。当电流保护灵敏度不足时，可采用低阻抗保护。

7. 过负荷保护

定子绕组非直接冷却的发电机，应装设定时限过负荷保护。对于大型发电机，过负荷保护一般由定时限和反时限两部分组成。

8. 转子表层过负荷保护

对于由不对称过负荷、非全相运行或外部不对称短路而引起的负序过电流，一般在50MW及以上的发电机上装设定时限负序过负荷保护。100MW及以上的发电机，应装设由定时限和反时限两部分组成的转子表层过负荷保护。

9. 过电压保护

对于水轮发电机或100MW及以上的汽轮发电机，应装设过电压保护。

10. 逆功率保护

对于汽轮发电机主气门突然关闭而出现的发电机变电动机的运行方式，为防止汽轮机遭到损坏，对大容量的发电机组应考虑装设逆功率保护。

11. 励磁绕组过负荷保护

对于励磁绕组的过负荷，在100MW及以上并采用半导体励磁系统的发电机上，应装设励磁回路过负荷保护。

12. 其他保护

当电力系统振荡影响机组安全运行时，对300MW及以上机组，宜装设失步保护；对300MW及以上的发电机，应装设过励磁保护；当汽轮机低频运行造成机械振动，叶片损伤对汽轮机危害极大时，应装设低频保护。

为了快速消除发电机内部的故障，在保护动作于发电机断路器跳闸的同时，还必须动作于灭磁开关，断开发电机励磁回路，以便使定子绕组中不再感应出电动势继续供给短路电流。

11.1.3 发电机保护的出口方式

发电机保护的出口方式主要有以下几种。

(1) 停机。即断开发电机断路器，灭磁，关闭汽轮机主气门或水轮机导水翼。

(2) 解列灭磁。即断开发电机断路器，灭磁，原动机甩负荷。

(3) 解列。即断开发电机断路器，原动机甩负荷。

(4) 减出力。即将原动机出力减到给定值。

(5) 减励磁。即将发电机励磁电流减到给定值。

(6) 励磁切换。即将励磁电源由工作励磁电源系统切换到备用励磁电源系统。

(7) 厂用电切换。即由厂用工作电源供电切换到备用电源供电。

(8) 发信号。发出声光信号。

11.2 发电机的纵联差动保护

发电机定子绕组中性点一般不直接接地，而是通过消弧线圈接地、高阻接地或不接地，因此发电机定子绕组设计为全绝缘。尽管如此，定子绕组仍可能由于绝缘老化、过电压冲击、机械振动等原因发生相间短路故障。此时会在发电机绕组中出现很大的短路电流，损伤发电机本体，甚至使发电机报废，后果十分严重。

相间短路有以下几种情况：直接在线棒间发生绝缘击穿形成相间短路；发生单相接地后，电弧引发故障点处相间短路；发生单相接地后，由于电位的变化引起另一点发生接地，因而形成两点接地短路；发电机端部放电引发相间短路。

发电机及其机端引出线的各种故障中，相间短路是最多见的，危害也最大，所以历来是发电机保护配置与研究的重点。发电机纵差保护主要用来反应发电机定子绕组及其机端引出线的相间短路故障。

11.2.1 微机比率制动式发电机纵联差动保护原理

1. 发电机纵差保护的基本原理

发电机纵联差动保护是通过比较发电机机端与中性点侧电流的大小和相位来检测保护区内故障的，它主要用来反应发电机定子绕组及其引出线的相间短路故障。发电机纵联差动保护的构成如图 11-1 所示，同变比的电流互感器 1TA 和 2TA 分别装于发电机机端和中性点侧，变比为 $K_{1TA}=K_{2TA}=K_{TA}$，差动继电器 KD 接于其差动回路中，保护范围为两电流互感器之间的范围。

如图 11-1 所示，假定一次电流参考方向以流入发电机为正方向。根据基尔霍夫电流定律，正常运行时或保护范围外部故障时，流入差动继电器 KD 的两侧电流的矢量和为零，因为此时 $\dot{I}_1$ 的实际方向与参考方向相反，$\dot{I}_1$ 与 $\dot{I}_2$ 大小相等，角度差 180°。即

$$I_d=|\dot{I}'_1+\dot{I}'_2|=\left|\frac{\dot{I}_1}{K_{TA}}+\frac{\dot{I}_2}{K_{TA}}\right|=0 \tag{11-1}$$

I_d 称为差动电流，实际上，此时电流为较小的不平衡电流，KD 不动作。

在发电机纵差保护范围内部故障时，$\dot{I}_1$ 的实际方向与参考方向相同，流入发电机，$\dot{I}_2$ 方向不变，流入差动继电器 KD 的两侧电流的矢量和不为零，其值较大，

$$I_d=|\dot{I}'_1+\dot{I}'_2|=\left|\frac{\dot{I}_1}{K_{TA}}+\frac{\dot{I}_2}{K_{TA}}\right|=\left|\frac{\dot{I}_k}{K_{TA}}\right| \tag{11-2}$$

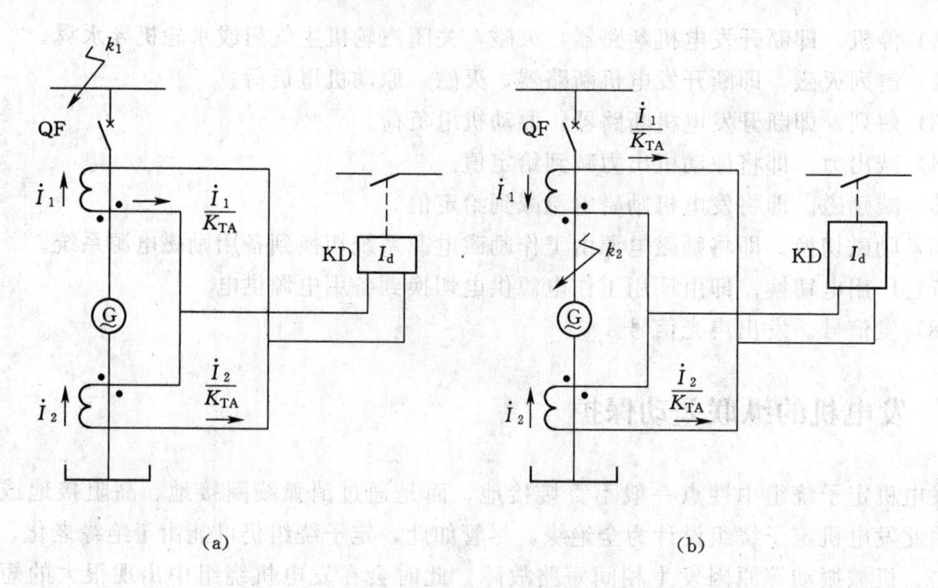

图 11-1 纵差保护原理示意图

(a) 外部故障；(b) 内部故障

当此电流大于 KD 的动作值时，KD 动作。

按照传统纵差保护的整定方法，为防止纵差保护在外部故障时误动，差动继电器 KD 的动作电流应躲过区外故障时的最大不平衡电流，这样以来将使保护敏度降低。为解决这个问题，通常采用比率制动原理的纵差保护。

2. 微机比率制动式发电机纵联差动保护原理

在发电机内部轻微故障时，流入 KD 的电流较小，则动作电流较小；但是在发电机纵差保护区外故障时，不平衡电流会随之增大，KD 的动作电流也随之提高，这就是比率制动特性的差动保护，其工作原理与变压器比率制动特性相同。比率制动特性如图 11-2 所示。$I_{op.min}$是最小动作电流，$I_{res.min}$是最小制动电流，也称拐点电流，比率制动曲线 BC 的斜率为 S，$S=\tan\alpha$。

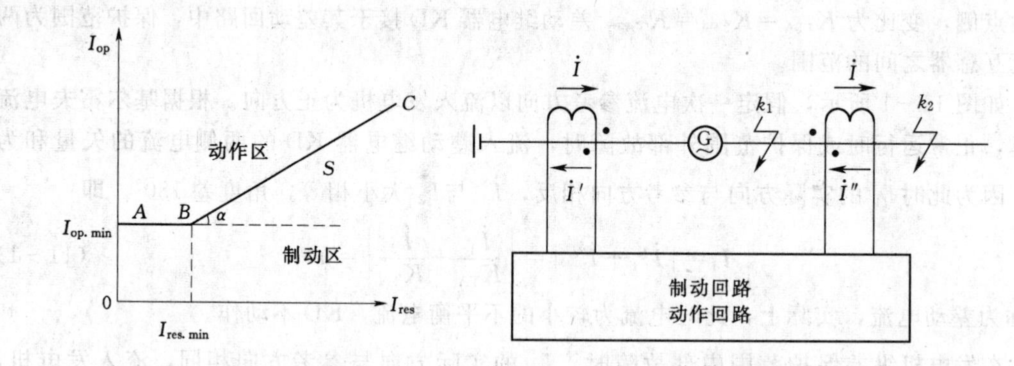

图 11-2 折线比率制动特性　　　图 11-3 比率制动式纵差保护继电器原理图

按图 11-3 所示电流的正方向，差动电流取两侧二次电流矢量差的幅值，$I_d=|\dot{I}'-\dot{I}''|$，制动电流取两侧二次电流矢量和一半的绝对值（不同的差动保护，制动电流

的取法有所不同），$I_{res}=\dfrac{|\dot{I}'+\dot{I}''|}{2}$。

动作条件

$$\begin{cases} I_d = I_{op.min} & (I_{res} \leqslant I_{res.min}) \\ I_d = I_{op.min} + S(I_{res} - I_{res.min}) & (I_{res} > I_{res.min}) \end{cases} \tag{11-3}$$

（1）正常运行时，$\dot{I}'=\dot{I}''$，制动电流为 $\dot{I}_{br}=\dfrac{1}{2}(\dot{I}'+\dot{I}'')=\dfrac{1}{K_{TA}}$。当 $I_{res}\leqslant I_{res.min}$，可以认为无制动作用，在此范围内有最小动作电流为 $I_{op.min}$，而此时 $I_d=\dot{I}'-\dot{I}''\approx 0$，保护不动作。

（2）当外部短路时，$\dot{I}'=\dot{I}''=\dfrac{\dot{I}_k}{K_{TA}}$，制动电流为 $I_{res}=\dfrac{1}{2}(\dot{I}'+\dot{I}'')=\dfrac{I_k}{K_{TA}}$，数值大。差动电流为 $I_d=\dot{I}'-\dot{I}''$，数值小，保护不动作。

（3）当内部故障时，$\dot{I}''$的方向与正常或外部短路故障时的电流相反，且 $\dot{I}'\neq\dot{I}''$；$I_{res}=\dfrac{1}{2}(\dot{I}'+\dot{I}'')$ 为两侧短路电流之差，数值小；$I_d=\dot{I}'-\dot{I}''=\dfrac{\dot{I}_{\Sigma}}{K_{TA}}$，数值大，保护能动作。特别是当 $\dot{I}'=\dot{I}''$时，$I_{res}=0$。此时，只要差动电流达到最小值 $\dot{I}_{op.min}$（$\dot{I}_{op.min}$取 0.2～0.3 倍额定电流）保护就能动作，保护灵敏度大大提高了。

当发电机未并列，且发生短路故障时，$\dot{I}''=0$，$I_{res}=\dfrac{1}{2}\dot{I}'$，$I_d=\dot{I}'$，保护也能动作。

3. 纵差保护的动作逻辑

发电机纵差保护的动作逻辑如图 11－4 所示，当两相或三相的差动继电器同时动作时，判定为发电机内部发生相间短路故障，保护动作后，发信号的同时发出跳闸指令，即跳开发电机开关或发变组高压侧开关、灭磁开关、高厂变分支开关、关闭主气门并启动厂用电快切装置；而仅有一相差动继电器动作又无负序电压时，判定为 TA 断线，发 TA 断线信号。在区内发生一点接地同时区外发生另一点接地的情况下，为了使保护能动作并快速切除故障，图中当只有一相差动继电器动作，同时又出现负序电压时，也判定为发电机内部短路故障，使保护动作。

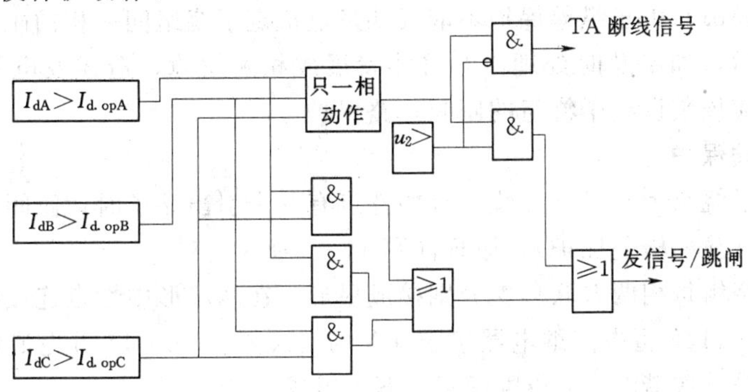

图 11－4　发电机纵差保护的动作逻辑

11.2.2　发电机纵差保护的整定计算

如图 11－2 所示，比率制动式纵差保护的动作特性是由比率制动特性的 A、B、C 三点决定的。因此，纵差动保护的整定计算需要确定三个参数：A 点的差动保护最小动作电流 $I_{op.min}$，B 点的最小制动电流也称拐点电流 $I_{res.min}$，比率制动曲线 BC 的斜率 S。

1. 最小动作电流 $I_{op.min}$

为保证发电机在最大负荷状态下纵差保护不误动，应使最小动作电流 $I_{op.min}$ 大于最大负荷时的不平衡电流，在最大负荷状态下，差动回路中产生的不平衡电流主要是由两侧的 TA 变比误差、二次回路参数及测量误差引起。同时考虑暂态特性的影响，一般取

$$I_{op.min}=(0.2\sim0.4)I_{G.n} \tag{11-4}$$

式中　$I_{G.n}$——发电机额定二次电流。

2. 最小制动电流或拐点电流 $I_{res.min}$

B 点称拐点，最小制动电流或拐点电流 $I_{res.min}$ 的大小，决定保护开始产生制动作用的电流大小，一般按躲过外部故障切除后的暂态过程中产生的最大不平衡差流来整定，一般取

$$I_{res.min}=(0.8\sim1.0)I_{G.n} \tag{11-5}$$

3. 比率制动曲线 BC 的斜率 S

比率制动曲线 BC 的斜率 S 应按躲过区外三相短路时产生的最大暂态不平衡差流来整定。通常，对发电机完全纵差保护，取 0.3～0.5。发电机纵差保护的灵敏度校验：发电机纵差保护的灵敏系数可按下式计算

$$K_{sen}=\frac{I_{d.min}}{I_{d.op}} \tag{11-6}$$

式中　$I_{d.min}$——发电机在未并入系统时出口两相短路时差动回路中的电流；

$I_{d.op}$——对应动作曲线的动作电流。

规程规定：$K_{sen}\geqslant 2$。

11.3　发电机的匝间短路保护

在容量较大的发电机中，每相绕组有两个并联支路，每个支路的匝间或支路之间的短路称为匝间短路故障。由于纵差保护不能反映发电机定子绕组同一相的匝间短路，当出现同一相匝间短路后，如不及时处理，有可能发展成相间故障，造成发电机严重损坏，因此，在发电机上应该装设定子绕组的匝间短路保护 。

11.3.1　横联差动保护

当发电机定子绕组为双星形接线，且中性点有 6 个引出端子时，匝间短路保护一般采用横联差动保护（简称横差保护），原理如图 11－5 所示。

发电机定子绕组每相两并联分支分别接成星形，在两星形中性点连接线上装一只电流互感器 TA，DL－11/b 型电流继电器接于 TA 的二次侧。DL－11/b 电流继电器由高次谐波滤过器（主要是三次谐波）4 和执行元件 KA 组成。

在正常运行或外部短路时，每一分支绕组供出该相电流的一半，因此流过中性点连线

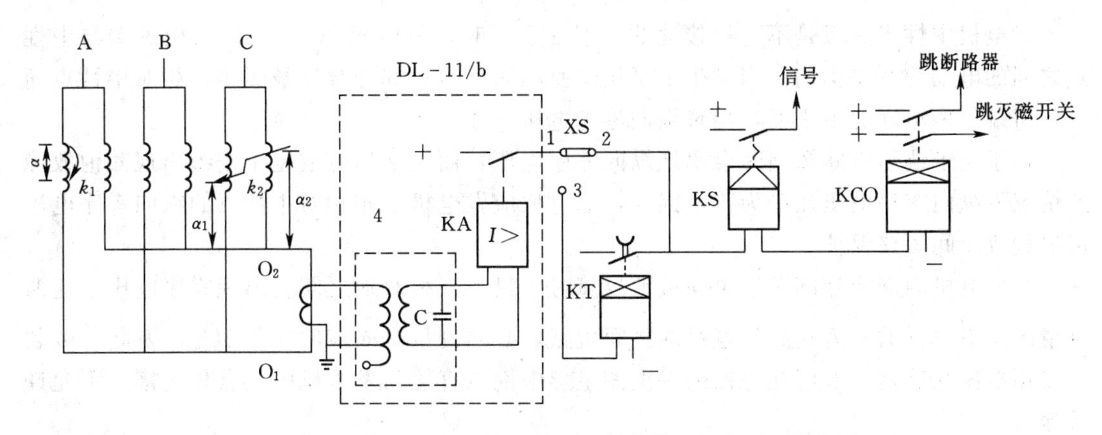

图 11-5　发电机定子绕组单继电器式横差保护原理接线图

的电流只是不平衡电流，故保护不动作。

若发生定子绕组匝间短路，则故障相绕组的两个分支的电势不相等，因而在定子绕组中出现环流，通过中性点连线，该电流大于保护的动作电流，则保护动作，跳开发电机断路器及灭磁开关。

由于发电机电流波形在正常运行时也不是纯粹的正弦波，尤其是当外部故障时，波形畸变较严重，从而在中性点连线上出现三次谐波为主的高次谐波分量，给保护的正常工作造成影响。为此，保护装设了三次谐波滤过器，降低动作电流，提高保护灵敏度。

转子绕组发生瞬时两点接地时，由于转子磁势对称性破坏，使同一相绕组的两并联分支的电势不等，在中性点连线上也将出现环流，致使保护误动作。因此，需增设 0.5～1s 的动作延时，以躲过瞬时两点接地故障。切换片 XS 有两个位置，正常时投至 1～2 位置，保护不带延时。如发现转子绕组一点接地时，XS 切至 1～3 位置，使保护具有 0.5～1s 的动作延时，为转子永久性两点接地故障做好准备。

横差保护的动作电流，根据运行经验一般取为发电机额定电流的 20%～30%，即

$$I_{op}=(0.2\sim0.3)I_{G.N} \tag{11-7}$$

保护用电流互感器按满足动稳定要求选择，其变比一般按发电机额定电流的 25%选择，即

$$K_{TA}=0.25I_{G.N}/5 \tag{11-8}$$

式中　$I_{G.N}$——发电机额定一次电流。

这种保护的灵敏度是较高的，但是保护在切除故障时有一定的死区。

(1) 单相分支匝间短路的 α 较小时，即短接的匝数较少时。

(2) 同相两分支间匝间短路，且 $\alpha_1=\alpha_2$，或 α_1 与 α_2 差别较小时。

横差电流保护接线简单，动作可靠，同时能反应定子绕组分支开焊故障，因而得到广泛应用。

11.3.2 反应零序电压的匝间短路保护

大容量发电机，由于其结构紧凑，在中性点侧往往只有 3 个引出端子，无法装设横差保护。因此大机组通常采用纵向零序电压原理的匝间短路保护。

发电机中性点一般是不直接接地的，正常运行时，发电机A、B、C三相机端与中性点之间的电动势是平衡的；当发生定子绕组匝间短路时，部分绕组被短接，相对中性点而言，机端三相电动势不平衡，出现纵向零序电压。

由于定子绕组匝间短路时会出现纵向零序电压，而正常运行或定子绕组出现其他故障的情况下纵向零序电压几乎为零，因此，通过反应发电机三相相对中性点的纵向零序电压可以构成匝间短路保护。

当发电机内部或外部发生单相接地故障时，机端三相对地之间会出现零序电压。这两种情况是不一样的，为检测发电机的匝间短路，必须测量纵向零序电压 $3\dot{U}_0$，为此一般装设专用电压互感器。电压互感器的一次侧星形中性点直接与发电机中性点相连接，不允许接地。

专用电压互感器的开口三角侧的电压仅反应纵向零序电压，而不反应机端对地的零序电压。保护的原理图如图11-6所示。

发电机正常运行时，互感器1TV的不平衡基波零序电压 $3\dot{U}_0$ 很小，但可能含有较大的三次谐波电压。为降低动作值和提高灵敏度，保护装置需要有良好的滤除三次谐波的滤过器。

在发电机外部发生不对称短路时，发电机机端三相电压不平衡，也会出现纵向基波零序电压，发电机匝间短路保护可能误动，因此必须采取措施。

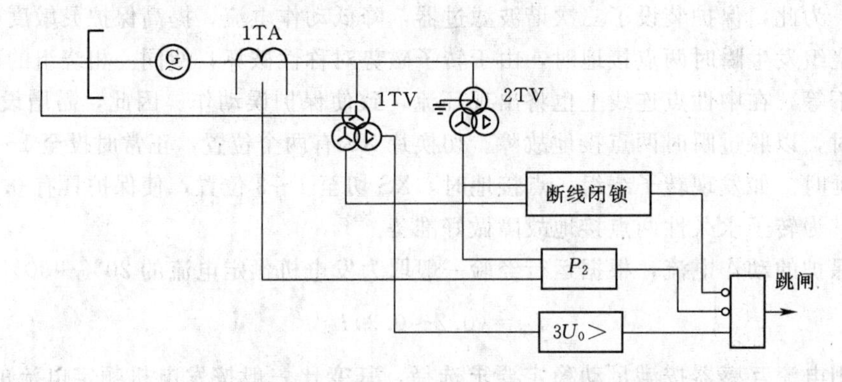

图11-6　发电机纵向零序电压式匝间短路保护原理图

发电机定子绕组匝间短路时，机端会出现负序电压、负序电流及负序功率（从机端TA、TV测得)，并且负序功率的方向是从发电机内部流向系统。发电机外部发生不对称短路时，同样会感受到负序电压、负序电流及负序功率，但负序功率的方向是从系统流向发电机，与发电机定子匝间短路时负序功率的方向相反。因此，在匝间短路保护中增加负序功率方向元件，如图11-6中的 P_2，当负序功率流向发电机时 P_2 动作，闭锁保护，防止外部故障时保护误动。

在整定纵向零序电压式匝间保护的零序电压元件的动作电压值时，首先应对发电机定子的结构进行研究，粗略计算发生最少匝数匝间短路时的最小零序电压值，然后根据最小零序电压进行整定。

动作电压 $U_{0.op}$ 按下式进行整定

$$U_{0.op}=K_{rel}U_{0.min} \tag{11-9}$$

式中 $U_{0.op}$——定子绕组匝间短路保护动作电压；

K_{rel}——可靠系数，可取0.8；

$U_{0.min}$——匝间短路时最小的纵向零序电压。

根据运行经验，动作电压可取2.5～3V。

11.3.3 反应转子回路二次谐波电流的匝间短路保护

发电机定子绕组发生匝间短路时，在转子回路中将出现二次谐波电流，因此利用转子中的二次谐波电流，可以构成匝间短路保护，如图11-7所示。

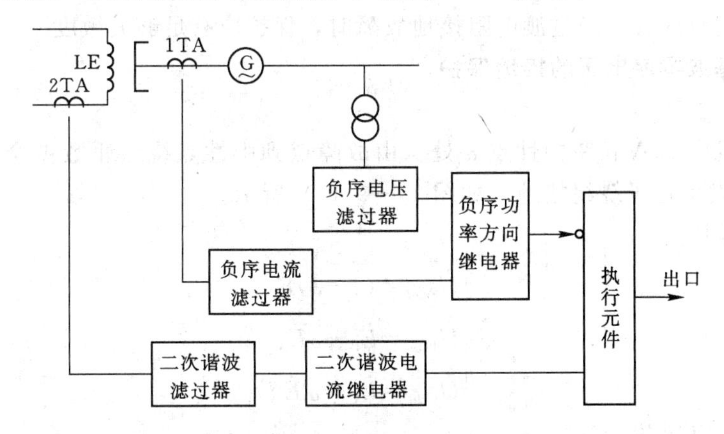

图11-7 反应转子回路二次谐波电流的匝间短路保护原理框图

在正常运行、三相对称短路及系统振荡时，发电机定子绕组三相电流对称，转子回路中没有二次谐波电流，因此保护不会动作。但是，在发电机不对称运行或发生不对称短路时，在转子回路中将出现二次谐波电流。为了避免这种情况下保护的误动，采用负序功率方向继电器闭锁的措施。因为匝间短路时的负序功率方向与不对称运行时或发生不对称短路时的负序功率方向相反。所以，不对称状态下负序功率方向继电器将保护闭锁，匝间短路时则开放保护。保护的动作值只需按躲过发电机正常运行时允许最大的不对称度（一般为5%）相对应的转子回路中感应的二次谐波电流来整定，故保护具有较高灵敏度。

11.4 发电机定子绕组单相接地保护

为了安全起见，发电机的外壳、铁芯都要接地。所以只要发电机定子绕组与铁芯间绝缘在某一点上遭到破坏，就可能发生单相接地故障。发电机的定子绕组的单相接地故障是发电机的常见故障之一。

长期运行的实践表明，发生定子绕组单相接地故障的主要原因是高速旋转的发电机，特别是大型发电机的振动，造成机械损伤而接地；对于水内冷的发电机，由于漏水致使定子绕组接地。

发电机定子绕组单相接故障时的主要危害有两点。

（1）接地电流会产生电弧，烧伤铁芯，使定子绕组铁芯叠片烧结在一起，造成检修

困难。

(2) 接地电流会破坏绕组绝缘，扩大事故，若一点接地而未及时发现，很有可能发展成绕组的匝间或相间短路故障，严重损伤发电机。

定子绕组单接地时，对发电机的损坏程度与故障电流的大小及持续时间有关。当发电机单相接地故障电流（不考虑消弧线圈的补偿作用）大于允许值时，应装设有选择性的接地保护装置。

对大中型发电机定子绕组单相接地保护应满足以下两个基本要求。

(1) 绕组有100%的保护范围。

(2) 在绕组匝内发生经过渡电阻接地故障时，保护应有足够灵敏度。

11.4.1 反应基波零序电压的接地保护

1. 原理

设在发电机内部A相距中性点α处（由故障点到中性点绕组匝数占全相绕组匝数的百分数），k点发生定子绕组接地，如图11-9（a）所示。

每相对地电压为

$$\begin{cases}\dot{U}_{AG\alpha}=(1-\alpha)\dot{E}_A\\ \dot{U}_{BG\alpha}=\dot{E}_B-\alpha\dot{E}_A\\ \dot{U}_{CG\alpha}=\dot{E}_C-\alpha\dot{E}_A\end{cases} \tag{11-10}$$

故障点零序电压为

$$\dot{U}_{k0(\alpha)}=\frac{1}{3}(\dot{U}_{AG(\alpha)}+\dot{U}_{BG(\alpha)}+\dot{U}_{CG(\alpha)})=-\alpha\dot{E}_A \tag{11-11}$$

可见故障点零序电压与α成正比，故障点离中性点越远，零序电压越高。当$\alpha=1$，即机端接地时，$\dot{U}_{k0(\alpha)}=-\dot{E}_A$。而当$\alpha=0$，即中性点处接地时，$\dot{U}_{k0(\alpha)}=0$。$U_{k0(\alpha)}$与$\alpha$的关系曲线如图7-8（b）所示。

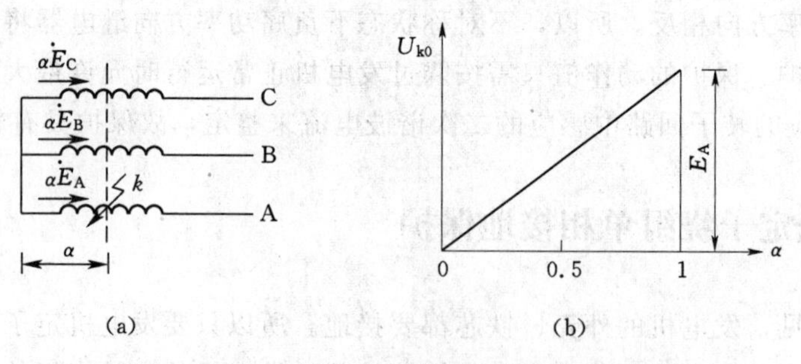

图11-8 发电机定子绕组单相接地时的零序电压

(a) 网络图；(b) 零序电压随α变化的关系

2. 保护的构成

反应零序电压接地保护的原理接线如图11-9所示。过电压继电器通过三次谐波滤过器接于机端电压互感器TV开口三角形侧两端。

保护的动作电压应躲过正常运行时开口三角形侧的不平衡电压，另外，还要躲过在变压器高压侧接地时，通过变压器高、低压绕组间电容耦合到机端的零序电压。

由图 11－8（b）可知，故障点离中性点越近零序电压越低。当零序电压小于电压继电器的动作电压时，保护不动作，因此该保护存在死区。死区大小与保护定值的大小有关。为了减小死区，可采取下列措施降低保护定值，提高保护灵敏度。

（1）加装三次谐波滤过器。

（2）高压侧中性点直接接地电网中，利用保护延时躲过高压侧接地故障。

（3）高压侧中性点非直接接地电网中，利用高压侧接地出现的零序电压闭锁或者制动发电机接地保护。

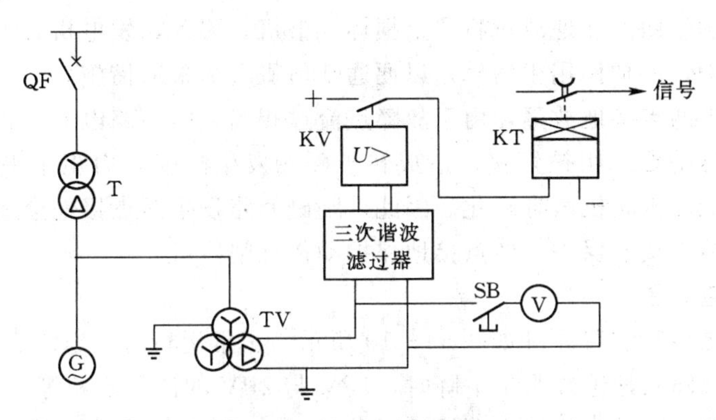

图 11－9　反应零序电压的发电机定子绕组接地保护原理图

保护的动作电压 U_{op} 按躲过正常运行时机端电压互感器开口三角处输出的最大不平衡电压 $U_{unb.max}$ 整定，即

$$U_{op}=K_{rel}U_{unb.max} \tag{11-12}$$

式中　U_{op}——基波零序过电压保护动作电压整定值；

K_{rel}——可靠系数，取 1.2～1.3；

$U_{unb.max}$——正常时实测开口三角处最大不平衡电压。

在正常运行时，发电机相电压中含有三次谐波，因此，在机端 TV 的开口三角处也有三次谐波电压输出；为了减小 U_{op}，可以增设滤除三次谐波的环节，使 $U_{unb.max}$ 主要是很小的基波零序电压，大大提高灵敏度。若机端电压互感器变比选择为 $\frac{U_{G.N}}{\sqrt{3}}/\frac{100}{\sqrt{3}}/\frac{100}{3}$ 时，保护的动作电压 U_{op} 可整定为 5～10V，能保护离机端 90％～95％的定子绕组单相接地故障。由于在中性点附近发生定子绕组单相接地时，保护装置不能动作，因而出现死区。

11.4.2　反应基波零序电压和三次谐波电压构成的发电机定子 100％接地保护

在发电机相电势中，除基波之外，还含有一定分量的谐波，其中主要是三次谐波，三次谐波值一般不超过基波 10％。

正常运行时，机端三次谐波电压 U_{S3} 总是小于中性点三次谐波电压 U_{N3}，即 $U_{S3}<U_{N3}$；定子绕组单相接地时，当接地点位置 $\alpha<50\%$ 的定子绕组范围内，$U_{S3}>U_{N3}$。故可利用 U_{S3} 作为动作量，利用 U_{N3} 作为制动量，构成接地保护，其保护动作范围在 $\alpha=0\sim0.5$ 内，且越靠近中性点保护越灵敏。可与其他保护一起构成发电机定子 100％接地保护。

11.5 发电机励磁回路接地保护

发电机正常运行时，励磁回路与地之间有一定的绝缘电阻和分布电容。当励磁绕组绝缘严重下降或损坏时，会引起励磁回路的接地故障，最常见的是励磁回路一点接地故障。发生励磁回路一点接地故障时，由于没有形成接地电流通路，所以对发电机运行没有直接影响。但是发生一点接地故障后，励磁回路对地电压将升高，在某些条件下会诱发第二点接地，励磁回路发生两点接地故障将严重损坏发电机。因此，发电机必须装设灵敏的励磁回路一点接地保护，保护作用于信号，以便通知值班人员采取措施。

励磁回路发生两点接地故障，由于故障点流过相当大的短路电流，将产生电弧，因而会烧伤转子；部分励磁绕组被短接，造成转子磁场发生畸变，力矩不平衡，致使机组振动；接地电流可能使汽轮机汽缸磁化。因此，励磁回路发生两点接地会造成严重后果，必须装设励磁回路两点接地保护。两点接地保护动作跳闸停机。

11.5.1 绝缘检查装置

励磁回路绝缘检查装置原理如图 11－10 所示。正常运行时，电压表 1PV，2PV 的读数相等。当励磁回路对地绝缘水平下降时，1PV 与 2PV 的读数不相等。

值得注意的是，在励磁绕组中点接地时，1PV 与 2PV 的读数也相等，因此该检测装置有死区。

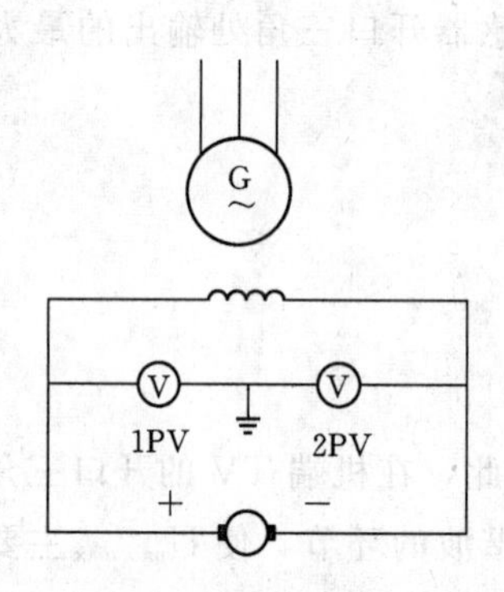

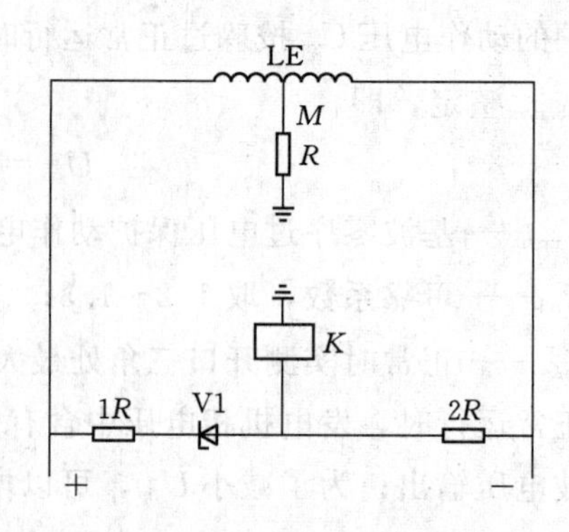

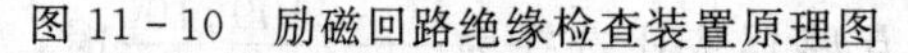

图 11－10 励磁回路绝缘检查装置原理图

图 11－11 直流电桥式一点接地保护原理图

11.5.2 直流电桥式一点接地保护

直流电桥式一点接地保护原理如图 11－11 所示。发电机励磁绕组 LE 对地绝缘电阻用接在 LE 中点 M 处的集中电阻 R 来表示。LE 的电阻以中点 M 为界分为两部分，和外接电阻 $1R$、$2R$ 构成电桥的四个臂。励磁绕组正常运行时，电桥处于平衡状态，此时继电器不动作。当励磁绕组发生一点接地时，电桥失去平衡，流过继电器的电流大于其动作电流，继电器动作。显而易见，接地点靠近励磁回路两极时保护灵敏度高，而接地点靠近中点 M 时，电桥几乎处于平衡状态，继电器无法动作，因此，在励磁绕组中点附近存在死区。

为了消除死区采用了下述两项措施。

(1) 在电阻 $1R$ 的桥臂中串接了非线性元件稳压管，其阻值随外加励磁电压的大小而

变化，因此，保护装置的死区随励磁电压改变而移动位置。这样在某一电压下的死区，在另一电压下则变为动作区，从而减小了保护拒动的几率。

(2) 转子偏心和磁路不对称等原因产生的转子绕组的交流电压，使转子绕组中点对地电压不保持为零，而是在一定范围内波动。利用这个波动的电压来消除保护死区。

11.5.3 切换采样式发电机转子接地保护

切换采样原理的励磁回路一点接地保护原理如图 11-12 所示。接地故障点 k 将励磁绕组分为 α 和 $1-\alpha$ 两部分，R_g 为故障点过渡电阻，由 4 个电阻 R 和 1 个取样电阻 R_1 组成两个网孔的直流电路。两个电子开关 1S 和 2S 轮流接通，当 1S 接通 2S 断开时，可得到一组电压回路方程

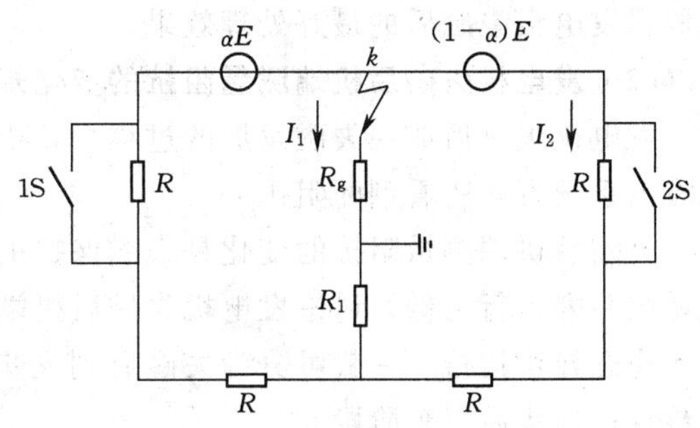

图 11-12 切换取样原理一点接地保护原理图

$$(R+R_1+R_g)I_1-(R_1+R_g)I_2=\alpha E \tag{11-13}$$

$$-(R_1+R_g)I_1+(2R+R_1+R_g)I_2=(1-\alpha)E \tag{11-14}$$

当 S2 接通、S1 断开时，直流励磁电压变为 E'，电流变为 I'_1和 I'_2。于是得到另外一组电压回路方程：

$$(2R+R_1+R_g)I'_1-(R_1+R_g)I'_2=\alpha E' \tag{11-15}$$

$$-(R_1+R_g)I'_1+(R+R_1+R_g)I'_2=(1-\alpha)E' \tag{11-16}$$

根据两组电压回路方程，可解得

$$R_g=\frac{ER_1}{3\Delta U}-R_1-\frac{2R}{3} \tag{11-17}$$

$$\alpha=\frac{1}{3}+\frac{U_1}{3\Delta U} \tag{11-18}$$

式中，$U_1=R_1(I_1-I_2)$，$U_2=R_1(I'_1-I'_2)$，$\Delta U=U_1-kU_2$，$k=\frac{E}{E'}$。

微机型切换采样式一点接地保护利用微机保护的计算能力，根据采样值可直接由式 (11-22) 求出过渡电阻 R_g，由式 (11-23) 确定接地故障点的位置。

当一点接地后，继续测接地电阻的大小和故障点的位置，若接地电阻阻值变化大于整定值，接地点位置变化大于整定值，则判断为两点接地。

11.6 发电机的失磁保护

11.6.1 发电机失磁及原因

发电机失磁一般是指发电机的励磁电流异常下降超过了静态稳定极限所允许的程度或励磁电流完全消失的故障。前者称为部分失磁或低励故障，后者则称为完全失磁。造成低励故障的原因通常是由于主励磁机或副励磁机故障；励磁系统有些整流元件损坏或自动调节系统不正确动作及操作上的错误。完全失磁通常是由于自动灭磁开关误跳闸，励磁调节器整流装置中自动开关误跳闸，励磁绕组断线或端口短路以及副励磁机励磁电源消失等。

为了保证发电机和电力系统的安全运行，在发电机特别是大型发电机上，应装设失磁保护。对于不允许失磁后继续运行的发电机，失磁保护应动作于跳闸。当发电机允许失磁运行时，保护可作用于信号，并要求失磁保护与切换励磁、自动减载等自动控制相结合，以取得发电机失磁后的最好处理效果。

11.6.2 发电机失磁后机端测量阻抗的变化规律

发电机失磁后或在失磁发展的过程中，机端测量阻抗要发生变化。测量阻抗为从发电机端向系统方向所看到的阻抗。

失磁后机端测量阻抗的变化是失磁保护的重要判据。以图11-13所示发电机与无穷大系统并列运行为例，讨论发电机失磁后机端测量阻抗的变化规律。发电机从失磁开始至进入稳态异步运行，一般可分为失磁后到失步前（$\delta<90°$）；静稳极限（$\delta=90°$），即临界失步点；失步后三个阶段。

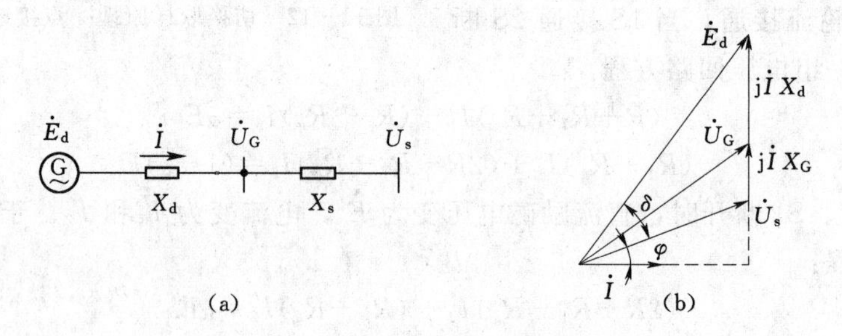

图11-13 发电机与无穷大系统并列运行

(a) 系统接线图；(b) 相量图

1. 失磁后到失步前的阶段

失磁后到失步前，由于发电机转子存在惯性，转子的转速不能突变，因而原动机的调速器不能立即动作。另外，失步前的失磁发电机滑差很小，发电机输出的有功功率基本上保持失磁前输出的有功功率值，即可近似看作恒定，而无功功率则从正值变为负值。此时从发电机端向系统看，机端的测量阻抗 Z_r 可用式（11-24）表示

$$Z_r=\frac{\dot{U}_G}{\dot{I}}=\frac{\dot{U}_s+j\dot{I}X_s}{\dot{I}}=\frac{U_s^2}{P-jQ}+jX_s$$

$$=\frac{U_s^2}{2P}+jX_s+\frac{U_s^2}{2P}e^{j\varphi} \tag{11-19}$$

$$\varphi=2\tan^{-1}\frac{Q}{P}$$

式中 P——发电机送至系统的有功功率；

Q——发电机送至系统的无功功率；

X_s——常数，P 为恒定，U_s 恒定，只有角度 φ 为变数，因此，式（11-24）在阻抗复平面上的轨迹是一个圆，其圆心坐标为 $\left(\frac{U_s^2}{2P},\ X_s\right)$，圆半径为 $\frac{U_s^2}{2P}$，如图11-14。由于该圆是在有功功率不变条件下得出的，故称为等有功圆，圆的半径与 P 成反比。

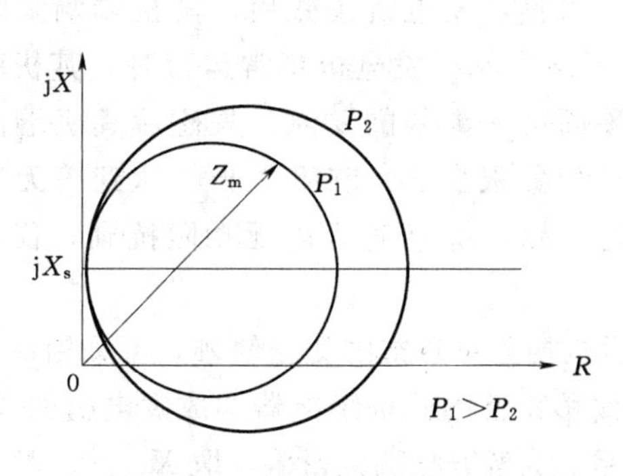

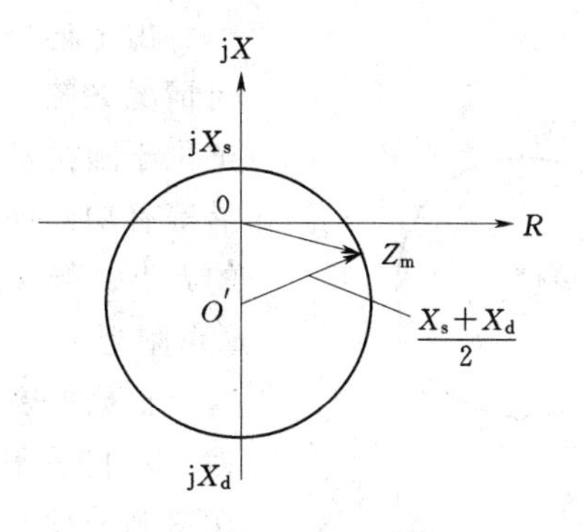

图 11-14　等有功阻抗圆　　　　图 11-15　等无功阻抗圆

2. 临界失步点（$\delta=90°$）

机端测量阻抗为

$$Z_r=-j\frac{1}{2}(X_s-X_d)+j\frac{1}{2}(X_s+X_d)e^{j\varphi} \tag{11-20}$$

式（11-25）中，X_s，X_d 为常数。式（11-25）在阻抗复平面上的轨迹是一个圆，圆心坐标为$\left(0,\ -j\frac{X_d-X_s}{2}\right)$，半径为$\frac{X_d+X_S}{2}$，该圆是在 Q 不变的条件下得出来的，又称为等无功圆，如图 11-15。圆内为失步区，圆外为稳定工作区。

3. 失步后异步运行阶段

发电机失步后异步运行时的等值电路如图 11-16 所示。按图示正方向，机端测量阻抗为

$$Z_r=-\left[jX_1+\frac{jX_{ad}\left(\frac{R_2'}{s}+jX_2'\right)}{\frac{R_2'}{s}+j(X_{ad}+X_2')}\right] \tag{11-21}$$

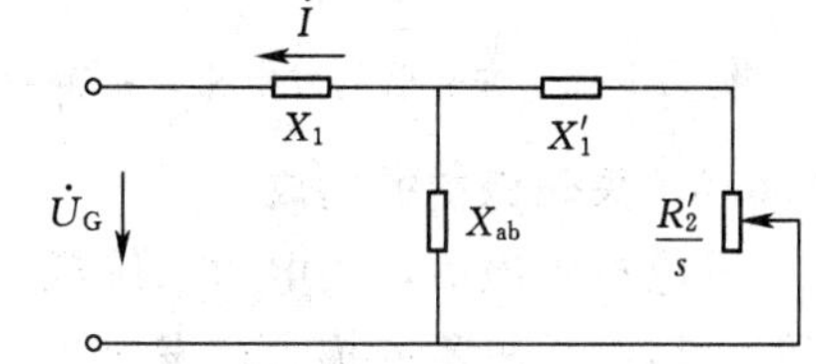

图 11-16　发电机异步运行时等值电路图

机端测量阻抗与转差率有关，当失磁前发电机在空载下失磁，即 $S=0$，$\frac{R_2'}{s}\rightarrow\infty$，机端测量阻抗为最大

$$Z_{r.max}=-j(X_1+X_{ad})=-jX_d \tag{11-22}$$

若失磁前发电机的有功负荷很大，则失步后，从系统中吸收的无功功率 Q 很大，极限情况 $S\rightarrow\infty$，$\frac{R_2'}{s}\rightarrow 0$，则机端量阻抗为最小，其值为

$$Z_{r.min}=-j\left(X_1+\frac{X_2'X_{ad}}{X_2'+X_{ad}}\right)=-jX_d' \tag{11-23}$$

一般情况下，发电机在稳定异步运行时，测量阻抗落在 $-jX_d'$ 到 $-jX_d$ 的范围内，如图 11-17 所示。

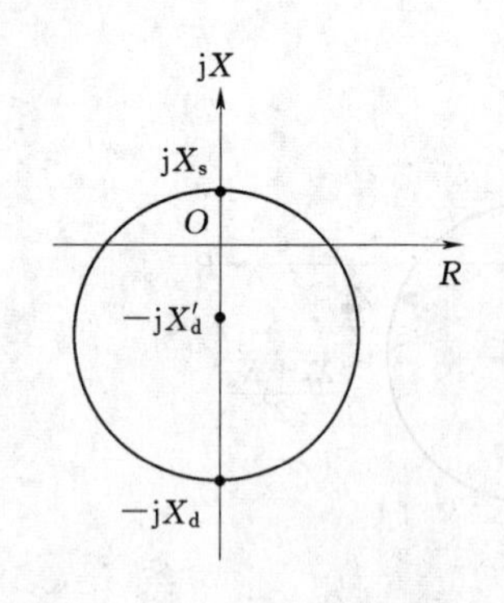

图 11-17 异步边界阻抗圆

由上述分析可见，发电机失磁后，其机端测量阻抗的变化情况如图 11-18 所示。发电机正常运行时，其机端测量阻抗位于阻抗复平面第一象限的 a 点。失磁后其机端测量阻抗沿等有功圆向第四象限变化。临界失步时达到等无功阻抗圆的 b 点。异步运行后，Z_r 便进入等无功阻抗圆，稳定在 c 或 c'点附近。

根据失磁后机端测量阻抗的变化轨迹，可采用最大灵敏角为$-90°$的具有偏移特性的阻抗继电器构成发电机的失磁保护，如图 11-19 所示。为躲开振荡的影响，取 $X_A=0.5X'_d$。考虑到保护在不同滑差下异步运行时能可靠动作，取 $X_B=1.2X_d$。

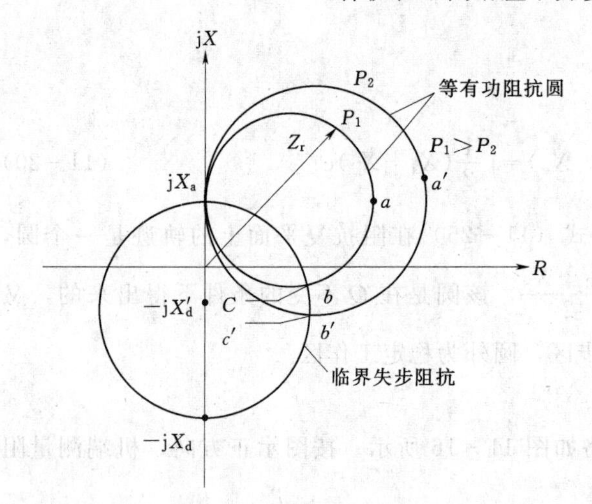

图 11-18 失磁后的发电机机端测量阻抗的变化

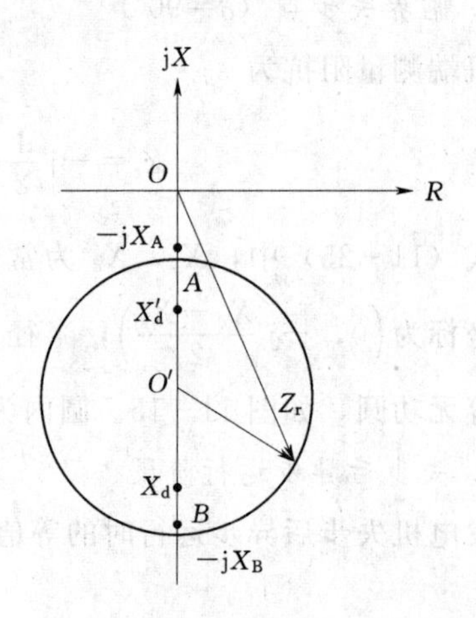

图 11-19 失磁保护用阻抗元件特性曲线

11.6.3 失磁保护的构成

发电机失磁后，当电力系统或发电机本身的安全运行遭到威胁时，应将故障的发电机切除，以防止故障的扩大。发电机失磁保护通常由发电机机端测量阻抗判据、转子低电压判据、变压器高压侧低电压判据、定子过电流判据构成。一种常用的失磁保护逻辑图如图 11-20 所示。

失磁保护的主要判据通常为机端测量阻抗，阻抗元件的特性圆采用静稳边界阻抗圆。当静稳边界阻抗圆和转子低电压判据同时满足时，判定发电机已经由失磁导致失去了静稳，将进入异步运行，此时经与门“3Y”和延时 t_1 后出口切除发电机。若转子低电压判据拒动，静稳边界阻抗圆判据也可经延时 t_4 单独出口切除发电机。

转子低电压判据满足时发失磁信号，并发出切换励磁命令。此判据可预测发电机是否因失磁而失去稳定，从而在发电机尚未失去稳定之前及早地采取措施，如切换励磁等，防止事故的扩大。

汽轮发电机在失磁时一般可异步运行一段时间，此期间由定子过电流判据进行监测。若定子电流大于1.05倍的额定电流，发出压出力指令，压低出力后，使发电机继续稳定异步运行一段时间，经过 t_2 后再发跳闸命令。这样，在 t_2 期间运行人员可有足够的时间

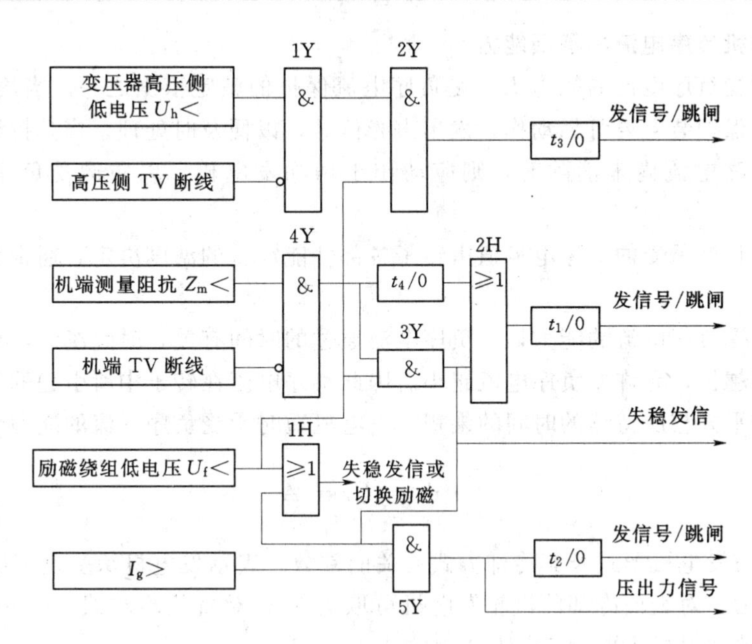

图 11-20　失磁保护的逻辑框图

去排除故障，使励磁重新恢复，避免跳闸。如果出力在 t_2 时间内不能压下来，而过电流判据又一直满足，则发跳闸命令以保证发电机本身的安全。

对无功储备不足的系统，当发电机失磁后，有可能在发电机失去静稳之前，变压器高压侧电压就达到了系统崩溃值。当转子低电压判据满足并且高压侧低电压判据满足时，说明发电机的失磁已造成了对电力系统安全运行的威胁，经与门“2Y”和短延时 t_3 发跳闸命令，迅速切除发电机。

为了防止电压互感器回路断线时造成失磁保护误动作，变压器高、低压侧均有 TV 断线闭锁元件，TV 断线时发出信号，同时闭锁失磁保护。

11.7　发电机负序电流保护

11.7.1　发电机负序电流的形成、特征、危害

对于大、中型的发电机，为了提高不对称短路的灵敏度，可采用负序电流保护，同时还可以防止转子回路的过热。

正常运行时发电机的定子旋转磁场与转子同方向同速运转，因此不会在转子中感应电流；当电力系统中发生不对称短路，或三相负荷不对称时，将有负序电流流过发电机的定子绕组，该电流在气隙中建立起负序旋转磁场，以同步速朝与转子转动方向相反的方向旋转，并在转子绕组及转子铁芯中产生 100Hz 的电流。该电流使转子相应部分过热、灼伤，甚至可能使护环受热松脱，导致发电机严重事故。同时有 100Hz 的交变电磁转矩，引起发电机振动。因此，为防止发电机的转子遭受负序电流的损伤，大型汽轮发电机都要装设比较完善的负序电流保护，它由定时限和反时限两部分组成。

11.7.2　发电机负序电流的承受能力

发电机承受负序电流的能力 I_2，是负序电流保护的整定依据之一。当出现超过 I_2 的负序电流时，保护装置要可靠动作，发出声光信号，以便及时处理。当其持续时间达到规定时间，而负序电流尚未消除时，则应动作于切除发电机，以防遭受负序电流造成的损害。

发电机能长期承受的负序电流值由转子各部件能承受的温度决定，通常为额定电流的4%～10%。

发电机承受负序电流的能力，与负序电流通过的时间有关，时间越短，允许的负序电流越大，时间越长，允许的负序电流越小。因此负序电流在转子中所引起的发热量，正比于负序电流的平方与所持续的时间的乘积。发电机短时承受负序电流的能力可表达为

$$\int_0^t i_2^2 \mathrm{d}t = I_2^2 t = A \tag{11-24}$$

式中　A——与发电机形式及其冷却方式有关的常数。表示发电机承受负序电流的最大能力。对表面冷却的汽轮发电机可取为30，对直接冷却式100～300MW的汽轮发电机可取为6～15。

发电机在任意时间内承受负序电流的能力，其表达式为

$$t=\frac{A}{I_{*2}^2-\alpha} \tag{11-25}$$

式中　α——与发电机允许长期运行的负序电流分量 I_{*2} 有关的系数，一般取 $\alpha=0.6I_{*2}^2$。

11.7.3　发电机负序电流保护

1. 定时限负序电流保护

对于中、小型发电机，负序过电流保护大多采用两段式定时限负序电流保护，定时限负序电流保护由动作于信号的负序过负荷保护和动作于跳闸的负序过电流保护组成。

负序过负荷保护的动作电流按躲过发电机允许长期运行的负序电流整定。对汽轮发电机，长期允许负序电流为额定电流的6%～8%，对水轮发电机长期允许负序电流为额定电流的12%。通常取为 $0.11I_N$。保护时限大于发电机的后备保护的动作时限，可取5～10s。

负序过电流保护的动作电流，按发电机短时允许的负序电流整定。对于表面冷却的发电机其动作值常取为（0.5～0.6）I_N。此外，保护的动作电流还应与相邻元件的后备保护在灵敏度上相配合。一般情况下可以只与升压变压器的负序电流保护在灵敏度上配合。保护的动作时限按阶梯原则整定。一般取3～5s。

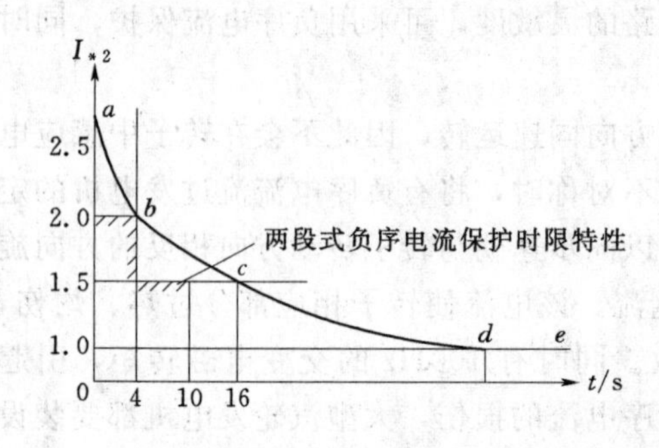

图11-21　两段式负序定时限过电流保护时限特性与发电机允许的负序电流曲线的配合

保护动作时限特性与发电机允许的负序电流曲线的配合情况如图11-21所示。

在曲线 ab 段内，保护装置的动作时间大于发电机允许的时间，因此，可能出现发电机已损坏而保护未动作的情况；在曲线 bc 段内，

保护装置的动作时间小于发电机允许的时间，没有充分利用发电机本身所具有的承受负序电流的能力；在曲线 cd 段内，保护动作于信号，由运行人员来处理，可能值班人员还未来得及处理时，发电机已超过了允许时间，所以此段只给信号也不安全；在曲线 de 段内，保护根本不反应。

两段式定时限负序电流保护接线简单，即能反应负序过负荷，又能反应负序过电流，对保护范围内故障有较高的灵敏度。在变压器后短路时，其灵敏度与变压器的接线方式无关。但是两段式定时限负序电流保护的动作特性与发电机发热允许的负序电流曲线不能很好地配合，存在着不利于发电机安全及不能充分利用发电机承受负序电流的能力等问题，因此，在大型发电机上一般不采用。大型汽轮发电机应装设能与负序过热曲线配合较好的具有反时限特性的负序电流保护。

2. 反时限负序电流保护

反时限特性是指电流大时动作时限短，而电流小时动作时限长的一种时限特性。通过适当调整，可使保护时限特性与发电机的负荷发热允许电流曲线相配合，以达到保护发电机免受负序电流过热而损坏的目的。

采用式 $t=\dfrac{A}{I_{*2}^{2}-\alpha}$ 构成负序电流保护的判据，其中 I_{*2} 为负序电流标幺值。

发电机负序电流保护时限特性与允许负序电流曲线 $\left(t=\dfrac{A}{I_{*2}^{2}}\right)$ 的配合如图 11-22 所示。图中，虚线为保护的时限特性，实线为允许负序电流曲线。由图可见，发电机负序电流保护的时限特性具有反时限特性，保护动作时间随负序电流的增大而减少，较好地与发电机承受负序电流的能力相匹配，这样既可以充分利用发电机承受负序电流的能力，避免在发电机还没有达到危险状态的情况下被切除，又能防止发电机损坏。

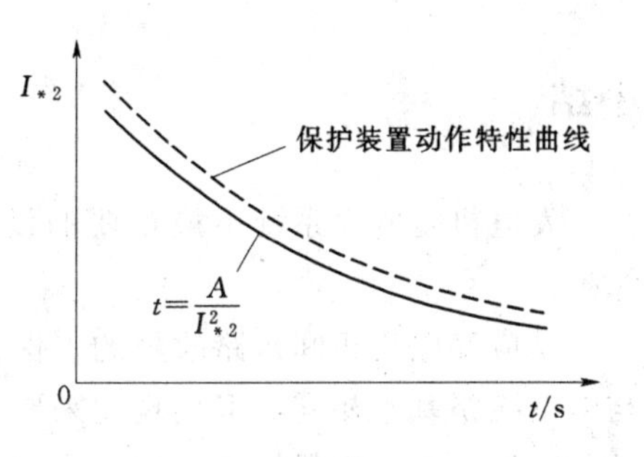

图 11-22 负序反时限过电流保护动作特性与发电机 $A=tI_{*2}^{2}$ 的配合情况

发电机反时限负序电流保护的逻辑图如图 11-23 所示。当发电机负序电流大于上限整定值 I_{2up} 时，则按上限短延时 t_{2up} 动作；负序电流在上、下限整定值之间，则按反时限

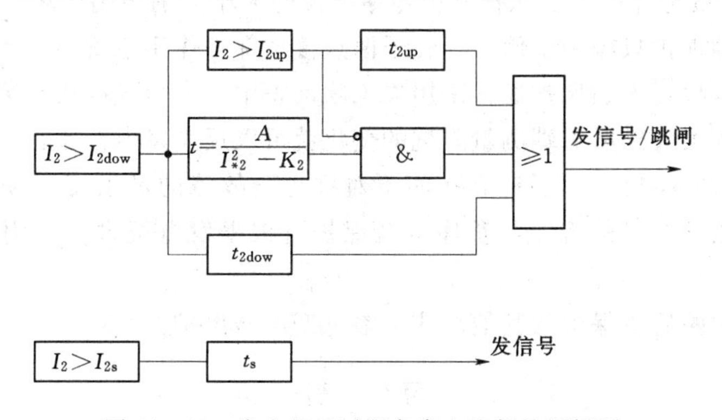

图 11-23 发电机反时限负序电流保护逻辑图

$t=\dfrac{A}{I^2_{*2}-K_2}$动作；如果负序电流大于下限整定值 I_{2dow}，但反时限部分动作时间太长时，则按下限长延时 t_{2dow} 动作。

图 11－24 中，I_{2s} 和 t_{2s} 为保护中定时限部分的电流整定值和时间整定值，若负序电流大于 I_{2s}，保护经延时 t_{2s} 发出信号。

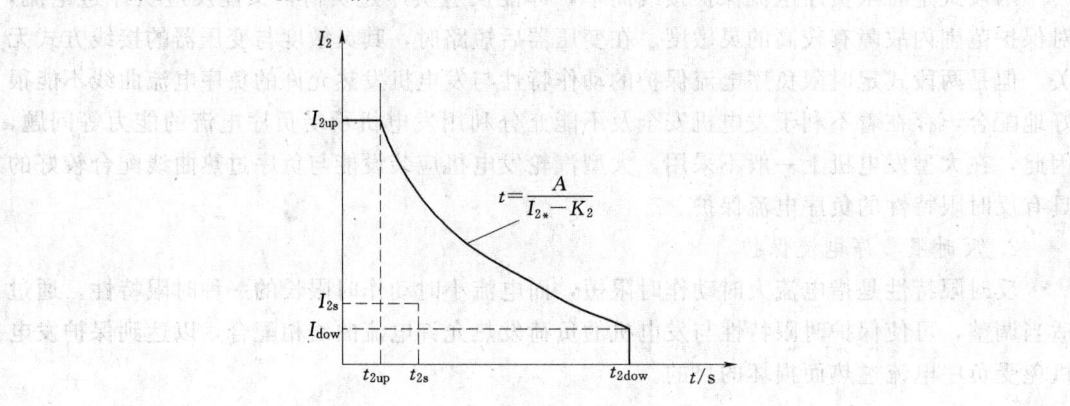

图 11－24　反时限负序电流保护动作特性

小结

发电机是电力系统中最重要的设备，本章分析了发电机可能发生的故障及应装设的保护。

反应发电机相间短路故障的主保护采用纵差保护，纵差保护应用的十分广泛，其原理与输电线路基本相同，但实现起来要比输电线路容易得多。但是，应注意的是，保护存在动作死区。在微机保护中，广泛采用比率制动式纵差保护。

反应发电机匝间短路故障，可根据发电机的结构，可采用横联差动保护、零序电压保护、转子二次谐波电流保护等。

反应发电机定子绕组单相接地，可采用反应基波零序电压保护、反应基波和三次谐波电压构成的 100％接地保护等。保护根据零序电流的大小分别作用于跳闸或发信号。

转子一点接地保护只作用于信号，转子两点接地保护作用于跳闸。

对于小型发电机，失磁保护通常采用失磁联动，中、大型发电机要装设专用的失磁保护。失磁保护是利用失磁后机端测量阻抗的变化就可以反应发电机是否失磁。

对于中、大型发电机，为了提高相间不对称短路故障的灵敏度，应采用负序电流保护。为了充分利用发电机热容量，负序电流保护可根据发电机型式采用定时限或反时限特性。

发电机相间短路后备保护的其他形式可参见变压器保护。

习　　题

11－1　发电机可能发生哪些故障和不正常工作方式？应配置哪些保护？

11－2　发电机的纵差保护的方式有哪些？各有何特点？

11－3　发电机纵差保护有无死区？为什么？

11－4　试简述发电机的匝间短路保护几个方案的基本原理、保护的特点及适用范围。

11－5　发电机匝间短路保护中，其电流互感器为什么要装在中性点侧？

11－6　大容量发电机为什么要采用100％定子接地保护？

11－7　如何构成100％发电机定子绕组接地保护？利用发电机定子绕组三次谐波电压和零序电压构成的100％定子接地保护的原理是什么？

11－8　转子绕组一点接地、两点接地有何危害？

11－9　试述直流电桥式励磁回路一点接地保护基本原理及励磁回路两点接地保护基本原理。

11－10　发电机失磁后的机端测量阻抗的变化规律如何？

11－11　如何构成失磁保护？

11－12　发电机定子绕组中流过负序电流有什么危害？如何减小或避免这种危害？

11－13　发电机的负序电流保护为何要采用反时限特性？

第12章　电动机的继电保护

【教学要求】 了解电动机常见的故障及继电保护的配置，掌握电动机电流速断保护、纵联差动保护、过负荷保护、低电压保护和同步电动机失步保护的工作原理及整定计算方法。

12.1　电动机的故障类型及保护配置

电力用户中常采用异步电动机和同步电动机作为动力设备，它们在运行中可能发生各种故障和不正常工作状态。因此，电动机必须装设相应的保护装置，以确保电动机的安全运行。

12.1.1　电动机的故障类型

12.1.1.1　电动机常见的故障状态

1. 定子绕组相间短路

这是电动机的最严重的故障，它会造成电网的电压降低，并破坏其他用户的正常工作，因此要求尽快切除这种故障。

2. 定子绕组单相接地

由于高压电动机所处的电网一般都是采用中性点非直接接地运行方式，所以定子绕组的单相接地故障危险性小。当单相接地电流大于10A时，会造成电动机定子铁心烧损，单相接地故障有时会发展成匝间短路和相间短路。

3. 单相绕组的匝间短路

这种故障将破坏电动机的对称运行，并使相电流增大，电流增大的程度与短路的匝数有关，最严重的情况是电动机单相绕组全部被短接，这时非故障相的两相绕组均直接接到线电压上。由于目前还没有简单而完善的方法来保护匝间短路，故一般都不装设专门的反应单相绕组的匝间短路保护。

12.1.1.2　电动机常见的不正常工作状态

1. 过负荷

引起电动机过负荷的原因是机械负荷过大、电动机机端电压降低过多、起动时间过长、绕组单相断线等。长时间的过负荷运行，将使电动机温升超过允许值，加速绝缘老化，甚至烧坏电动机。

2. 电压暂时消失或短时电压降低

电压降低时，绕组内电流增大，可能烧坏电动机的绕组。

3. 同步电动机失步运行状态

这种状态可能导致电动机损坏。引起失步的原因是励磁电流减小、机端电压降低、机

械过负荷等。

12.1.2 电动机的保护配置

在电力用户中，500V以下的中、小型异步电动机的使用非常广泛，它们的保护装置力求简单、可靠。对于容量在100kW以下的电动机，广泛采用熔断器和自动空气开关作为电动机相间故障和单相接地保护。对于容量在100kW以上的大容量低压电动机，可配置专门的保护装置。

根据规程规定，6～10kV的高压电动机应配置的继电保护如下所述。

1. 定子绕组相间短路保护

(1) 无时限电流速断保护。一般用于容量小于2000kW的电动机，考虑到大多数电动机都接在中性点不接地电网中，保护装置宜采用两相式接线。容量较小的电动机也可采用两相一继电器电流差的接线。

(2) 纵联差动保护。一般用于容量为2000kW及以上的电动机，或容量小于2000kW，且中性点具有分相引出线，装设无时限电流速断保护不能满足灵敏度要求的电动机。保护装置一般采用两相式接线，对于容量为5000kW及以上的电动机，保护装置采用三相式接线。

上述两种保护装置瞬时动作于跳闸。对于装有自动灭磁装置的同步电动机，保护装置还应动作于跳灭磁开关。

2. 定子绕组单相接地保护

对定子绕组单相接地故障，当接地电流大于5A时，应装设单相接地保护。当接地电容电流在10A及以上时，保护装置一般动作于跳闸；当接地电容电流在10A以下时，保护装置可动作于跳闸或信号。

3. 过负荷保护

下列情况下的电动机应该装设过负荷保护。

(1) 生产过程中易发生过负荷的电动机，保护装置应根据负荷特性，带时限动作于信号、跳闸或自动减负荷。

(2) 起动或自起动条件严重（如直接起动时间在20s以上）的电动机，为防止起动或自起动时间过长，保护装置应带时限动作于跳闸。其时限应躲开电动机正常起动的时间。具有冲击负荷的电动机，还应躲开电动机所允许的生产过程中短时冲击持续时间。

4. 低电压保护

下列电动机应该装设低电压保护，保护装置带时限动作于跳闸。

(1) 电源电压短时降低或中断时，不需要自起动的电动机，或为保证重要电动机的自起动而需要断开的次要电动机，或根据生产过程不允许自起动的电动机。

(2) 需要自起动，但为保证人身和设备安全在电源电压长时间消失后必须从电力网中自动断开的电动机。

5. 同步电动机的失步保护

同步电动机失去同步时，对于生产过程不需要再同步或不能再同步的同步电动机，应装设作用于跳断路器和灭磁开关的失步保护；对于生产过程需要再同步的电动机可装设作用于再同步的失步保护。本书就作用于分闸的失步保护作一简单介绍。其保护方式有以下几种：

(1) 反应定子绕组过负荷的失步保护。

(2) 反应转子回路出现交流分量的失步保护。

上述保护装置带时限动作。对于重要电动机的保护装置宜作用于再同步控制回路，不能再同步的或根据生产过程不需要再同步的电动机，保护装置作用于跳闸。

电动机上述五种保护中反应定子绕组相间短路保护是必不可少的，其余保护可根据电动机的容量、重要性及工作条件考虑是否装设。失步保护只适用于同步电动机，其余四种保护既适用于异步电动机，又适用于同步电动机。

12.2 电动机的电流速断保护和过负荷保护

对于容量在2000kW以下的高压电动机和容量在100kW以上的低压电动机，无时限速断保护作为防御相间故障的主保护。对于生产过程中容易发生过负荷的电动机要装设过负荷保护。

12.2.1 保护装置原理接线图

对于不易过负荷的电动机，可采用电磁型继电器构成无时限电流速断保护，保护装置的原理接线图如图12-1所示，保护装置可采用两相不完全星形接线方式，见图12-1(a)，当保护的灵敏度能满足要求时，可优先采用两相一继电器电流差接线方式，见图12-1(b)。为了使保护不仅能反应电动机定子绕组相间短路，而且还能反应电动机与断路器之间的引出线上的相间短路，电流互感器尽可能装在断路器侧。

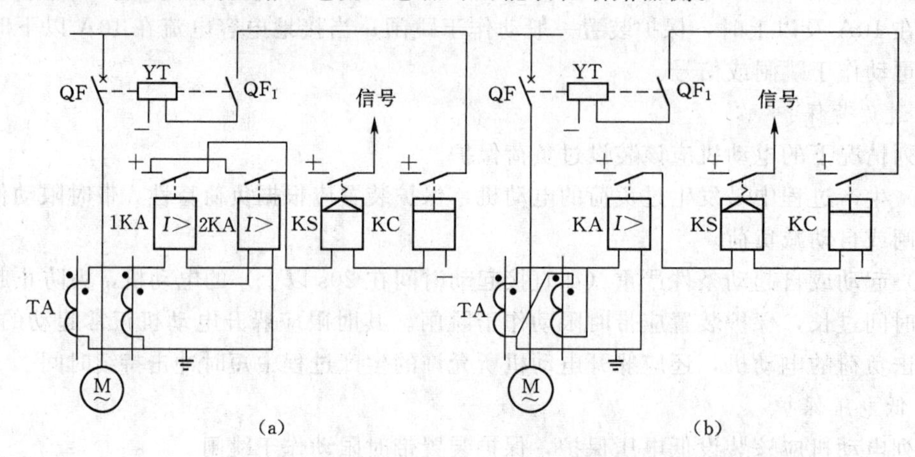

图12-1 电动机无时限电流速断保护原理接线图

(a) 两相不完全星形接线；(b) 两相电流差接线

对于容易过负荷的电动机，则采用感应型电流继电器来构成无时限电流速断和过负荷保护。其瞬动部分（电磁部分）作为反应定子绕组相间短路的电流速断保护，动作于跳闸；其反时限部分（感应部分）作为过负荷保护，延时动作于信号。保护装置的原理接线图如图12-2所示。图12-2(a)为直流操作电源的保护原理接线图。图12-2(b)为交流操作电源的保护原理接线图。

在图12-2(b)中，感应型电流继电器具有速断和反时限的动合、动断切换触点，

保护和操作电源共用一组电流互感器。电动机正常运行时，通过电流继电器KA的电流小于其动作电流整定值，KA不动作，其动断触点将跳闸线圈短接；当发生相间短路（或过负荷超过一定时限）时，电流继电器KA动作，其动合触点闭合、动断触点断开，电流互感器二次短路电流流入跳闸线圈，断路器跳闸（该继电器应采用动作时动合触点先闭合、动断触点后断开，否则将造成电流互感器短时二次侧开路，这是不允许的）。由于所示接线采用交流操作，不需要直流操作电源及相应的连接电缆，而且在电动机断路器的操作机构上易于实现，所以应用比较广泛。

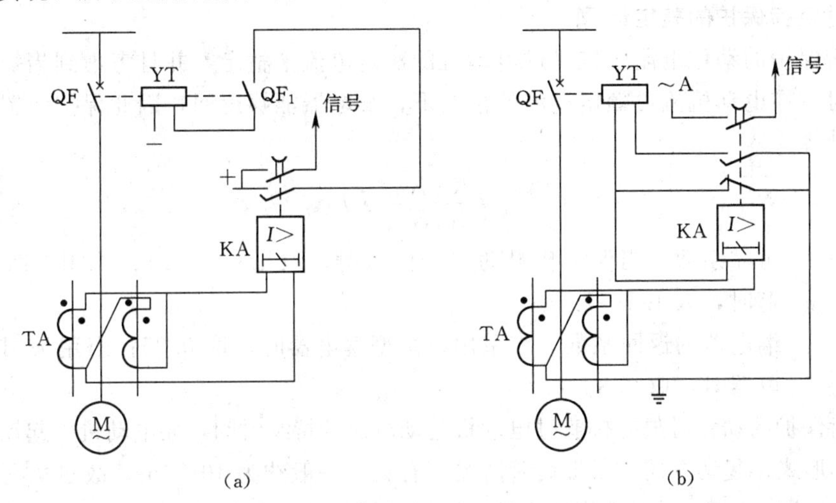

图 12-2 电动机无时限电流速断保护和过负荷保护原理接线图

(a) 直流操作电源；(b) 交流操作电源

12.2.2 无时限电流速断保护的整定计算

由于电动机位于供电电网的最末端，无须与其他电气元件的保护动作时限配合，可过按电流保护动作电流整定原则考虑速断保护动作值的整定，而不必涉及短路电流，以提高保护灵敏度，因此，无时限电流速断保护的动作电流按躲过电动机最大起动电流来整定，即

$$I_{op}=K_{rel}K_{ss}I_{N\cdot M} \tag{12-1}$$

电流继电器的动作电流为

$$I_{op\cdot r}=\frac{K_{rel}K_{con}K_{ss}}{K_{TA}}I_{N\cdot M} \tag{12-2}$$

式中 K_{rel}——可靠系数。采用电磁型电流继电器时，取1.4～1.6；采用感应型电流继电器时，取1.8～2；

K_{con}——电流保护的接线系数。当采用两相不完全星形接线时，$K_{con}=1$；当采用两相电流差接线时，$K_{con}=\sqrt{3}$；

$I_{N\cdot M}$——电动机的额定电流；

K_{ss}——电动机的起动倍数，可查有关产品样本或手册。

对于同步电动机无时限电流速断保护的动作电流，除应躲过起动电流外，还应躲过外部短路时同步电动机输出的最大三相短路电流（即同步电动机瞬时向附近短路点反馈的最大三相短路冲击电流)。

电动机无时限电流速断保的灵敏度可按下式校验

$$K_{sen}=\frac{I_{k.min}^{(2)}}{I_{op}}=\frac{K_{con}I_{k.min}^{(2)}}{K_{TA}I_{op.r}} \tag{12-3}$$

式中 $I_{k.min}^{(2)}$——系统在最小运行方式下,电动机出口两相短路电流;

K_{con}——电流保护的接线系数。取AB或BC相短路时,$K_{con}=1$(最小值)。

根据规程规定,最小灵敏系数不小于2。

12.2.3 过负荷保护的整定计算

过负荷保护的动作电流应按躲过电动机的额定电流来整定,并且考虑到当短时间的过负荷消失时,在电动机流过额定电流的情况下,继电器能够返回,因此保护装置的动作电流按下式计算

$$I_{op.r}=\frac{K_{rel}K_{con}}{K_{re}K_{TA}}\cdot I_{N.M} \tag{12-4}$$

式中 K_{rel}——可靠系数。当保护装置动作于信号时,取1.05~1.1;作用于跳闸或减负荷时,取1.2~1.25;

K_{re}——继电器的返回系数。当采用电磁型继电器时,取0.85;当用采用感应型继电器时,取0.8。

过负荷保护的动作时限应按躲过电动机起动电流的持续时间,而电动机的起动电流持续时间又与其形式、起动方式、所带负荷情况等有关,一般约为10~15s,故过负荷保护的动作时限的一般取15~20s。对选用感应型电流继电器的过负荷保护,由于起动或自起动电流对应的动作电流倍数达到或接近了感应型电流继电器定时限特性部分,所以,在实际整定中,一般按10倍动作电流的动作时间来整定,即取10倍动作电流的动作时间为10~20s(或应大于实际测值)。由于10倍动作电流的动作时间整定的较长,实际电流倍数较小时,实际动作时间更长。可取2倍动作电流在继电器反时限特性曲线上求出对应的动作时间,与2倍动作电流时的过负荷允许持续时间比较,动作时间应小于对应的过负荷允许持续时间。

12.3 电动机的纵联差动保护

电动机纵联差动保护的基本原理同发电机纵联差动保护一样,而需要采取的措施和整定计算相对简单一些。电动机两侧的电流互感器要求同型号、同变比、准确度级为D级,并且在通过电动机的起动电流时能满足10%误差的要求。

12.3.1 电动机纵联差动保护的原理接线图

电动机纵联差动保护一般采用两相式接线,其原理接线图如图12-3所示。根据电动机的容量不同,接入差动回路的继电器可以用电磁型电流继电器,也可以用DCD-2型差动继电器。当采用电磁型电流继电器构成纵联差动保护时,为了躲过电动机起动时励磁涌流的影响,可采用一个带0.1s延时的出口中间继电器动作于跳闸。当采用DCD-2型差动继电器构成纵联差动保护时,由于DCD-2型差动继电器具有良好的躲过电动机起动时励磁涌流的能力,可采用瞬时动作的中间继电器动作于断路器跳闸。

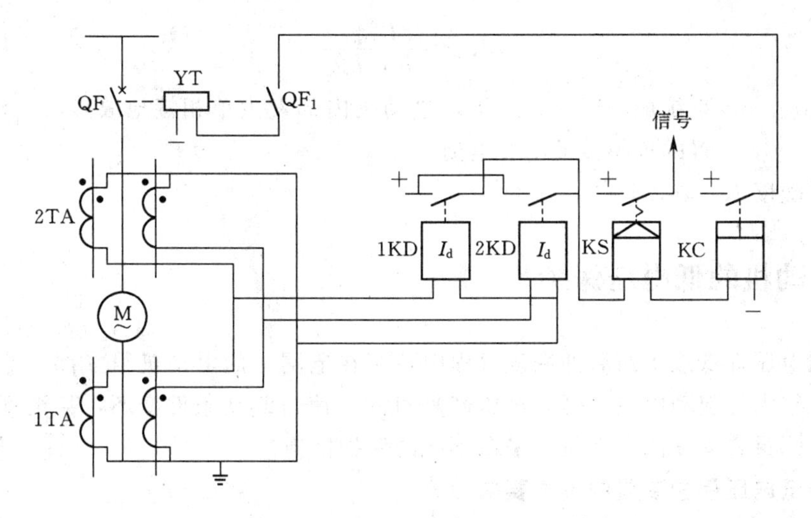

图 12-3 电动机纵联差动保护的原理接线图

12.3.2 电动机纵联差动保护的整定计算

为了防止电流互感器二次回路断线时，保护装置误动作，保护装置的动作电流应按躲过电动机正常运行，电流互感器二次回路断线时，通过保护装置的最大负荷电流来整定。即可按电动机的额定电流来整定，即

$$I_{op.r}=\frac{K_{rel}}{K_{TA}}I_{N.M} \tag{12-5}$$

式中 K_{rel}——可靠系数，对电磁型电流继电器，取 1.5～2；对 DCD-2 型差动继电器，取 1.3。

电动机纵联差动保护灵敏度校验仍按式（12-3）进行。

12.4 电动机的单相接地保护

电动机单相接地保护原理接线图如图 12-4 所示，电缆头的保护接地线应穿过零序电流互感器 TAN 的铁芯窗口。当电源电缆为两根及两根以上时，应将各个零序电流互感器的二次侧串联接到电流继电器上。

为了保证保护在电网的其他出线上发生单相接地时，保护不误动作，保护的动作电流应大于保护范围外发生单相接地故障时，电动机本身及其配电电缆的最大接地电容电流 $3I_{0.M.max}$ 来整定，即

$$I_{op.r}=\frac{K_{rel}3I_{0.M.max}}{K_{TA}} \tag{12-6}$$

式中 K_{rel}——可靠系数。取 4～5。

保护装置的灵敏度按下式计算

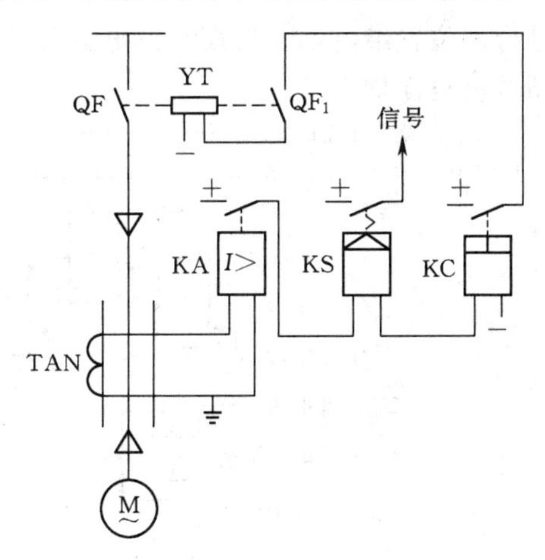

图 12-4 电动机单相接地保护原理接线图

$$K_{sen}=\frac{3I_{0.M.min}}{K_{TA}I_{op.r}} \tag{12-7}$$

式中 $3I_{0.M.min}$——系统最小运行方式下，电动机内部发生单相接地故障时，流过保护装置的最小接地电容电流。

要求灵敏度 $K_{sen}\geqslant1.5\sim2$。

12.5 电动机的低电压保护

在电网电压降低或中断后的恢复过程中，接在电网中的电动机很多都可能要自起动，因而会产生很大的起动电流而延长电压恢复时间，使自起动条件变坏，甚至不能自起动，因此针对不同重要程度的电动机，采取不同的保护措施。

12.5.1 对低电压保护装置的基本要求

当电压完全中断或由于电网短路故障引起电动机制动时，低电压保护装置应该能保证将电动机从电网中断开。因此，对电动机低电压保护装置提出如下基本要求。

(1) 当母线出现对称和不对称的电压下降，且低于保护整定值时，低电压保护装置应可靠动作。

(2) 当电压互感器发生一次侧单相及两相断线或二次侧各种断线时，保护装置不应误动作，并能发出电压互感器断线信号。在电压互感器断线期间如果母线又发生失压或电压下降到整定值时，低电压保护装置仍应正确动作。

(3) 电压互感器一次侧隔离开关因误操作被断开时，低电压保护装置不应该误动作，应发出电压互感器断线信号。

(4) 对不重要的电动机和不允许“长期”失电后再自起动的重要电动机，低电压保护的动作时间和动作电压应分别整定。

12.5.2 低电压保护装置的原理框图

低电压保护原理框图如图 12-5 所示。电压互感器二次额定电压为 100V，图 12-5 中将线电压 $U_{ab}\leqslant10V$ 作为判定“电压短时降低或中断”的条件。图 12-5 中的“KCC”是合闸位置继电器，使用该继电器常开触点的意义是，只有电动机在合闸位置时才可能起动低电压保护。

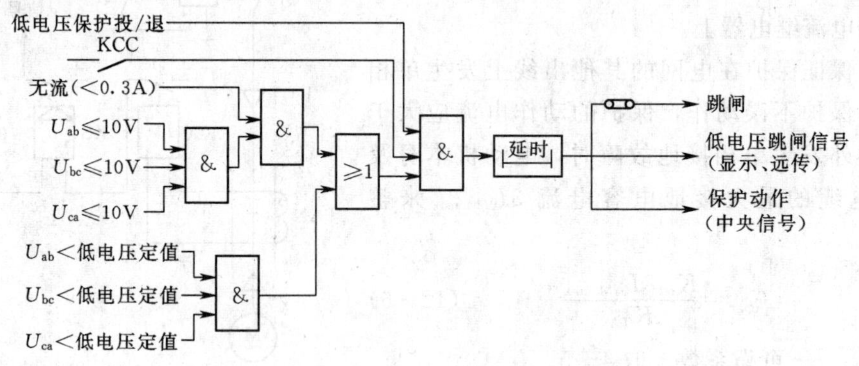

图 12-5 电动机低电压保护原理框图

12.5.3　低电压保护的整定计算

（1）对于不参加自起动的次要电动机，其动作电压按（0.6～0.7）$U_{N.M}$整定，即

$$U_{op.r}=(0.6\sim0.7)\frac{U_{N.M}}{K_{TV}} \tag{12-8}$$

式中　$U_{N.M}$——电动机的额定电压；

　　K_{TV}——电压互感器的变比。

动作时间取0.5s。

（2）对于不允许"长期"失电后再自起动的重要电动机，其动作电压按$0.5U_{N\cdot M}$整定，即

$$U_{op\cdot r}=0.5\times\frac{U_{N\cdot M}}{K_{TV}} \tag{12-9}$$

动作时间取9～10s。

12.6　同步电动机的失步保护

同步电动机失去同步时，在定子绕组中会产生较大的振荡电流。这时定子旋转磁场与转子不再同步而有了相对运动，在转子绕组中感应出交流分量的电流。因此，同步电动机的失步保护可利用反应定子绕组在失步时出现的振荡电流来实现，也可用反应转子绕组失步后出现交流电流来实现。

12.6.1　反应定子绕组振荡电流的失步保护

利用定子绕组在失步时出现的振荡电流而实现的分闸失步保护的原理接线图如图12-7所示，这种保护比较简单，在电力用户中应用较普遍，一般由过负荷保护兼任。其原理接线、动作电流整定计算均与过负荷保护基本相同。

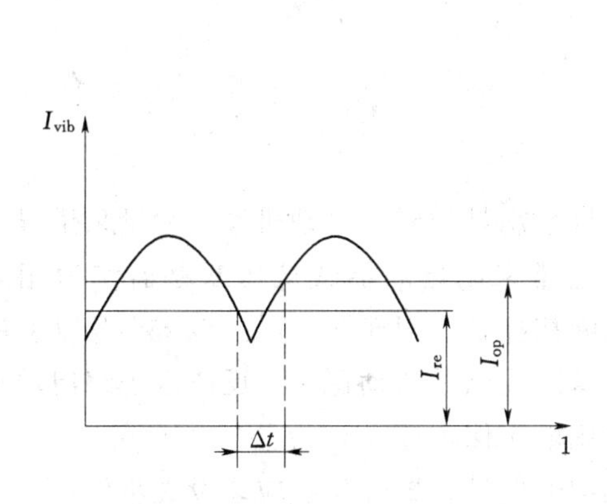

图12-6　振荡电流波形图

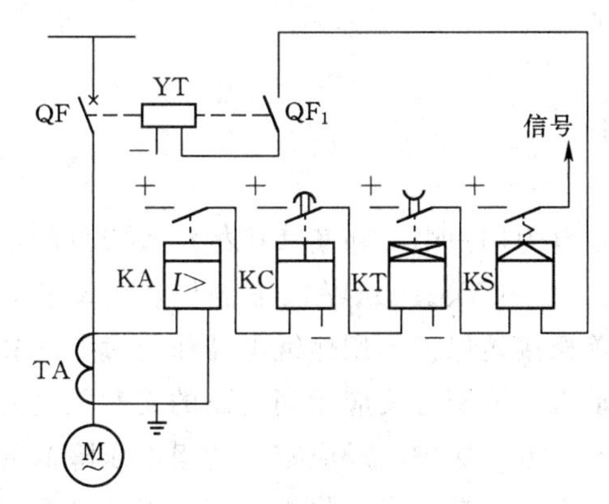

图12-7　反应电动机定子绕组振荡电流的失步保护原理接线图

在图12-7中装设时间继电器KT的目的，是考虑到同步电动机失步后有可能恢复同步运行及在电动机起动过程中保护不误动作。电流继电器KA是反应振荡电流而动作的，从如图10-6所示的同步电动机失步时振荡电流I_{vib}的波形图可看出，当$I_{vib}\geqslant I_{op}$时，电流

继电器KA动作，当时$I_{vib} \leqslant I_{op}$时，电流继电器KA返回，即Δt时间内，电流继电器KA的触点处于断开状态。为了保持时间继电器KT的线圈连续通电，故在电流继电器KA和时间继电器KT之间增设带延时返回动合触点的中间继电器KC。

12.6.2 反应转子绕组回路交流电流的失步保护

利用转子绕组在失步时（即Δt时间内）出现的交流电流而实现的分闸失步保护的原理接线图，如图12－8所示。这种保护与图12－7不同之处在于电流互感器TA安装在转子绕组回路中，电流互感器的一次额定电流要选择得大于强行励磁时的最大电流。

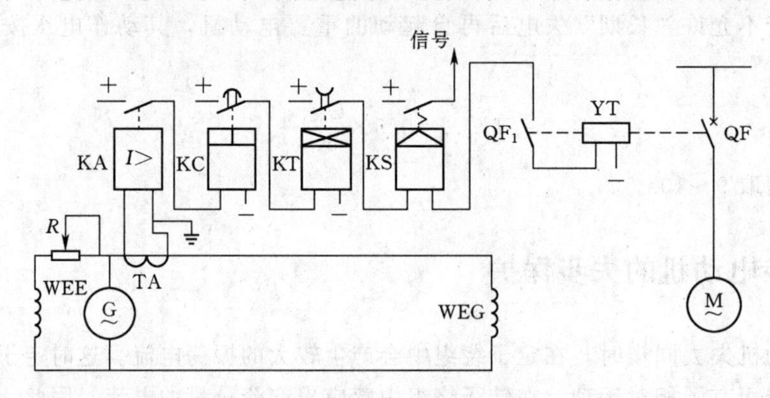

图12－8 同步电动机失步保护原理接线图

电流互感器TA对正常运行时转子绕组中的电流不反应。当电动机失步后进入异步运行时，转子绕组内产生交流电流，使电流继电器KA动作。为了避免时间继电器KT在转子绕组内交流电流下降时返回，同理采用了带延时返回的中间继电器1KC。为了保证保护装置能躲开电动机在起动过程投入励磁时在KA中产生电流冲击的影响，以及躲开电动机外部发生不对称短路时，在转子绕组内产生交流电流的影响，接线图中采用了时间继电器KT。

小结

在电力用户中，除某些机械如大容量的给排水用是的同步电动机外，大量采用异步电动机。对380V、100kW以下的异步电动机，通常采用熔断器或低压断路器作为相间短路、单相接地保护，用热继电器作为过负荷和断相保护。对于380V、100kW及以上的异步电动机，要配置反应相间短路的无时限电流速断或纵联差动保护、反应定子绕组单相接地的零序电流保护、反应定子绕组电压降低的低电压保护等。

对于同步电动机，除配置与异步电动机相同的保护装置外，还应装设失步保护等。

习　题

12－1　电动机可能出现的故障和不正常状态有哪些？

12－2　容易过负荷的和不易过负荷的电动机宜用何种继电器构成电流速断保护？电流速断和过负荷保护应如何整定计算？

12-3　在哪些电动机上应装设纵联差动保护？画出其原理图，说明其整定计算的原则。

12-4　在什么情况下电动机应装设单独的单相接地保护？画出其原理图，说明其整定计算的原则。

12-5　电动机中为什么要装设低电压保护？说明电动机低电压保护实施的原则。

12-6　同步电动机的失步保护的构成原理有哪两种？绘出原理接线图并说明其工作原理。

第13章　电力电容器的继电保护

【教学要求】 了解电力电容器在运行中可能发生的故障、不正常工作状态及继电保护装置的配置；掌握电容器组的过电流保护、过电压保护的工作原理及整定计算方法；能正确阅读各种保护装置原理接线图。

13.1　电力电容器的故障及保护配置

电力系统中广泛应用并联电容器实现对系统无功功率的补偿，用以提高功率因数和进行电压调节。与同步调相机相比，并联电容器投资省、安装快、运行费用低。随着高压大容量晶体管技术的发展和微机电容器自动投切装置的应用，并联电容器的调节特性大大改善，电容器在电力系统得到更加广泛的应用。电容器的安全运行对保证电力系统的安全、经济运行有重要的作用。

为了保证电容器组能够安全可靠地运行，防止发生击穿、爆炸和引起火灾等严重事故，除了要求在电容器的制造、安装和运行维护方面创造良好的条件外，还应当装设性能良好的继电保护装置，防止电容器损坏后事故扩大。

13.1.1　电容器常见故障和不正常工作状态

1. 内部故障

由于制造方面的原因，通常将许多单个电容元件先并联后串联装于同一箱壳中组成电容器。电力电容器组的每一相又是由许多电容器串并联组成的。运行中由于涌流、系统电压升高或操作过电压等原因，电容器中绝缘比较薄弱的电容元件有可能首先击穿，并使与之并联的电容元件被短路，导致与它们串联的电容元件上电压升高，并可能引起连锁反应造成更多电容元件的相继击穿。同时，由于部分电容器的击穿，使电容器的电流增大并持续存在，电容器内部温度将增高，绝缘介质将分解产生大量气体，导致电容器外壳膨胀变形甚至爆炸。有的电容器内部在电容元件上串有熔断器，元件损坏时将被熔断器切除。在电容器的外部一般也装有熔断器，电容器内部元件严重损坏时，外部熔断器将电容器切除。不论内部或外部熔断器，它切除故障部分，保证无故障电容元件和电容器继续运行。但是当其切除部分电容时，必将造成其他电容上电压和电流的重新分配，发展到一定程度，其他电压过高和电流过大的电容也将损坏，由此可能发展成为严重故障，因此除熔断器保护外电容器组必须装设内部故障保护。电容器内部故障是电容器组最常见的故障，因此，它是电容器保护的主要目标。

2. 端部故障

在变电站中，电容器被连接成单星形、双星形或三角形等电容器组接入一次系统。在电容器组的回路中相应的一次设备有断路器、隔离开关、串联电抗器、放电线圈、避雷

器、电流互感器和电压互感器等，这些设备的绝缘子套管以及相互连接的引线由于绝缘的损坏将造成相间短路，产生很大的短路电流，在短路回路中产生很大的力和热的破坏作用。

3. 系统异常

系统异常是指过电压、失压和系统谐波。IEC标准和我国国家标准规定，电容器长期运行的工频过电压不得超过1.1倍额定电压。电压过高将导致电容器内部损耗增大（电容器的损耗与电压平方成正比）并发热损坏。严重过电压还将导致电容器的击穿。系统失压本身不会损坏电容器，但是在系统电压短暂消失或供电短时中断时，可能发生下列现象使电容器发生过电压和过电流而损坏。

（1）电容器组失压后放电未完毕又随即恢复电压（如有源线路的自动重合闸或备用电源自动投入）使电容器组带剩余电荷合闸，产生很大的冲击电流和瞬时过电压，使电容器损坏。

（2）变电站失压后恢复送电时若空载变压器和电容器同时投入，LC电路空载投入的合闸涌流将使电容器受到损害。

（3）变电站失压后恢复送电时可能因母线上无负载而使母线电压过高造成电容器过电压。在电力系统中，电容器还考虑常受到谐波的影响。由于容抗与频率成反比，对谐波电压而言电容器的容抗较小，较小的谐波电压可产生较大的谐波电流，它与基波电流一起形成电容器的过负载，长期的作用可能使电容器温升过高、漏油甚至变形。为了减小电容器组合闸时的涌流，通常在电容器组的一次回路中接入一个串联电抗器，在工频下其感抗比电容的容抗小得多，特殊情况下某次谐波有可能在电容器组和串联电抗器回路中产生谐振现象，产生很大的谐振电流，它使电容器过负载、振动和发出异声，使串联电抗器过热，产生异音，甚至烧损。

13.1.2　电力电容器继电保护的配置

对于电压为380V的低电压电容器和容量小于400kvar的高压电容器，可装设熔断器作为电容器相间短路保护。对于容量较大的高压电容器组，必须配置由继电器构成的专用的继电保护装置。

高压电容器组继电保护的配置如下所述。

1. 电力电容器组的过电流保护

电力电容器组的过电流保护反应电容器组与断路器之间连线上的相间短路，也可作为电容器内部故障的后备保护。它可采用两相两继电器式两相电流差一继电器的接线，也可采用三相继电器式接线方式构成。

2. 电力电容器组的横联差动保护

当电容器组采用双三角形接线方式时，宜装设横联差动保护，作为双三角形接线电容器组内部故障的保护。

3. 电力电容器组的中性点电流平衡保护

采用双星形接线的电容器组宜装设中性点电流平衡保护，该保护作双星形接线电容器组内部故障的保护。

4. 电力电容器组的过电压保护

6～10kV 电力电容器组一般不装设此种保护，但当电力电容器所接的电压有可能超过电容器组的额定电压的 1.1 倍时，应设置这种保护，并视其情况作用于信号或跳闸。

对于用 6～10kV 供电的用户，由于装设电容器的数量较少，变配电所中无直流操作电源时，保护可采用交流操作。对于用 35kV 供电的用户，一方面装设的电容器数量较多，另一方面变配电所内采用的是直流操作电源，因而保护采用直流操作电源。

采用微机电容器保护，其保护的配置和参数的设定都可在装置上方便地设置。保护功能分为外部和内部两种。

13.2　由熔断器构成的电力电容器的保护

13.2.1　电容器用熔断器做保护的接线

6～10kV 电容器组容量小于或等于 400kvar 时，可采用户内高压负荷开关操作，并以 RN_1 型户内高压熔断器作为负荷开关至电容器之间的馈电线上的相间短路保护。

图 13－1（a）是电容器单台保护方式，主要是应用在电容器数量不多的情况下。在每台电容器的外部都装有熔断器，当某台电容器内部元件击穿，装设在该电容器上的熔断器的熔体熔断，切断电源，不影响其他电容器的正常运行。该方式的优点是简单可靠、选择性好；缺点是所需熔断器数量较多。

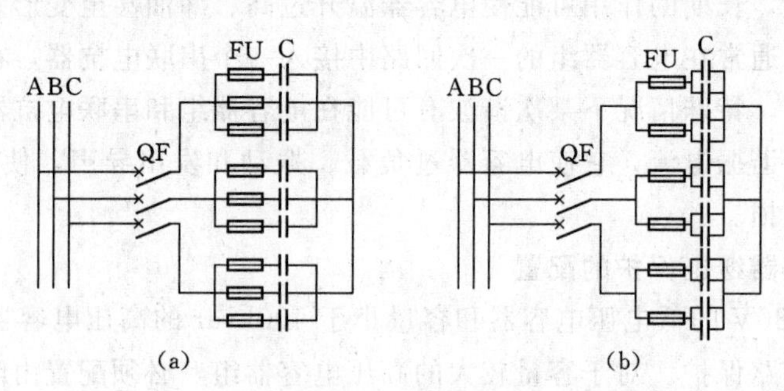

图 13－1　电力电容器采用的熔断器保护的原理接线图
（a）单台保护方式；（b）分组保护方式

图 13－1（b）为电容器分组保护方式，主要是应用在电容器数量较多的情况下。电容器以小组为单元（每单元 3～5 台），在每单元上装设熔断器，熔断器用得较少，当其中一台电容器故障时，其熔断器的熔体熔断，将该组电容器从电源上切断，显然该方式的选择性将降低。

13.2.2　熔断器的选择

目前户内电容器保护所采用的熔断器，一般是 RN_1 型熔断器；户外式电容器保护一般采用 RW 型跌落式熔断器。

熔体额定电流的确定：当采用电容器单台保护方式时，一般按电容器额定电流的 1.5～2.0 倍选用；当采用电容器分组保护方式时，熔丝额定电流按电容器组额定电流的 1.3～1.8 倍选定。

13.3　电力电容器组的过电流保护

13.3.1　电力电容器组过电流保护的工作原理

电力电容器组的过电流保护主要用来做电容器组与断路器之间连线上相间短路的主保护，同时也可作为电容器内部故障的后备保护。其保护可采用两相两继电器不完全星形接线或两相一继电器电流差的接线，也可采用三相继电器完全星形接线构成。

图 13-2 为采用电磁型继电器构成的电力电容器过电流保护的原理接线图，保护采用两相两继电器不完全星形接线。当电容器组和断路器之间连接线上发生相间短路时，故障电流使电流继电器 KA 动作，其动合触点闭合，接通时间继电器 KT 的线圈回路，KT 触点延时闭合，使中间继电器 KC 动作，其动合触点接通断路器跳闸线圈 YT，使断路器 QF 跳闸。

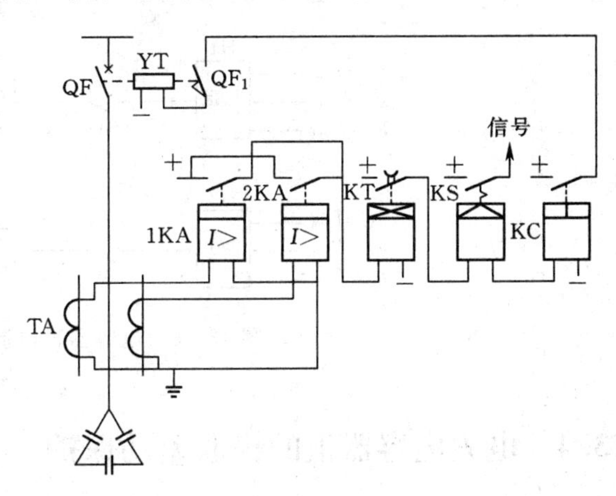

图 13-2　电力电容器组过电流保护原理接线图

接线图中接入时间继电器 KT 的目的，是考虑到电容器组投入电网时会产生冲击电流，冲击电流值较大，在电网中实际可达额定电流的 5～15 倍，但冲击电流衰减极快，如按保护装置灵敏性的要求而需要进一步降低动作电流时，可使保护装置带 0.1～0.3s 的延时。

13.3.2　过电流保护的整定计算

保护动作电流按躲过电容器的额定电流整定，即

$$I_{op}=K_{rel}I_{N\cdot C}$$

电流继电器的动作电流为

$$I_{op\cdot r}=\frac{K_{rel}K_{con}}{K_{TA}}I_{N\cdot C} \tag{13-1}$$

式中　K_{rel}——可靠系数。考虑到要躲开冲击电流的影响，一般时限（0.1s 以下），取 2～2.5，较长时限（0.1～0.3s），取 1.3；

K_{con}——接线系数。对三相三继电器完全星形接线或两相两继电器不完全星形接线方式，$K_{con}=1$；对两相一继电器电流差接线方式，$K_{con}=\sqrt{3}$；

$I_{N\cdot C}$——电容器组的额定电流，A。

保护的灵敏度按下式校验

$$K_{sen}=\frac{I_{k\cdot min}^{(2)}}{I_{op}} \tag{13-2}$$

式中　$I_{k\cdot min}^{(2)}$——最小运行方式下，电容器组出口两相短路时，流过电流保护装置的最小短路电流，如果采用两相一继电器电流差接线方式，电流互感器装在 A、

C 相上，则取 AB 或 BC 两相短路时的电流。

根据规程规定，最小灵敏系数不小于 2。

实际应用过程中，保护装置的过电流保护一般是两段式或三段式。当为两段式时，第Ⅱ段兼做过负载保护用，通常为定时限。当为三段式时，第Ⅱ段采用为定时限特性，第Ⅲ段可以设为定时限，也可定为反时限，其中第Ⅱ、Ⅲ段兼做过负载保护用。两段式，每段一个时限的保护方式。电容器过电流保护逻辑框图如图 13-3 所示。其中 H1 和 t_1 构成Ⅰ段，H2 和 t_2 构成Ⅱ段，分别反应 A、B、C 三相电流。

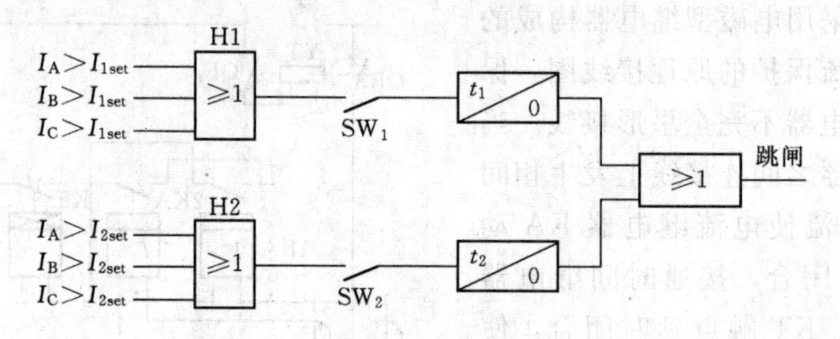

图 13-3　电容器过电流保护原理框图

13.4　电力电容器组的横联差动保护

13.4.1　电力电容器组横联差动保护的工作原理

电容器组横联差动保护的原理接线图如图 13-4 所示，图中每相的两组电容器支路（每一支路称为一个差动臂）中，分别接入一台电流互感器，其二次侧采用电流差接线后接入一个电流继电器，流入每一相电流继电器的电流是该相两差动臂中电流之差，由于该保护是利用比较同相中两差动臂中电流之差原理构成的，故称为横联差动保护。该保护主要作为双三角形接线电容器组内部故障的保护。双三角形接线，就是将 A、B、C 三相中每相的两组电容器并联后，然后将并联后的三相接成三角形。

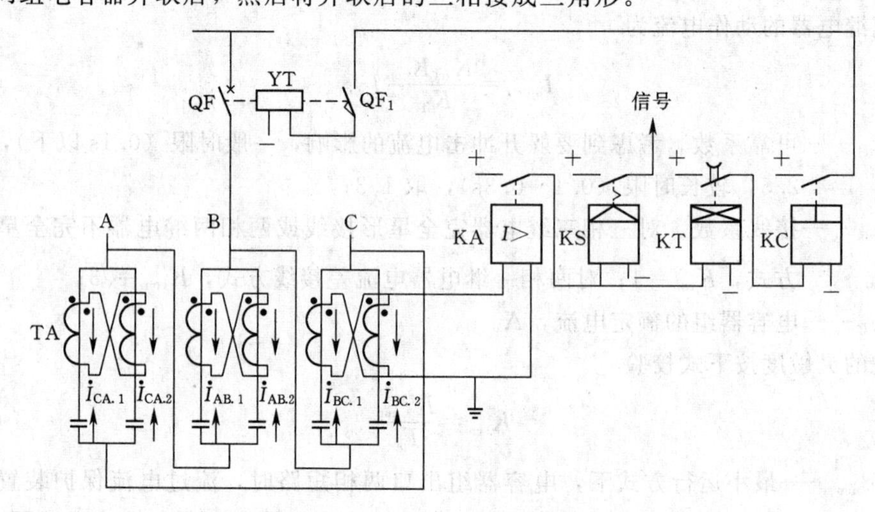

图 13-4　双三角形接线电容器组的横联差动保护单相原理接线图

正常运行时为了避免电流继电器流入较大的不平衡电流，安装电容器组时，各臂电容器组的电容量应尽量调整得相等（可调整不平衡电流不超过0.025A)。

横联差动保护使用的电流互感器，其一次电流应按每臂电容器组的额定电流选择，尽量使同一相两臂上的电流互感器的特性相同。

正常运行情况下，由于三角形接线的电容器组每相两臂的电容量是相等的，所以，两臂电流互感器一次电流相等，即$\dot{I}_{AB.1}=\dot{I}_{AB.2}$，$\dot{I}_{BC.1}=\dot{I}_{BC.2}$，$\dot{I}_{CA.1}=\dot{I}_{CA.2}$，反应到两臂的电流互感器二次电流也相等，故两臂电流之差为零，即流入电流继电器KA的电流为零，电流继电器KA不动作；当某相中任一臂中任一台电容器内部击穿时，故障臂的电流增大，故障臂与其并联的另一臂二次电流之差流过电流继电器KA。当电流达到电流继电器KA动作值时，电流继电器KA动作，经过一定时间后，中间继电器KC动作，接通断路器跳闸线圈YT，将三角形接线的电容器组从电网中切除。在保护装置中采用了延时0.2s时间继电器KT是为了防止电容器投入合闸瞬间的充电电流，引起保护的误动作。每相上装一个信号继电器，分别作为A、B、C相的故障指示，作用是能分相指示故障电容器组。

13.4.2 电力电容器组横联差动保护的整定计算

电流继电器动作电流的整定计算按以下两个原则进行。

(1) 躲过正常运行时电流互感器二次回路中由于各臂电容量配置不一致而引起的最大不平衡电流$I_{unb\cdot max}$，即

$$I_{op.r}\geqslant K_{rel}I_{unb.max} \tag{13-3}$$

式中 K_{rel}——可靠系数，取2～2.5；

$I_{unb\cdot max}$——正常运行时二次回路中最大不平衡电流。

(2) 保证保护装置在单电容器内部50%～70%串联元件击穿时有足够的灵敏度，即

$$I_{op.r}\leqslant\frac{Q\beta_C}{(1-\beta_C)U_{N.C}K_{sen}K_{TA}} \tag{13-4}$$

式中 Q——单台电容器的额定容量；

β_C——单台电容器元件击穿相对系数，取0.5～0.75；

$U_{N.C}$——电容器额定电压，即电网的相电压；

K_{TA}——电流互感器的变比；

K_{sen}——横差保护灵敏系数，大于等于1.5。

电流继电器的动作电流也可按下面的经验公式计算，即

$$I_{op.r}=\frac{0.15I_{N.C}}{K_{TA}} \tag{13-5}$$

式中 $I_{N.C}$——电容器组的额定相电流。

用于双三角形接线的电容器组的横联差动保护灵敏性高，动作准确可靠，不受三相电压不平衡的影响。由于能分相指示故障电容器，故得到广泛应用。其缺点是：结构较复杂，安装麻烦，调配每一相中两臂中电容量的平衡比较复杂。

13.5 电力电容器组的中性点电流平衡保护

13.5.1 电力电容器组中性点电流平衡保护的工作原理

电力电容器组的中性点电流平衡保护，可作为双星形接线电容器组的内部故障的保护，在电力系统微机保护中大量应用。其原理接线图如图13-5所示。它是利用在电容器组的两个星形中性点 N_1、N_2 的连线（中性线）上装一只电流互感器，其二次侧接入一电流继电器KA来反应电容器组内部的故障。

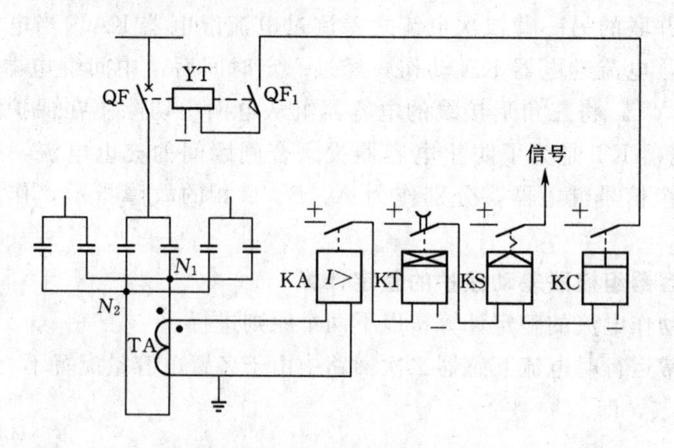

图13-5 电力电容器组中性点电流平衡保护的原理接线图

正常运行时，各星形接线的电容器组三相平衡，即 $\dot{I}_{A.1}+\dot{I}_{B.1}+\dot{I}_{C.1}=0$，$\dot{I}_{A.2}+\dot{I}_{B.2}+\dot{I}_{C.2}=0$，中性线上的电流为零；当任意一台电容器内部的70%～80%串联元件被击穿后，中性线上将有较大的不平衡电流，使电流继电器KA动作，经过延时，使断路器跳闸。

13.5.2 电力电容器组中性点电流平衡保护的整定计算

电力电容器组中性点电流平衡保护的动作电流整定计算原则同电力电容器组的横联差动保护，只需将式（13-5）中 $I_{N.C}$ 换成一个星形电容器的额定相电流；动作时限的整定也相同。

电力电容器组中性点电流平衡保护具有结构原理简单，安装容易；使用电流互感器和继电器较少，较经济；灵敏性高，动作较准确可靠；接线方式不易造成误动作等优点。但是，当三相电压不平衡时，可能因不平衡电流的加大而误动作；同组各相之间电容器平衡度要求较严，调整工作量较大；不能分相指示故障电容器，查找故障电容器较麻烦。

13.6 电力电容器组的过电压保护

当电力电容器所接的电压有可能超过电容器组的额定电压的1.1倍时，才装设过电压保护装置。

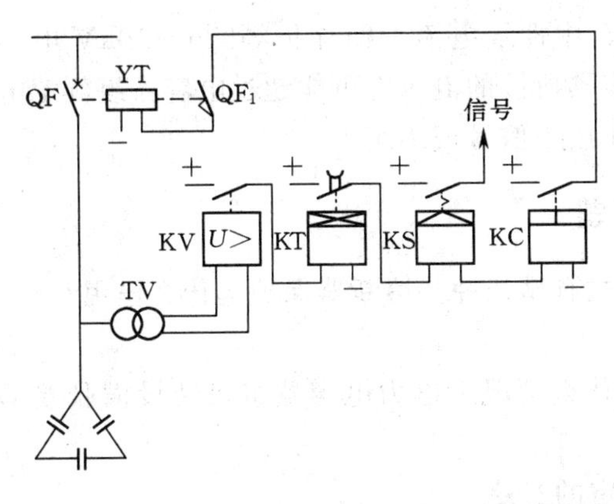

图 13-6　电力电容器组过电压保护原理接线图

13.6.1　电力电容器的过电压保护的工作原理

电力电容器的过电压保护原理接线图如图 13-6 所示。当电容器组有专用的电压互感器时，过电压继电器 KV 接于专用电压互感器的二次侧；如无专用电压互感器时，则将电压继电器接于母线上电压互感器二次侧。

正常运行时，电压互感器二次输出额定电压，过电压继电器 KV 不动作，当电容器上电压升高，超过动作电压整定值时，过电压继电器 KV 动作，经过时间继电器 KT 延时，作用于断路器跳闸。

13.6.2　电力电容器的过电压保护的整定计算

过电压继电器的动作电压按下式整定，即

$$U_{op.r}=K_C\frac{U_{N.C}}{K_{TV}} \tag{13-6}$$

式中　$U_{N.C}$——电容器的额定电压；

K_{TV}——电压互感器的变比；

K_C——电容器承受过电压能力系数，一般取 1.1。

13.6.3　电力电容器的过电压保护的逻辑图

电力电容器的过电压保护的逻辑图如图 13-7 所示。

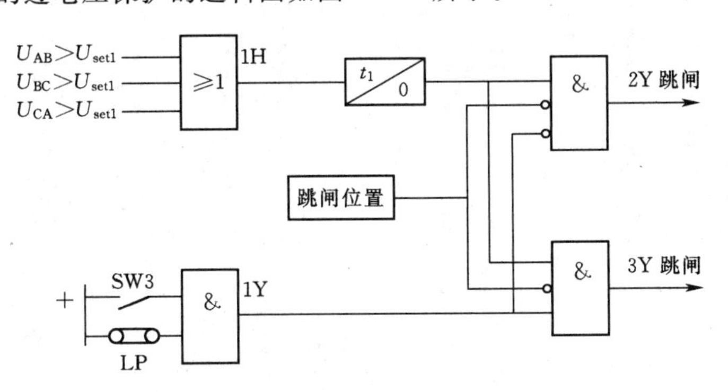

图 13-7　电容器过电压保护逻辑框图

小结

电力电容器常见的故障有渗油、漏油、外壳膨胀等，严重时内部串联元件逐步形成极间短路和引起爆炸。为防止发生击穿、爆炸和引起火灾等严重事故，除了要求在电容器的制造、安装和运行维护等方面创造良好的条件外，还应配置性能良好的保护装置。对于电压为 380V 的低电压电容器和容量小于 400kvar 的高压电容器，可装设熔断器作为电容器相间短路保护。对于容量较大的高压电容器组，必须配置由继电器构成的专用继电保护装置。常用的保护有过电流保护、横联差动保护、中性线电流平衡保护等。6～10kV 电力电容器组一般不装设过电压保护，但当电力电容器所接的电压有可能超过电容器组额定电压的 1.1 倍时，应设置这种保护，并视其情况作用于信号或跳闸。

习　题

13-1　电力电容器的熔断器保护的主要形式有哪几种？熔断器保护起什么作用？

13-2　电力电容器过电流保护起什么作用？

13-3　说明横联差动保护的工作原理。在什么情况下电力电容器组可装设横联差动保护？

13-4　横联差动保护的动作电流是怎样决定的？

13-5　电力电容器组为什么要装设过电压保护？过电压继电器从哪里取得电压？

第 14 章 变配电所的自动装置

【教学要求】 了解备用电源自投入装置的作用和要求，掌握备用电源自投入装置的一次接线方式及参数的整定，了解微机型备用电源自投入装置；了解自动重合闸装置的作用和要求，掌握单侧电源线路的三相一次自动重合闸及双侧电源线路的三相自动重合闸，了解自动重合闸与继电保护的配合，了解微机型综合自动重合闸装置；了解按频率自动减负荷装置的作用和实现的基本原则，掌握按频率自动减负荷装置原理接线及工作原理，了解微机自动按频率减负荷装置。

14.1 备用电源自动投入装置

14.1.1 备用电源自动投入装置

14.1.1.1 备用电源自动投入装置及其作用

电力系统对变配电所所用电的供电可靠性要求很高，因为变配电所所用电一旦供电中断，可能造成整个变配电所无法正常运行，后果十分严重。因此变配电所的所用电均设置有两个或两个以上的独立电源供电，一个工作，另一个备用，或互为备用。

备用电源自动投入装置就是当工作电源因故障断开后，能自动而迅速地将备用电源投入供电，或将用户自动切换到备用电源上去，使用户不至于停电的一种自动装置，简称 AAT 装置。

当工作电源消失时，备用电源的投入，可以用手动操作，也可用 AAT 装置自动操作。手动操作动作较慢，中断供电时间较长，对正常生产有很大影响，手动投入备用电源不能满足要求。采用 AAT 装置自动投入，中断供电时间只是自动装置的动作时间，时间很短，对生产无明显影响，因此 AAT 装置可大大提高供电的可靠性。

由于 AAT 装置结构简单，造价便宜，能较好地提高供电的可靠性，因此在变配电所中得到了广泛应用。

14.1.1.2 所用电的备用方式

1. “明备用”方式

由图 14－1（a）所示，正常情况下，母线Ⅰ段和母线Ⅱ段分别由变压器 1T 和 2T 供电，变压器 3T 处于备用状态。若变压器 1T（或 2T）发生故障时，继电保护装置首先动作，将其两侧断路器 1QF 和 2QF（或 6QF 和 7QF）断开，然后 AAT 装置动作，将断路器 3QF 和 4QF（或 3QF 和 5QF）迅速合上，备用变压器 3T 投入工作，使母线Ⅰ段（或母线Ⅱ段）继续带电工作。这种接线方式因为装设了专用的备用变压器，故称为“明备用”接线方式。

同理，图 14－1（b）中 1T 为工作变压器，2T 为备用变压器，是一种明备用的接线

方式。也可以把2T作为工作变压器，而1T作为备用变压器，另外图14-1（c）、（d）均为明备用接线方式。

2.“暗备用”方式

由图14-1（e）所示，正常运行时，两台变压器1T和2T同时运行，母线分段断路器3QF处于断开状态，母线Ⅰ段和母线Ⅱ段分段运行。当变压器1T发生故障时，1T的继电保护动作，使1QF和2QF跳闸，再由AAT装置动作，将3QF投入运行，Ⅰ段母线负荷即转由变压器2T供电。同理，当变压器2T发生故障时，2T的继电保护动作，使4QF和5QF跳闸，再由AAT装置动作，将3QF投入运行，Ⅱ段母线负荷转由变压器1T供电。这种互为备用的接线方式称为“暗备用”接线方式。即没有明显断开的备用电源，而是在正常情况下工作的分段母线间，靠分段断路器相互取得备用。因此，每台变压器的容量都应该按照两个分段母线上通过的总负荷来考虑，否则在AAT装置动作后，会造成过负荷运行。图14-1（f）也为暗备用接线方式。

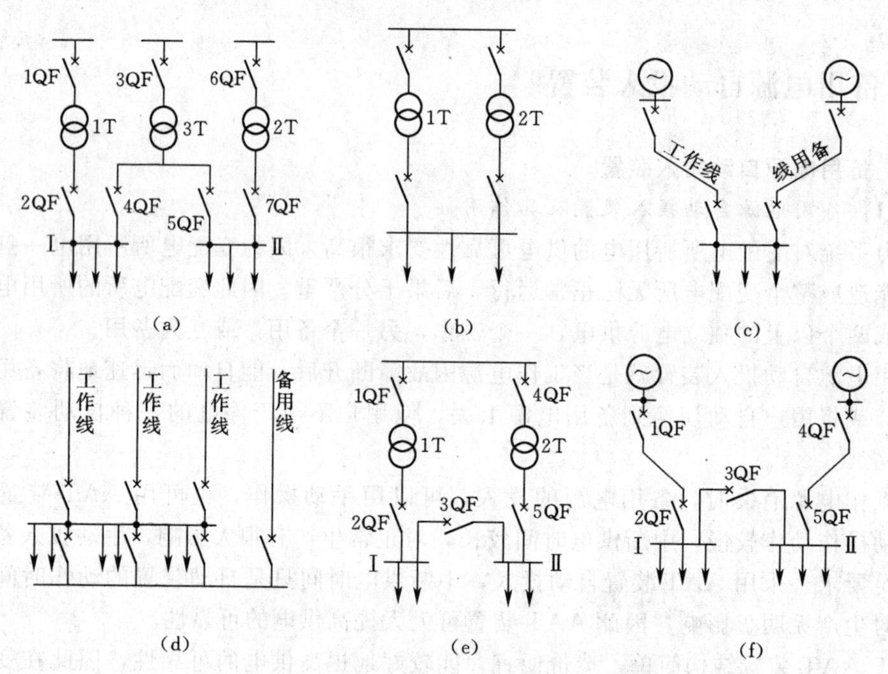

图14-1　应用AAT装置一次接线图

（a）～（d）明备用；（e）、（f）暗备用

14.1.2　对AAT装置的基本要求

功能比较完善的AAT装置，应满足以下基本要求。

1. AAT装置应保证工作电源先切，备用电源后投

为了防止备用电源投入到故障变压器上，致使故障扩大化，故应在确认工作电源断开以后，才能使备用电源投入。为实现这一要求，使备用电源断路器的合闸部分由供电元件受电侧断路器的动断辅助触点来起动。

2. 工作母线不正常失压，AAT装置均应动作

以图14-1（a）为例，工作母线失去电压的原因可分为以下几种。

（1）工作变压器1T或2T发生故障，继电保护动作，使两侧断路器跳闸。

（2）Ⅰ段或Ⅱ段母线发生故障，继电保护使电源断路器跳闸。

（3）母线Ⅰ段或Ⅱ段的出线上故障，而故障没有被出线断路器断开。

（4）工作电源断路器操作回路故障误跳闸。

（5）系统故障，高压工作母线电压消失。

（6）误操作造成工作变压器1T和2T退出。

以上这些原因都是不正常跳闸的失压，AAT装置均应动作，以使备用电源投入工作，保证用户不中断供电。为实现这一要求，AAT装置在工作母线上应设置独立的低电压起动部分，以保证在工作母线失压时，AAT装置可靠起动。

3. AAT装置应保证只动作一次

当工作母线或其引出线上本身发生持续性故障时，继电保护装置动作，切除工作电源，投入备用电源。由于故障仍然存在，备用电源的继电保护动作，又将备用电源断开。此后，不允许再次投入备用电源，以免多次投向故障元件，对系统造成再次冲击而发生事故扩大化。故要求控制备用电源断路器的合闸脉冲，使之只能合闸一次。

4. AAT装置的动作时间应使负荷的停电时间尽可能地短

从工作母线失去电压到备用电源投入为止，其工作母线上有一段停电时间，这段时间为中断供电时间。停电时间越短，电动机越容易自起动，对于一般用户影响也小一些，甚至没有影响。

但中断供电时间过短，电动机的残压可能很高，当AAT装置动作使备用电源投入时，如果备用电源电压和电动机残压之间的相角差又较大，将会产生很大的冲击电流而造成电动机的损坏。为了减少冲击电流的影响，可采取在母线残压降到较低的数值时，再投入备用电源。而高压大容量电动机因其残压衰减慢，幅值又大，因此其工作母线中断电压的时间应在1s以上。运行经验证明，AAT装置的动作时间以1～1.5s为宜，低电压场合可减小到0.5s。

5. 当电压互感器二次侧熔断器熔断时，AAT装置不应动作

因为当电压互感器二次侧熔断器熔断时，可能造成低压继电器动作，但工作母线并没有故障，可照常供电，所以不应使AAT装置动作。为防止其误动，将低电压起动部分采用低电压继电器，其线圈为V形连接，其触点串联，可保证电压互感器熔断器熔断时，AAT装置不误动作。

6. 备用电源无电压时，AAT装置不应动作

正常工作情况下，备用电源无电压时，AAT装置动作后，也不能为负荷供电，为避免损坏AAT装置，故在备用电源无电压时，AAT装置应退出工作。当系统发生故障使得工作母线、备用母线同时失去电压时，AAT装置也应不动作。为此，备用电源必须具备有压鉴定功能。

7. 正常停电操作时，AAT装置不应动作

在负荷不需要用电或相关设备需要检修，进行正常停电操作时，不需要备用电源投入，故AAT装置不应动作。

14.1.3　"暗备用"的 AAT 装置典型接线

图 14－2 所示为变配电所备用变压器的"暗备用"的 AAT 装置的原理接线图。

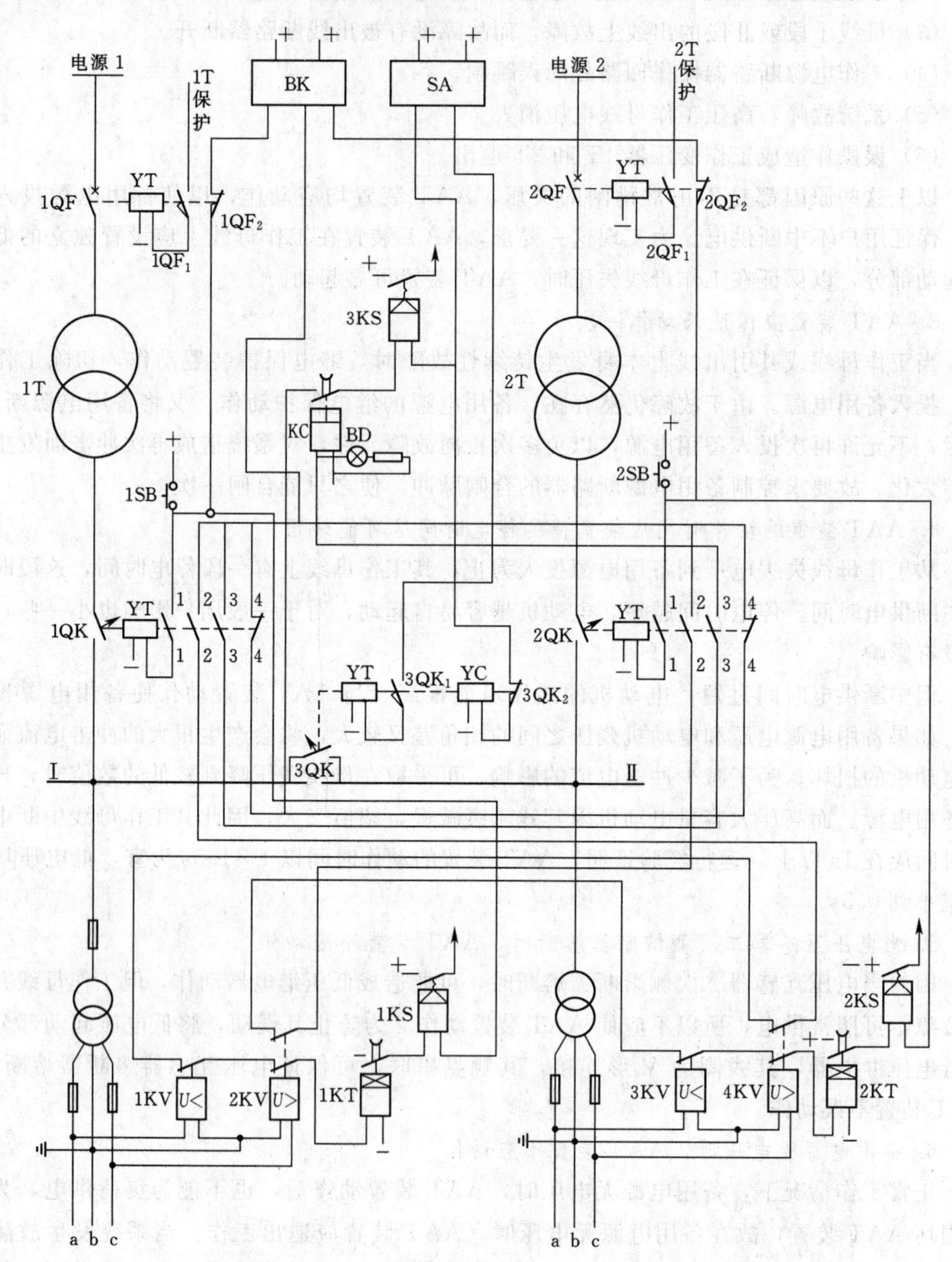

图 14－2　"暗备用"的 AAT 装置原理接线

14.1.3.1　AAT 装置的构成

备用电源自动投入装置方式多样，每套 AAT 装置按其工作性质划分，可分为低电压起动和自动合闸两个部分组成。

1. 低电压起动部分

低电压起动部分的作用是监视工作母线因各种原因失压和备用电源正常，并使 AAT 装置起动。

低压起动部分由低压继电器 1KV（或 3KV）、过电压继电器 2KV（或 4KV）、时间继电器 1KT（或 2KT）、信号继电器 1KS（或 2KS）组成。

低电压继电器 1KV（或 3KV），用于监视工作母线是否失压。

过电压继电器 2KV（或 4KV），用于监视备用电源电压是否正常，2KV（或 4KV）各有一对动断触点串到另一套 AAT 装置的失压监视回路，兼作电压互感器熔断器熔断时闭锁 AAT 装置之用。

时间继电器 1KT（或 2KT），用于整定 AAT 装置的动作延时。

信号继电器 1KS（或 2KS），用于发 AAT 装置动作信号。

2. 自动合闸部分

自动合闸部分的作用是在工作电源切断后，将备用电源的断路器投入。合闸部分包括中间继电器 KC、自动空气开关的辅助触点 1QK 和 2QK、信号继电器 3KS、切换开关 BK。

中间继电器 KC 具有 0.5～0.8s 延时断开、瞬时闭合的动合触点，用于保证 AAT 装置只动作一次。

自动空气开关的辅助触点 1QK 和 2QK，用于保证工作电源先切，备用电源后投。

信号继电器 3KS 用于发合闸信号。

切换开关 BK 用于手动撤出 AAT 装置。

14.1.3.2 AAT 装置的工作原理

1. 工作母线电压正常，AAT 装置处于准备状态

切换开关 BK 投入，1QF、2QF、1QK、2QK 均在合闸后位置，3QK 在断开位置，Ⅰ、Ⅱ段母线电压正常，1KV～4KV 动断触点断开，2KV 与 4KV 动合触点闭合，AAT 装置未启动，1KT、2KT 线圈不励磁，其延时动合触点断开；中间继电器 KC 线圈励磁，其动合触点闭合，但因正电源被 1QK 和 2QK 切断，故不发合闸脉冲；监视 1QK、2QK 投入位置的指示灯 BD 亮，表示 AAT 装置处于准备状态。

2. 当工作母线失压时，AAT 装置的动作过程（以Ⅰ段母线为例具体说明）

当Ⅰ段工作母线由于某种原因失压时，1KV 和 2KV 的动断触点闭合，如此时备用电压正常，则 4KV 动合触点闭合，满足 AAT 的启动条件，时间继电器 1KT 动作，经整定延时，使 1QK 跳闸，信号继电器 1KS 发 AAT 装置动作信号。

在 1QK 跳闸后，$1QK_{3-3}$ 辅助触点断开，KC 失磁，其触点经 0.5～0.8s 延时断开，这时出现 $1QK_{4-4}$ 和 KC 触点同时处于闭合状态的短暂时间，发出一个短合闸脉冲，经信号继电器 3KS 线圈作用于 3QK 的合闸接触器 YC，使 3QK 合闸，Ⅰ段母线即转由 2T 供电，由信号继电器 3KS 发 3QK 的投入信号。

当Ⅱ段母线由于某种原因失压时，其 AAT 装置的动作过程与上述相同，不同的只是动作的相应元件不同而已。

3. AAT 装置投入不成功

若工作母线失压是由于母线本身发生持续性故障，则 AAT 装置使 3QK 合闸后，故障电流将使变压器 2T 的继电保护启动，按选择性要求将 3QK 跳闸。由于在发一个合闸脉冲后 KC 接点已返回，故 AAT 只动作一次，不影响Ⅱ段母线正常供电。

14.1.4 AAT 装置的参数整定

以图 14－2 所示“暗备用”AAT 装置为例，介绍元件的动作参数整定方法。

14.1.4.1 低电压继电器 1KV、3KV 动作电压的整定

1. 整定原则

监视工作母线失压的继电器 1KV、3KV 动作电压，其整定原则是既要保证工作母线失压时能可靠启动，又要防止不必要的频繁动作，不使动作过于灵敏。

2. 整定条件

图 14－3 所示为 AAT 参数整定用短路点选择示意图。低电压继电器动作电压按以下条件整定：

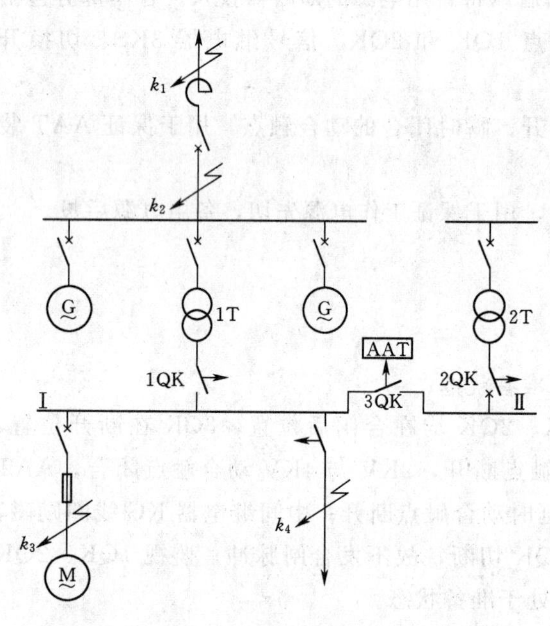

图 14－3 短路点选择示意图

(1) 躲过馈电线集中阻抗后发生短路时的母线电压。在集中阻抗（电抗器或变压器）后发生短路，如图 14－3 中 k_1 点短路，应由线路保护切断故障线路，AAT 不应启动。故 1KV、3KV 的动作值应小于 k_1 点短路时工作母线的残压。即

$$U_{op\cdot r}<\frac{U_{rsd}}{K_{TV}}$$

或
$$U_{op\cdot r}=\frac{U_{rsd}}{K_{rel}K_{TV}} \tag{14-1}$$

式中 $U_{op\cdot r}$——低电压继电器动作电压；

U_{rsd}——工作母线的残余电压；

K_{rel}——可靠系数，取 1.1～1.3；

K_{TV}——电压互感器变比。

(2) 躲过电动机自启动时母线低电压。在母线引出线上或引出线的集中阻抗前发生短路，如图 14－3 中的 k_2、k_3 点短路，母线电压很低，接于母线上的电动机被制动。在故障被切除后，母线电压恢复，电动机自启动。这时母线电压仍然很低，为避免 AAT 装置误动，故 1KV、3KV 的动作电压应小于电动机自启动时母线最小电压值，即

$$U_{op\cdot r}<\frac{U_{ss\cdot min}}{K_{TV}}$$

或
$$U_{op\cdot r}=\frac{U_{ss\cdot min}}{K_{rel}K_{re}K_{TV}} \tag{14-2}$$

式中 $U_{op\cdot r}$——电动机自启动时母线最小电压；

K_{re}——返回系数，取大于 1。

由于AAT装置的低压继电器用于反映电压消失，不是反映电压降低，故其动作值可尽量选得小一些，一般取20%～25%额定电压即可。

14.1.4.2 过电压继电器2KV、4KV动作电压整定

过电压继电器2KV、4KV按所用电母线允许最低运行电压整定，即

$$U_{op.r}=\frac{U_{w.min}}{K_{rel}K_{re}K_{TV}} \tag{14-3}$$

式中 $U_{op.r}$——2KV、4KV动作电压；

$U_{w.min}$——所用电母线最小允许工作电压，一般取0.7倍的额定电压；

K_{rel}——可靠系数，取1.1～1.2；

K_{re}——返回系数，取0.85～0.9；

K_{TV}——电压互感器变比。

14.1.4.3 时间继电器1KT、2KT动作时限整定

图14-3中k_2、k_3、k_4点发生短路，工作母线电压都很低，为避免AAT误动作，时间继电器的动作时限应比上述各短路点的出线保护动作时限最大者大一个时阶Δt，即

$$t_1=t_{1.max}+\Delta t \tag{14-4}$$

式中 t_1——Ⅰ段母线AAT的时间继电器整定时限；

$t_{1.max}$——Ⅰ段母线上各元件继电保护动作时限的最大者。

14.1.4.4 中间继电器KC延时返回时间整定

中间继电器KC的返回延时应大于自动开关3QK合闸所需时间，又应小于2倍合闸时间，以免两次合闸，即

$$t_{sc}<t_{KC}<2t_{sc}$$

或

$$t_{KC}=t_{sc}+\Delta t \tag{14-5}$$

式中 t_{sc}——3QK自动空气开关全部合闸时间；

t_{KC}——中间继电器KC触点延时返回时间，通过短路环调整延时；

Δt——时间裕度，取0.2～0.3s。

14.1.5 微机型备用电源自动投入装置

14.1.5.1 微机型备用电源自动投入装置的特点

目前真空断路器和SF_6断路器被广泛采用，这些快速断路器的固有分、合闸时间在60ms和80ms以内，尤其是对于大中型变配电所，厂用备用电源应快速自动投入，而采用微机型备用电源自动投入装置可满足要求。

当保护动作、工作电源断开时，微机型备用电源自动投入装置可使厂用电源中断时间短、母线电压下降小，对备用电源及电动机的冲击小，电动机自启动时间很短，对保证变配电所的安全、可靠运行能起到良好的作用。

14.1.5.2 备用电源自动投入装置的典型硬件结构

1. 备用电源自动投入装置的硬件结构

备用电源自动投入装置的硬件结构如图14-4所示。装置的输入模拟量包括母线Ⅰ、Ⅱ的三相电压幅值、频率和相位，母线Ⅰ、Ⅱ的进线电流。模拟量通过隔离变换后经滤波整形，进入模数（A/D）转换器，再送入CPU模块。

以图14-1（e）暗备用方式为例，输入的开关量包括3QF、4QF、5QF的分、合闸位置，而输出开关量分别用于跳3QF、4QF、5QF，自动投入5QF等，开关量输入和输出部分采用光电隔离技术，以免外部干扰引起装置工作异常。

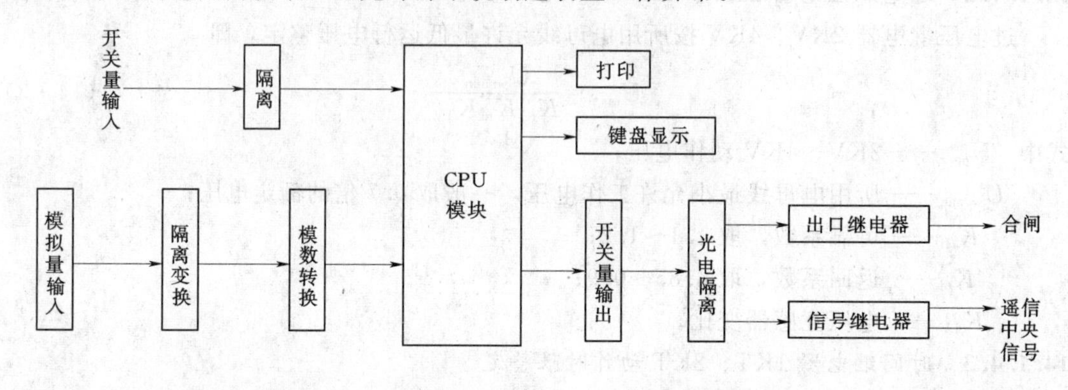

图14-4　微机型备用电源自动投入装置硬件结构图

2. 微机型备用电源自动投入装置软件原理

微机型备用电源自动投入装置软件逻辑框图如图14-5所示。下面以图14-1（e）暗备用方式进行分析。正常时母线Ⅰ、Ⅱ分列运行，5QF断开。

（1）装置的启动方式。

方式一：由图14-5（a）分析可知，当3QF在跳闸状态，并满足母线Ⅰ无进线电流，母线Ⅱ有电压的条件，4Y动作，2H动作，在满足3Y另一输入条件时合5QF，此时3QF处于跳闸位置，而其控制开关仍处于合闸位置，即当两者不对应就启动备用电源自动投入装置，这种方式为装置的主要启动方式。

方式二：当电力系统侧各种故障导致工作母线Ⅰ失去电压（如系统侧故障，保护动作使1QF跳闸），此时分析图14-5（b）可知，在满足母线Ⅰ进线无电流，备用母线Ⅱ有电压的条件，6Y动作，经过延时，跳开3QF，再由方式一启动备用电源自动投入装置，使5QF合闸。这种方式可看作是对方式一的辅助。

以上两种方式保证无论任何原因导致工作母线Ⅰ失去电压均能启动备用电源自动投入装置，并且保证3QF跳闸后5QF才合闸的顺序，并且从图14-5的逻辑框图中可知，工作母线Ⅰ与备用母线Ⅱ同时失去电压时，装置不会动作；备用母线Ⅱ无电压，装置同样不会动作。

（2）装置的闭锁。微机型备用电源自动投入装置的逻辑回路中设计了类似于电容的“充、放电”过程，在图14-5（a）中以时间元件t_1表示“充放电”过程，只有在充电完成后，装置才进入工作状态，3Y才有可能动作。其“充放电”过程分析如下。

“充电”过程：从图14-5（a）中看到，当满足3QF、4QF在合闸状态，5QF在跳闸状态，工作母线Ⅰ有电压，备用母线Ⅱ也有电压，并且无装置的“放电”信号，则1Y动作，使t_1“充电”，经过10～15s的充电过程，为3Y的动作做好了准备，一旦3Y的另一输入信号满足条件，装置即动作，合上5QF。

“放电”过程：当满足5QF在合闸状态或者工作母线Ⅰ及备用母线Ⅱ无电压，则t_1瞬时“放电”，3Y不能动作，即闭锁装置。

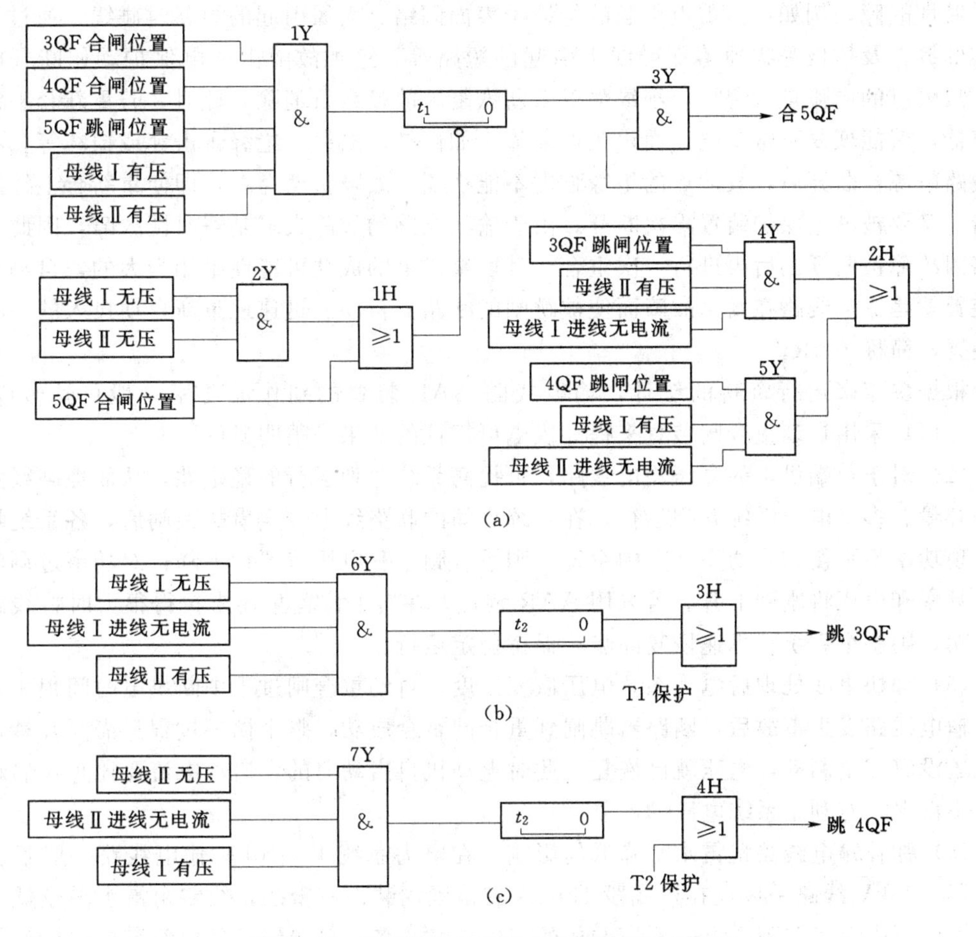

图14-5 备用电源自动投入装置软件逻辑框图

(3) 合闸于故障母线上。当备用电源自动投入装置动作，5QF合闸后 t_1 瞬时“放电”，若合闸于故障母线上，则5QF的继电保护加速动作使5QF立即跳闸，此时母线Ⅰ无电压，t_1 不能“充电”，装置不能动作，保证了装置只动作一次。

微机型备用电源自动投入装置能完全满足对备用电源自动投入装置的基本要求。

14.2 自动重合闸装置

14.2.1 自动重合闸装置作用

14.2.1.1 自动重合闸装置作用

在电力系统中，由于输电线路最容易发生故障，因此，想办法提高输电线路供电的可靠性是非常重要的，而自动重合闸装置正是提高输电线路供电可靠性的一种自动装置。

输电线路上采用自动重合闸装置的作用如下所述。

(1) 提高输电线路供电可靠性，减少因瞬时性故障停电所造成的损失。输电线路的故障可分为瞬时性故障和永久性故障两种。电力系统运行经验表明，80%～90%以上的故障是瞬时性故障，例如：由雷电引起的绝缘子表面闪络、大风引起的短路时碰线、通过鸟类身体的放电及树枝等物掉落在导线上引起的短路等。这类故障由继电保护动作断开电源后，故障点的电弧自行熄灭，绝缘强度重新恢复，故障自行消除，此时，若重新合上线路断路器，就能恢复正常供电。而永久性故障，如倒杆、断线、绝缘子击穿或损坏等，在故障线路电源被断开后，故障点的绝缘强度不能恢复，故障仍然存在，即使重新合上线路断路器，又要被继电保护装置再次断开。由于输电线路的故障大多是瞬时性故障，因此，若线路因故障被断开之后再进行一次重合，其恢复供电的成功可能性是相当大的，自动重合闸装置就是输电线路在发生故障而使被跳闸的断路器自动、迅速地重新自动投入的一种自动装置，简称 AAR。

根据多年来运行资料的统计，输电线路 AAR 装置的动作成功率一般可达 60%～90%。可见采用自动重合闸装置来提高供电可靠性的效果是很明显的。

（2）对于双端供电的高压输电线路，可提高系统并列运行的稳定性，从而提高线路的输送容量。多个电力系统并列运行，在系统之间的联络线上发生事故跳闸后，各系统均可能出现功率不平衡，对功率不足的系统，则系统频率和电压将严重下降；对功率过剩的系统，频率和电压将剧烈上升。若采用 AAR 装置，在转子位置角还未拉得很大时将线路重合成功，则整个系统将迅速恢复同步，保持稳定运行。

（3）加快事故处理后电力系统电压恢复速度。自动重合闸过程中断供电时间很短，因为从输电线路发生事故后，断路器跳闸到重合闸重合成功，整个循环过程只需要几秒，电动机还没有完全制动，电压就已恢复，此时电动机自启动时的自启动电流要比直接启动时电流小得多，有利于系统电压的恢复。

（4）弥补输电线路耐雷水平降低的影响。在电力系统中，10kV 输电线路一般不装设避雷器，35kV 线路一般仅在进线段 1km 左右范围内装设避雷线，线路耐雷水平较低。为了减少架空输电线路因雷电过电压造成的停电次数，各电压等级的输电线路应尽可能采用 AAR 装置。

（5）对断路器的误跳闸能起纠正作用。由于断路器操作机构不良、继电保护误动等原因引起断路器跳闸，AAR 装置使断路器迅速重新投入，对这种误动作引起的跳闸能起纠正作用。

由于 AAR 装置带来的效益可观，而且装置本身结构简单、工作可靠，因此，在电力系统中得到了广泛的应用。规程规定：1kV 及以上的架空线路和电缆与架空混合线路，在具有断路器的条件下，应装设 AAR 装置；旁路断路器和兼作旁路的母线断路器或分段断路器，宜装设 AAR 装置；低压侧不带电源的降压变压器，应装设 AAR 装置；必要时，母线可采用母线 AAR 装置。

采用 AAR 装置后，对系统也带来了不利影响。当重合于永久性故障时，系统再次受到短路电流的冲击，相当于发生两次连续性故障，可能会引起系统振荡。同时，断路器在短时间内连续两次切断短路电流使断路器触头烧损和绝缘油老化加重，增加了断路器的检修机会。因此，自动重合闸装置的使用有时要受到系统和设备条件的制约。

14.2.1.2　自动重合闸装置的类型

自动重合闸装置可以按照不同特征分为如下几类。

（1）按组成元件的动作原理分类，可分为机械式、电气式两种。

（2）按动作次数可分为一次 AAR、二次 AAR、多次 AAR 三类。

（3）按运用的线路结构可分为单侧电源线路 AAR、双侧电源线路 AAR 两种。

（4）按作用于断路器的方式，可以分为三相 AAR、单相 AAR 和综合 AAR 三种。

14.2.2 对自动重合闸装置的基本要求

（1）自动重合闸装置动作应迅速。为了尽量减少对用户停电造成的损失，要求 AAR 装置动作时间越短越好。但 AAR 装置动作时间必须考虑保护装置的复归、故障点去游离后绝缘强度的恢复、断路器操动机构的复归及其准备好再次合闸的时间。

（2）手动跳闸时 AAR 装置不应重合。当运行人员手动操作控制开关或通过遥控使断路器跳闸时，是属于正常运行操作，自动重合闸装置不应动作。

（3）手动合闸于故障线路时，AAR 应闭锁。手动合闸于故障线路时，继电保护动作使断路器跳闸后，AAR 装置不应重合。因为在手动合闸前，线路上还没有电压，如果合闸到已存在有故障的线路，则线路故障多属于检修质量不合格或忘拆接地线等原因造成的永久性故障，即使重合也不会成功。

（4）在断路器事故跳闸时，AAR 装置应启动。在断路器事故跳闸时，AAR 应启动，启动方式有两种：①“不对位”启动方式，即控制开关在“合后”位置，而断路器在“跳闸”位置，两个位置不相符，表明断路器因保护动作或误动而跳闸；②保护起动方式，即利用线路保护动作于断路器跳闸的同时，使 AAR 启动。但这种起动方式对误碰跳闸不能起纠正作用。

（5）应预先规定自动重合闸装置的动作次数。自动重合闸的动作次数应按预先规定的进行，在任何情况下均不应使断路器重合的次数超过规定值。因为当 AAR 多次重合于永久性故障后，系统遭受多次冲击，断路器可能损坏，并会发生扩大事故。

（6）AAR 装置动作后，应自动复归。AAR 装置动作后自动复归，为下一次动作做好准备。这对于雷击机会较多的线路是非常必要的。

（7）AAR 装置应与继电保护配合动作。AAR 装置应能在重合闸动作后或重合闸动作前，加速继电保护的动作。即采用 AAR 前加速或后加速。AAR 装置与继电保护相互配合，可加速切除故障，并加快跳闸—重合闸循环过程，减轻第二次事故跳闸的后果。

（8）AAR 装置应方便调试和监视。AAR 装置在线路运行时应方便退出或进行完好性试验；另外，动作时应有信号。

14.2.3 单侧电源线路的三相一次自动重合闸

14.2.3.1 三相一次自动重合闸装置

单侧电源 35kV 及以下线路广泛采用三相一次重合闸方式，并装于线路电源侧。所谓三相一次重合闸方式是指不论输电线路上发生相间短路还是单相接地短路，继电保护装置动作将线路三相断路器同时断开，然后由 AAR 动作，将三相断路器重新合上的重合闸方式。这种重合闸方式的主要特点是：当线路发生瞬时性故障时，重合成功；当线路发生永久性故障时，则继电保护再次将三相断路器同时断开，不再重合。

单侧电源三相一次自动重合闸装置由重合闸启动回路、重合闸时间元件、一次合闸脉冲元件及执行元件四部分组成。重合闸启动回路是用以启动重合闸时间元件的回路，一般

按控制开关与断路器位置“不对位”方式启动；重合闸时间元件是用来保证断路器断开之后，故障点有足够的去游离时间和断路器操动机构复归所需的时间，以使重合闸成功；一次合闸元件用以保证重合闸装置只重合一次，通常利用电容放电来获得重合闸脉冲；执行元件用来将重合闸动作信号送至合闸回路和信号回路，使断路器重合及发出重合闸动作信号。

14.2.3.2　单侧电源 AAR 的原理接线

1. AAR 原理接线

图 14－6 示出了单侧电源三相一次自动重合闸原理接线图。是按“不对位”原理启动并具有后加速保护动作性能的单侧电源三相一次自动重合闸装置。主要由 DH－2A 型重

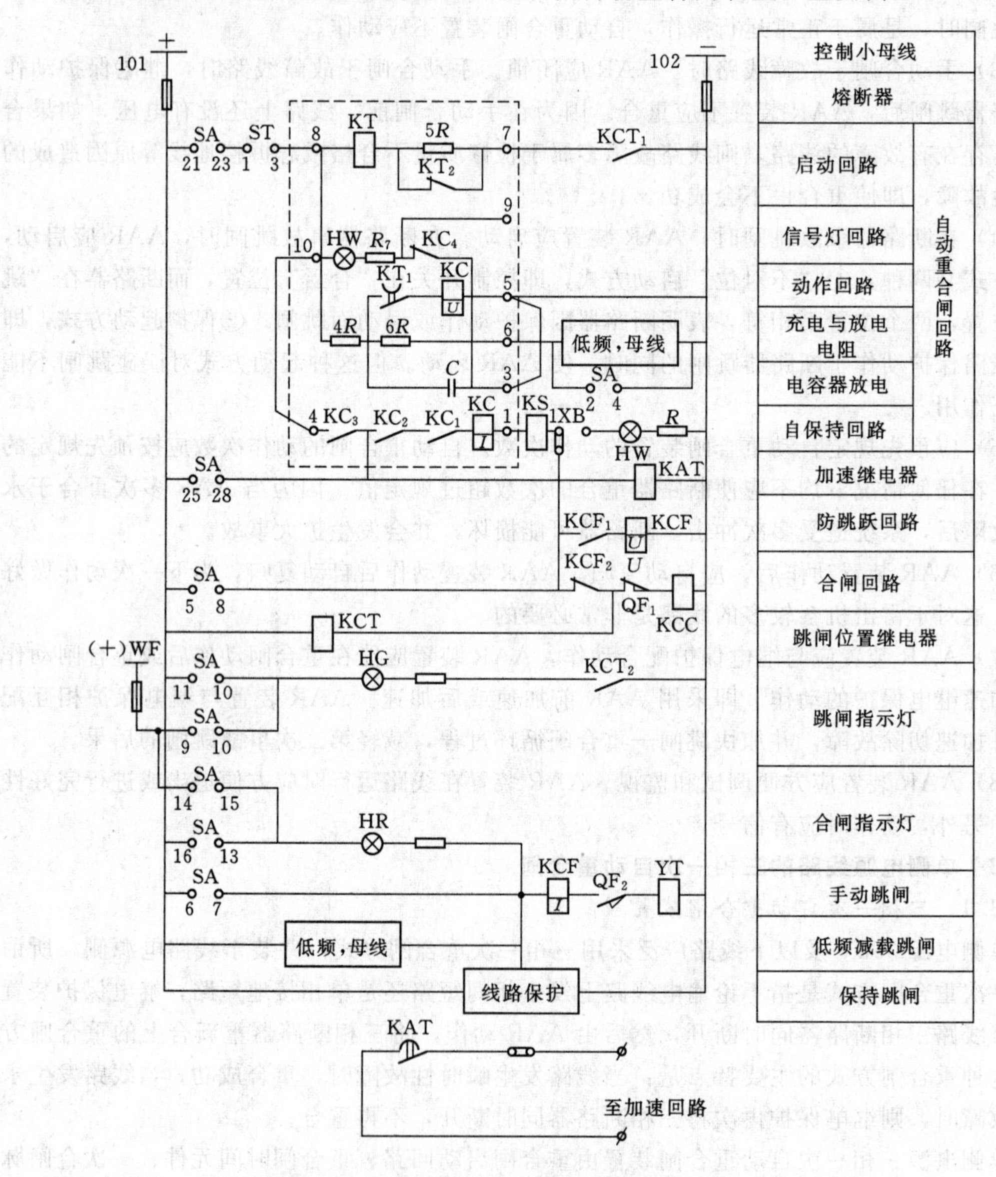

图 14－6　单侧电源三相一次自动重合闸展开接线图

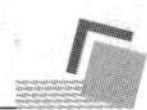

合闸继电器（由时间继电器 KT、中间继电器 KC、电容 C、充电电阻 R_4、放电电阻 R_6 及信号灯 HW 组成）、断路器跳闸位置继电器 KCT、防跳继电器 KCF、加速保护动作的中间继电器 KAT、表示重合闸动作的信号继电器 KS、手动操作的控制开关 SA、投入或退出重合闸装置的控制开关 ST。

单侧电源三相一次自动重合闸原理接线有如下特点。

(1) 采用控制开关 SA 与断路器“不对位”的起动方式，可靠性高，能保证断路器因任何意外原因跳闸时，都能进行自动重合。

(2) 电容器 C 的充放电回路具有充电慢，放电快的特点。因而，这种方式具有既能保证 AAR 动作后自动复归，也能有效地保证 AAR 在规定时间内只发一次重合闸脉冲，而且接通电容器 C 的放电回路就可闭锁 AAR，故利用电容放电原理构成的重合闸具有工作可靠、控制容易、接线简单的优点，因而应用很普遍。

(3) 因在断路器合闸回路中设 KC 电流自保持线圈，所以只有当断路器可靠合上，辅助动断触点 QF_1 断开后，KC 才返回，合闸脉冲才消失，故断路器能可靠合闸。

(4) AAR 中设有加速继电器 KAT，保证了手动合闸于故障线路或重合于故障线路时，加速切除故障。

2. AAR 的工作原理

(1) 线路正常运行时的情况。在输电线路断路器合闸后，控制开关接点 SA_{21-23} 处于“合后”接通位置，ST 置“投入”位置，其触点 1－3 接通。电容 C 由＋WC→SA_{21-23}→ST_{1-3}→电阻 $4R$→C→－WC 回路充电，经 15～20s 充好电，电容器两端电压等于直流电源电压，重合闸继电器处于准备动作状态。在线路正常运行时，控制开关 SA 和断路器都处在对应的合闸位置，断路器辅助常闭触点 1QF 打开，常开触点 2QF 闭合，KCT 线圈失磁，KCT_1 触点断开。SA 触点 21－23 接通，用来监视中间继电器 KC 触点及电压线圈是否完好的信号灯 HW 亮。

(2) 当线路发生瞬时性故障时，AAR 的动作原理。当线路发生瞬时性故障时，控制开关 SA 在“合后”位置，而断路器在“跳后”位置，即控制开关 SA 与断路器处于“不对位”状态。因断路器跳闸，所以其辅助触点 1QF 闭合，而 2QF 断开，跳闸位置继电器 KCT 动作，其常开触点 KCT_1 闭合，起动重合闸时间继电器 KT，其瞬时触点 KT_2 断开，电阻 R_5 投入，保证 KT 线圈的热稳定。时间继电器 KT 的延时触点 KT_1 经整定延时时间闭合，接通电容器 C 对中间继电器 KC 电压线圈的放电回路（C^+→KT_1 触点→KC 线圈→C^-），从而使 KC 动作，其动合触点闭合，接通了断路器的合闸接触器回路［＋WC→SA_{21-23}→ST_{1-3}→KC_3→KC_2→KC_1→KC 电流线圈（KC 电流线圈在这里起自保持作用，只要 KC 被电压线圈短时起动一下，便可通过电流自保持线圈使 KC 在合闸过程中一直处于动作状态，从而使断路器可靠合闸）→KS 线圈→SB_1 用以投切 ARC 或试验）→KCF_2→QF_1→KCC→－WC］，KCC 线圈励磁，使断路器重新合上。同时信号继电器 3KS 动作，发出重合闸动作信号。

断路器重合成功后，其辅助触点 1QF 断开，继电器 KCT、KT、KC 均返回，整个装置自动复归。电容 C 重新充电，经 15～20s 后充满电，为下次动作做好准备。

(3) AAR 重合不成功时的动作过程。AAR 重合到永久性故障线路时的动作过程与线路上发生瞬时性故障时相同。但在断路器重合后，因故障并未消失，继电保护再次动作使断路器第二次跳闸，若 AAR 与保护配合采用后加速保护，则第二次跳闸是瞬时的。断路器再次跳闸后，AAR 再次起动，KT 励磁，KT_1 经延时闭合后，电容器 C 充电时间（保护第二次动作时间＋断路器跳闸时间＋KT 延时时间）短，小于 15～20s，电容器 C 来不及充电到 KC 的动作电压，故不能使 KC 动作，因此断路器不能再次重合。这时电容器 C 也不能继续充电，因为 C 与 KC 电压线圈并联。KC 电压线圈两端的电压由电阻 R_4（约几兆欧）和 KC 电压线圈（电阻值为几千欧）串联电路的分压比决定，其值远小于 KC 的动作电压，保证了 AAR 只动作一次。

（4）用控制开关 SA 手动跳闸时闭锁 AAR。当控制开关 SA 在手动跳闸时，其触点 21－23 断开，切断了 AAR 的正电源，跳闸后 SA_{2-4} 接通了电容器 C 对 $6R$ 的放电回路（$C^+ \rightarrow 6R \rightarrow SA_{2-4} \rightarrow$ 端子 5→端子 3→C^-），因 $6R$ 只有几百欧，故放电很快，使电容器 C 两端电压接近于零，所以控制开关 SA 和断路器均处于断开位置时，AAR 不会动作，断路器也不会合闸。

（5）用控制开关 SA 手动合闸于故障线路时，AAR 闭锁。线路断路器合闸之前，因 AAR 未投入，故电容器 C 没有充电。在操作 SA 手动合闸时，SA_{21-23} 接通，SA_{2-4} 断开，电容器 C 才开始充电，但同时 SA_{25-28} 接通，使加速继电器 KAT 线圈励磁。此时，如线路在合闸前已存在故障，则当手动合上断路器后，保护装置立即经加速继电器 KAT 的动合触点使断路器加速跳闸。这时由于电容器 C 充电时间很短，其值未达到 KC 的动作电压，所以 AAR 不会动作，断路器也不会重合。

（6）防跳继电器 KCF 的作用。如果线路发生永久性故障，并且第一次重合时出现了 KC_3、KC_2、KC_1 触点粘住而不能返回时，当继电保护第二次动作使断路器跳闸后。由于断路器辅助触点 1QF 又闭合，被粘住的 KC 触点会立即起动合闸接触器 KCC，使断路器第二次重合，因为是永久性故障，保护再次动作跳闸。这样，断路器跳闸—合闸的过程不断重复，形成“跳跃”现象，为防止这种现象而装设防跳继电器 KCF（电流线圈通电流时动作，电压线圈有电压时保护）。

当断路器第一次跳闸时，虽然串在跳闸线圈回路中的 KCF 电流线圈使 KCF 动作，但因 KCF 电压线圈没有自保持电压，当断路器跳闸后，KCF 自动返回。当断路器第二次跳闸时，KCF 又动作，如果这时 KC 触点粘住而不能返回，则 KCF 电压线圈得到自保持电压，因而处于自保持状态，其动断触点 KCF_2 始终处于断开状态，切断了 KCC 的合闸回路，防止了断路器第二次合闸。同时 KC 动合触点粘住后，KC 的动断触点 KC_4 断开，信号灯 HR 熄灭，发出重合闸故障信号，通知运行人员及时处理。

14.2.3.3　参数整定

1. 重合闸动作时限的整定

对图 14－6 所示单侧电源三相一次自动重合闸装置，重合闸动作时限是指时间继电器 KT 的整定时限。原则上是越短越好，但必须考虑以下几个方面的问题。

（1）重合闸动作时间大于故障点反游离时间，即考虑故障点有足够的断电时间，保证故障点绝缘强度恢复，否则即使在瞬时性故障下，重合也不能成功。在考虑绝缘强度恢复时还必须计及负荷电动机向故障点反馈电流时使得绝缘强度恢复变慢的因素，即

$$t_{op}+t_{sc}>t_{od}$$

或
$$t_{op}=t_{od}-t_{op}+t_{s} \tag{14-6}$$

式中 t_{op}——重合闸动作时间；

t_{od}——故障点反游离时间；

t_{sc}——断路器的合闸时间；

t_{s}——时间裕度，一般取0.3～0.4s。

（2）重合闸动作时间大于环网或平行线路对侧可靠地切除故障的时间，即

$$t_{m.min}+t_{m.sj}+t_{op}+t_{m.sc}>t_{n.max}+t_{n.sj}+t_{od}$$

或
$$t_{op}=t_{n.max}+t_{n.sj}+t_{od}-(t_{m.min}+t_{m.sj}+t_{m.sc})+t_{s} \tag{14-7}$$

式中 $t_{m.min}$——线路本侧（M侧）保护最小时限，可取第Ⅰ段保护时限；

$t_{m.sj}$、$t_{n.sj}$——M、N侧断路器的跳闸时间；

$t_{m.sc}$——M侧断路器的合闸时间；

$t_{n.max}$——线路对侧（N侧）保护最大时限，可取第Ⅱ段保护时限0.5s。

（3）重合闸动作时间要大于本线路电源侧最大动作时限的继电保护返回时间，同时断路器的操动机构等已恢复到正常状态，即

$$t_{op}+t_{sc}>t_{re}$$

或
$$t_{op}=t_{re}-t_{sc}+t_{s} \tag{14-8}$$

式中 t_{re}——最大动作时限的继电保护的返回时间。

运行经验表明，为可靠地切除故障，提高重合闸的成功率，单侧电源线路的三相一次重合闸动作时限一般取0.8～1s。

2. 重合闸复归时间的整定

重合闸复归时间就是电容器C上两端电压从零值充电到使中间继电器KC动作电压所需要的时间。必须满足以下几方面的要求：一方面必须保证断路器重合到永久性故障时，由后备保护再次跳闸，AAR不会再动作去重合闸断路器；另一方面，第一次重合成功之后不久，线路又发生新的故障，将进行新的一轮跳闸—重合闸循环。从第一次重合到第二次重合应有一定的时间间隔，来保证断路器切断能力的恢复，即当重合闸动作成功后，复归时间不小于断路器恢复到再次动作所需时间。综合两方面的要求，重合闸复归时间一般取15～20s。

14.2.4 双侧电源线路三相自动重合闸

14.2.4.1 对双侧电源线路三相自动重合闸的基本要求

双侧电源线路采用自动重合闸装置时，除了满足单侧电源三相自动重合闸所述的基本要求外，还应考虑以下两个方面的特殊问题。

1. 保证故障点绝缘强度恢复的时间

当双侧电源线路发生故障时，两侧的继电保护装置动作于两侧断路器以不同的时限跳闸，即两侧的断路器可能不同时跳闸，因此，只有在后跳闸的断路器断开后，故障点才能去游离。为使重合闸重合成功，应保证在线路两侧断路器均已跳闸，故障点电弧熄灭且绝缘强度已恢复的条件下进行自动重合闸，即应保证故障点有足够的断电时间。

2. 线路两侧断路器重合时是否需要考虑同期的问题

当线路发生故障，两侧断路器跳闸之后，线路两侧即成为两个系统，原系统有可能失去同步。线路中后合闸一侧的断路器在进行重合闸时，应考虑同期问题，以及是否允许非同期合闸的问题。因此，在双侧电源线路上，应根据电网的接线方式和具体的运行情况，采取不同的重合闸方式。

14.2.4.2　双侧电源线路 AAR 的类型

双侧电源线路的重合闸方式很多，可归纳为如下两类。

1. 检查同期重合闸

检查同期重合闸如检查无电压重合闸和检查同期重合闸。这类重合闸在故障线路跳闸后，其一侧断路器可在检查线路无电压的条件下先重合，另一侧断路器则检查频率差在允许范围时重合。

2. 不检查同期的重合闸

不检查同期的重合闸如非同期重合闸、快速重合闸及自同期重合闸等。

非同期重合闸是指双侧电源线路两侧断路器在事故跳闸后，只要两个解列系统的频率差、电压差在允许范围内，非同期合闸所产生的冲击电流不超过规定值，即可不检查同期条件，按“不对位”起动条件，将线路断路器重合。

快速重合闸是指 110kV 及以上线路全线继电保护为速动保护，而且断路器使用快速断路器，在 0.6～0.7s 内完成跳闸——重合闸循环时，因两侧电势的相角可能尚未拉开到危及电力系统稳定的程度，便可采用快速重合闸。

自同期重合闸是指电站机组采用自同期并列方式，并以单回线路与电力系统联接，则在线路故障跳闸后，电力系统侧先检查无电压重合，然后在电站侧实行自同期重合，即在未给励磁的发电机转速达 80%时将断路重合，联动加上励磁，将发电机拉入同步。

14.2.4.3　检查无电压和检查同期重合闸

1. 工作原理

图 14－7 所示为检查无压和检查同期的三相自动重合闸原理示意图。这种重合闸方式是在单侧电源线路三相一次自动重合闸的基础上增加附加条件来实现的，即除在线路两侧

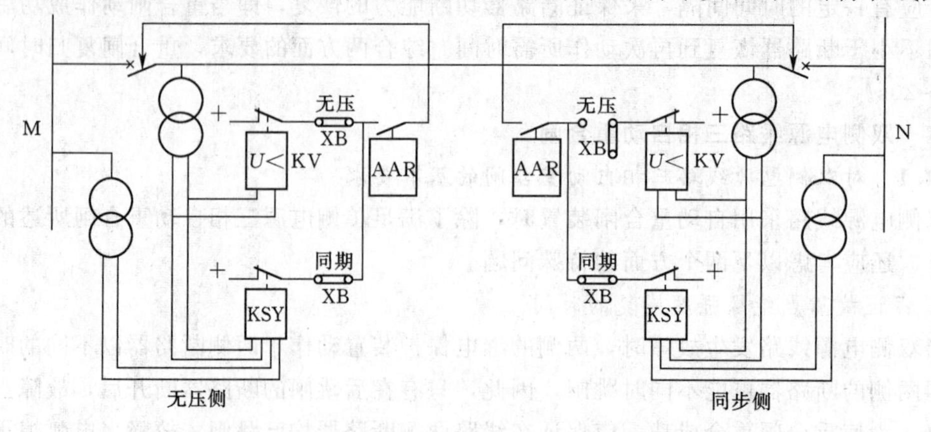

图 14－7　检查无电压和检查同期的三相自动重合闸原理示意图

均装设单侧电源 AAR 外，两侧还装设有检查线路无压的低电压继电器 KV 和检查同步继电器 KSY，并把 KV 和 KSY 触点串入重合闸时间元件启动的回路中。

正常运行时，两侧同步检查继电器 KSY 通过连接片均投入，而检查无压继电器 KV 仅一侧投入（M 侧），另一侧（N 侧）KV 通过无压连接片断开。

若线路故障使两侧断路器跳闸后，线路失去电压，M 侧利用低电压继电器 KV 检查线路无电压，AAR 起动，使 M 侧断路器先行重合。如重合成功，则 N 侧利用检查同步继电器 KSY 检查两系统的同期条件是否满足要求。若同期条件满足要求，KSY 触点闭合时间足够长，经同步连接片使 N 侧 AAR 动作，则 N 侧断路器继而重合，恢复系统并列运行。

如果线路发生的是永久性故障，则 N 侧重合不成功，线路后加速保护装置加速动作，再次跳开该侧断路器，之后不再重合。由于 N 侧断路器已跳开，线路无电压，只有母线上有电压，故 N 侧同步继电器 KSY 因只有一侧有电压而不能工作，也不能起动重合闸装置，所以 N 侧 AAR 不再动作。

2. 起动回路的工作情况

检查无压和检查同期的三相自动重合闸装置的起动回路如图 14-8 所示。与图 14-6 单侧电源 AAR 的启动回路相比，只在“不对位”回路增加两个附加条件：一个是由低电压继电器 KV 的动断触点 KV_1 和连接片 XB 构成检查无电压回路；另一个是由低电压继电器的动断触点 KV_2 和同期继电器 KSY 的动断触点构成检查同期启动回路，其他部分的原理接线与工作原理与单侧电源 AAR 相同。

在无压侧（见图 14-7 中 M 侧），无压连接片 XB 接通；线路故障时两侧断路器跳开后，因线路无电压，低电压继电器 KV_1 触点闭合，KV_2 触点打开，跳闸位置继电器 KCT 动作，其触点 KCT_1 闭合。这样，由 KV_1、XB、KCT_1 触点构成的检查无压启动回路接通，AAR 动作，M 侧断路器误跳闸，则线路侧有电压，KV_1 触点打开，KV_2 触点闭合，KCT_1 闭合，同步继电器 KSY 检查同期条件后，重合断路器。

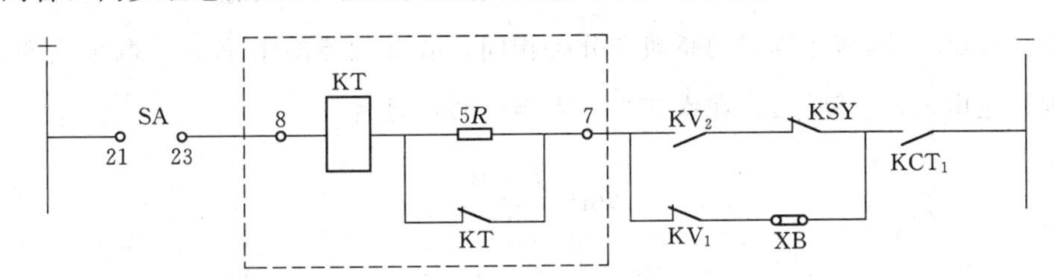

图 14-8 检查无电压和检查同期重合闸的启动回路

在同步侧（见图 14-7 中 N 侧），无压连接片 XB 断开，切断了检查线路无电压重合的启动回路。只有在断路器跳闸，线路侧有电压，即 KCT_1 触点闭合，KV_2 触点闭合的情况下，且同步检查继电器 KSY 检查到同期条件满足时，即动断触头 KSY 闭合时，该侧 AAR 才动作将断路器重新合上，恢复同步运行。

3. 检查无电压和检查同期重合闸的配合工作方面的几个问题

（1）重合闸方式的变换。无压侧（图 14-7 中 M 侧）的断路器在重合至永久性故障时，将两次切断短路电流，其工作条件显然比同步侧（图 14-7 中 N 侧）恶劣。为使两侧断路器工作条件相同，检修机会均等，两侧的重合闸方式应适当轮换。为此，一般在两侧均装设检查无电压和检查同期两种重合闸方式，通过连接片定期切换两侧工作方式。

（2）断路器误碰跳闸的补救。在正常运行情况下，由于某种原因（保护误动作、误碰跳闸操动机构等）而使断路器误跳闸时，若是同步侧断路器误跳，可通过该侧同步继电器检查同期条件使断路器重合；若是无压侧断路器误跳时，由于线路上有电压，无压侧不能检查无压而重合。为此无压侧也投入检查同步继电器 KSY，以便在这种情况下也能自动重合闸，恢复同步运行。

这样，无压侧不仅要投入检查无压继电器 KV，还应投入同步继电器 KSY，无压连接片和同步连接片均接通，两者并联工作。而同步侧只投入检查同步继电器，检查无压继电器不能投入，否则会造成非同期合闸。因而两侧同步连接片均投入，但无压连接片一侧投入，另一侧必须断开。

（3）检查无电压和检查同期重合闸的顺序配合。在无电压侧未重合之前，检查同步继电器 KSY 的两个电压线圈仅有一个线圈接入电压，其常闭接点打开，不会发生同步侧先重合，无电压侧无法重合的问题。

（4）同期侧断路器会不会误重合。若无电压侧断路器重合到永久性故障时，AAR 后加速使断路器辅助触点 QF_M 再次跳闸。在这次重合的过程中，N 侧的 KSY 可能检查到同期条件满足而发生 KSY 动断触点返回，但因 M 侧从重合到再次跳闸的时间很短，而 KSY 触点返回的时间小于 AAR 起动时间，故 N 侧断路器不会误重合。

4. 同步检查继电器的工作原理

同步检查继电器用于检查同期条件，同步检查继电器的种类很多，常用的有电磁型、晶体管型等，两者均反映母线电压和线路电压的向量差。下面以电磁型同步检查继电器为例说明其工作原理。

电磁型同步检查继电器 KSY 实际上是一种有两个电压线圈的电磁型电压继电器，其内部结构如图 14-9（a）所示。它的两个电压线圈分别经电压互感器接入重合断路器两侧电压 $\dot{U}_M$ 和 $\dot{U}_N$。因两组线圈的匝数和分布相同，故有相等的阻抗 $\dot{Z}_r$，两个线圈加上电压后分别产生电流 $\dot{I}_{r.M}$ 和 $\dot{I}_{r.N}$，在铁芯中产生相应的磁通为

$$\dot{\Phi}_M = \frac{\dot{I}_{r.M} W}{R_\mu} \tag{14-9}$$

$$\dot{\Phi}_N = \frac{\dot{I}_{r.N} W}{R_\mu} \tag{14-10}$$

当两个电压接入的极性相反时，这两个磁通在铁芯中的方向相反，因此铁芯中的总磁通为两电压所产生的磁通之差，即

$$\dot{\Phi}_\Sigma = \dot{\Phi}_M - \dot{\Phi}_N = \frac{W}{R_\mu}(\dot{I}_{r.M} - \dot{I}_{r.N}) = \frac{W}{R_\mu Z_r}(\dot{U}_M - \dot{U}_N) \tag{14-11}$$

式中　W——继电器每一组线圈匝数；

R_μ——继电器铁芯磁阻；

Z_r——继电器每一组线圈阻抗。

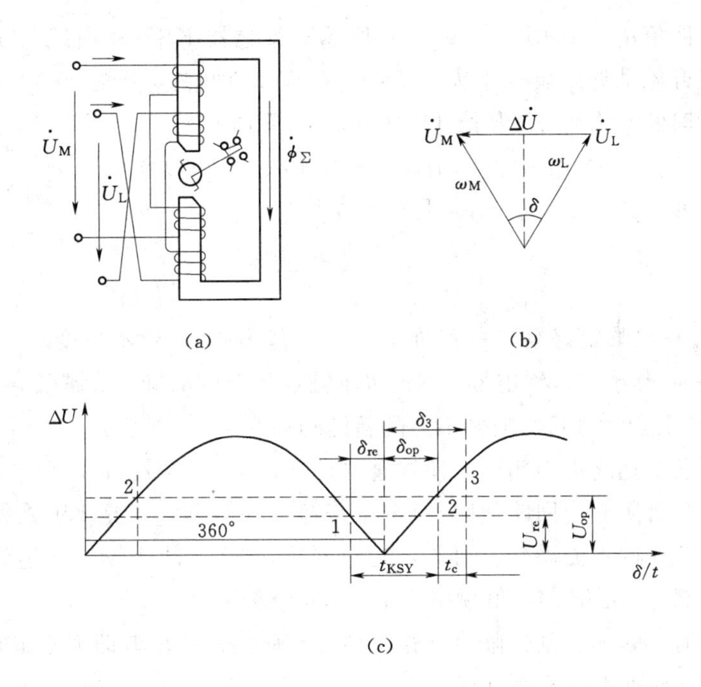

图 14-9 同步继电器及其工作原理图

(a) 结构；(b) 电压相量图；(c) ΔU 与 δ 角的关系曲线

为了简化分析，上式中忽略了两组线圈间的互感，从式（14-11）中可见，综合磁通 $\dot{\Phi}_\Sigma$ 也就是反应两侧电源的电压差 $\Delta\dot{U}$。显然，总磁通 Φ_Σ 的大小正比于两电压相量差的绝对值 ΔU。当 ΔU 小于一定数值时，Φ_Σ 较小，产生的电磁力矩小于弹簧反作用力矩，于是，KSY 动断触点就闭合。而电压差 ΔU 的大小与两侧电源电压的电压差、频率差、相位差有关。

当两侧电源电压的幅值不相等，即电压差较大时，即使两电压同相，ΔU 仍较大，Φ_Σ 也较大，产生的电磁力矩会大于弹簧反作用力矩，于是 KSY 动断触点不可能闭合。因此，只有在电压差小于一定数值时，ΔU 足够小，KSY 动断触点才能闭合，从而检查了同期的第一条件，即电压差的大小。

当两个电压的角频率不相等，存在着角频率差 ω_s（$\omega_s=\omega_M-\omega_L$）时，两个电压间相角差 δ 将随时间 t 在 0°～360°之间变化。设 $U_M=U_L=U$，即有效值相等时，从图 14-9（b）分析可得 ΔU 与 δ 的关系为

$$\Delta U=\left|\dot{U}_M+\dot{U}_L\right|=2U\left|\sin\frac{\delta}{2}\right| \tag{14-12}$$

$$\delta=\omega_s t \tag{14-13}$$

根据上式可作出 ΔU 随 δ 角的变化关系曲线，如图 14-9（c）所示。δ 角变化 360°时，ΔU 变化一周。

当 ΔU 达到 KSY 继电器动作电压 U_{op} 时，KSY 开始动作，动断触点打开，动合触点闭合，此时对应的 δ 角为动作角 δ_{op}；当 δ 角增大向 360°趋近时，达到 KSY 的返回电压 U_{re} 时，继电器开始返回，动断触点闭合，动合触点断开。从继电器开始返回到 $\Delta U=0$ 所

对应的δ角为返回角δ_{re}。如图14-9（c）所示，继电器KSY在曲线的1点位置开始返回，在2点位置开始动作。显然，从1点到2点这段时间内，继电器KSY动断触点是闭合的，现将这段时间记为t_{KSY}。从图14-9（c）可看出

$$t_{KSY}\omega_s=\delta_{op}+\delta_{re} \tag{14-14}$$

考虑继电器的返回系数$K_{re}=\delta_{re}/\delta_{op}$，上式可改写成

$$t_{KSY}=\frac{(1+K_{re})\delta_{op}}{\omega_s} \tag{14-15}$$

当动作角δ_{op}一旦整定好后（一般在20°～40°范围内），就不再变化。于是$\dot{U}_M$与$\dot{U}_L$之间的角频率差ω_s越小时，继电器KSY动断触点闭合的时间t_{KSY}越长，反之，ω_s越大，t_{KSY}就越短。如果重合闸时间继电器KT的整定时间为t_{KT}，则当$t_{KSY}>t_{KT}$时，继电器KT的延时触点来得及到达终点而闭合，使重合闸动作；当$t_{KSY}<t_{KT}$时，则在KT的延时触点尚未闭合之前，重合闸起动回路便因KSY触点打开而断开，于是KT线圈失磁，其延时触点中途返回，重合闸不能动作。可见，通过对t_{KT}与t_{KSY}的比较，就达到了对角频率差控制的目的，要想t_{KSY}足够大，角频率差ω_s就得足够小。

当$t_{KSY}=t_{KT}$时，是重合闸的临界动作条件，相应的角频率差即为整定角频率差，设为$\omega_{s.set}$，并设其在合闸过程中不变，则

$$\omega_{s.set}=\frac{(1+K_{re})\delta_{op}}{t_{KT}} \tag{14-16}$$

当实际角频率差$\omega_s<\omega_{s.set}$时，有$t_{KSY}>t_{KT}$，重合闸动作，从而检查了同期的第二条件，即频率差的大小。

临界情况下，在图14-9（c）的2点发出重合闸脉冲，由于断路器合闸时间t_c的存在，断路器主触点闭合时，$\dot{U}_M$和$\dot{U}_L$的实际相角差为δ_3（见图中点3），若ω_s保持不变，则δ_3角为：

$$\delta_3=\delta_{op}+\omega_s t_c \tag{14-17}$$

如果相角差δ_3的大小为系统所允许，则也就检查了同期的第三个条件，即相位差的大小。

14.2.5　自动重合闸与继电保护的配合

输电线路自动重合闸与继电保护配合，能有效地加速切除故障，提高供电的可靠性。自动重合闸与继电保护的配合方式，有自动重合闸前加速保护和自动重合闸后加速保护两种。

14.2.5.1　自动重合闸后加速保护

1. 原理接线

重合闸后加速保护是最常用的一种配合方式，AAR与保护配合及原理接线如图14-10（a）和（b）所示。

由图14-10（a）可见，AAR后加速在每回输电线路的电源侧均装设过电流保护和AAR装置，但不装设专用的电流速断保护。由加速继电器KAT来实现AAR与继电保护的配合，实现的具体方法是将加速继电器KAT的动合触点与过电流保护的电流继电器KA的动合触点串联，如图14-10（b）所示。

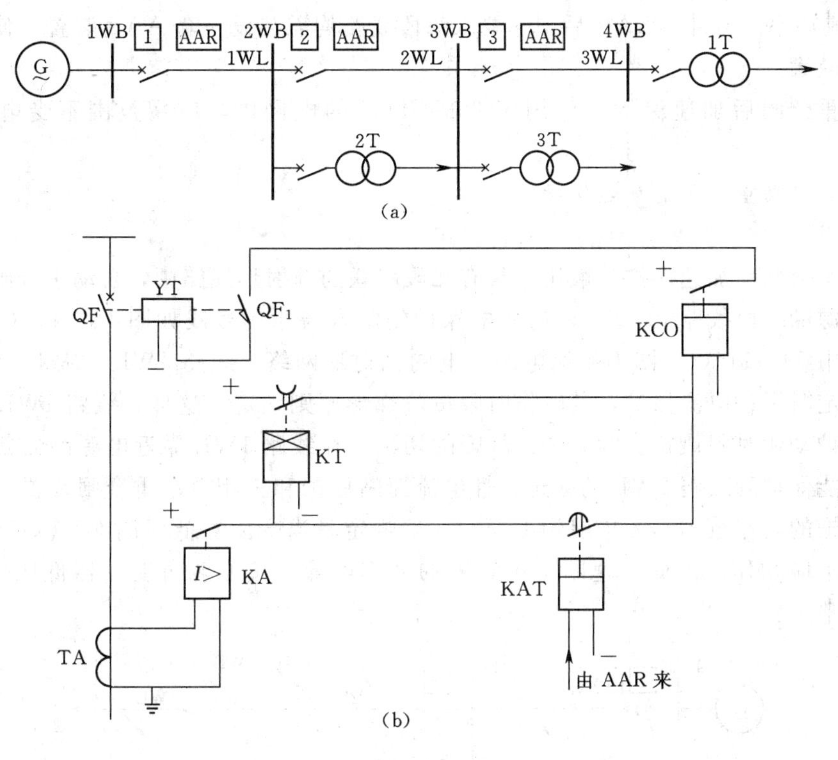

图 14-10 自动重合闸后加速保护

(a) 原理说明图；(b) 原理接线图

2. 动作过程

以假设在输电线路 3WL 上发生故障来说明 AAR 与继电保护配合的动作过程。在线路 3WL 上发生故障时，首先由该线路上的过电流保护中的 KA 动作，加速继电器 KAT 未动，其动合触点打开，信号不能通过加速继电器 KAT 的动合触点来启动出口中间继电器，而是使时间继电器 KT 线圈励磁，经整定延时后，KT 的延时动合触点闭合，启动出口中间继电器，使线路 3WL 电源侧的断路器 QF 第一次跳闸切除故障；接着由线路 3WL 上的 AAR 对 QF 进行三相一次重合闸，将切除故障的断路器重新合上。若此时发生的故障是瞬时性的，则重合成功，恢复正常供电；若故障是永久性的，则在 QF 重新合上后，故障电流仍旧通过电流互感器 TA 流向故障点，电流继电器 KA 再次动作，其动合触点再次闭合，此时因 AAR 已动作使加速继电器的动合触点处于动作后的闭合状态，接通中间继电器 KCO，从而使线路 3WL 电源侧的 QF 第二次跳闸，而且是瞬时跳闸。

由图 14-10（b）可见，AAR 后加速是利用加速继电器 KAT 瞬时闭合延时断开的接点，将时限保护时间继电器延时闭合接点短接实现 AAR 后加速的。

3. 评价

采用 AAR 后加速的优点是第一次保护装置动作跳闸是有选择性的，不会扩大停电范围，不影响非故障线路。特别是在重要的高压电网中，一般不允许保护无选择性地动作，故应用这种重合闸后加速方式较合适；其次，这种方式使再次断开永久性故障的时间加快，有利于系统并联运行的稳定性。其缺点是第一次切除故障带延时，故障切除较慢，影响 AAR 成功率。另外，AAR 后加速要求每段线路均需装设一套 AAR 装置，使用设备较多，投资较大。

自动重合闸后加速保护广泛用于 35kV 以上的电网中，应用范围不受电网结构的限制。

14.2.5.2　自动重合闸前加速保护

1. 原理接线

自动重合闸前加速保护一般用于具有几段串联的辐射形线路中，自动重合闸装置仅装在靠近电源的一段线路上。AAR 与继电保护的配合与原理接线如图 14-11（a）和（b）所示。其中 14-11（a）图为单侧电源供电的辐射形网络，线路 1WL、2WL、3WL 上各装有一套定时限过电流保护，其动作时限按阶梯形原则整定。这样，线路 1WL 上定时限过电流保护动作时限最长。为了加速故障的切除，在线路 1WL 靠近电源侧的断路器处另装有一套能保护到线路 3WL 的无选择性电流速断保护和三相自动重合闸装置。为了使电流速断保护的动作范围不至扩展的太长，一般规定，当变压器低压侧 k_4 点短路时，速断保护装置不应动作。因此，速断保护装置的动作电流，按照躲过变压器低压侧（k_4 点）短路进行整定。

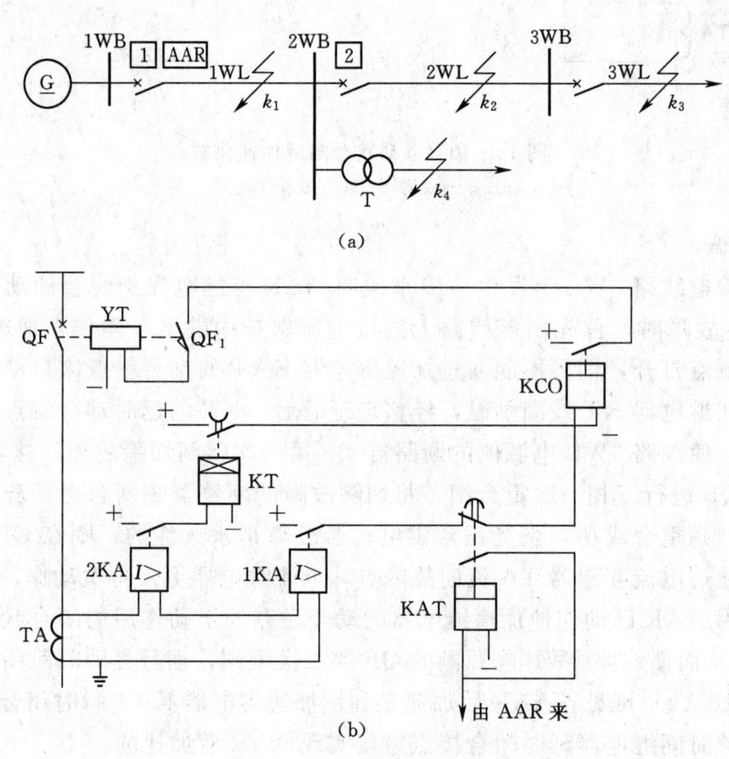

图 14-11　自动重合闸前加速保护

（a）原理说明图；（b）原理接线图

由加速继电器 KAT 来实现 AAR 与继电保护的配合，实现自动重合闸前加速保护的方法是将重合闸装置中加速继电器 KAT 的动断触点串接于电流速断保护出口回路，如图 14-11（b）所示，其中 1KA 是电流速断保护继电器，2KA 是过电流保护继电器。

2. 动作过程

AAR 前加速保护的原理接线见图 14-11（b）所示，其动作过程是：在 AAR 动作之前，加速继电器 KAT 线圈未励磁，其动断触点处于闭合状态。当线路 1WL、2WL、3WL 上任意一点发生故障时，电流速断保护继电器 1KA 动作，经加速继电器 KAT 的处于闭合状态的动断触点起动中间继电器 KCO，使电源侧的断路器 QF 瞬时跳闸。然后起动重合闸装置，将该断路器重新合上；同时，AAR 使加速继电器 KAT 动作，其动断触点断开，实现无选择性的电流速断保护闭锁，动合触点闭合，使 KAT 实现自保持状态。若故障是瞬时性的，则重合成功，恢复正常供电；若故障是永久性的，则 1KA 触点再闭合，使 KAT 自保持，电流速断保护不能经 KAT 的触点去瞬时跳闸。只有等过电流时间继电器 KT 的延时触点闭合后，才能去跳闸。这样重合闸动作后，保护只能有选择性地切除故障。可见，AAR 前加速既能加速切除瞬时故障，又能在 AAR 动作后，有选择性地切除永久性故障。

3. 评价

自动重合闸前加速保护的优点是：AAR 动作前瞬时切除故障，绝缘损坏不来重，有利于 AAR 成功率的提高，使用 AAR 装置少，可节省投资，接线简单，易于实现。其缺点是切除永久性故障时间长；断路器 QF 动作次数较多，检修机会随之增加，而且，当 AAR 拒绝动作时，会扩大停电范围。

AAR 前加速主要适用于 35kV 以下的变电所引出的直配线上，以便能快速切除故障，保证母线电压。

14.2.6 微机型综合自动重合闸装置

14.2.6.1 微机型综合自动重合闸装置概述

综合重合闸经历了由传统的整流型、晶体管型、集成电路型到先进的微机型的发展过程。传统综合重合闸装置的元件和接线都比较复杂，试验工作量大，调试和维护都非常不便。由于计算机技术本身的优势，使得微机保护具有突出的特点。

（1）程序具有自实用性，可按系统运行状态自动改变整定值和特性。

（2）有可存取的存储器。

（3）在现场可灵活地改变继电器的特性。

（4）可以使保护性得到更大的改进。

（5）有自检能力。

（6）有利于事故后分析。

（7）可与计算机交换信息。

（8）可增加硬件的功能。

（9）可在低功率传变机构内工作。

微机型综合重合闸装置通常是组成线路成套微机保护的一部分，它与各种线路保护配合完成各种事故处理。因此，微机型综合重合闸的显著优点使其得到了广泛的应用。

14.2.6.2 硬件概述

微机综合重合闸装置作为线路成套微机保护的组成部分，采用了通用的硬件构成，只要改变程序就可得到不同的原理和特性，因而可以很灵活地适应电力系统情况的变化。现

以 WXH－11 型微机线路保护装置为例进行说明。

1. 应用范围

适用于 110～500kV 各级高压、超高压输电系统，作为线路的成套保护。

2. 主要特点

采用多单片机并行工作的方式。

四个 CPU 插件中有任一个损坏不影响其他三种保护正常工作，防止了一般性的硬件损坏而闭锁整套保护。

装置采用了电压—频率变换原理（VFC）构成模数变换器，它具有工作稳定、抗干扰能力强等特点。

采用高频、距离、零序电流三种保护的启动继电器三取二方式，至少有两种保护插件的启动元件动作才开放跳闸出口回路，有效地防止了硬件损坏造成的保护装置误动作。

采用先进可靠的表面贴装和多层印制板技术。

3. 主要功能

装置配置了四个硬件完全相同的保护（CPU）插件，分别完成高频（距离、零序）保护、距离保护、零序电流保护以及重合闸等功能。另外还配置了一块接口插件（MONITOR），完成对各保护（CPU）插件的巡检，人机对话和与系统微机联机等功能。全装置连接图如图 14－12 所示。综合重合闸模块包括重合闸和外部保护选相跳闸部分，经光电隔离可实现综合重合闸、单相重合闸、三相重合闸或停用重合闸方式的选择。外部保护选相跳闸高有 *N*、*M*、*P* 三种端子。

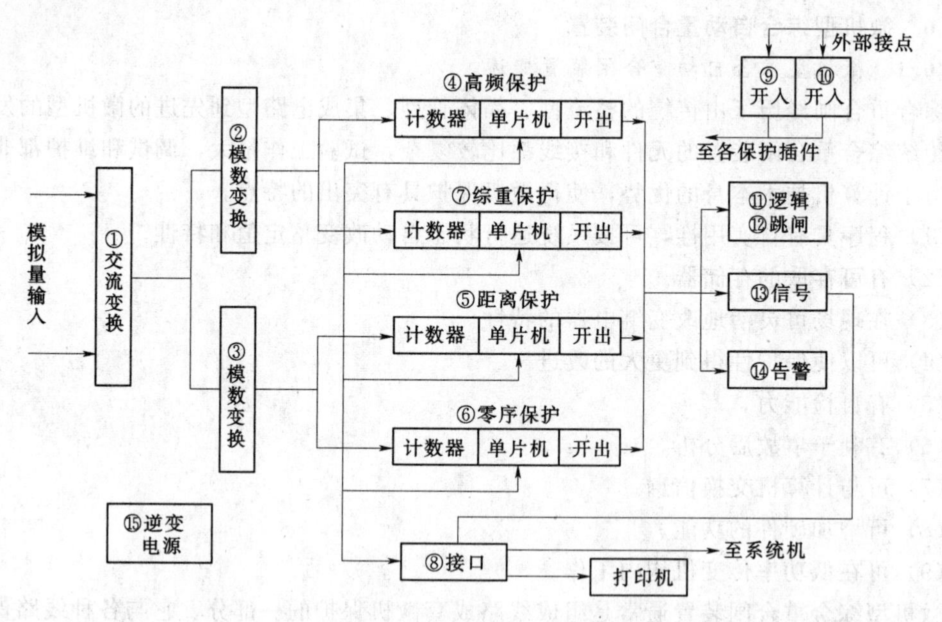

图 14－12　微机保护中综合重合闸与插件之间的连接图

14.2.6.3　软件概述

综合重合闸程序分为主程序、采样中断服务程序、故障处理程序等三个部分。在主程序中只有初始化和自检循环程序，没有专用自检程序。由于不需要静稳定条件下破坏检测

元件，也没有设TV断线、零序辅助启动元件等，所以就不必高置专用自检这些元件运行状态的程序了。故障处理程序中仅有的阻抗选相元件，用于其他不能独立选相的保护经本装置综重选相跳闸。故障初始重合闸启动由相电流突变量选相元件在采样中断服务程序中完成。综合重合闸的程序最主要部分就是采样中断服务程序，这部分程序中尤其以检查重合闸的重合条件为主。

1. 中断服务程序的原理说明

采样中断服务程序流程框图如图14-13所示，它主要是对重合闸检测以下四个重合条件。

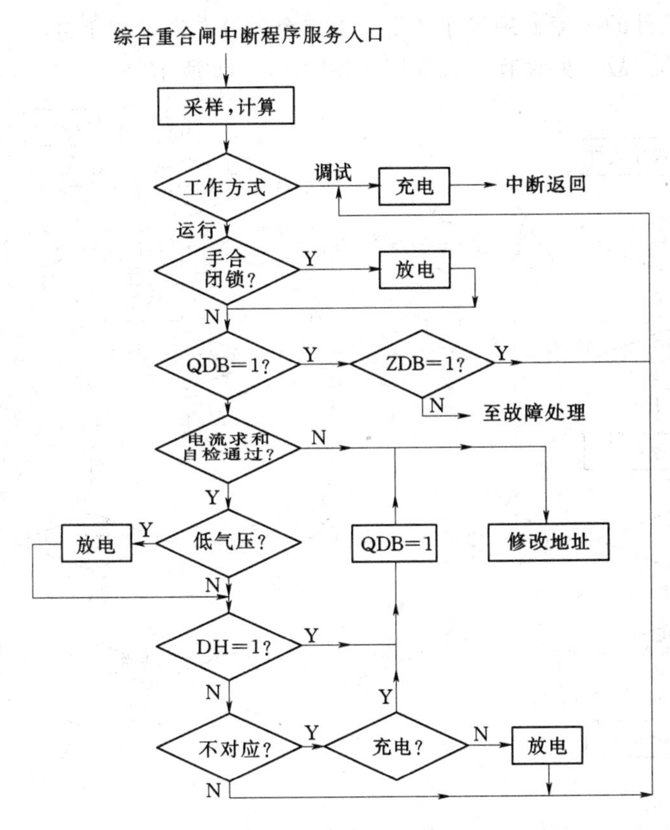

图14-13 综合重合闸采样中断服务程序流程框图

(1) 常规运行检测。在进入采样中断服务程序后即进行采样计算，接着就进行常规运行检测。常规运行检测包括调试或运行、综合重合闸运行或停用“充电”准备好三个方面的检测。

(2) 电流求和自检。程序中采用的是标志位控制程序流程，QDB=1和ZDB=1为初始状态时标志位，用以暂时退出突变量启动元件，求和自检及启动重合闸各流程，以防止在采样存储不足够的采样值前出现不希望的动作。在采样存储了足够的采样值后，主程序中QDB=0、ZDB=0开始正常运行，并投入电流求和自检、低气压闭锁重合闸及空变量启动元件DH。QDB=1、ZDB=0是启动重合闸状态。

(3) 断路器低气压检测。在手合或闭锁重合开入量输入及检测到低气压时，经延时确

认后“放电”，禁止重合。电流求和自检在重合闸启动程序之前，如果电流求和自检出错，则重合闸启动的程序流程被旁路，重合闸就不可能启动合闸。

(4) 相电流差突变量元件动作，断路器位置不对应开入的检测。在相电流差突变量元件动作或断路器不对应开入时，均置标志位 QDB=1，重合闸闭锁解除，重合启动。如果断路器在轻载时（电流小于无流定值）偷跳，相电流差突变量是不可能启动的，这时可以在收到断路器位置不对应开入信号后启动重合闸。为防止重合闸不成功，在断路器位置不对应开入信号长期存在时可能多次启动重合闸，要求只能在充电计数器“充电满”条件下投入。

2. 故障处理程序原理说明

综合重合闸软件的故障处理程序主要分为三个部分，即三跳重合闸、单跳重合闸和不对应启动重合闸等。故障处理程序流程框图如图14-14所示。

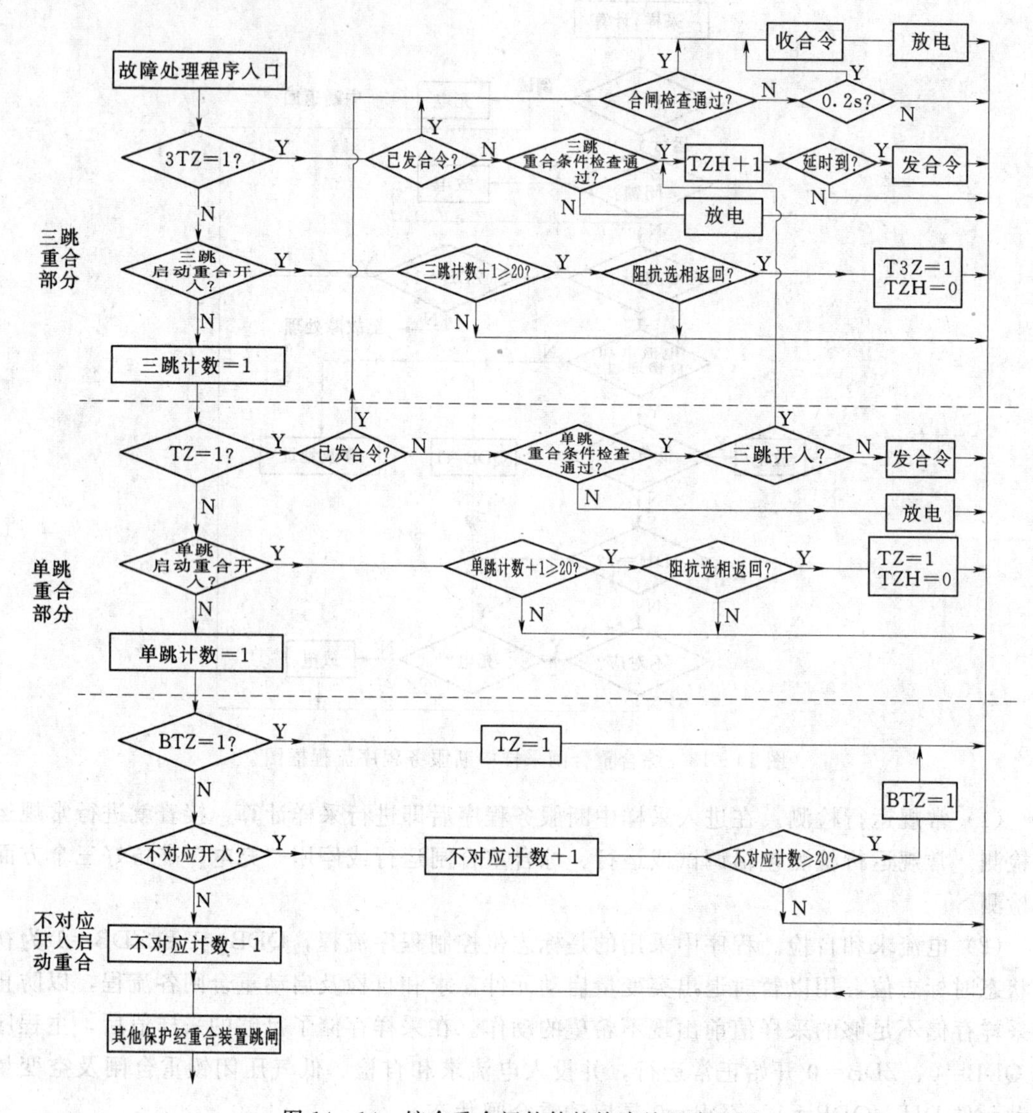

图14-14　综合重合闸软件的故障处理流程图

程序流程次序是以三跳重合在先，单跳重合在后，以便在发展性故障过程中发单重命令前如出现保护三跳时，可以立即停止单重计时，并在三跳完成后重新按三重要求计时。

在故障处理程序中，有四个计数器，即三跳计数器、单跳计数器、不对应开入计数器及重合延时计数器。前三个是为确认三跳或单跳及不对应开入而设置的延时计数器，在累计 20 次（20 个采样间隔）后才确认。确认后就置标志位为 1，如 3TZ＝1、TZ＝1、BZT＝1 分别表示三跳、单跳、不对应开入已被确认。TZH 是重合延时计数器，在故障处理程序中的阻抗选相元件都返回，故障已切除后开始计时，即 3TZ＝1 或 TZ＝1 才开始计时使 TZH＝0。在延时的预定时间内均满足同步条件才允许发出三相或单相合闸命令。TZH 与采样中断服务程序中的 15s“充电”计数器是两个不相同的概念。“充电”计数器是为防止二次重合而设置的计数器；而 TZH 是在确认三跳、单跳后阻抗选相元件均已返回后才开始计时，并在预定的时间内必须联系满足同步条件，才能允许发合闸命令。

三跳重合条件检查主要是检查充电是否已满；重合方式是综合重合闸、三相重合闸还是单相重合闸；是否满足同步条件。在重合令发出后还要检查是否已重合成功？如已重合就要收回合闸命令，如未重合就要继续延时等待重合（延时 0.2s）；合闸令发出后还要检查是否偷跳，如没有偷跳则驱动后加速继电器以备重合至永久性故障线路时保护加速跳闸。这些过程。在图 14－14 中有的回路没有画出，但均包含在三跳重合条件检查及合闸检查的程序中。当不满足重合条件时，就将“充电”计数器清零作“放电”处理。

单跳重合部分的逻辑程序完全类似三跳，不再重复。但考虑到单跳重合过程中有可能发展为相间故障，应保证作三跳处理，因此在单跳重合条件检查部分有必要检查三跳位置开入，如有开入即转向三跳重合逻辑部分，处理三跳。不对应启动重合开入也要经 20 次累计才能确认，确认后呼唤报告不对应启动重合。程序先假定是单跳，因此先置 TZ＝1，从下一个采样点开始进入单跳启动重合计时状态，并由断路器三跳位置开入检查，如实际上是三跳启动再转向三跳重合逻辑程序部分。其他保护经综合重合闸跳闸程序部分都要经过综合重合闸的相电流差突变量启动元件的闭锁，以防止外部保护误动或外部保护的开入光隔的光敏三极管击穿而误动。

14.3　按频率自动减负荷装置

14.3.1　实现按频率自动减负荷的基本原则

14.3.1.1　按频率自动减负荷装置的作用

电压和频率是衡量电能质量的两个参数。为保证用户的正常工作和产品质量，应提高供电质量，使电网电压、频率都处在额定值运行。电力系统稳定运行时，发电机发出的总有功功率等于用户消耗的（包括传输损失）总有功功率，系统中运行着的同步发电机都以同步转速旋转，系统频率维持为一稳定值，如额定频率 50Hz。若功率平衡遭到破坏，当发电机发出的总功率大于用户总功率时，则在原动机的输入动力作用下，发电机的转速加快，于是系统频率升高；反之，当发电机发出的总功率小于用户的总功率时，发电机的转速减慢，系统频率下降。可见，系统频率反映了系统有功功率的平衡情况。

当电力系统发生事故，如切除某些机组或电源线路，使得发电功率减少，即出现功率缺额时，系统频率下降，功率缺额越大，频率降低越多。当有功功率缺额超出了正常调节能力时，如果不及时采取措施，不仅影响供电质量，而且会给电力系统安全运行带来频率、电压崩溃极为严重的后果。

一旦发生频率、电压崩溃恶性事故，将会引起大面积停电，而且需要较长时间才能恢复系统的正常供电，对人民生活和国民经济造成极为严重的后果。例如 1965 年 11 月 9 日美国电力系统事故使大约 20 万 km^2 的区域停电 13h 以上，停电负荷达 2500 万 kW。由此可见，电力系统低频运行是不允许的，应采取措施维持频率在额定值下运行。

系统正常运行时，对于负荷有功功率小范围内的变化，可通过调节系统中旋转备用容量（热备用）维持功率平衡，以使频率在额定值附近的波动不超过允许值。当系统发生事故而出现较大功率缺额，但旋转备用容量又不足时，为保证系统的安全运行，要在短时间内阻止频率的过度降低，进而使频率恢复到接近额定值，比较有效的措施是根据频率下降程度自动断开一部分不重要负荷。这种当系统发生有功功率缺额引起频率下降时，能根据频率下降的程度自动断开部分不重要负荷的自动装置，称为按频率自动减负荷装置，简称 AFL 装置。可见，AFL 装置是保证系统安全运行和重要负荷连续供电的有力措施。

14.3.1.2　系统频率的特性

负荷消耗的有功功率随着频率的变化而变化。系统中各类负荷消耗的有功功率随频率的变化情况各不相同；但大致可分为以下三种情况。

（1）负荷的功率与频率无关，如电热设备、白炽灯等。

（2）负荷消耗的功率与频率的十次方成正比，如卷扬机、球磨机、切削机等。

（3）负荷消耗的功率与频率的二次方或二次方以上成正比，如通风机、水泵等。

对于系统的总负荷，由上述各种负荷按比例组成。所以，当频率变化时，系统总负荷消耗的有功功率也作相应的变化，当系统负荷的组成及性质确定后，负荷总有功功率随频率变化的关系也就一定，这种关系称为负荷的静态频率特性，如图 14－15 所示。该曲线可通过实验获得。

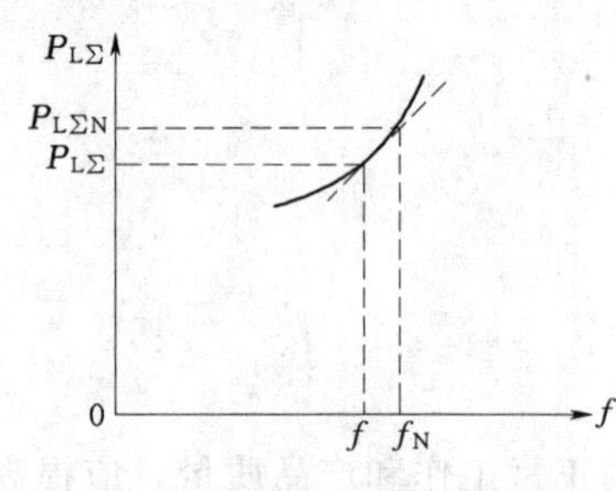

图 14－15　负荷的静态频率特性

由图 14－15 可知，频率升高时，负荷消耗的有功功率增加；当频率下降时，负荷消耗的有功减小，这种现象称为负荷的调节效应。由于负荷调节效应的存在，当系统统出现功率缺额引起频率下降时，负荷消耗的有功功率随之减小，从而部分地补偿了功率缺额，于是系统就可能稳定在一个低于额定值的频率下运行。

负荷的调节效应可以用负荷调节效应系统来衡量。当系统频率在 45～50Hz 范围内变化时，由于变化范围小，静态频率特性可以近似地用一直线来表示，这样负荷调节效应系数 K_L 就可近似定义为直线的斜率，如图 14－15 所示，K_L 可表示为

$$K_L=\frac{\Delta P_{L\Sigma *}}{\Delta f_*}=\frac{P_{L\Sigma}-P_{L\Sigma N}}{P_{L\Sigma N}}\times\frac{f_N}{f-f_N}$$

或

$$\Delta P_{L\Sigma *}=K_L\Delta f_* \tag{14-18}$$

式中　$P_{L\Sigma}$——频率为 f 时系统负荷总有功功率；

$P_{L\Sigma N}$——额定频率下系统负荷总有功功率；

$\Delta P_{L\Sigma *}$——系统负荷总有功功率变化量的标幺值；

f_N——额定频率；

Δf_*——频率变化量的标幺值。

负荷调节效应系数随系统负荷组成不同而改变，一般 K_L 值在 1～3 之间。

虽然负荷调节效应对系统频率有一定的稳定作用，但是当系统发生事故而出现大量的功率缺额时，负荷的调节效应远远不能弥补有功功率的不足。这时，就必须借助 AFL 装置来保证系统的安全运行。

电力系统由于功率平衡遭到破坏而引起系统频率发生变化，频率从正常状态过渡到另一个稳定值所经历的时间过程（频率由额定值 f_N 随时间按指数规律逐渐变化到稳定值 f_∞），如图 14-16 所示，这种关系曲线称为系统的动态频率特性。当系统中出现功率缺额时，系统中旋转机组的大小与系统中所的转动部分的机械惯性（包括汽轮机、同步发电机、同步补偿机、电动机及电动机拖动的机械设备），系统频率变化的时间常数一般在 4～10s 之间，大容量系统的时间常数较大。

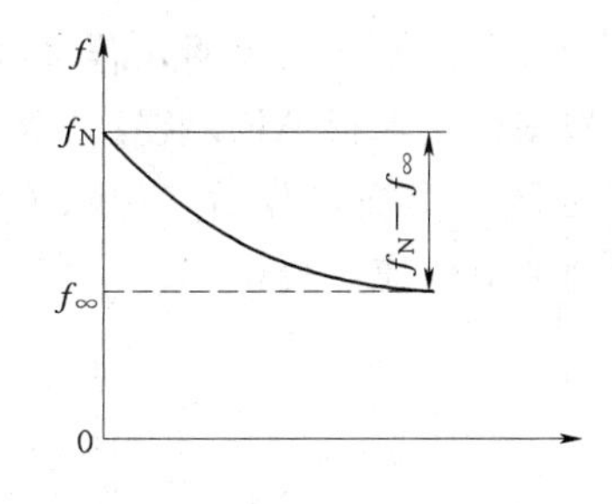

图 14-16 系统的动态频率特性

14.3.1.3 实现按频率自动减负荷的基本原则

当系统发生严重功率缺额时，AFL 装置的任务是迅速断开相应数量的用户，恢复有功功率的平衡，使系统频率不低于某一允许值，确保电力系统安全运行，防止事故的扩大。

1. 最大功率缺额的确定

在电力系统中，AFL 装置是用来对付严重功率缺额事故的重要措施之一，它通过切除负荷功率（通常是比较不重要的负荷）的办法来制止系统频率的大幅度下降，藉以取得逐步恢复系统正常工作的条件。因此，必须考虑即使系统发生最严重事故的情况下，即出现最大可能的功率缺额时，接至 AFL 装置的用户功率量也能使系统频率恢复在可运行的水平，以避免系统事故的扩大。可见，确定系统事故情况下的最大可能功率缺额，以及接入 AFL 装置的相应的功率值，是保证系统安全运行的重要环节。

AFL 装置切除负荷的总额应根据系统实际可能发生的最大功率缺额来确定。系统可能出现的最大功率缺额要依系统装机容量的情况、机组的性能、重要输电线路的容量、网络的结构、故障的几率等因素具体分析，如断开一台或几台大机组或大电厂、断开重要送电线路来分析。如果系统因联络线路事故而解裂成几个部分运行时，还必须考虑各部分可能发生的最大功率缺额。总之，应按实际可能的最不利情况计算。

考虑到 AFL 装置动作后，并不需要频率恢复到额定值，只需达到恢复频率（一般为 48～49.5Hz）即可，这样可少切除一部分负荷。进一步的恢复工作，可由运行人员来处理。因此，AFL 装置切除负荷总额可稍低于最大功率缺额。

若系统最大功率缺额 P_{Umax} 已确定，则根据负荷调节效应可确定 AFL 装置切除负荷总额。设正常运行时系统负荷总功率为 $P_{L\Sigma N}$，切除负荷总额为 ΔP_{Lmax}，额定频率与恢复频

率 f_{re}之差为 Δf，根据关系式 $\Delta P_{L\Sigma *}=K_L\Delta f_*$可得

$$\left.\begin{aligned}\frac{P_{Umax}-\Delta P_{Lmax}}{P_{L\Sigma}-\Delta P_{Lmax}}&=K_L\frac{f_N-f_{re}}{f_N}=K_L\Delta f_*\\ \Delta f_*&=\frac{f_N-f_{re}}{f_N}\end{aligned}\right\}\tag{14-19}$$

式中　Δf_*——恢复频率相差的相对值。

可推出 AFL 装置切除负荷总额为

$$\Delta P_{Lmax}=\frac{P_{Umax}-K_L\Delta f_* P_{L\Sigma N}}{1-K_L\Delta f_*}\tag{14-20}$$

式（14-20）表明，若系统负荷总功率，最大功率缺额已知，系统恢复频率确定，就可根据该式求得 AFL 装置切除负荷总额。反过来，若已知系统某种事故下产生的功率缺额为 P_U，装置动作后，切除负荷量为 ΔP_L，现要求系统的稳定频率 f_∞是多少，同样根据负荷调节效应，可得

$$\frac{P_U-\Delta P_L}{P_{L\Sigma N}-P_L}=K_L\frac{f_N-f_\infty}{f_N}\tag{14-21}$$

$$f_\infty=f_N\left(1-\frac{1}{K_L}\times\frac{P_U-\Delta P_L}{P_{L\Sigma N}-P_L}\right)\tag{14-22}$$

这样，就可求得系统的稳定频率。

【例 14-1】 某系统的负荷总功率为 $P_{L\Sigma N}=5000$MW，系统最大功率缺额 $P_{Umax}=1200$MW，设负荷调节效应系数 $K_L=2$，自动低频减载装置动作后，希望系统恢复频率为 $f_{re}=48$Hz，求接入低频减载装置的功率总数 ΔP_{Lmax}。

解：希望恢复频率偏差的标幺值为

$$\Delta f_*=\frac{50-48}{50}=0.04$$

由

$$\Delta P_{Lmax}=\frac{P_{Umax}-K_L\Delta f_* P_{L\Sigma N}}{1-K_L\Delta f_*}$$

可得

$$\Delta P_{Lmax}=\frac{1200-2\times5000\times0.04}{1-2\times0.04}=870(\text{MW})$$

接入自动低频减载装置功率总数为 870MW，这样即使发生如设想那样的严重事故，仍能使系统频率恢复值不低于 48Hz。

2. 分级切除负荷

AFL 装置应根据频率下降的程度分级切除负荷。电力系统所发生的功率缺额不同，频率下降的程度也不同，为了提高供电的可靠性，应尽可能少地断开负荷，为此所切除负荷的总容量应根据频率下降的程度及负荷的重要性分级切除，即将 AFL 装置切除负荷的容量按照负荷的重要性分成若干级，分配在不同的动作频率上，重要负荷接在最后一级上，在系统频率下降过程中，AFL 装置按照动作频率值的高低有顺序地分批切除负荷，以适应不同功率缺额的需要。当频率下降到第二级频率值时，第一级 AFL 装置动作，切除接在第一级上的次要负荷后，若频率开始恢复，下一级就不再动作。若频率继续下降，则说明上一级所断开的负荷功率不足以补偿功率缺额，当频率下降至第二级动作频率值时，第二级动作，切除接在第二级上的较重要负荷。若频率仍然下降，再切除下一级负

荷，依次逐级动作，直至频率开始回升，才说明所断开负荷与功率缺额接近。AFL 装置就是采用这种逐级逼近的方法来求得每次事故所产生的功率缺额应断开的负荷数值。

在 AFL 动作过程中，可能出现某一级动作后，系统频率稳定在恢复频率以下，但又不足以使下一级动作的情况，这样会使系统频率长期悬浮在低于恢复频率以下的水平，这是不允许的。为此在原有基本 AFL 装置外还装设带长延时的附加级，其动作频率不低于基本级的第一级动作频率，一般为 48～48.5Hz。由于附加级是在系统频率已经比较稳定时起动的，因此其动作时限一般为 15～25s，相当于系统频率变化时间常数的 2～3 倍。附加级按时间又分为若干级，各级时间差不小于 5s。这样附加级各级的动作频率相同，但动作时限不一样，它按时间先后次序分级切除负荷，使频率回升并稳定到恢复频率以上。

3. AFL 装置的动作顺序

在电力系统发生事故的情况下，被迫采取断开部分负荷的办法以确保系统的安全运行，这对于被切除的用户来说，无疑会造成不少困难，因此，应力求尽可能少地断开负荷。

如上所述，接于 AFL 装置的总功率是按系统最严重事故的情况来考虑的。然而，系统的运行方式很多，而且事故的严重程度也有很大差别，对于各种可能发生的事故，都要求 AFL 装置能作出恰当的反应，切除相应数量的负荷功率，既不过多又不要不足，只有分批断开负荷功率采用逐步修正的办法，才能取得较为满意的结果。目前得到实际应用的是按频率降低值切除负荷，即按频率自动减载。

AFL 装置是在电力系统发生事故时系统频率下降过程中，按照频率的不同数值分批地切除负荷。也就是将接至低频减载装置的总功率 ΔP_{Lmax} 分配在不同起动频率值分批地切除，以适应不同功率缺额的需要。根据起动频率的不同低频减载可分为若干级。

为了确定 AFL 装置的级数，首先应定出装置的动作频率范围，即选定第一级起动频率 f_1 和最后一级动作频率 f_n 的数值。

（1）第一级起动频率 f_1 的选择。AFL 装置第一级动作频率的确定应考虑下述两个方面。从系统运行的观点来看，希望第一级动作频率愈接近额定值愈好，因为这样可以使后面各级动作频率相应高些，因此第一级的动作频率值宜选得高些。但又必须考虑电力系统投入旋转备用容量所需的时间延迟，避免因暂时性频率下降而不必要地断开负荷的情况。因此，兼顾上述两方面的情况，第一级动作频率一般整定在 48～48.5Hz。在以水电厂为主的电力系统中，由于水轮机的调速系统动作较慢，故第一级动作频率宜取低值。

（2）最末一级起动频率 f_n 的选择。最后一级动作频率应由系统所允许的最低下限确定。对于高温高压的火电厂，当频率低于 46～46.5Hz 时，厂用电已不能正常工作。在频率低于 45Hz 时，就有“电压崩溃”的危险。因此，最后一级起动频率一般不低于 46～46.5Hz 为宜。

（3）频率级差问题。频率级差及 AFL 级数的确定。频率级差即相邻两级动作频率之差，一般按照 AFL 动作的选择性要求来确定，即前一级动作后，若频率仍继续下降，后一级才应该动作，即为 AFL 动作的选择性。这就要求相邻两级动作频率具有一定的级差 Δf。Δf 的大小取决于频率继电器的测量误差 Δf_r 以及前级 AFL 起动到负荷断开这段时

间内频率的下降值 Δf_t（一般取 0.15Hz），即

$$\Delta f=2\Delta f_r+\Delta f_t+f_s \tag{14-23}$$

式中　f_s——频差裕度，一般取 0.05Hz。

一般，采用晶体管型低频率继电器时，由于测量误差较大，取 $\Delta f=0.5$Hz。采用数字频率继电器时，测量误差小，Δf 可缩至 0.3Hz 或更小。

需要指出的是，大容量电力系统，一般要求 AFL 动作迅速，尽量缩短级差，可能使得 AFL 装置不一定严格按选择性动作。

(4) AFL 级数的确定。AFL 装置的级数 N 可根据第一级动作频率 f_1 和最后一级动作频率 f_n 以及频率级差 Δf 计算出，即

$$N=\frac{f_1-f_n}{\Delta f}+1 \tag{14-24}$$

级数 N 取整数，N 越大，每级断开的负荷就越小，这样装置所切除的负荷量就越有可能近于实际功率缺额，具有较好的适应性。因此整个低频减载装置只可分成 5～6 级。

4. AFL 装置基本级的动作时间

AFL 装置的动作时，原则上应尽可能快，这是延缓系统频率下降的最有效的措施。但考虑到系统发生事故，系统振荡或系统电压急剧下降时，可能引起频率继电器误动，所以要求 AFL 装置动作带 0.3～0.5s 延时，以躲过暂态过程可能出现的误动作。

14.3.2　按频率自动减负荷装置的接线与运行

14.3.2.1　AFL 装置的接线原理

电力系统 AFL 装置由 N 级基本段以及若干级后备段所组成，它们分散配置在电力系统的变电所中，其中每一级就是一组 AFL 装置。典型的 AFL 装置原理接线图如图 14-17 所示。它由低频率继电器 KF、时间继电器 KT、出口中间继电器 KCO 组成。

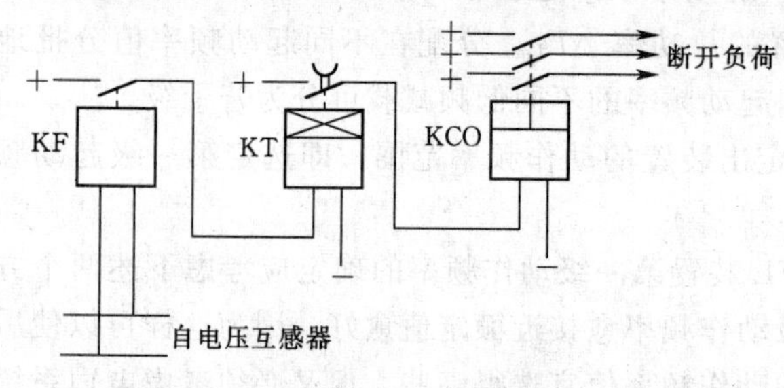

图 14-17　各级 AFL 装置原理接线图

当频率降低至低频率继电器 KF 的动作频率时，KF 立即起动，其动合触点闭合，起动时间继电器 KT，经整定时限后延时动合触点闭合，起动出口中间继电器 KCO，KCO 动作，其动合触点闭合，并控制这级用户的断路器跳闸，断开相应负荷。

其中低频率继电器 KF 是 AFL 装置的起动元件，也是主要元件，用来测量频率。我国目前使用的频率继电器有感应型、晶体管型、数字型三种。其中数字式低频率继电器以其高精度、快速、返回系数接近 1、可靠性高等优点，被使用越来越普遍。时间继电器 KT 的作用是为了防止 AFL 装置误动作。

14.3.2.2　AFL 装置在运行中存在的问题

AFL 装置是通过测量系统频率来判断系统是否发生功率缺额事故的，在系统实际运行中往往会出现使装置误动作的情况，如地区变电所某些操作可能造成短时间供电中断，该地区的旋转机组的动能仍短时反馈输送功率，而且维持一个不低的电压水平，但频率则

急剧下降，因而引起AFL装置误动作。当该地区变电所很快恢复供电时，用户负荷功率已被错误地断开了。当系统容量不大时，系统中有很大冲击性负荷时，系统频率将瞬时下降，同样也可能引起AFL装置误动作。

防止AFL装置误动作，可引入其他信号进行闭锁，这种方法将使装置复杂化；有时可简单采用自动重合闸来补救，即当系统频率恢复时，将被AFL装置所断开的用户按频率分批地进行自动重合闸，以恢复供电。

按频率进行自动重合闸以恢复对用户的供电，一般是在系统频率恢复至额定值后进行，而且采用分组自动投入的办法，若重合后系统频率又重新下降，则自动重合闸必须停止进行。

14.3.3 微机型自动按频率减负荷装置

微机型自动按频率减负荷装置硬件原理框图如图14-18所示。它主要由主机模块、频率的检测、闭锁信号的输入、功能设置和定值修改、开关量输出、串行通信接口等6部分组成。

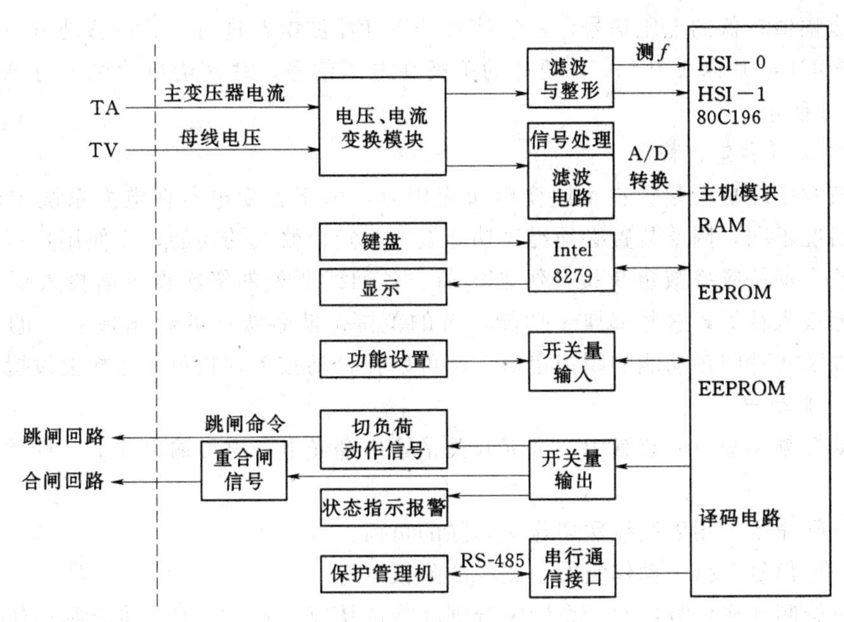

图14-18 微机型自动频率减负荷装置硬件原理图

1. 主机模块

MSC-96系列单片机中的80C196是16位单片机，片内有可编程的高速输入/输出HIS/HSO，可相对于内部定时器配合软件编程就能具有优越的定时功能；片内具有8通道的10位A/D转换器，为实现自动按频率减负荷的闭锁功能提供了方便；片内的异步、同步串行口使该微机系统可以与上级计算机通信。因此，用Inter80C196单片机扩展了随机存储器RAM和程序存储器EPROM，以及存放定值用的可带电擦除和随机写入的EPROM和译码电路等必要的外围芯片，构成单片机应用系统。

2. 频率的检测

自动按频率减负荷装置的关键环节是测频电路。为了准确测量电力系统的频率，必须

将系统的电压由电压互感器TV输入，经过电压变换器变换成与TV输入成正比的、幅值在±5V范围内的同频率的电压信号，再经低通滤波和整形，转换为与输入同频率的矩形波，将此矩形波连接至Inter80C196单片机的高速输入口HIS－0作为测频的启动信号。可以利用矩形波的上升沿启动单片机对内部时钟脉冲开始计数，而利用矩形波的下降沿，结束计数。根据半周波内单片机计数的值，便可推算出系统的频率。由于Inter80C196单片机有多个高速输入口，因此可以将整形后的信号通过两个高速输入口（HIS－0和HIS－1）进行检测，将两个口检测结果进行比较，以提高测频的准确性，这种测频方法既简单，又能保证测量精度。

3. 闭锁信号的输入

为了保证自动按频率减负荷装置的可靠性，在外界干扰下不误动，以及当变电所进、出线发生故障，母线电压急剧下降导致测频错误时，装置不致误发控制命令，除了采用df/dt闭锁外，还设置了低电压及低电流等闭锁措施。为此，必须输入母线电压和主变压器电流。这些模拟信号分贝有电压互感器TV和电流互感器TA输入，经电压、电流变换模块转换成幅值较低的电压信号，在经信号处理和滤波电路进行滤波额移动电平，使其转换成满足80C196片内10位A/D要球的单极性电压信号，并送给单片机进行A/D转换，如图14－18所示。

4. 功能设置和定值修改

自动按频率减负荷装置在不同变电所应用时，由于各变电所在电力系统中的地位不同，负荷情况不同，因此装置必须提供功能设置和定值修改的功能，以便用户根据需要设置，如欲使自动按频率减负荷按几级切负荷、各回线所处的级次设置需投入哪些闭锁功能、重合闸投入否等，这些都属于功能设置的范围。队各级次的动作频率f的定值和动作时限，以及各种闭锁功能的闭锁定值，都可以在自动按频率减负荷面板上设置或修改。

5. 开关量输出

在自动按频率减负荷装置中，全部开关量输出经光电隔离可输出如下三种类型的控制信号。

（1）跳闸命令：用以按级次切除该切除的负荷。

（2）报警信号：指示动作级次、测频故障报警等。

（3）重合闸动作信号：对于设置重合闸功能的情况，则能够发出重合闸动作信号。

6. 串行通信接口

提供RS485和RS232的通信接口，可以与保护管理机等通信。

小结

自动装置是电力系统的重要组成部分，本单元介绍变配电所三种自动装置的作用、原理及典型原理接线图。

1. 备用电源自动投入装置

备用电源自动投入装置是指当失去工作电源后，能迅速自动地将备用电源投入或将用电设备自动切换到备用电源上去的一种装置。主要介绍了备用电源自动投入装置的作用、

组成、基本原理及装置中各元件动作参数的整定计算方法。还介绍了微机型备用电源自动投入装置的特点、硬件结构和软件原理。

2. 自动重合闸装置

输电线路自动重合闸装置是提高输电线路供电可靠性的一种自动装置。主要介绍输电线路自动重合闸装置的作用、满足的基本要求；单侧电源线路自动重合闸装置的接线及工作原理、参数整定计算；双侧电源线路自动重合闸装置的基本要求、无电压检定和同步检定的三相自动重合闸工作原理，自动重合闸与继电保护的配合方式及特点，微机型自动重合闸装置的特点、硬件结构和软件原理。

3. 按频率自动减负荷装置

按频率自动减负荷装置是当电力系统因事故发生有功功率缺额引起频率下降时，频率自动减负荷装置能根据频率下降的程度，自动断开部分次要负荷，以阻止频率过度降低，保证系统的稳定运行和重要负荷的连续供电的一种重要自动装置。主要介绍按频率自动减负荷装置的作用、系统频率特性、实现的基本原则、原理接线及工作原理；还介绍了微机自动按频率减负荷装置的硬件结构及工作原理。

习 题

14-1 什么叫备用电源自动投入装置？其作用是什么？

14-2 所用电的备用方式有哪几种，请分别举例说明？

14-3 备用电源自动投入装置应满足哪些基本要求？图 14-2 接线是如何满足这些要求的？

14-4 分析图 14-2 备用电源自动投入装置接线中低电压继电器和过电压继电器所起的作用，如果不装设，AAT 装置性能如何？

14-5 试将图 14-2 所示 AAT 装置原理图画成展开图。

14-6 若在图 14-3 的 k_4 点发生两相或三相短路而未被该出线断路器断开时，AAT 装置如何动作？

14-7 微机型备用电源自动投入装置有哪些特点？

14-8 微机型备用电源自动投入装置的硬件由哪几部分组成，说明各部分的作用？

14-9 微机型备用电源自动投入装置如何满足备用电源自动投入装置的基本要求？

14-10 输电线路上采用自动重合闸装置有哪些作用？自动重合闸有哪些类型？

14-11 对单侧电源三相自动重合闸装置有哪些基本要求？图 14-3 是如何满足这些要求的？

14-12 什么是三相一次重合闸方式？这种重合闸方式的主要特点是什么？

14-13 对照图 14-6 说明当线路发生瞬时性故障时 AAR 的动作原理？

14-14 当线路发生永久性故障时，为什么三相一次重合闸只重合一次？

14-15 图 14-6 所示的重合闸装置是如何防止断路器“跳跃”的？

14-16 双侧电源三相自动重合闸有哪些方式？各受什么条件的限制？

14-17 对双侧电源线路自动重合闸装置要考虑哪些特殊问题？

14-18 试画出检查无压和检查同期的重合闸示意图，说明双侧电源线路两侧为什么都要装设检查同期和检查无电压的重合闸装置？

14 - 19　试画出检查无电压和检查同期重合闸的起动回路？试说明如何使用？

14 - 20　在图 14 - 7 中 XB 的作用如何？运行时线路两侧都将无电压装置中的 XB 投入会产生什么问题？

14 - 21　什么是重合闸后加速？试说明其优缺点及使用场合？

14 - 22　什么是重合闸前加速？试说明其优缺点及使用场合？

14 - 23　微机型综合自动重合闸装置经历了哪些发展过程，微机型综合自动重合闸装置具有哪些突出的优点？

14 - 24　什么是 AFL 装置？AFL 装置有何作用？

14 - 25　何谓负荷的静态频率特性和动态频率特性？

14 - 26　AFL 装置由哪些元件组成？各元件的作用是什么？

14 - 27　某电力系统的负荷总功率为 $p_{LN}=5000$MW，系统最大的功率缺额 $\Delta P_{Lmax}=1200$MW，设负荷调节效应系数为 $K_{L*}=2$，自动按频率减负荷装置动作后，要求系统的恢复频率 $f_{res}=48$Hz，计算接入自动按频率减负荷装置的负荷功率总数 $P_{cut.max}$ 的数值。

14 - 28　微机型按频率自动减负荷装置由哪几部分组成，各部分的功能是什么？

附　　表

附表 1　　电气常用图形符号表

名　　称	图形符号	名　　称	图形符号
当操作器件被吸合时延时闭合的动合触点		电压互感器	
当操作器件被吸合时延时断开的动断触点		电流互感器有两个铁芯和两个二次绕组	
按钮开关（不闭锁），动合触点		电流互感器有一个铁芯和两个二次绕组	
位置开关，动合触点 限制开关，动合触点		继电器、接触器线圈	
位置开关，动断触点 限制开关，动断触点		交流继电器线圈	~
先断后合的转换触点		继电器电流线圈	I
动合（常开）触点 注：本触点也可以用作一般开关符号		继电器电压线圈	U
动断（常闭）触点		继电器缓放线圈	
开关（机械式）		继电器缓吸线圈	
多极开关一般符号多线表示		极化继电器线圈	
接触器 （在非动作位置触点断开）		低电压继电器	$U<$

续表

名　　称	图形符号	名　　称	图形符号
接触器 （在非动作位置触点闭合）		过电压继电器	$U>$
信号继电器机械保持的动合（常开）触点		过电流继电器	$I>$
信号继电器机械保持的动断（常闭）触点		反时限过电流继电器	$I>$
差动继电器	I_d	电压表	V
功率方向继电器		电流表	A
瓦斯继电器		有功功率表	W
电源自动投入装置	AAT	无功功率表	var
低频减载装置	AFL	频率计	Hz
电铃		记录式有功功率表	W
电警笛、报警器		记录式无功功率表	var
蜂鸣器		记录式电流、电压表	A　V
击穿保险		无功电能表	varh
仪表的电流线圈		仪表的电压线圈	

附表 2　　**设备、元件符号**

序号	名　称	符号		序号	名　称	符号	
		单字母	多字母			单字母	多字母
1	重合闸装置		AAR	31	熔断器		FU
2	电源自动投入装置		AAT	32	交流发电机		GA
3	振荡闭锁装置		ABS	33	蓄电池组		GB
4	中央信号装置		ACS	34	直流发电机		GD
5	按频率减负荷装置		AFL	35	励磁机		GE
6	故障录波装置		AFO	36	同步发电机、发生器		GS
7	自动频率调节装置		AFR	37	声响指示器		HA
8	保护装置		AP	38	电铃		HAB
9	电流保护装置		APA	39	蜂鸣器，电喇叭		HAU
10	接地故障保护装置		APE	40	信号灯 （红灯/绿灯/白灯）		HLC （HR/HG/ HW）
11	电压保护装置		APV	41	合闸信号灯		HLT
12	零序电流方向保护装置		APZ	42	跳闸信号灯		HLT
13	自同步装置		AS	43	继电器		K
14	自动准同步装置		ASA	44	电流继电器		KA
15	手动准同步装置		ASM	45	负序电流继电器		KAN
16	收发信机		AT	46	过电流继电器		KAO
17	远方跳闸装置		ATQ	47	欠电流继电器		KAU
18	故障距离探测装置		AUD	48	零序电流继电器		KAZ
19	硅整流装置		AUF	49	控制（中间）继电器		KC
20	失灵保护装置		APD	50	事故信号中间继电器		KCA
21	测量变送器	B		51	合闸位置继电器		KCC
22	电容器（组）	C		52	重动继电器		KCE
23	数字集成电路和器件	D		53	防跳继电器		KCF
24	双稳态元件		DB	54	出口中间继电器		KCO
25	延迟线		DL	55	重合闸后加速继电器		KCP
26	单稳态元件		DM	56	预告信号中间继电器		KCR
27	磁芯存储器		DS	57	同步中间继电器		KCS
28	寄存器		DR	58	跳闸位置继电器		KCT
29	发热（光）器件	E		59	切换继电器		KCW
30	避雷器	F		60	差动继电器		KD

续表

序号	名　称	符号		序号	名　称	符号	
		单字母	多字母			单字母	多字母
61	电流相位比较差动继电器		KDA	91	零序电压继电器		KVZ
62	母线差动继电器		KDB	92	功率方向继电器		KW
63	接地继电器		KE	93	负序功率方向继电器		KWN
64	过励磁继电器		KEO	91	同步监察继电器		KY
65	欠励磁继电器		KEU	95	失步继电器		KYO
66	频率继电器		KF	96	电动机	M	
67	差频率继电器		KFD	97	同步电动机		MS
68	过频率继电器		KFO	98	电流表		PA
69	欠频率继电器		KFU	99	（脉冲）计数器		PC
70	气体继电器		KG	100	频率表		PF
71	闪光继电器		KH	101	有功电能表		PJ
72	保持继电器		KL	102	无功电能表		PRJ
73	极化继电器		KP	103	有功功率表		PPA
74	重合闸继电器		KRC	104	无功功率表		PPR
75	干簧继电器		KRD	105	时钟，操作时间表		PT
76	信号继电器		KS	106	电压表		PV
77	收信继电器		KSR	107	接触器，灭磁开关	Q	QC
78	停信继电器		KSS	108	自动开关		QA
79	启动继电器		KST	109	断路器		QF
80	零序信号继电器		KSZ	110	刀开关		QK
81	时间继电器		KT	111	隔离开关		QS
82	分相跳闸继电器		KTF	112	接地刀闸		QSE
83	母联断路器跳闸继电器		KTW	113	电阻器，变阻器	R	
84	电压继电器		KV	114	电位器		RP
85	绝缘监察继电器		KVI	115	终端开关	S	
86	负序电压继电器		KVN	116	控制开关	S	SA
87	过电压继电器		KVO	117	按钮开关	S	SB
88	压力监察继电器		KVP	118	测量转换开关	S	SM
89	电源监视继电器		KVS	119	自动准同步开关		SSA1
90	欠电压继电器		KVU	120	自同步开关		SSA2

续表

序号	名　称	符号	
		单字母	多字母
121	解除手动准同步开关		SSM
122	手动准同步开关		SSM1
123	变压器，调压器	T	
124	电流互感器		TA
125	控制电路电源用变压器		TC
126	双绕组变压器，电力变压器	TM	
127	转角变压器		TR
128	自耦变压器		TT
129	变换器	U	
130	电流变换器		UA
131	电压变换器		UV
132	电抗变换器		UZ
133	半导体器件：晶体管、二极管	V	
134	接地线	E	
135	导线，电缆，母线，信息总线，天线，光纤	W	
136	曲线		WB
137	端子，插头，插座，接线柱	X	
138	连接片，切换片		XB
139	插头		XP
140	测试端子		XE
141	端子排		XT
142	操作线圈，闭锁器件	Y	
143	合闸线圈		YC
144	跳闸线圈		YT
145	保护和中性共用线		PEN
146	直流系统电源　正	+	
	直流系统电源　负	−	
	直流系统电源　中间线	M	

附表 3　　常用系数符号

序号	文字符号	名称	序号	文字符号	名称
1	K_{rel}	可靠系数	5	K_{ss}	电动机自起动系数
2	K_{sen}	灵敏系数	6	K_{ts}	同型系数
3	K_{re}	返回系数	7	K_{TA}	电流互感器变比
4	K_{con}	接线系数	8	K_{TV}	电压互感器变比

附表 4　　常用下脚标符号

序号	文字符号	名称	序号	文字符号	名称
1	max	最大	9	re	返回
2	min	最小	10	L	负荷
3	r	继电器	11	z	阻抗
4	rsd	剩余	12	sen	灵敏
5	op	动作	13	k	短路
6	w	工作	14	set	整定
7	unb	不平衡	15	n	基本
8	col	计算	16	nb	非基本

附表 5　　**小母线新旧文字符号及其回路标号**

序号	小母线名称	原编号		新编号	
		文字符号	回路标号	文字符号	回路标号
				（一）直流控制、信号和辅助小母线	
1	控制回路电源	＋KM、－KM	1、2，101、102；201、202；301、302；401、402	＋、－	
2	信号回路电源	＋XM、－XM	701、702	＋700 －700	7001、7002
3	事故音响信号（不发遥信）	SYM	708	M708	708
4	事故音响信号（不发遥信时）	1SYM	728	M728	728
5	事故音响信号（用于配电装置）	2SYMⅠ、2SYMⅡ、2SYMⅢ	727Ⅰ、727Ⅱ、727Ⅲ	M7271、M7272、M7273	7271、7272、7273
6	事故音响信号（发遥信时）	3SYM	808	M808	808
7	预告音响信号（瞬时）	1YBM、2YBM	709、710	M709、M710	709、710
8	预告音响信号（延时）	3YBM、4YBM	711、712	M711、M712	711、712
9	预告音响信号（用于配电装置）	YBMⅠ、YBMⅡ、YBMⅢ	729Ⅰ、729Ⅱ、729Ⅲ	M729Ⅰ、M729Ⅱ、M729Ⅲ	7291、7292、7293
10	控制回路断线预告信号	KDMⅠ、KDMⅡ、KDMⅢ、KDM	713Ⅰ、713Ⅱ、713Ⅲ	M7131、M7132、M7133	
11	灯光信号	（－）DM	726	M726（－）	726
12	配电装置信号	XPM	701	M701	701
13	闪光信号	（＋）SM	100	M100（＋）	100
14	合闸电源	＋HM、－HM		＋、－	
15	“掉牌未复归”光字牌	FM、PM	703、716	M703、M716	703、716
16	指挥装置音响	ZYM	715	M715	715
17	自动调速脉冲	1TZM、2TZM	717、718	M717、M718	717、718
18	自动调压脉冲	1TYM、2TYM	Y717、Y718	M7171、M7172	7171、7172
19	同步装置越前时间	1TQM、2TQM	719、720	M719、M720	719、720
20	同步合闸	1THM、2THM、3THM	721、722、723	M721、M722、M723	721、722、723
21	隔离开关操作闭锁	GBM	880	M880	880
22	旁路闭锁	1PBM、2PBM	881、900	M881、M900	881、900

续表

序号	小母线名称	原编号		新编号	
		文字符号	回路标号	文字符号	回路标号
		（一）直流控制、信号和辅助小母线			
23	厂用电源辅助信号	+CFM、−CFM	701、702	+701、−702	701、702
24	母线设备辅助信号	+MFM、GMFM	701、702	+701、−702	701、702
		（二）交流电压、同步和电源小母线			
25	同步电压（运行系统）小母线	TQM'_a、TQM'_c	A620、C620	L1'−620 L3'−620	A620、C620
26	同步电压（待并系统）小母线	TQM_a、TQM_c	A610、C610	L1−610 L3−610	A610、C610
27	自同步发电机残压小母线	TQM_j	A780	L1−780	A780
28	第一组（或奇数）母线段电压小母线	$1YM_a$、$1YM_b$（YM_b）、$1YM_c$、$1YM_L$、$1S_cYM$、YM_N	A630、B630（B600）、C630、L630、S_c630、N600	L1−630、L2−630（600）、L3−630、L−630、L3−630（试）、N−600（630）	A630、B630（600）、C630、L630、（试）C630、N600（630）
29	第二组（或偶数）母线段电压小母线	$2YM_a$、$2YM_b$（YM_b）、$2YM_c$、$2YM_L$、$2S_cYM$、YM_N	A640、B640（B600）、C640、L640、S_c640、N600	L1−640、L2−640（600）、L3−640、L−640、L3−640（试）、N−600(640)	A640、B640（600）、C640、L640、（试）C640、N600（640）
30	6～10kV备用线段电压小母线	$9YM_a$、$9YM_b$、$9YM_c$	A690、B690、C690	L1−690、L2−690、L3−690	A690、B690、C690
31	转角小母线	ZM_a、ZM_b、ZM_c	A790、B790（B600）、C790	L1−790、L2−790（600）、L3−790	A790、B790（B600）、C790
32	低电压保护小母线	1DYM、2DYM、3DYM	011、013、02	M011、M013、M02	011、013、02
33	电源小母线	DYM_a、DYM_N		L1、N	
34	旁路母线电压切换小母线	YQM_c	C712	L3−712	C712

注　表中交流电压小母线的符号和标号，适用于电压互感器（TV）二次侧中性点接地，括号中的符号和标号，适用于二次侧B相接地。

参 考 文 献

［1］ 尹项根．电力系统继电保护原理与应用［M］．武汉：华中科技大学出版社，2001.

［2］ 汶占武．继电保护与二次回路［M］．北京：中国水利水电出版社．2011.

［3］ 周武仲．继电保护自动装置及二次回路应用基础［M］．北京：中国电力出版社，2013.

［4］ 许建安．电力系统继电保护［M］．北京：机械工业出版社，2011.

［5］ 詹红霞．电力系统继电保护原理及新技术应用［M］．北京：人民邮电出版社，2011.

［6］ 甘其顺．电力系统自动装置［M］．郑州：黄河水利出版社，2008.

［7］ 陈金星．电气二次部分［M］．郑州：黄河水利出版社，2012.